物理化学

（第2版）

主　编：王险峰

副主编：胡　芳

编　者：习保民　黎文海　阮秀琴　吴　芸
胡胜华　孟　卫　张建强　杨传波
王　琛　黄　山

东南大学出版社
·南　京·

内容提要

本书共9章，涉及化学热力学和化学动力学、电化学、表面化学和胶体化学等内容。

本书是为了适应现代学生的阅读习惯和教学要求而编写的。教材采用新式排版；叙述语言简洁明快；尽量减少繁琐的数学推导；交代清楚公式的应用条件；增加了相同知识点应用的频度。同时大量增加了例题的数量；加强了物理化学方法论表述；在每个知识点的后面附加对应的练习题，便于学生的课后自学和预习。另外附录了3套模拟试题，模拟试题的难度较低，大致符合教学要求。

本书主要供高等医药院校药学专业成人本科生使用，也可供在校全日制学生及相关专业人士学习和参考。

图书在版编目(CIP)数据

物理化学 / 王险峰主编. — 2版. — 南京 : 东南大学出版社，2023.5

ISBN 978-7-5766-0584-6

Ⅰ.①物… Ⅱ.①王… Ⅲ.①物理化学—高等学校—教材 Ⅳ.①O64

中国版本图书馆CIP数据核字(2022)第253685号

责任编辑：张　慧　　**封面设计**：逸美设计　　**责任印制**：周荣虎

物理化学(第2版)

Wuli Huaxue (Di-er Ban)

主　　编	王险峰
出版发行	东南大学出版社
社　　址	南京四牌楼2号　邮编：210096　电话：025-83793330
网　　址	http://www.seupress.com
电子邮件	press@seupress.com
经　　销	全国各地新华书店
印　　刷	南京凯德印刷有限公司
开　　本	850 mm×1168 mm　1/16
印　　张	19.5
字　　数	563千字
版　　次	2023年5月第2版
印　　次	2023年5月第1次印刷
书　　号	ISBN 978-7-5766-0584-6
定　　价	59.00元

东大版图书若有印装质量问题，请直接与营销部联系。电话(传真)：025-83791830

再版前言

21世纪已经过去20多个年头，其间世界风云变幻。本书第一版2006年面世，业已十余年。当初自信满满要编辑一本《普通物理化学》，现在看来是一笑话。不知从哪里看到这样一段话，“Chemistry is the science of matter and the changes it can undergo. The branch of the subject called physical chemistry is concerned with the physical principles that underlie chemistry”，此言不虚，物理化学其实是化学物理。现代科学的特征是全面物理化和数学化，要仿《普通物理》写一本《普通物理化学》难于上青天，学力不逮。

日前接到编辑短信，询问是否改版。鉴于第一版已广有流布，书中若干明显错误未修正，不愿其不断贻害后学者，再版以修正。在第一版基础上，将化学动力学调整到化学平衡后，这样热力学第一定律、热力学第二定律、溶液热力学、化学平衡和化学动力学构成物理化学之“通论”，多相平衡、电化学、表面化学和胶体化学构成物理化学之“专论”。尽管对初学者无多大益处，但也会给他们留下印迹：多相问题、电化学、表面化学和胶体化学中既有热力学也有动力学，1～5章是处理一切物理化学问题的基本框架和基础。学好了1～5章就奠定了深造物理化学之基石。

第1章中强化了基本概念，增加了等温焦-汤系数。第3章溶液热力学中加强了化学势、化学势标准态、活度和活度系数讨论，修正了关于活度和活度系数不恰当的定义，添加了Nernst分配定律、活度和活度系数的计算等。第4章化学平衡中增加了实际气体的平衡移动问题，另外还提及Le Châtelier化学平衡移动原理在某些情况下的失灵问题等，鉴于教材的深度未予多加讨论。

原来散布于正文中的习题集中列于章末，有利于集中练习，部分章节增添了若干习题。浏览本书电子文档之际，常见各种贻笑大方的英文术语，努力回想也不知道为何出此等错误。凡此种种，不一而足，借此修订之际感谢出版社的编辑、各位同仁、本书的读者。愿本书再次出版之际，真正成为一本有一定深度又具有普及性的适用初学者阅读的普通物理化学。努力！

编　者

2022年夏于金陵

目　录

1 热力学第一定律

1.1 热力学概论

1.1.1 热力学的研究对象和内容

热力学是研究宏观体系在能量转化过程中所遵循规律的科学。热力学发展的初期，只研究热和功这两种形式能量的转换规律。但随着科学的发展，其他形式的能量亦逐渐被纳入研究的范围之内。

整个热力学的“大厦”主要建立在由大量科学事实证明的两个热力学基本定律——热力学第一定律和热力学第二定律的基础之上。热力学第一定律说明了能量既不能消灭也不能创生，只能是各种形式能量之间相互转化，在转化过程中遵循当量关系；热力学第二定律则是独立于第一定律之外的新的定律，尽管能量的总量不变，但各种形式能量间有质的差别，这种差别决定了一切过程发生与发展的方向和限度。热力学第三定律为熵值绝对值的确定奠定基础，是热力学第一定律和第二定律的重要补充。

将热力学的普遍原理和方法应用于化学及相关过程，则构成化学热力学。化学热力学着力解决的问题主要有两个方面：

(1) 化学及相关过程中的能量效应；

(2) 判断一个过程能否发生(方向)及发生的程度(限度)。

而化学动力学主要是研究过程是如何发生的，与化学热力学显著不同。

1.1.2 热力学方法及其优缺点

热力学的研究方法其实就是演绎法，它是以热力学的基本实验定律为前提，通过严格的数学逻辑推理而得出正确的热力学结论。因此热力学方法具有如下的特点：

(1) 热力学的结论反映大量粒子的行为，具有统计意义；

(2) 要得出热力学的结论，只需要确定过程的始态和终态，而不需要了解过程的细节及物质结构的知识；

(3) 在热力学中没有时间的概念。

热力学的结论是在实验基础上，由逻辑推理得到的，所以热力学的结论严谨可靠。要得到热力学的结论，不需要了解过程的细节信息和物质结构知识，也造成得出的结论有“知其然而不知其所以然”的缺点。热力学中没有时间概念，使得热力学的结论只表示可能性，而无法预知过程的现实性。这些缺点其实也是热力学方法的优点，优劣同体，热力学方法无所谓好坏，关键在于辨证地理解，正确地掌握与运用。

热力学中没有时间概念，并不意味着热力学与动力学完全无关。热力学可视为动力学的特例，因此热力学并不与时间概念绝缘。

1.2 热力学基本概念

1.2.1 体系与环境

体系(system),也叫系统,就是真实世界中对它有兴趣而从中划分出来集中精力加以考察、研究的一部分。和体系有密切热力学相互作用的真实世界另一部分则称为环境(surroundings)。

根据体系和环境之间的热力学相互作用的不同,可以将体系分为敞开体系、封闭体系及孤立体系。

(1) 敞开体系

敞开体系(open system)就是体系和环境之间既有物质交换又有能量交换的体系。譬如一只玻璃杯,其中盛有热水,若仅将玻璃杯中的热水视为体系,则该体系为敞开体系。因为热水会向空气中蒸发出水蒸气,同时由于热水的温度较周围环境的温度为高,因此可以透过玻璃杯而向环境散热。冬季,手握一杯装有热水的玻璃杯,定会对此有切实体会。

(2) 封闭体系

封闭体系(closed system)是体系和环境间有能量交换而没有物质交换的体系。盛有热水的玻璃杯是敞开体系,若将杯子盖上盖子,则体系为封闭体系。吃剩的饭菜用防尘罩遮挡以防止空气中外物玷污也是封闭体系的实例。

(3) 孤立体系

孤立体系(isolated system),也叫隔离体系,就是体系和环境间既没有能量交换也没有物质交换的体系。即使将玻璃杯盖上盖子,因为玻璃杯的绝热性不佳,杯中的热水依然可以透过杯壁而向空气中散热。若将玻璃杯换成真空保温杯,则体系和环境间的热交换可忽略,此时的体系基本可以看作孤立体系。

从以上的讨论中可以看出,所谓的封闭体系和孤立体系,是实际情况的近似,没有绝对的封闭体系和孤立体系。

一个体系到底是敞开体系、封闭体系还是孤立体系,既取决于体系和环境间的界面的性质,也取决于我们自己的选择。如果体系和环境间的界面材料是热的不良导体(绝缘体),则体系和环境间没有传热。如果界面材料是刚性的,且没有电功等各种形式的功,则体系和环境间就没有功的传递。体系和环境间的界面甚至可以是虚拟的,不是一个物理实在。在解决热力学实际问题时,如何选择体系没有一定之规,而是应该根据实际情况,以处理问题方便简洁为准则。有时候体系选择不佳,会导致热力学问题的处理难度增加很多倍甚至无解。热力学中常将体系和环境看作一新的体系,该新体系实为孤立体系,称为宇宙(universe)。这种处理方法在热力学第二定律中是一种重要方法。

宇宙(孤立体系)=体系+环境

热力学中,体系和环境就是热力学研究、考察的全部,因此体系+环境=宇宙。体系和环境之外,并无其他。作为研究人员的观察者,不是全能的上帝,也是环境的一部分,受到所研究、考察的体系的影响。

热力学的宇宙概念和天文学的宇宙概念既有联系,也有区别,不完全等同。

1.2.2 体系的热力学性质

体系的各种宏观物理量,如质量(W)、温度(T)、体积(V)、浓度(c)、密度(ρ)、黏度(η)等称为体系的热力学性质。单个原子、分子、电子等或若干个原子、分子、电子等属于微观体系,不属于热力学体系，没有宏观性质，即没有热力学性质。

根据体系的热力学性质与体系的物质的量的关系可以将体系的热力学性质分为容量性质(extensive properties)和强度性质(intensive properties)。

(1) 容量性质

容量性质和体系的物质的量成正比，具有加和性，是物质的量的一次齐函数，如质量、体积、能量、恒压热容(C_p)、恒容热容(C_V)等。若有热力学性质 T、p、n_1、n_2、…、n_K，则容量性质 L 是 n_1、n_2、…、n_K 的一次齐函数，即

$$L(T,p,\lambda n_1,\lambda n_2,\cdots,\lambda n_K)=\lambda L(T,p,n_1,n_2,\cdots,n_K)$$

简单地说，就是这些性质与物质的量(或质量)成正比例关系，注意不是正相关。所以当体系由纯物质构成时，体积是容量性质。显然质量和物质的量天然就是容量性质。

(2) 强度性质

强度性质和体系的物质的量无关，没有加和性，是物质的量的零次齐函数，如密度、能量密度、恒压摩尔热容、恒容摩尔热容等。若有热力学性质 T、p、n_1、n_2、…、n_K，则强度性质 L 是 n_1、n_2、…、n_K 的零次齐函数，即

$$L(T,p,\lambda n_1,\lambda n_2,\cdots,\lambda n_K)=L(T,p,n_1,n_2,\cdots,n_K)$$

换句话说，容量性质是物质的量(或质量)的正比例函数，与 n 或 W 的 1 次方成正比，而强度性质与物质的量或质量完全无关，即与 n 或 W 的 0 次方成正比。

要注意的是，任何两个容量性质的比是一强度性质，如密度被定义为容量性质质量和体积的比，即密度(ρ)＝质量(W)/体积(V)。纯物质的质量和体积均是容量性质，它们的比——密度是强度性质。同理，比容(比体积) $v=V/W$ 也是强度性质，它是体积与质量的比，是密度的倒数。电化学中，衡量电化学系统性能的重要参数比能量是能量与体积或质量的比，是一强度性质，单位是 $\mathrm{kJ\cdot kg^{-1}}$ 或 $\mathrm{kJ\cdot m^{-3}}$，之所以使用比能量衡量电化学体系性能优劣也是利用了体系性质的这一特点。

1.2.3 热力学平衡态

若孤立体系的所有热力学性质不随时间而变化，则体系处于热力学平衡态(thermo-dynamical equilibrium state)。要使孤立体系处于热力学平衡态，必须满足以下条件：

(1) 热平衡

若体系处于热平衡(thermal equilibrium)，则体系各部分的温度相等，且等于体系的温度。设体系由 i 个部分组成，各个局域部分已经达局部热平衡，它们的温度分别为 T_1、T_2、…、T_i，开始时，体系未达到热平衡，经过足够长时间后，体系必然达到热平衡，有 $T_1=T_2=\cdots=T_i=T$。

T_1	T_2	…	T_i	足够长时间 →	T	T	…	T

T_1、T_2、…、T_i 各不相同　　　　$T_1=T_2=\cdots=T_i=T$

因此体系内部任何方向上均没有温度差，由于单位长度上的温度变化可称为温度梯度，所以可简称没有温度梯度。

(2) 力学平衡

若体系达到力学平衡(dynamical equilibrium)，则体系各部分压力(物理化学中指压强)相等，且等于体系的总压力。设体系由 j 个部分组成，各个局部已经达局部力学平衡，它们的压力分别为 p_1、p_2、…、p_j，开始时，体系未达到力学平衡，经过足够长时间后，体系必然达到力学平衡，有 $p_1=p_2=\cdots=p_j=p$。

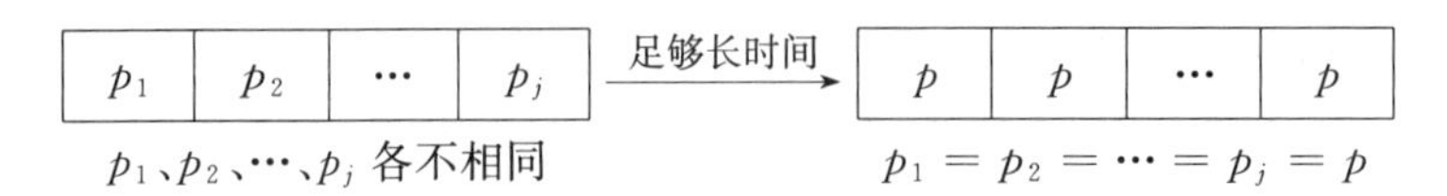

所以达到力学平衡时，体系内部任何方向均没有压力差，即没有压力梯度。

(3) 相平衡

当体系达相平衡(phase equilibrium)时，各相(相是体系中物理性质和化学性质完全均一的部分，如气相、液相、固相等)的数量和组成不随时间而变化。设体系由各个不同的相 α、β、…、δ 组成，设任意物质 B 存在于体系的所有相中，则达到相平衡时，物质 B 在所有相中的化学势(见第 3 章)相等，可表示如下：

$$\mu_B^\alpha=\mu_B^\beta=\cdots=\mu_B^\delta$$

因此达到相平衡时，同一相内部及不同相之间均没有化学势差或者说没有化学势梯度。

(4) 化学平衡

当体系达到化学平衡时，体系的数量和组成不随时间的变化而变化。设有任意化学反应 $0=\sum_B \nu_B B$ [1]，若反应达到化学平衡，则有

$$\sum_B \nu_B \mu_B=0$$ [2]

综上所述，一个孤立体系，经历足够长的时间后，必将处于唯一的平衡态，而且永不能自动离开它(平衡态公理)。当达到热力学平衡态时，必然同时满足热平衡、力学平衡、相平衡和化学平衡，归纳如下：

非平衡态 $t=0$ —足够长时间→ 热力学平衡态 $t=\infty$
- 热平衡、力学平衡 —— 能量因素
- 相平衡(可看作化学平衡的特例)、化学平衡 —— 物质因素

在讨论热力学平衡态时，我们将其限制在孤立体系，对于一个非孤立体系如敞开体系，在体系内部或体系和环境间存在物质流或能量流的情况下，体系的性质不随时间而变化，则称体系处于定态或稳态(steady state)。如分别和不同热源接触的铁棒，铁棒上沿长轴(x)方向各部分温度各不相同，存在温度梯度$\left(\dfrac{dT}{dx}\neq 0\right)$(见图 1-1)，将铁棒和热源脱离接触，铁棒的各部分温度将趋于相同，温度梯度消失$\left(\dfrac{dT}{dx}=0\right)$。

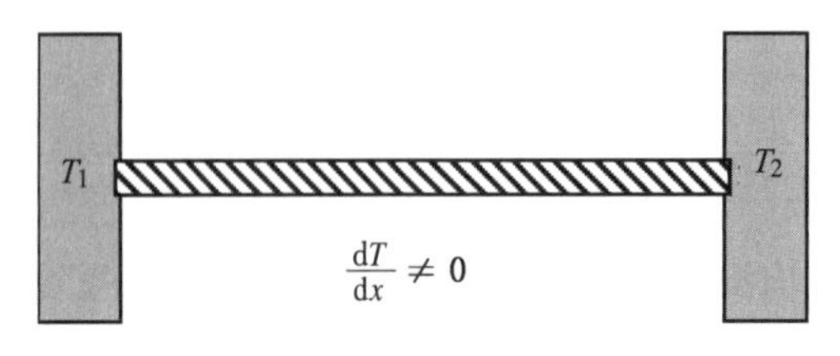

图 1-1 稳态体系

[1] $\sum_B \nu_B B=0$ 是错误的。

[2] 请参阅第 3 章和第 4 章。

物理化学中，热力学平衡态和稳态是两个容易混淆的不同的概念。前者强调热力学性质不但在时间跨度上没有变化，而且强调在空间分布上也不变。而后者相对宽松，只强调热力学性质不随时间而改变。如一个健康的生命体是热力学开放体系，处于非平衡的热力学定态，而不是以往认为的热力学平衡态。这是现代医学认知上的一个重要进步。

1.2.4 热力学状态

(1) 热力学状态及其描述方法

热力学体系具有一系列热力学性质，所有的热力学性质的综合表现称为热力学状态(thermodynamical state)。当所有的热力学性质均确定时，则体系的热力学状态确定。因此要描述体系的热力学的状态，最原始的方法就是列举出体系所有的热力学性质，如温度、压力、质量等，但这种方法既无可能也无必要。因为体系的性质之间相互关联，要描述体系的热力学状态只需要少数几个热力学性质。大量事实证明，一个处于热力学平衡态的均相封闭体系，要描述其热力学状态只要两个状态性质(状态公理)。如描述 1 mol 处于一个大气压 $p^\ominus$、80 ℃的液态水，可以选择温度 T 和压力 p 为参量，表示为 $H_2O(80\ ℃, p^\ominus, l)$，为双变量体系。若体系的组成可变，或者是由多种物质组成的体系，则一般选择温度、压力和组成来描述体系的热力学状态，为多变量体系。如一定温度和压力下，向纯水中加入少量的食盐，形成 NaCl 不饱和水溶液，可以这样描述实验过程：

$$H_2O(T,p) \xrightarrow{\text{加入少量 NaCl}} H_2O(T,p,x_{H_2O})$$

加入 NaCl 以前的纯水是双变量体系，状态变量为 T、p，加入 NaCl 后的 NaCl 不饱和水溶液是三变量体系，状态变量为 T、p 和 x_{H_2O}。若加入 NaCl 的量足够多，NaCl 在水中达到饱和，则该 NaCl 饱和溶液体系为双变量体系，因为在一定温度 T、压力 p 下，NaCl 的饱和溶解度取决于温度 T 和压力 p，并非一个独立的变量。

(2) 状态方程

状态公理表明，要描述体系所处的热力学状态只要为数不多的几个热力学性质。其原因就是体系的状态性质之间存在相互关联，而描述这种关联的方程就是体系的状态方程(equation of state)。如描述一定量的纯理想气体可选择 p、V 为状态变量，则体系的温度可表示为 $T=\dfrac{pV}{nR}$，方程 $pV=nRT$ 就是理想气体的状态方程。p、V、T、n 都是体系的状态性质，可见状态方程描述的是体系的同一状态的状态性质之间的函数关系，这与稍后我们学习的过程方程(equation of process)有所不同。

常见的状态方程还有 van der Waals(范德华，荷兰物理学家，1910 年诺贝尔物理学奖获得者)气体的状态方程，van der Waals 状态方程可表示为

$$\left(p+\frac{a}{V_m^2}\right)(V_m-b)=RT$$

其中 a、b 是气体特性常数；V_m 为摩尔体积，定义为 $V_m=\dfrac{V}{n}$，是一强度性质。van der Waals 状态方程简单实用，既可描述气体行为，也可描述气-液相变行为，是重要的实际气体方程。

(3) 状态函数的性质及状态函数的判定

通常将描述体系热力学状态的独立状态性质称为状态变量或热力学变量，由状态变量决定的其他状态性质为体系的状态函数(state function)。如方程 $T=\dfrac{pV}{nR}$ 中，p 和 V 是状态变量，T 是状态函数。显然状态变量与状态函数的区分是相对的。

对于任意状态函数 Z，其变化值只与始态 i 及终态 f 有关，与变化的具体路径无关。设某路径中

的每一无限小步都处于平衡态(准静态,quasistatic),则可连续积分 $\Delta_i^f Z=\int_i^f \mathrm{d}Z$。若体系从始态出发,最终又回到始态,即始态和终态相同(循环过程),则 $\oint \mathrm{d}Z=0$。如果将一杯 25 ℃ 的温水加热到 80 ℃ 复又冷却到 25 ℃,问水的温度变化几何?显然 $\Delta T=\mathrm{d}T=0$,这就是下意识地应用了温度 T 是状态性质的特点。

对于不太直观的问题,则要使用另外的判据。设有独立的状态变量 x、y,Z 为 x、y 的状态函数,则 $Z=Z(x,y)$。

$$\mathrm{d}Z=M(x,y)\mathrm{d}x+N(x,y)\mathrm{d}y$$

根据全微分(total differential)条件,存在 Euler(欧拉)关系:

$$\left(\frac{\partial M}{\partial y}\right)_x=\left(\frac{\partial N}{\partial x}\right)_y \tag{1-1}$$

及循环关系:

$$\left(\frac{\partial Z}{\partial x}\right)_y\left(\frac{\partial x}{\partial y}\right)_Z\left(\frac{\partial y}{\partial Z}\right)_x=-1 \tag{1-2}$$

Euler 关系式(1-1)是全微分的充分必要条件,可以用来判断某物理量是否是状态函数。

例题 1-1 试以理想气体为例,证明绝对温度 T(绝对温度也叫热力学温度,和摄氏温度的换算关系为 $\frac{T}{\mathrm{K}}=\frac{t}{℃}+273.15$)是体系的状态函数。

证明 物质的量为 n 的纯理想气体封闭体系,状态方程为 $pV=nRT$,以 p、V 为状态变量,T 为状态函数,则可将状态方程改写为 $T=\frac{pV}{nR}$,其微分为

$$\begin{aligned}\mathrm{d}T&=\left(\frac{\partial T}{\partial p}\right)_V\mathrm{d}p+\left(\frac{\partial T}{\partial V}\right)_p\mathrm{d}V\\&=\frac{V}{nR}\mathrm{d}p+\frac{p}{nR}\mathrm{d}V\end{aligned}$$

$\left[\frac{\partial\left(\frac{\partial T}{\partial p}\right)_V}{\partial V}\right]_p=\left[\frac{\partial\left(\frac{\partial T}{\partial V}\right)_p}{\partial p}\right]_V=\frac{1}{nR}$,Euler 关系得到满足,所以温度 T 是状态函数。

1.2.5 过程与途径

当体系的状态发生改变时,则谓体系发生了某过程(process)。过程发生的具体历程或步骤则称为途径(path)。可以说,过程比较笼统,有时候含混不清,它只交待了过程的始、终态,而没有关于过程发生细节的信息,途径则是关于过程细节的详细描述。通常情况下,并不对过程和途径明确区分,可相互混用。有时候若不加以区分,会导致严重错误。

常见的过程有以下几种:

(1) 恒温或等温过程[1]

若体系的温度始终保持不变且等于环境的温度,即 $T=T_{始}=T_{终}=T_{环}=$常数,则为恒温过程。若体系的温度在过程中可以有波动,即 $T_{始}=T_{终}=T_{环}$,则为等温过程(isothermal process)。大多数

---

[1] 有的教材区分等温过程和恒温过程,有的教材不区分。等压过程和恒压过程亦如是。

情况下，人们并不区分恒温过程和等温过程，而是混用这两个术语。

(2) 恒容过程

若体系的体积始终保持不变，即 $V = V_{始} = V_{终} =$ 常数，则称为恒容过程(isochoric process)或等容过程，等容过程和恒容过程并无实质不同。

(3) 恒压或等压过程

若体系的压力始终保持不变且等于环境压力，即 $p = p_{始} = p_{终} = p_{环} =$ 常数，则称为恒压过程。若体系的压力在过程中可以有波动，即 $p_{始} = p_{终} = p_{环}$，则为等压过程(isobaric process)。类似于等温过程与恒温过程，人们也是混用等压过程与恒压过程，并不加以区分。

(4) 绝热过程

若体系和环境间没有热交换的过程，即 $Q = 0$，则称为绝热过程(adiabatic process)。

(5) 循环过程

若体系由某一状态出发，经过一系列的变化，最终又回到原状态，则该过程是循环过程(cyclic process)。根据状态函数的性质，发生循环过程时，所有的状态函数的改变量为零。

绝对的等温过程并不存在，一般地，当体系和环境间的界面是热的良导体，系统在整个变化过程中温度变化不大就认为是等温过程。同样，绝对的等压过程、绝热过程等均是不存在的，而只是某种程度上的近似。这种处理问题的手段是一种科学抽象，一种模型化的方法，有重要的意义。

1.2.6 热和功

体系和环境间的热力学相互作用有多种形式。对于封闭体系，体系和环境间由于温度差($\Delta T \neq 0$ 或 $\mathrm{d}T \neq 0$)而产生的能量传递称为热(heat)，其他形式的能量传递均统称为功(work)。以 Q 表示热，W 表示功，若体系从环境吸热，则 Q 取正值；体系向环境释放热量，则 Q 取负值。体系对环境作功，则 W 取正值；相反，环境对体系作功，则 W 取负值[1]。

热力学中主要涉及三种热。体系发生化学变化时和环境间的热交换叫化学反应热，化学反应热涉及化学能与分子动能的相互转化。体系发生相变化时和环境的热交换叫相变热或潜热(latent heat)，它涉及的是分子动能与势能的相互转化。相变热之所以也被称为潜热是因为体系和环境间没有显著的温度变化，$\Delta T = 0$($\mathrm{d}T \neq 0$)。体系不发生化学变化和相变化，仅仅发生温度变化而和环境进行的热交换，因为有显著的温度变化，$\Delta T \neq 0$，所以称为显热(sensible heat)。显热的发生是分子动能的改变，不涉及分子势能和化学能等。

因为功是体系和环境间力学相互作用的统称，因此其形式有多种。广义地看，各种形式的功均可表示为强度性质和容量性质的变化量的乘积。

$$\delta\text{机械功} = F(\text{力}) \times \mathrm{d}l(\text{位置的改变量})$$

$$\delta\text{体积功} = p_e(\text{外压}) \times \mathrm{d}V(\text{体积的改变量})$$

$$\delta\text{电　功} = E(\text{电动势}) \times \mathrm{d}q(\text{电量的改变量})$$

$$\delta\text{表面功} = \sigma(\text{表面张力}) \times \mathrm{d}A(\text{表面积的改变量})$$

其中 p_e、E 和 σ 为广义力；$\mathrm{d}V$、$\mathrm{d}q$ 和 $\mathrm{d}A$ 为广义位移。热力学中常将体积功以外的其他形式的功统称为“其他功”或“有用功”“非体积功”，用符号 W' 表示。显然，体积功就是“无用功”，但这绝不意味着体积功真的无用。

从微观角度看，功所刻画的是机械有序的能量转移，而热所刻画的则是使体系无序程度改变的能

[1] 根据 IUPAC 规定：体系对环境作功，$W < 0$；环境对体系作功，$W > 0$。与本教材有不同之处。

量转移。由于热和功均是体系和环境通过它们的界面传递的能量，一般情况下，过程不同，则 Q 和 W 不同，因此热和功不是体系的性质，没有过程就没有热和功，其无穷小量不是全微分，以 δQ(或 $đQ$)和 δW(或 $đW$)表示，有限过程的热和功一般分别表示为 Q 和 W，而不是 ΔQ 和 ΔW。要注意符号只是外在的形式，更重要的是内在的实质，用 δ 或 $đ$ 只是外观上强调它们是途径量，不是状态函数。

1.3 热力学第一定律

1.3.1 内能

热力学第一定律证明，尽管热、功与过程及过程发生的途径相联系，是途径函数(path function)，但是它们的代数和 $Q-W$ 却只和过程的始、终态有关，和过程的途径无关(不是与过程无关)，这表明体系存在一种内部性质，是体系的状态函数，称之为内能(internal energy，又称为热力学能，thermodynamics energy)，用符号 U 表示。

内能包括以下三部分：

(1) 分子的动能

分子的动能是指分子的热运动能，主要与体系的温度有关。

(2) 分子的势能

分子的势能是指分子间相互作用能，主要与分子结构及体系的体积有关。

(3) 分子的内部能量

分子的内部能量是指分子内部各种微粒(如原子核、电子等)的能量之和，在一定条件下为定值。

总之，内能是体系内部(所有分子)贮存的能量，是状态性质、容量性质，其绝对值无法确定。内能绝对值不确知并不妨碍热力学问题的解决(但使一些问题的解决复杂化)。“内能”是一种历史遗留的术语，现推荐用“热力学能”这一术语。与内能相对应的“外能”(external energy)是指整体体系(视为质点)的动能和势能。外能和内能相互联系，为简单起见，一般的物理化学教科书中只考虑内能变化，不考虑外能。

1.3.2 热力学第一定律

(1) 热力学第一定律的文字表述

将能量守恒与转化定律应用于热力学体系就是热力学第一定律(first law of thermo-dynamics)。它表明在孤立体系中，各种形式的能量可以相互转化，既不能凭空产生，也不会自行消灭，其总量保持不变。

在热力学第一定律确立之前，由于蒸汽机的发明和不断改进，曾经有人企图制造一种不需要供给能量就能不断对外作功的机器，这种机器叫作第一类永动机(first kind of perpetual motion machine)。这种机器从来就没有获得过成功，因为它违背了能量守恒与转化定律。因此，热力学第一定律亦可表述为“第一类永动机是不可能造成的”。

尽管能量守恒定律广为人知，但真的理解其内涵的并不多。比如经常有人建议在电动自行车前安装一风扇发电以增加其航程，就是没有真正理解能量守恒定律！

(2) 热力学第一定律的数学表达

根据热力学第一定律，若体系和环境间的热交换为 Q，体系和环境间的力学相互作用为 W(包括体积功和其他功)，体系的内能变化为 ΔU，则

$$\Delta U = Q - W$$ [1] (1-3)

若体系发生无限小过程，则

$$dU = \delta Q - \delta W \tag{1-4}$$

由于式(1-3)和(1-4)中不包含体系和环境间的化学相互作用[2]，故式(1-3)和(1-4)只适用于封闭体系。

由式(1-3)可知：

① 对孤立体系，$Q=0$，$W=0$，$\Delta U=0$，表示孤立体系内能守恒。

② 对绝热体系，$Q=0$，$\Delta U=-W$，表明体系和环境之间的力学相互作用W只和过程的始、终态有关，和过程实现的途径无关。

③ 对于体系和环境间不发生任何力学相互作用的体系，$W=0$，$\Delta U=Q$，这表明体系和环境热相互作用时，Q只和过程的始、终态有关，和过程实现的途径无关。

从以上分析可知，热力学第一定律的应用大都建立在特殊条件下途径函数Q或W与途径无关这点上。要注意的是，这并不表示Q和W是状态函数，而恰恰表示Q、W是途径函数，因为它们和ΔU相联系，ΔU不是状态函数，它是U的变化量，只有U才是状态函数。

1.4 体积功与可逆过程

1.4.1 体积功

(1) 体积功

因为体系体积变化而引起的体系与环境间的力学相互作用称为体积功(volume work)。体积功实质上是机械功。

设有一为无质量、无摩擦的理想活塞所封闭的气缸(图1-2)，活塞的截面积为A，气缸内的内容物为体系，其压力为p，环境的压力为p_e。体系发生某微小过程后，活塞在力$\vec{F}$作用下移动了dl距离，体系的体积变化了dV，则该过程的微功：

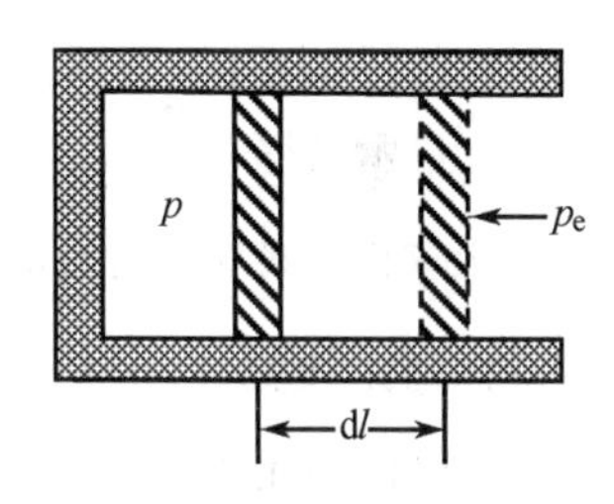

图1-2 体积功示意图

$$\delta W = \vec{F} \cdot d\vec{r} = (p_e A) \cdot dl = p_e dV \tag{1-5}$$

式(1-5)就是微体积功的表达式。一般地，Vdp、$d(pV)$与$p_e dV$有相同的量纲和单位，但都并不表示体积功。

若发生一个有限的过程，则将式(1-5)积分可得：

$$W = \int p_e dV \tag{1-6}$$

若体系的压力p和环境的压力p_e始终相差无限小，则式(1-6)可改写为：

$$W = \int p_e dV = \int (p \pm dp) dV = \int (p dV \pm dp dV)$$

$dp dV$是二级无穷小，可以忽略，于是得：

---

[1] 根据IUPAC规定：$\Delta U = Q + W$。本教材沿用习惯表示法。

[2] 在化学势的作用下，体系和环境间进行物质交换，导致体系和环境的物质的量及能量发生改变。

$$W = \int p \mathrm{d}V \tag{1-7}$$

可见式(1－7)和式(1－6)是不同的，式(1－7)只适用于体系的压力 p 和环境的压力 p_e 始终相差无限小的过程，式(1－6)则适用于封闭体系的任意过程。

(2) 体积功的几何表示

根据积分的几何意义，式(1－6)和(1－7)的几何意义可以分别表示为如图1－3和图1－4，图中阴影部分的面积即是体系对环境作功的大小，图1－3是作功图，而图1－4是状态图，如果体系的压力 p 和环境的压力 p_e 始终只相差无限小，则图1－3和图1－4相同。

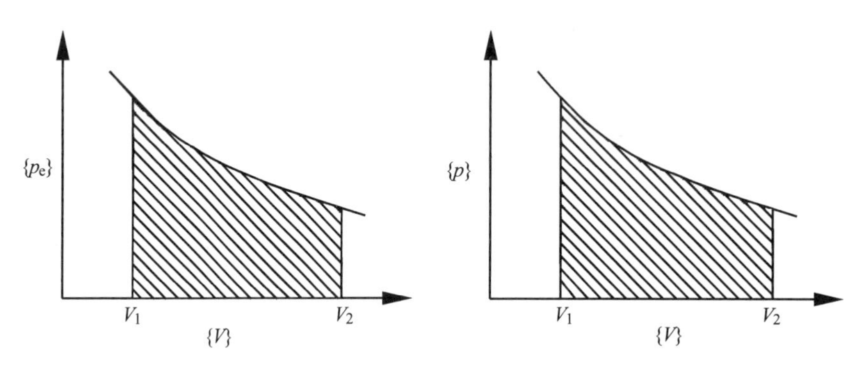

图1－3　作功图上体积功的表示　　　图1－4　状态图上体积功的表示

1.4.2　功与过程

功是途径函数，一般而言，其数值与过程有关。一定量的理想气体等温条件下从体积 V_1 膨胀到体积 V_2，若过程不同，则体系对环境所做的功亦可能不同。

(1) 自由膨胀

当体系向真空膨胀时，称为自由膨胀(free expansion)。因为 $p_e=0$，所以 $W_1=\int_{V_1}^{V_2} p_e \mathrm{d}V=0$，即体系对环境不作功。

(2) 反抗恒定外压膨胀

若反抗恒定外压膨胀，$p_e=p_2$，则 $W_2=\int_{V_1}^{V_2} p_e \mathrm{d}V=p_e(V_2-V_1)=p_2(V_2-V_1)$。

(3) 多次反抗恒定外压膨胀

设体系始态为(p_1,V_1)，经过多次反抗恒定外压膨胀后，终态为(p_2,V_2)，反抗恒定外压膨胀的中间态分别为(p',V')、(p'',V'')、(p''',V''')，则体系所做的体积功为

$$W_3=\int_{V_1}^{V_2} p_e \mathrm{d}V=p'(V'-V_1)+p''(V''-V')+p'''(V'''-V'')+p_2(V_2-V''')$$

(4) 准静态膨胀

所谓准静态膨胀，就是体系压力比环境压力始终大无限小，膨胀过程中的每一步可以认为体系都处于平衡态，此时体系所做的体积功为

$$W_4=\int_{V_1}^{V_2} p_e \mathrm{d}V=\int_{V_1}^{V_2}(p-\mathrm{d}p)\mathrm{d}V=\int_{V_1}^{V_2} p \mathrm{d}V$$

若体系是理想气体，准静态膨胀过程中体系的温度始终保持不变，则体积功可表示为

$$W_4=\int_{V_1}^{V_2} p_e \mathrm{d}V=\int_{V_1}^{V_2} p \mathrm{d}V=\int_{V_1}^{V_2}\frac{nRT}{V}\mathrm{d}V=nRT\ln\frac{V_2}{V_1}=nRT\ln\frac{p_1}{p_2} \tag{1-8}$$

如果将过程(2)、(3)、(4)中体系所做的功分别表示于功图(见图1-5)上,则可明显看出:

$$W_1 < W_2 < W_3 < W_4$$

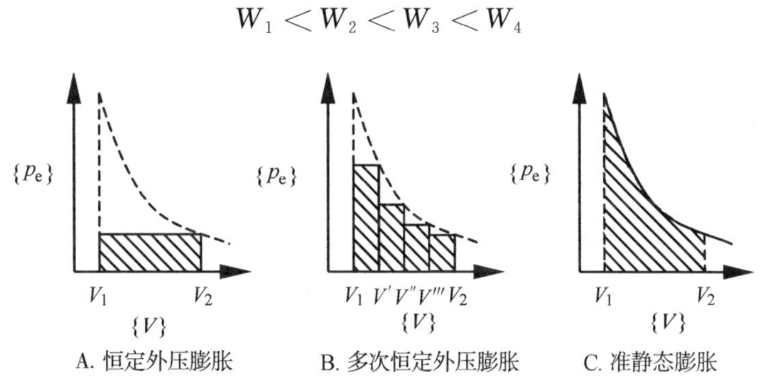

图1-5 功与过程

过程(4)中,体系反抗的是最大外压,所以体系对环境做最大功。若采取过程(2)、(3)、(4)的逆过程,使体系恢复原状,不难发现,有以下关系:

$$|W_4'| < |W_3'| < |W_2'|$$

这表明准静态压缩过程中,环境对体系所做的功(绝对值)最小。

1.4.3 可逆过程与不可逆过程

从过程(4)及(4)′中可以看到,准静态膨胀过程(4)与准静态压缩过程(4)′所做的功大小相等,符号相反。这表明体系恢复原状态时,环境亦恢复原状态。这种准静态过程可称为(热力学)可逆过程(reversible process)。而过程(2)、(3)及其逆过程却不具备这样的特性,称为(热力学)不可逆过程(irreversible process)。

热力学可逆过程具有以下特点:

① 热力学可逆过程由一系列渐进的无限接近于平衡态的准静态构成;

② 可逆过程的推动力和阻力相差无限小;

③ 可逆过程中,要实现任意的有限变化,均需要无限长的时间;

④ 可逆膨胀过程中,体系对环境做最大功;可逆压缩过程中,环境对体系作最小功(绝对值)。故可逆过程的效率最大。

正如孤立体系、等温过程、等压过程的概念一样,可逆过程也是对实际过程的科学抽象,有着重要的理论意义和实际意义。首先,提出了提高实际过程效率的可能性;其次,一些在实际问题中有重要意义的热力学函数的变化值只能通过可逆过程方可求解。

热力学的效率是指能量上投入和产出的比值,不包含时间概念,与“时间就是金钱,效率就是生命”的效率不相同,后者和时间相关,考虑时间成本,是动力学意义上的效率。

例题1-2 设有1 mol 100 ℃、$p^\ominus$的液态水,蒸发为1 mol 100 ℃、$p^\ominus$的水蒸气。试求体系对环境所做的最大功和最小功。

解 由于功是途径函数,体系对环境所作功的多少和过程的途径相关。根据功的表达式$W = \int_{V_1}^{V_2} p_e \mathrm{d}V$,若体系向真空蒸发,则$W$取极小值,$W_{\min} = \int_{V_1}^{V_2} 0\mathrm{d}V = 0$。若在蒸发过程中保持恒温,进行准静态蒸发,则$W$取极大值,$W_{\max} = \int_{V_1}^{V_2} p^\ominus \mathrm{d}V = p^\ominus (V_g - V_1)$。

若忽略液态水的体积,并将水蒸气视为理想气体,则

$$W_{\max} = p^\ominus (V_g - V_1) \approx p^\ominus V_g \approx nRT$$

$$=[1\times8.314\times(100+273.15)]\ \text{J}$$
$$=3\ 102\ \text{J}$$

以上的处理中做了两点近似,忽略液态的体积和将水蒸气视为理想气体,在通常情况下这都是很好的近似。始、终态相同的情况下,两种不同的蒸发路径功值不同验证了功是途径量而不是状态量。

1.4.4 热力学坐标系

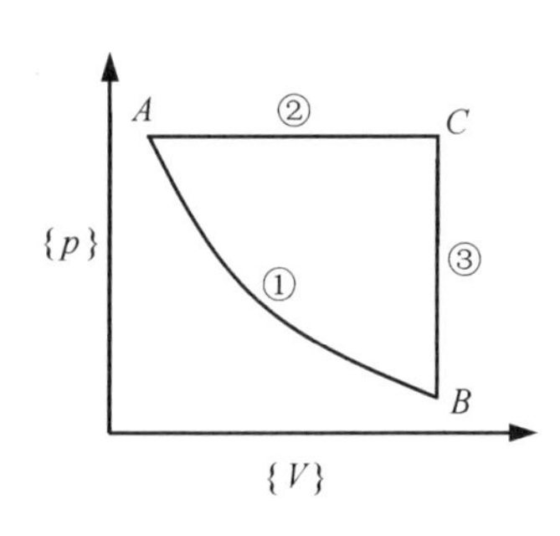

图1-6 热力学坐标系

在热力学中,由独立的热力学变量定义的直角坐标系称为热力学坐标系。如对一定量的纯理想气体,可选择体积 V 和压力 p 为独立变量构成 p-V 坐标系。在 p-V 坐标系中可表示出体系的状态(平衡态)和各种可逆过程。如图1-6所示,A、B、C 分别表示三个热力学平衡态,过程①是恒温可逆过程,②是恒压可逆过程,③是恒容可逆过程。

可以看出,热力学坐标系具有以下特点:

(1) 热力学坐标系中的点表示体系的热力学平衡态,非平衡态不能在热力学坐标系中表示。

(2) 可逆过程就是热力学平衡态在热力学坐标系内的运动轨迹,因此热力学坐标系内的实线均表示热力学可逆过程,不表示热力学不可逆过程(平衡的始、终态除外)。

热力学中经常将热力学过程在热力学坐标系中加以表示,有利于将抽象的思维过程具象化、系统化,将内在的、不清晰的思维过程外在化、清晰化,这种图形化的应用是物理化学中的重要特点。相图中大量地、广泛地使用热力学坐标系。

1.5 恒容热、恒压热与 ΔU、ΔH

1.5.1 恒容热与 ΔU

封闭体系发生一任意有限变化时,$\Delta U=Q-W$,若该过程中体系的体积保持不变($\mathrm{d}V=0$),且没有其他功($W'=0$),则有

$$\Delta U=Q_V \tag{1-9}$$

这表明在封闭体系和环境间没有任何力学相互作用的条件下,体系和环境交换的热 Q_V 等于体系的内能变化,Q_V 仅仅决定于过程的始、终态,而和过程采取的具体途径无关。式(1-9)一方面可视为特定条件下内能(U)的物理意义。严格地说,内能没有明确的物理意义,式(1-9)表明的物理意义胜过没有完全物理意义。式(1-9)表示的是 ΔU 的特定条件下的物理意义,而不是 U 的物理意义。若将式(1-9)倒过来看,$Q_V=\Delta U$,也是有重大意义的。因为 Q 是途径量,不同情况下,Q 的值不确定。而 ΔU 不是这样,始、终态确定的,不同过程的 ΔU 也有确定的数值。特定情况(封闭体系、等容、没有其他功)下,Q 与 ΔU 的值相等,使 Q 的值确定下来,无疑是有重大意义的。这就是热量测量的基础之所在,不然根本就无法进行有意义的热量测定。

1.5.2 恒压热与 ΔH

封闭体系在变化过程中,若 $\mathrm{d}p=0$,且 $W'=0$,则根据热力学第一定律表达式,有

$$\Delta U=U_2-U_1=Q_p-p\Delta V=Q_p-(p_2V_2-p_1V_1)$$

$$Q_p = (U_2 + p_2V_2) - (U_1 + p_1V_1)$$

因为 U、p、V 都是状态函数，故可定义一个新的状态函数：

$$H \xlongequal{\text{def}} U + pV \tag{1-10}$$

H 被称作焓(enthalpy)或热函(heat content)。于是恒压过程的热

$$Q_p = \Delta H \tag{1-11}$$

这说明封闭体系恒压过程且无其他功时，体系和环境交换的热 Q_p 等于体系的焓的变化，Q_p 仅仅决定于过程的始、终态，和过程的途径无关。要注意的是，焓 H 是状态函数、容量性质，是由热力学能 U 引出的辅助函数，因此焓 H 的物理意义不明确。与式(1-9)相似，一方面它表明了 H(其实是 ΔH)的物理意义，另一方面也可使 Q 的值确定下来，使 Q 的测量有意义。但与式(1-9)相比，式(1-11)更常用。

目前，广泛使用的手机电池是锂离子电池(俗称锂电池，但不是真正的锂电池)，在正常使用时，非体积功不为零，$Q_p \neq \Delta H$。当将电池的正、负极短接(严重的破坏行为)，不考虑电池内阻和导线等的电阻，电池不做其他功，此时可认为 $Q_p = \Delta H$。

例题 1-3 1 173 K、$p^\ominus$下，发生如下的分解反应：$CaCO_3(s) \xlongequal{} CaO(s) + CO_2(g)$，其 $\Delta_r H_m^\ominus = 178\ kJ \cdot mol^{-1}$，试求该过程的 $Q_{p,m}$ 和 $\Delta_r U_m^\ominus$。

解 恒温恒压不做非体积功下，$Q_{p,m} = \Delta_r H_m^\ominus = 178\ kJ \cdot mol^{-1}$。

$$\begin{aligned}
\Delta_r U_m^\ominus &= \Delta_r H_m^\ominus - \Delta_r(pV_m) \\
&= \Delta_r H_m^\ominus - p[V^*_{CO_2(g),m} + V^*_{CaO(s),m} - V^*_{CaCO_3(s),m}] \\
&\approx \Delta_r H_m^\ominus - pV^*_{CO_2(g),m} \\
&\approx \Delta_r H_m^\ominus - RT \\
&= (178 - 8.314 \times 1\,173 \times 10^{-3})\ kJ \cdot mol^{-1} \\
&= 168.25\ kJ \cdot mol^{-1}
\end{aligned}$$

在计算过程中，忽略了固体 $CaO(s)$、$CaCO_3(s)$的体积，气体 $CO_2(g)$被看作理想气体。$\Delta_r U_m^\ominus - \Delta_r H_m^\ominus = -9.75\ kJ \cdot mol^{-1}$，系统末态的这种差异源于体系部分势能转化为化学能，$(\Delta_r H_m^\ominus - \Delta_r U_m^\ominus)/\Delta_r H_m^\ominus \approx 5.5\%$，与化学能相比，分子的势能(或动能)只占很小的部分。

1.6 热容

1.6.1 热容

在非体积功 $W' = 0$ 的条件下，只作 pVT 变化[1]的均相体系，温度变化 1 ℃时，体系和环境交换的热量定义为体系的平均热容(mean heat capacity)，可表示如下：

$$\bar{C} \xlongequal{\text{def}} \frac{Q}{\Delta T} \tag{1-12}$$

[1] 没有化学变化和相变化的状态变化称为 pVT 变化或简单状态变化。

显然 $\bar{C}$ 与体系的温度有关,因此取温度变化 ΔT 的极限:

$$C \overset{\text{def}}{=\!=} \lim_{\Delta T \to 0} \frac{Q}{\Delta T} = \frac{\delta Q}{\mathrm{d}T} \tag{1-13}$$

C 称为真实热容(true heat capacity),与体系的物质的量有关,故定义摩尔热容:

$$C_{\mathrm{m}} \overset{\text{def}}{=\!=} \frac{\delta Q_{\mathrm{m}}}{\mathrm{d}T} \tag{1-14}$$

从式(1-12)、(1-13)或式(1-14)中均可看出,热容表示一定条件下单位温度变化时系统和环境间的热量交换,是体系温度改变难易程度的标志,它是系统热惰性(惯性)的表征,类似于牛顿力学中质量的地位。

1.6.2 恒压热容与恒容热容

从式(1-12)、(1-13)、(1-14)中可以看到,$\bar{C}$、C、C_{m} 均与过程的途径有关,因此定义恒压摩尔热容和恒容摩尔热容如下:

$$C_{p,\mathrm{m}} \overset{\text{def}}{=\!=} \frac{\delta Q_{p,\mathrm{m}}}{\mathrm{d}T} = \left(\frac{\partial H_{\mathrm{m}}}{\partial T}\right)_p \tag{1-15}$$

$$C_{V,\mathrm{m}} \overset{\text{def}}{=\!=} \frac{\delta Q_{V,\mathrm{m}}}{\mathrm{d}T} = \left(\frac{\partial U_{\mathrm{m}}}{\partial T}\right)_V \tag{1-16}$$

由定义可知 $\bar{C}$、C、C_{m} 均不是体系的状态函数,而 $C_{p,\mathrm{m}}$ 和 $C_{V,\mathrm{m}}$ 是状态函数,它们与过程的途径无关。

因此,根据式(1-15)和式(1-16),对于组成不变、不作其他功的均相封闭体系的 pVT 过程,可以计算它们的内能变和焓变。

恒压时

$$\Delta H = n\int_{T_1}^{T_2} C_{p,\mathrm{m}}\mathrm{d}T \tag{1-17}$$

恒容时

$$\Delta U = n\int_{T_1}^{T_2} C_{V,\mathrm{m}}\mathrm{d}T \tag{1-18}$$

一般地,p_1 压力下的 ΔH 与 p_2 压力下的 ΔH 不相等,$\Delta H(p_1) \neq \Delta H(p_2)$,因为 $C_{p,\mathrm{m}}(p_1) \neq C_{p,\mathrm{m}}(p_2)$。同理,$V_1$ 体积下的 ΔU 与 V_2 体积下的 ΔU 不相等,$\Delta U(V_1) \neq \Delta U(V_2)$,因为 $C_{V,\mathrm{m}}(V_1) \neq C_{V,\mathrm{m}}(V_2)$。这说明研究影响纯物质焓(或内能)的影响因素时,既要考虑温度的影响,也要考虑压力(或体积)的影响。

1.6.3 $C_{p,\mathrm{m}}$ 与 $C_{V,\mathrm{m}}$ 的关系

可以证明,对于任意 $W'=0$ 的均相封闭体系,$C_{p,\mathrm{m}}$ 与 $C_{V,\mathrm{m}}$ 间存在如下关系式:

$$C_{p,\mathrm{m}} - C_{V,\mathrm{m}} = \left[\left(\frac{\partial U_{\mathrm{m}}}{\partial V}\right)_T + p\right]\left(\frac{\partial V_{\mathrm{m}}}{\partial T}\right)_p \tag{1-19}$$

若体系为凝聚态(固态或液态),一般 $\left(\frac{\partial V_{\mathrm{m}}}{\partial T}\right)_p \approx 0$,故 $C_{p,\mathrm{m}} \approx C_{V,\mathrm{m}}$。若体系为理想气体,内压力(internal pressure) $\left(\frac{\partial U_{\mathrm{m}}}{\partial V}\right)_T = 0$,$\left(\frac{\partial V_{\mathrm{m}}}{\partial T}\right)_p = \frac{R}{p}$,故

$$C_{p,\mathrm{m}} - C_{V,\mathrm{m}} = R \tag{1-20}$$

1.6.4 $C_{p,m}$、$C_{V,m}$ 与温度的关系

一般情况下，$C_{p,m}$、$C_{V,m}$ 是 T、p 的函数。如图 1－7 所示的是 $H_2(g)$ 的 $C_{V,m}/R$ 与温度的关系。低温下，$C_{V,m}/R$ 在 3/2 左右；常温时 $C_{V,m}/R$ 增加到 5/2；高温时则向 7/2 逼近。大部分的其他双原子分子气体的热容具有与 $H_2(g)$ 类似的行为。

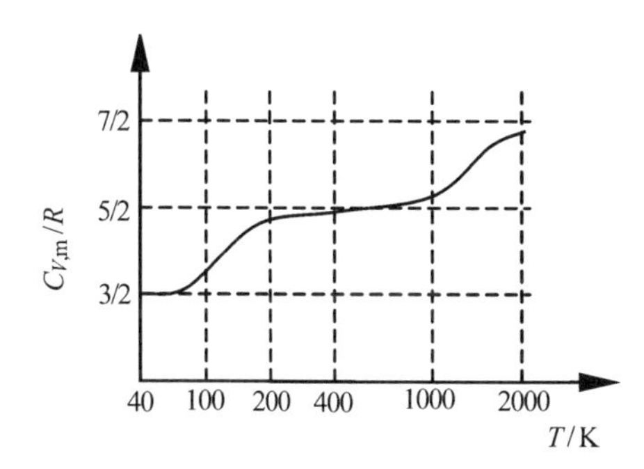

图 1－7 $H_2(g)$ 的 $C_{V,m}$ 随 T 变化示意图

若体系为理想气体，可以证明热容 $C_{p,m}$、$C_{V,m}$ 仅为温度的函数。在通常的温度下，可以如下取值：

单原子分子体系 $$C_{V,m}=\frac{3}{2}R \tag{1-21}$$

双原子分子或线型分子体系 $$C_{V,m}=\frac{5}{2}R \tag{1-22}$$

多原子分子或非线型分子体系 $$C_{V,m}=3R \tag{1-23}$$

若体系是非理想气体，一般采用如下的经验方程式：

$$C_{p,m}=a+bT+cT^2+\cdots \tag{1-24}$$

$$C_{p,m}=a'+b'T+\frac{c'}{T^2}+\cdots \tag{1-25}$$

a、b、c、a'、b'、c' 为物质的特性常数，随物种、相态及使用的温度范围而变化。

有时候，可采用平均摩尔热容：

$$\bar{C}_{p,m}=\frac{\int_{T_1}^{T_2}C_{p,m}\mathrm{d}T}{T_2-T_1} \tag{1-26}$$

在计算要求不高时，可用以下近似：

$$\bar{C}_{p,m}\approx\frac{1}{2}[C_{p,m}(T_1)+C_{p,m}(T_2)] \tag{1-27}$$

$$\bar{C}_{p,m}\approx C_{p,m}[(T_1+T_2)/2] \tag{1-28}$$

综上所述，对于纯物质，热容是温度、压力及物质本身的函数。理想气体的热容仅为温度的函数。实际纯物质的热容一般使用经验式(1－24)或式(1－25)。理想气体混合物的热容是其组分的加权平均。其他复杂系统的热容一般只能经由实验测得。

例题 1－4 1 mol $NH_3(g)$ 经一压缩过程后，$\Delta V=-10\ \mathrm{cm}^3$，$\Delta T=2$ K。若已知 300 K 时，$NH_3(g)$ 的 $\left(\frac{\partial U_m}{\partial V}\right)_T=840\ \mathrm{J\cdot m^{-3}\cdot mol^{-1}}$，$C_{V,m}=37.3\ \mathrm{J\cdot K^{-1}\cdot mol^{-1}}$，计算该过程的 ΔU。

解 因为内压力 $\left(\frac{\partial U_m}{\partial V}\right)_T=840\ \mathrm{J\cdot m^{-3}\cdot mol^{-1}}\neq 0$，所以 $NH_3(g)$ 不是理想气体。选择 V、T 为状态变量，则状态函数 U 的全微分：

$$\mathrm{d}U_m=\left(\frac{\partial U_m}{\partial V}\right)_T\mathrm{d}V+\left(\frac{\partial U_m}{\partial T}\right)_V\mathrm{d}T=\left(\frac{\partial U_m}{\partial V}\right)_T\mathrm{d}V+C_{V,m}\mathrm{d}T$$

代入相关数据并积分：

$$\Delta U_1 = n\int_{V_1}^{V_2}\left(\frac{\partial U_{\mathrm{m}}}{\partial V}\right)_T \mathrm{d}V + n\int_{T_1}^{T_2} C_{V,\mathrm{m}}\mathrm{d}T$$
$$= [840\times(-10)\times10^{-6} + 37.3\times2]\ \mathrm{J}$$
$$= 74.592\ \mathrm{J}$$

若将 NH_3(g)当作理想气体，$\left(\frac{\partial U_{\mathrm{m}}}{\partial V}\right)_T = 0$，则内能变化：

$$\Delta U_2 = n\int_{T_1}^{T_2} C_{V,\mathrm{m}}\mathrm{d}T = (37.3\times2)\ \mathrm{J} = 74.6\ \mathrm{J}$$

计算表明，将 NH_3(g)当作理想气体处理并不会有很大的误差。一般实际气体的内能(或焓)与温度强相关，与体积(或压力)弱相关。在体积变化不大(或压力变化不大)或要求较低的情况下，可将实际气体视为理想气体，只考虑温度变化的影响。理想气体模型在常温、常压下是一个方便、实用的模型。

1.7 理想气体的热力学性质

1.7.1 Joule 实验

Joule(焦耳，英国物理学家)1843 年进行了如下实验(如图 1-8 所示)：将两个中间用旋塞相连的容器放入水浴中，左边的容器中充满气体，右边容器抽成真空。打开旋塞，左侧容器中的气体冲入右侧的真空容器中，达到平衡后，没有观测到水浴的温度变化。

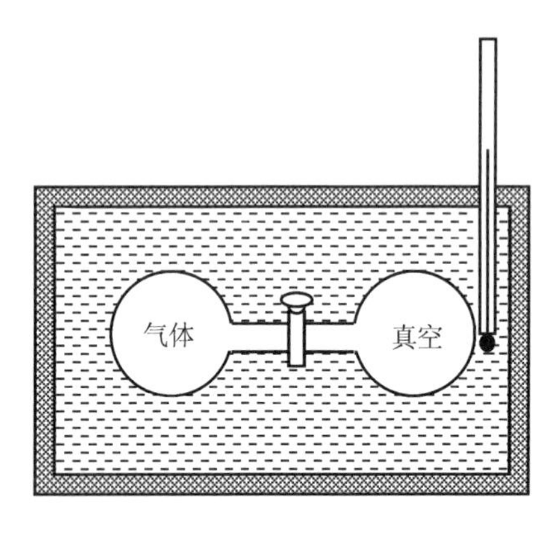

图 1-8 Joule 实验装置示意图

1.7.2 理想气体的内能与焓

对纯理想气体的 pVT 过程，选 V、T 为状态变量，U 为 V、T 的状态函数，则 U 的全微分：

$$\mathrm{d}U = \left(\frac{\partial U}{\partial V}\right)_T \mathrm{d}V + \left(\frac{\partial U}{\partial T}\right)_V \mathrm{d}T = \left(\frac{\partial U}{\partial V}\right)_T \mathrm{d}V + C_V\mathrm{d}T \quad (1-29)$$

因为 Joule 实验中，体积功 $\delta W = p_{\mathrm{e}}\mathrm{d}V = 0\times\mathrm{d}V = 0$，没有观察到温度变化，所以 $\delta Q = 0$，故 $\mathrm{d}U = 0$，于是式(1-29)变为

$$0 = \left(\frac{\partial U}{\partial V}\right)_T \mathrm{d}V + C_V\times0$$

$\mathrm{d}V \neq 0$，故

$$\left(\frac{\partial U}{\partial V}\right)_T = 0 \tag{1-30}$$

若选择 p、T 为状态变量，根据实验结果不难证明：

$$\left(\frac{\partial U}{\partial p}\right)_T = 0 \tag{1-31}$$

式(1-30)和式(1-31)均表明，对于理想气体而言，其内能仅为温度的函数。

因为 $H = U + pV$，所以

$$\left(\frac{\partial H}{\partial V}\right)_T = \left(\frac{\partial U}{\partial V}\right)_T + \left[\frac{\partial(pV)}{\partial V}\right]_T = 0 + \left[\frac{\partial(nRT)}{\partial V}\right]_T = 0 + 0 = 0 \tag{1-32}$$

亦可证明：

$$\left(\frac{\partial H}{\partial p}\right)_T = 0 \tag{1-33}$$

式(1-32)和式(1-33)均表明，对于理想气体而言，其焓亦仅为温度的函数。

综上所述，理想气体的内能与焓均仅为温度的函数。因此对于理想气体任意的 pVT 过程，其内能变化和焓变可用下列公式计算：

$$\Delta U = n\int_{T_1}^{T_2} C_{V,\mathrm{m}}\mathrm{d}T \tag{1-34}$$

$$\Delta H = n\int_{T_1}^{T_2} C_{p,\mathrm{m}}\mathrm{d}T \tag{1-35}$$

可见式(1-34)、(1-35)和式(1-17)、(1-18)的适用条件是不同的，这一点要引起注意。式(1-34)、(1-35)的重要意义为对理想气体而言，将双变量积分转变为单变量积分，降低了实际工作中处理问题的复杂度。当系统所处的条件距离理想气体不远时，也近似使用式(1-34)、式(1-35)，只对温度变化进行积分，一般不会引起巨大的误差。

1.7.3 理想气体的 $C_{p,\mathrm{m}}$ 与 $C_{V,\mathrm{m}}$

由于理想气体的内能 U 仅为温度的函数，所以对于恒容及恒压过程有

$$\left(\frac{\partial U}{\partial T}\right)_p = C_V \tag{1-36}$$

$$\left(\frac{\partial U}{\partial T}\right)_V = C_V \tag{1-37}$$

故对于理想气体，有

$$\left(\frac{\partial U}{\partial T}\right)_p = \left(\frac{\partial U}{\partial T}\right)_V \tag{1-38}$$

$$\begin{aligned} C_p - C_V &= \left(\frac{\partial H}{\partial T}\right)_p - \left(\frac{\partial U}{\partial T}\right)_V \\ &= \left[\frac{\partial(U+pV)}{\partial T}\right]_p - \left(\frac{\partial U}{\partial T}\right)_V \\ &= \left(\frac{\partial U}{\partial T}\right)_p + p\left(\frac{\partial V}{\partial T}\right)_p - \left(\frac{\partial U}{\partial T}\right)_V \end{aligned}$$

将式(1－38)代入上式,有

$$C_p - C_V = p\left(\frac{\partial V}{\partial T}\right)_p \tag{1-39}$$

理想气体的状态方程为 $pV=nRT$, 所以 $\left(\frac{\partial V}{\partial T}\right)_p=\frac{nR}{p}$, 代入式(1－39)得

$$C_p - C_V = nR \tag{1-40}$$

或

$$C_{p,\mathrm{m}} - C_{V,\mathrm{m}} = R \tag{1-41}$$

$$\left(\frac{\partial C_V}{\partial V}\right)_T = \left[\frac{\partial\left(\frac{\partial U}{\partial T}\right)_V}{\partial V}\right]_T = \left[\frac{\partial\left(\frac{\partial U}{\partial V}\right)_T}{\partial T}\right]_V = 0 \tag{1-42}$$

由式(1－40)可证明:

$$\left(\frac{\partial C_p}{\partial V}\right)_T = \left[\frac{\partial (C_V + nR)}{\partial V}\right]_T = 0 \tag{1-43}$$

同理不难证明:

$$\left(\frac{\partial C_p}{\partial p}\right)_T = 0 \tag{1-44}$$

$$\left(\frac{\partial C_V}{\partial p}\right)_T = 0 \tag{1-45}$$

式(1－42)～式(1－45)均表明理想气体的恒压热容、恒容热容均仅为温度的函数,它们的差值为常数 nR。要注意热容仅为温度函数的气体未必是理想气体,如实际气体 $pV_\mathrm{m}=RT+bp$,可证明其热容仅为温度函数。

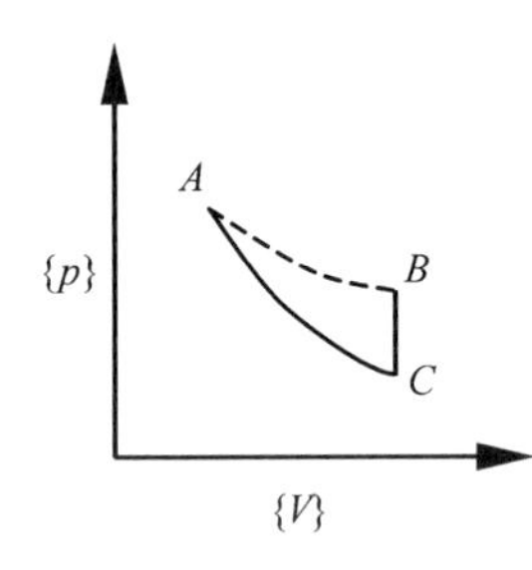

例题 1－5　1 mol 某单原子分子理想气体,由 273.2 K、$p^\ominus$ 的始态到体积增大一倍的过程中,$Q=1\ 674$ J,$\Delta H=2\ 092$ J。试计算:

① 该过程的 W 和 ΔU;

② 若上述终态经由恒温和恒容两步可逆途径达到,则 Q 和 W 分别为多少?

解　① 为了使解题过程清晰明了,在热力学坐标系中标示出该题的始、终态及过程的途径。

对于单原子分子理想气体,取 $C_{V,\mathrm{m}}=\frac{3}{2}R$, 则 $C_{p,\mathrm{m}}=C_{V,\mathrm{m}}+R=\frac{5}{2}R$, 故

$$\gamma=\frac{C_{p,\mathrm{m}}}{C_{V,\mathrm{m}}}=\frac{5}{3}$$

根据理想气体的性质,其焓变和内能变化分别为

$$\Delta H = n\,C_{p,\mathrm{m}}\Delta T$$

$$\Delta U = n\,C_{V,\mathrm{m}}\Delta T$$

因此

$$\Delta U=\frac{\Delta H}{\gamma}=\frac{2\ 092\ \mathrm{J}}{\frac{5}{3}}=1\ 255.2\ \mathrm{J}$$

又 $\Delta U = Q - W$，所以

$$W = Q - \Delta U = 1\ 674\ \text{J} - 1\ 255.2\ \text{J} = 418.8\ \text{J}$$

② 因为 $\Delta H = n\, C_{p,\text{m}} \Delta T$，所以 $\Delta T = \dfrac{\Delta H}{n C_{p,\text{m}}} = \dfrac{2\ 092}{1 \times \frac{5}{2} \times 8.314}\text{K} = 100.6\ \text{K}$，故

$$\begin{aligned} Q &= Q_T + Q_V \\ &= nRT \ln \frac{V_C}{V_A} + n\, C_{V,\text{m}} \Delta T \\ &= (1 \times 8.314 \times 273.2 \times \ln 2 + 1 \times \frac{3}{2} \times 8.314 \times 100.6)\ \text{J} \\ &= 2\ 829.0\ \text{J} \end{aligned}$$

$$\begin{aligned} W &= W_T + W_V \\ &= nRT \ln \frac{V_C}{V_A} + 0 \\ &= (1 \times 8.314 \times 273.2 \times \ln 2)\ \text{J} \\ &= 1\ 574.4\ \text{J} \end{aligned}$$

过程①、②的 Q、W 明显不同，表明它们是途径函数，和途径相关联。曲线 AB 用虚线表示，是因为无法确定该过程的中间状态，因而无法在热力学坐标系中用实线表示出来。

1.8 理想气体的绝热过程

1.8.1 理想气体的绝热可逆过程

若体系和环境间没有热交换，$\delta Q = 0$，且 $\delta W' = 0$，则可逆过程中

$$\text{d}U = -p_\text{e} \text{d}V = -p \text{d}V$$

因为理想气体的内能仅为温度的函数，$\text{d}U = n\, C_{V,\text{m}} \text{d}T$，$p = \dfrac{nRT}{V}$，所以

$$n\, C_{V,\text{m}} \text{d}T = -p \text{d}V = -\frac{nRT}{V} \text{d}V$$

进行变量分离：

$$C_{V,\text{m}} \frac{\text{d}T}{T} = -\frac{R}{V} \text{d}V$$

若绝热过程中温度变化不大，则可认为 $C_{V,\text{m}}$ 是常数，上式积分有

$$C_{V,\text{m}} \ln \frac{T_2}{T_1} = R \ln \frac{V_1}{V_2}$$

因为理想气体的 $C_{p,\text{m}} - C_{V,\text{m}} = R$，所以

$$C_{V,\text{m}} \ln \frac{T_2}{T_1} = (C_{p,\text{m}} - C_{V,\text{m}}) \ln \frac{V_1}{V_2}$$

$$\ln\frac{T_2}{T_1}=\frac{C_{p,\mathrm{m}}-C_{V,\mathrm{m}}}{C_{V,\mathrm{m}}}\ln\frac{V_1}{V_2}=(\gamma-1)\ln\frac{V_1}{V_2}$$

$$T_1V_1^{\gamma-1}=T_2V_2^{\gamma-1}\tag{1-46}$$

或

$$T\,V^{\gamma-1}=\text{常数}\tag{1-47}$$

式(1-46)、(1-47)表示了理想气体非体积功为零的绝热可逆过程中，不同状态间状态函数的关系，可称为过程方程；$\gamma=\dfrac{C_{p,\mathrm{m}}}{C_{V,\mathrm{m}}}$，称为绝热指数(adiabatic index)。

根据式(1-46)、(1-47)，不难证明：

$$pV^{\gamma}=\text{常数}'\tag{1-48}$$

$$T^{\gamma}p^{1-\gamma}=\text{常数}''\tag{1-49}$$

式(1-48)、(1-49)亦称为过程方程，显然它们与状态方程是不同的。$pV^n=$常数，$1<n<\gamma$，称为多方过程(polytropic process)。

理想的绝热可逆过程是不存在的。但我们可以应用绝热可逆过程对各种实际的过程进行分析和模拟，得出结论。1816年，Laplace(拉普拉斯，法国天文学家和数学家)视声波传播为绝热过程而不是牛顿认为的等温过程，从而得出正确的声速方程 $v=\sqrt{\gamma RT/M}$ (M 为空气的平均摩尔质量)。又如大气在垂直于地表方向的运动，大气垂直上升视为绝热可逆膨胀，则温度下降，垂直下降视为绝热可逆压缩，则温度上升。

1.8.2 理想气体的绝热不可逆过程

若体系进行绝热不可逆过程，则式(1-46)～式(1-49)不再适用，因为它们仅仅适用于可逆过程。但是热力学第一定律依然成立，所以

$$W=-\Delta U=-n\,C_{V,\mathrm{m}}\Delta T\tag{1-50}$$

考虑到 $C_{p,\mathrm{m}}-C_{V,\mathrm{m}}=R$ 和 $\gamma=\dfrac{C_{p,\mathrm{m}}}{C_{V,\mathrm{m}}}$，则有

$$W=\frac{p_1V_1-p_2V_2}{\gamma-1}\tag{1-51}$$

因此式(1-50)、(1-51)对可逆过程和不可逆过程均适用。若体系进行恒外压不可逆绝热过程，则

$$n\,C_{V,\mathrm{m}}(T_2-T_1)=-p_{\mathrm{e}}(V_2-V_1)=-p_2\left(\frac{nRT_2}{p_2}-\frac{nRT_1}{p_1}\right)=-nRT_2+nRT_1\frac{p_2}{p_1}$$

$$n\,C_{p,\mathrm{m}}T_2=nRT_1\frac{p_2}{p_1}+n\,C_{V,\mathrm{m}}T_1$$

$$T_2=\left(R\frac{p_2}{p_1}+C_{V,\mathrm{m}}\right)\frac{T_1}{C_{p,\mathrm{m}}}\tag{1-52}$$

由式(1-52)可以进一步求过程的 ΔU、ΔH、W 等。

例题1-6 某单原子分子理想气体从273.2 K、$5p^{\ominus}$、10 dm^3 的始态，反抗恒定外压膨胀到压力为 $p^{\ominus}$ 的终态，试计算该不可逆绝热过程的 ΔU、ΔH。

解 该过程的框图如下：

$p_1=5p^{\ominus}$ $T_1=273.2$ K $V_1=10$ dm^3	反抗恒定外压不可逆绝热膨胀 →	$p_2=p^{\ominus}$ $T_2=?$ $V_2=?$

① 末态温度 T_2 的计算

将相关数据代入式(1－52)中，得

$$T_2=\left(R\frac{p_2}{p_1}+C_{V,\mathrm{m}}\right)\frac{T_1}{C_{p,\mathrm{m}}}$$
$$=\left[\left(8.314\times\frac{p^\ominus}{5p^\ominus}+\frac{3}{2}\times8.314\right)\times\frac{273.2}{\frac{5}{2}\times8.314}\right]\mathrm{K}$$
$$=185.8\ \mathrm{K}$$

② ΔU 的计算

$$\Delta U=nC_{V,\mathrm{m}}(T_2-T_1)=\frac{p_1V_1}{RT_1}C_{V,\mathrm{m}}(T_2-T_1)$$
$$=\left[\frac{(5\times101\ 325)\times(10\times10^{-3})}{8.314\times273.2}\times\left(\frac{3}{2}\times8.314\right)\times(185.8-273.2)\right]\mathrm{J}$$
$$=-2.43\times10^3\ \mathrm{J}$$

③ ΔH 的计算

$$\Delta H=\gamma\Delta U=\frac{5}{3}\times(-2.43\times10^3\ \mathrm{J})=-4.05\times10^3\ \mathrm{J}$$

1.9 纯物质的相变化

1.9.1 相变

相是体系中物理性质和化学性质完全均一的部分。如封闭体系中纯水与其蒸汽共存时，液态水为一相，水蒸气为另一相。

体系中物质在不同相间的迁移过程称为相变化，简称相变。一般纯物质的相变包括物质聚集状态(固、液、气)和固体不同晶型间的转化等。通常固体熔化用符号 fus、液体蒸发用符号 vap、固体升华用符号 sub、固体晶型转化用符号 trs 表示。

若体系在平衡温度、平衡压力下发生相变化，则被视为可逆相变。如纯水在 100 ℃、$p^\ominus$ 下蒸发成水蒸气，通常被看作是可逆蒸发。在非平衡温度、非平衡压力下的蒸发是不可逆蒸发。如 25 ℃、$p^\ominus$ 下，水蒸发成水蒸气是不可逆蒸发过程。

可逆蒸发是在恒温、恒压下进行的，蒸发时体系和环境间的热交换和体系的焓变化相等，即 $Q_p=\Delta_{\mathrm{vap}}H$。若蒸发时外压为 $p^\ominus$，体系对应的温度称为正常沸点 $T_\mathrm{b}^\ominus$，$\Delta_{\mathrm{vap}}H_\mathrm{m}^\ominus$ 则为标准摩尔蒸发焓。

1.9.2 相变焓与温度的关系

纯物质的可逆摩尔相变焓随温度而变化，可以证明存在如下关系：

$$\frac{\mathrm{d}\Delta_\alpha^\beta H_\mathrm{m}}{\mathrm{d}T}=\Delta_\alpha^\beta C_{p,\mathrm{m}}+\frac{\Delta_\alpha^\beta H_\mathrm{m}}{T}-\frac{\Delta_\alpha^\beta H_\mathrm{m}}{\Delta_\alpha^\beta V_\mathrm{m}}\left(\frac{\partial\Delta_\alpha^\beta V_\mathrm{m}}{\partial T}\right)_p \tag{1-53}$$

式(1－53)称为 Planck(普朗克，德国理论物理学家)方程，它描述了任意纯物质相 α 和相 β 间可逆相变焓随温度变化的规律。

若 β 为气相，且可当作理想气体，α 相是凝聚相(固相或液相)，则式(1－53)可简化成

$$\frac{\mathrm{d}\Delta_\alpha^\beta H_\mathrm{m}}{\mathrm{d}T}=\Delta_\alpha^\beta C_{p,\mathrm{m}} \tag{1-54}$$

若α和β均为凝聚相,则式(1-53)可简化成

$$\frac{\mathrm{d}\Delta_\alpha^\beta H_\mathrm{m}}{\mathrm{d}T}=\Delta_\alpha^\beta C_{p,\mathrm{m}}+\frac{\Delta_\alpha^\beta H_\mathrm{m}}{T} \tag{1-55}$$

例题1-7 已知纯水在100 ℃、$p^\ominus$的蒸发焓$\Delta_\mathrm{vap}H_\mathrm{m}^\ominus=40.67\ \mathrm{kJ\cdot mol^{-1}}$,求水在25 ℃下的可逆摩尔蒸发焓。已知$\bar{C}_{p,\mathrm{m}}(\mathrm{H_2O,l})=75.3\ \mathrm{J\cdot K^{-1}\cdot mol^{-1}}$,$\bar{C}_{p,\mathrm{m}}(\mathrm{H_2O,g})=33.6\ \mathrm{J\cdot K^{-1}\cdot mol^{-1}}$。

解 液体蒸发是凝聚态和气态间的相变化,将水蒸气视为理想气体,应用式(1-54)得

$$\begin{aligned}\Delta_\mathrm{vap}H_\mathrm{m}(298.2\ \mathrm{K})&=\Delta_\mathrm{vap}H_\mathrm{m}^\ominus(373.2\ \mathrm{K})+\int_{373.3}^{298.2}[C_{p,\mathrm{m}}(\mathrm{H_2O,g})-C_{p,\mathrm{m}}(\mathrm{H_2O,l})]\mathrm{d}T\\&=[40.67+(33.6-75.3)\times(298.2-373.2)\times10^{-3}]\ \mathrm{kJ\cdot mol^{-1}}\\&=43.80\ \mathrm{kJ\cdot mol^{-1}}\end{aligned}$$

例题1-8 若将1 mol温度0 ℃的冰在$p^\ominus$下加热成150 ℃的水蒸气,计算此过程的热。已知0～100 ℃范围内水的平均恒压摩尔热容为$\bar{C}_{p,\mathrm{m}}^\ominus(\mathrm{H_2O,l})=75.3\ \mathrm{J\cdot K^{-1}\cdot mol^{-1}}$,100～150 ℃范围内水蒸气平均恒压摩尔热容为$\bar{C}_{p,\mathrm{m}}^\ominus(\mathrm{H_2O,g})=34.6\ \mathrm{J\cdot K^{-1}\cdot mol^{-1}}$,水的标准摩尔熔化热为$\Delta_\mathrm{fus}H_\mathrm{m}^\ominus(\mathrm{H_2O})=6.0\ \mathrm{kJ\cdot mol^{-1}}$,水的标准摩尔汽化热$\Delta_\mathrm{vap}H_\mathrm{m}^\ominus(\mathrm{H_2O})=40.67\ \mathrm{kJ\cdot mol^{-1}}$。

解 整个过程是恒压可逆过程,其框图如下:

$$\boxed{\begin{matrix}\mathrm{H_2O(s)}\\273.2\ \mathrm{K}\end{matrix}}\xrightarrow{\Delta H_1}\boxed{\begin{matrix}\mathrm{H_2O(l)}\\273.2\ \mathrm{K}\end{matrix}}\xrightarrow{\Delta H_2}\boxed{\begin{matrix}\mathrm{H_2O(l)}\\373.2\ \mathrm{K}\end{matrix}}\xrightarrow{\Delta H_3}\boxed{\begin{matrix}\mathrm{H_2O(g)}\\373.2\ \mathrm{K}\end{matrix}}\xrightarrow{\Delta H_4}\boxed{\begin{matrix}\mathrm{H_2O(g)}\\423.2\ \mathrm{K}\end{matrix}}$$

所以整个过程体系和环境交换的热等于体系的焓变。

$$\begin{aligned}Q_p&=\Delta H=\Delta H_1+\Delta H_2+\Delta H_3+\Delta H_4\\&=n\Delta_\mathrm{fus}H_\mathrm{m}^\ominus+n\int_{273.2}^{373.2}\bar{C}_{p,\mathrm{m}}^\ominus(\mathrm{H_2O,l})\mathrm{d}T+n\Delta_\mathrm{vap}H_\mathrm{m}^\ominus+n\int_{373.2}^{423.2}\bar{C}_{p,\mathrm{m}}^\ominus(\mathrm{H_2O,g})\mathrm{d}T\\&=[6.0+75.3\times(373.2-273.2)\times10^{-3}+\\&\quad 40.67+34.6\times(423.2-373.2)\times10^{-3}]\ \mathrm{kJ\cdot mol^{-1}}\\&=55.93\ \mathrm{kJ\cdot mol^{-1}}\end{aligned}$$

1.10 实际气体的节流膨胀

1.10.1 Joule-Thomson节流膨胀实验

由于水的热容量很大,Joule实验是不精确的。1852年Joule与Thomson(汤姆孙,即第一任开尔文Kelvin男爵,英国数学家、物理学家和工程师)设计了另一实验。

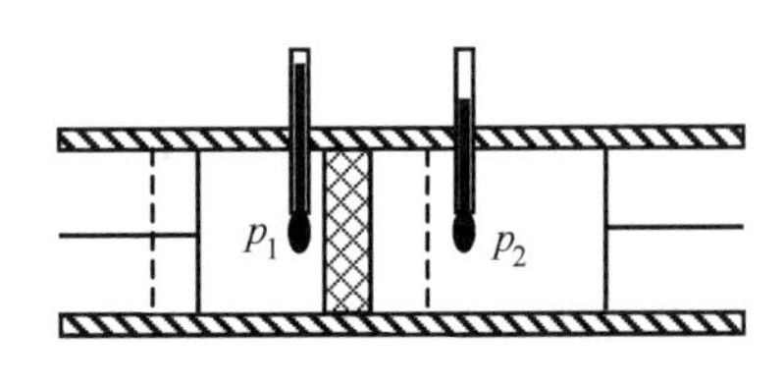

图1-9 Joule-Thomson节流膨胀实验示意图

Joule-Thomson实验的节流膨胀装置大致如图1-9所示。压力为p_1的高压气体由左侧经过多孔的海泡石的节流后,右侧压力降低为p_2,达到稳定后,分别测定节流前后的温度。

当始态温度为室温时,大多数的气体节流后温度下降。有

些气体，如 H_2、He 经节流后温度反而上升。实验还发现，各种气体在始态压力足够低时，节流前、后温度基本保持不变。

1.10.2 节流过程的热力学特征

节流膨胀过程是绝热降压过程。左侧体系对环境做的体积功为 $W_{左}=-p_1V_1$，右侧体系对环境做的体积功为 $W_{右}=p_2V_2$，因此节流过程中体系对环境所做的净体积功为

$$W=p_2V_2-p_1V_1$$

将之代入封闭体系的热力学第一定律：

$$\Delta U=U_2-U_1=0-(p_2V_2-p_1V_1)$$

$$U_2+p_2V_2=U_1+p_1V_1$$

即

$$H_2=H_1$$

因此气体的节流过程(throttling process)是一等焓过程(并非恒焓过程)。

节流实验中，实际气体的温度在节流前后发生变化，这种现象可称为节流效应。节流效应可借助物理量 Joule-Thomson 系数 $\mu_{J\text{-}T}$ 来分析：

$$\mu_{J\text{-}T}\overset{\text{def}}{=\!=\!=}\left(\frac{\partial T}{\partial p}\right)_H \tag{1-56}$$

目前实验室中多用等温焦-汤系数(isothermal Joule-Thomson coefficient)替代焦-汤系数，因为 $\mu_T=-C_p\mu_{J\text{-}T}$。$\mu_{J\text{-}T}<0$ 时，产生致温效应。$\mu_{J\text{-}T}=0$ 时，则节流前后温度保持不变。理想气体的 $\mu_{J\text{-}T}=0$，$\mu_{J\text{-}T}=0$ 的气体未必是理想气体。$\mu_{J\text{-}T}>0$ 时，产生制冷效应，工业上常用此法获取低温。空调在夏天的广泛使用就是现代科技利用节流制冷带给人类的强大福祉。

例题 1-9 已知 $CO_2(g)$ 的 Joule-Thomson 系数 $\mu_{J\text{-}T}=1.07\times10^{-5}\,K\cdot Pa^{-1}$，$C_{p,m}=36.6\,J\cdot K^{-1}\cdot mol^{-1}$，试求 $CO_2(g)$ 从 25 ℃、$p^\ominus$ 的始态压缩到 25 ℃、$10p^\ominus$ 的终态过程的 ΔH_m。

解 设计如框图所示的过程：

$CO_2(g)$ $t_1=25$ ℃ $p^\ominus$	恒压可逆压缩 → ΔH_1	$CO_2(g)$ $t'=?$ $p^\ominus$	逆节流膨胀 → ΔH_2	$CO_2(g)$ $t_2=25$ ℃ $10p^\ominus$

可以将框图描述的过程表示在如下的热力学坐标系中：

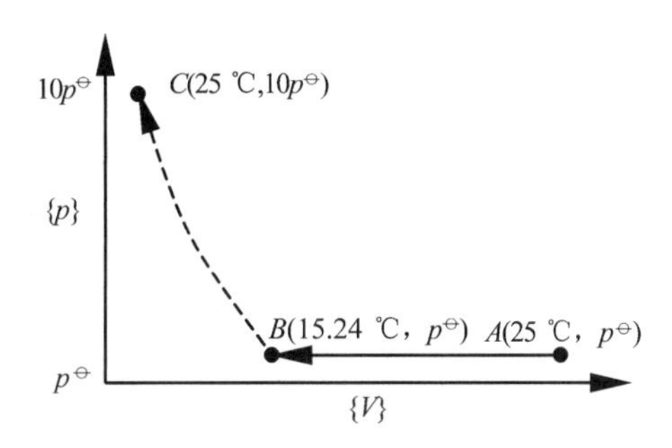

先计算逆节流过程中温度的变化。由于 $\mu_{J\text{-}T}=\left(\frac{\partial T}{\partial p}\right)_H$，因此

$$\Delta t=\int_{p^\ominus}^{10p^\ominus}\mu_{J\text{-}T}\,dp$$

若认为 $\mu_{\text{J-T}}$ 与 T、p 无关，则

$$\Delta t = \mu_{\text{J-T}}\int_{p^\ominus}^{10p^\ominus} dp$$
$$= (1.07\times10^{-5}\ \text{K}\cdot\text{Pa}^{-1})\times(10p^\ominus - p^\ominus)$$
$$= 9.76\ \text{K}$$

体系的焓变为压缩过程和逆节流过程之和：

$$\Delta H_{\text{m}} = \Delta H_1 + \Delta H_2$$
$$= \int_{T_1}^{T'} C_{p,\text{m}} dT + 0$$
$$= 36.6\ \text{J}\cdot\text{K}^{-1}\cdot\text{mol}^{-1}\times(-9.76\ \text{K}) + 0$$
$$= -357\ \text{J}\cdot\text{mol}^{-1}$$

1.11 化学反应的热效应

1.11.1 反应进度

设有任意化学反应 $0=\sum_{\text{B}}\nu_{\text{B}}\text{B}$，B表示任意反应物或产物，$\nu_{\text{B}}$ 为B的计量系数，对反应物 ν_{B} 取负值，对产物 ν_{B} 取正值，ν_{B} 的量纲为一(纯数)。注意化学反应的通用表达式如果写作 $\sum\nu_{\text{B}}\text{B}=0$，则是错误的。在初等数学中，$0=\sum_{\text{B}}\nu_{\text{B}}\text{B}$ 和 $\sum\nu_{\text{B}}\text{B}=0$ 是等价的，在物理化学中是不等价的，ν_{B} 有正、有负，分别代表产物和反应物的计量系数，具有不同的物理化学意义，不是初等数学中的纯数值抽象物。除了反应的始态、终态和反应平衡态外，用状态变量 T、p 描述化学反应体系显然是不够的，因为反应过程中体系的组成不断发生变化，因此比利时科学家 T. de Donder 引入新的物理量　反应进度(extent of reaction)，用符号 ξ 表示，反应进度定义为

$$\xi = \frac{n_{\text{B}} - n_{\text{B},0}}{\nu_{\text{B}}} \tag{1-57}$$

ν_{B} 的量纲为一，所以 ξ 的单位是 mol。ξ 不依赖于参与反应的具体物质，是体系的强度量，是对化学反应的整体描述。但 ξ 依赖于反应方程式的具体写法，因此报告 ξ 值时，必须表明对应的方程式。

引入反应进度 ξ 后，对于封闭没有其他功的化学反应体系，可以用 T、p、ξ 描述其状态(未达化学平衡，仅达热平衡和力平衡)，达到化学平衡后，用双变量 T、p 即可，因为此时体系的组成不再发生变化。

1.11.2 化学反应的热效应

设有任意化学反应 $0=\sum_{\text{B}}\nu_{\text{B}}\text{B}$，若反应前、后体系的温度相同，且没有其他功，则体系和环境交换的热称为反应热(heat of reaction)。若反应在恒压下进行，则称为恒压热效应，记作 $\Delta_{\text{r}}H$($Q_p=\Delta_{\text{r}}H$)。若反应在恒容下进行，则可称为恒容热效应，记作 $\Delta_{\text{r}}U$($Q_V=\Delta_{\text{r}}U$)。若反应进度为1 mol，反应的热效应则分别称为恒压摩尔反应热 $\Delta_{\text{r}}H_{\text{m}}$ 和恒容摩尔反应热 $\Delta_{\text{r}}U_{\text{m}}$。

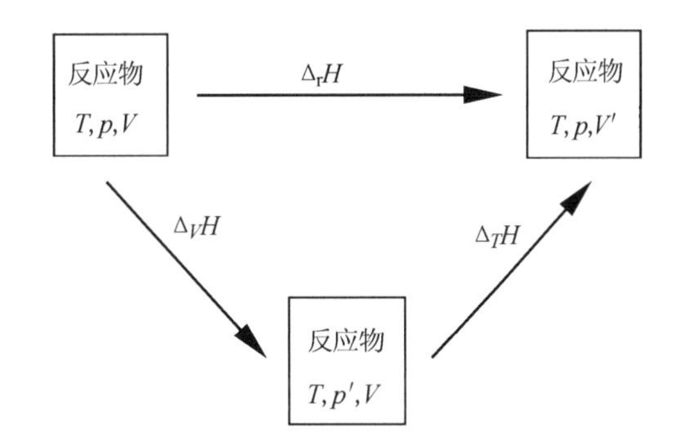

如上面的框图所示，可推导 $\Delta_r H_m$ 与 $\Delta_r U_m$ 的关系：

$$\begin{aligned} Q_p - Q_V &= \Delta_r H - \Delta_r U \\ &= (\Delta_V H + \Delta_T H) - \Delta_V U \\ &= \Delta_V U + V\Delta_V p + \Delta_T H - \Delta_V U \\ &= V\Delta_V p + \Delta_T H \end{aligned}$$

若产物是理想气体，$\Delta_T H = 0$。产物为凝聚态时，$\Delta_T H \approx 0$。所以

$$Q_p - Q_V = V\Delta_V p \tag{1-58}$$

对于凝聚态，$\Delta_V p$ 可忽略，故只考虑气相物质，设气相均为理想气体，则

$$Q_p - Q_V = \xi \sum_{B(g)} \nu_{B(g)} \cdot RT$$

反应进度为 1 mol 时，则有

$$Q_{p,m} - Q_{V,m} = \sum_{B(g)} \nu_{B(g)} \cdot RT \tag{1-59}$$

因此根据式(1-59)可以在两种反应热效应间进行换算。

1.11.3 热化学方程式

由于反应热效应和化学方程式紧密关联，所以在讨论反应热效应时必须同时指明对应的反应式，这种表明化学反应热效应的化学方程式称为热化学方程式(thermochemical equation)。

在书写热化学方程式时除了要遵循一般的化学方程式的书写规范外，还必须将影响反应热效应的所有因素都予以标明。一般情况下，要注明晶型物态、温度、压力和组成等。如果是室温和 1 个标准大气压(1.01×10^3 kPa)，可以省略。如热化学方程式

$$H_2(g, p^{\ominus}) + I_2(g, p^{\ominus}) = 2HI(g, p^{\ominus}) \quad \Delta_r H_m^{\ominus}(300\ ℃) = -12.84\ kJ \cdot mol^{-1}$$

它表示 300 ℃、$p^{\ominus}$下 1 mol H_2(g)和 300 ℃、$p^{\ominus}$下 1 mol I_2(g)(假定)完全反应生成 300 ℃、$p^{\ominus}$下 2 mol HI(g)时，放热 12.84 kJ。符号"$\ominus$"(Plimsoll symbol)，对纯物质而言，表示 1 个标准大气压＝101 325 Pa。IUPAC(The International Union of Pure and Applied Chemistry，国际纯粹与应用化学联合会)最新推荐，1 标准压力 p＝100 kPa。本教材暂保持使用旧标准。

1.12 Hess 定律及其应用

1.12.1 Hess 定律

1840 年，Hess(赫斯，俄罗斯化学家、医生)在大量实验基础上总结出一条经验规律：一个化学反

应的热效应和反应的途径无关。即不管是一步完成还是多步完成,其热效应相同。

Hess 定律先于热力学第一定律从化学运动与热运动的关联角度得出能量守恒与转化定律,在理论上有重要意义。在实际工作中,Hess 定律开阔了热力学的思路,使一些不易测准或无法测量的热力学量变可通过易测准的或能测量的热力学量变来进行求解。

设 $r(1,2,\cdots,i,\cdots)$ 个反应的代数和(和、差、积、商)的总反应 R,根据 Hess 定律,有

$$\Delta_r H_{m,R}=\sum_{i=1}^{r}\nu_i\Delta_r H_{m,i} \tag{1-60}$$

若将 H 换成 U 则得到

$$\Delta_r U_{m,R}=\sum_{i=1}^{r}\nu_i\Delta_r U_{m,i} \tag{1-61}$$

式(1-60)、(1-61)在使用时要保证反应条件(等温、等容、不作其他功或等温、等压、不作其他功)及参加反应的物质的相态相同。式(1-60)、(1-61)中的 H 和 U 亦可替换成其他的状态函数如 S、$F(A)$、G 等,使 Hess 定律得到更广泛的应用。

例题 1-10 已知 25 ℃时,有下列热化学方程式:

① $C(石墨)+\frac{1}{2}O_2(g)=\!=\!=CO(g)$ $\Delta_r H_m^\ominus(1)=-110.54\ kJ\cdot mol^{-1}$

② $3Fe(s)+2O_2(g)=\!=\!=Fe_3O_4(s)$ $\Delta_r H_m^\ominus(2)=-1\ 117.13\ kJ\cdot mol^{-1}$

求反应③ $Fe_3O_4(s)+4C(石墨)=\!=\!=3Fe(s)+4CO(g)$ 在 25 ℃时的 $\Delta_r H_m^\ominus$。

解 由于反应①和②线性组合可得反应③,即 ③ $=4\times$① $-$ ②,故

$$\begin{aligned}\Delta_r H_m^\ominus&=4\Delta_r H_m^\ominus(1)-\Delta_r H_m^\ominus(2)\\&=[4\times(-110.54)-(-1\ 117.13)]\ kJ\cdot mol^{-1}\\&=674.97\ kJ\cdot mol^{-1}\end{aligned}$$

1.12.2 标准摩尔生成焓

在标准压力 $p^\ominus$ 和指定温度 T 下,由最稳定的单质生成 1 mol 指定相态 β 的物质 B 的恒压反应热,称为该物质 B 的标准摩尔生成焓(standard molar enthalpy of formation),以符号 $\Delta_f H_m^\ominus(B,\beta,T)$ 表示。

因为反应前、后原子数守恒,所以生成反应物与产物所需的最稳定单质的种类、数量也相同,故可以由 Hess 定律求算标准摩尔反应热。可以通过如下的反应框图来理解:

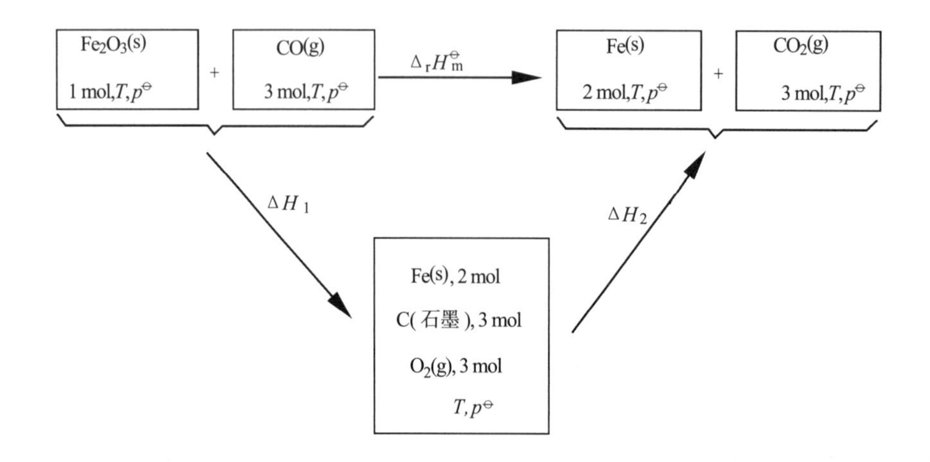

因为

$$\Delta H_1 = -\Delta_f H_m^\ominus(Fe_2O_3,s,T) - 3\Delta_f H_m^\ominus(CO,g,T)$$

$$\Delta H_2 = 2\Delta_f H_m^\ominus(Fe,s,T) + 3\Delta_f H_m^\ominus(CO_2,g,T)$$

所以

$$\begin{aligned}\Delta_r H_m^\ominus(T) &= \Delta H_1 + \Delta H_2 \\ &= [2\Delta_f H_m^\ominus(Fe,s,T) + 3\Delta_f H_m^\ominus(CO_2,g,T)] - \\ &\quad [\Delta_f H_m^\ominus(Fe_2O_3,s,T) + 3\Delta_f H_m^\ominus(CO,g,T)]\end{aligned}$$

对于任意化学反应 $0 = \sum_B \nu_B B$，可写出通式：

$$\Delta_r H_m^\ominus(T) = \sum_B \nu_B \Delta_f H_m^\ominus(B,\beta,T) \tag{1-62}$$

式(1-62)表明化学反应的标准摩尔反应焓等于参与反应的各物质标准摩尔生成焓的代数和。

例题 1-11 已知 $\Delta_f H_m^\ominus(CO_2,g) = -393.51\ kJ \cdot mol^{-1}$，$\Delta_f H_m^\ominus(H_2O,l) = -285.83\ kJ \cdot mol^{-1}$，$\Delta_f H_m^\ominus[(COOH)_2,s] = -826.83\ kJ \cdot mol^{-1}$，试求反应

$$(COOH)_2(s) + \frac{1}{2}O_2(g) = 2CO_2(g) + H_2O(l)$$

的标准摩尔反应焓 $\Delta_r H_m^\ominus$。

解 根据式(1-62)得：

$$\begin{aligned}\Delta_r H_m^\ominus &= \sum_B \nu_B \Delta_f H_m^\ominus(B,\beta,T) \\ &= 2\Delta_f H_m^\ominus(CO_2,g) + \Delta_f H_m^\ominus(H_2O,l) - \\ &\quad \Delta_f H_m^\ominus[(COOH)_2,s] - \frac{1}{2}\Delta_f H_m^\ominus(O_2,g) \\ &= \left[2\times(-393.51) + (-285.83) - (-826.83) - \frac{1}{2}\times 0\right] kJ \cdot mol^{-1} \\ &= -246.02\ kJ \cdot mol^{-1}\end{aligned}$$

1.12.3 标准摩尔燃烧焓

在标准压力 $p^\ominus$ 及指定温度 T 下，1 mol 指定相态 β 的物质 B 被完全氧化时的恒压热效应，称为该物质 B 的标准摩尔燃烧焓(combustion enthalpy)，以符号 $\Delta_c H_m^\ominus(B,\beta,T)$ 表示。所谓完全燃烧是指物质 B 中的 C 变成 $CO_2(g)$、H 变成 $H_2O(l)$、N 变成 $N_2(g)$、S 变成 $SO_2(g)$、Cl 变成 HCl(aq)。规定了标准摩尔燃烧焓后，根据 Hess 定律不难证明：

$$\Delta_r H_m^\ominus(T) = -\sum_B \nu_B \Delta_c H_m^\ominus(B,\beta,T) \tag{1-63}$$

例题 1-12 已知一些物质的标准摩尔燃烧焓 $\Delta_c H_m^\ominus(C_3H_8,g) = -2\ 219.9\ kJ \cdot mol^{-1}$，$\Delta_c H_m^\ominus(CH_4,g) = -890.3\ kJ \cdot mol^{-1}$，$\Delta_c H_m^\ominus(C_2H_4,g) = -1\ 411.0\ kJ \cdot mol^{-1}$，求丙烷裂解反应

$$C_3H_8(g) = CH_4(g) + C_2H_4(g)$$

的标准恒压摩尔反应热 $\Delta_r H_m^\ominus$。

解 根据式(1-63)可得：

$$\begin{aligned}\Delta_r H_m^\ominus &= -\sum_B \nu_B \Delta_c H_m^\ominus(B,\beta,T)\\ &= \Delta_c H_m^\ominus(C_3H_8,g) - \Delta_c H_m^\ominus(CH_4,g) - \Delta_c H_m^\ominus(C_2H_4,g)\\ &= [-2\ 219.9-(-890.31)-(-1\ 411.0)]\ \mathrm{kJ\cdot mol^{-1}}\\ &= 81.41\ \mathrm{kJ\cdot mol^{-1}}\end{aligned}$$

1.12.4 溶解焓与稀释焓

(1) 溶解焓

恒温、恒压下,一定量的物质溶于一定量的溶剂中所产生的热效应称为该物质的溶解焓(dissolution enthalpy)。

溶解焓分为积分溶解焓和微分溶解焓。在恒温、恒压且非体积功为零的条件下,将物质的量为 n_B 的物质B溶解于一定量的溶剂A中形成一定浓度的溶液,该过程的恒压摩尔热效应称为摩尔积分溶解焓,用 $\Delta_{isol}H_m$ 表示。

$$\Delta_{isol}H_m \xlongequal{\text{def}} \frac{\Delta_{isol}H}{n_B} \tag{1-64}$$

恒温、恒压且非体积功为零的条件下,在一定浓度的溶液中,再加入 dn_B 的溶质B时产生的微量热效应 δQ_p 与物质的量 dn_B 的商称为物质B在该浓度时的摩尔微分溶解焓,用 $\Delta_{dsol}H_m$ 表示。

$$\Delta_{dsol}H_m \xlongequal{\text{def}} \left(\frac{\partial Q_p}{\partial n_B}\right)_{T,p,n_A} \tag{1-65}$$

(2) 稀释焓

把一定量的溶剂加到一定量的溶液中,使之稀释,该过程的热效应称为稀释焓(dilution enthalpy)。

稀释焓也分为积分稀释焓和微分稀释焓。恒温、恒压且非体积功为零的条件下,将一定量的溶剂A加到一定浓度的溶液中,使之稀释时产生的摩尔热效应称为摩尔积分稀释焓,用 $\Delta_{idil}H_m$ 表示。

$$\Delta_{idil}H_m \xlongequal{\text{def}} \frac{\Delta_{idil}H_m}{n_B} \tag{1-66}$$

恒温、恒压且非体积功为零的条件下,在一定浓度的溶液中,加入 dn_A 的溶剂时产生的微量热效应 δQ_p 与物质的量 dn_A 的商称为物质B在该浓度时的摩尔微分稀释焓,用 $\Delta_{ddil}H_m$ 表示。

$$\Delta_{ddil}H_m \xlongequal{\text{def}} \left(\frac{\partial Q_p}{\partial n_A}\right)_{T,p,n_B} \tag{1-67}$$

(3) 由溶解焓求反应焓

根据Hess定律,可写出由溶解焓计算反应焓的通式:

$$\Delta_r H_m^\ominus(T) = -\sum_B \nu_B \Delta_{isol} H_m^\ominus(B,\beta,T) \tag{1-68}$$

例题1-13 已知下列物质在25 ℃、101.325 kPa时的标准恒压摩尔溶解焓:

物　质	$CaO(s)$	$SiO_2(s)$	$3CaO\cdot SiO_2(s)$
$\Delta_{sol}H_m^\ominus/(\mathrm{kJ\cdot mol^{-1}})$	−196.86	−134.89	−604.92

计算由 $CaO(s)$ 和 SiO_2 在25 ℃下生成 $3CaO\cdot SiO_2(s)$ 的热效应。

解 由 $CaO(s)$ 和 $SiO_2(s)$ 生成 $3CaO\cdot SiO_2(s)$ 的反应为

$$3CaO(s) + SiO_2(s) = 3CaO \cdot SiO_2(s)$$

根据式(1-68),有

$$\begin{aligned}\Delta_r H_m^\ominus &= -\sum_B \nu_B \Delta_{sol} H_m^\ominus(B) \\ &= 3\Delta_{sol} H_m^\ominus(CaO, s) + \Delta_{sol} H_m^\ominus(SiO_2, s) - \Delta_{sol} H_m^\ominus(3CaO \cdot SiO_2, s) \\ &= \{[3 \times (-196.86) + (-134.89)] - (-604.92)\}\ kJ \cdot mol^{-1} \\ &= -120.55\ kJ \cdot mol^{-1}\end{aligned}$$

1.13 焓变化与温度的关系

1.13.1 反应焓与温度的关系

物质 B 的标准恒压摩尔热容定义为

$$\left(\frac{\partial H_m^\ominus}{\partial T}\right)_p = C_{p,m}^\ominus(B, \beta, T)$$

因此

$$\left(\frac{\partial \Delta_r H_m^\ominus}{\partial T}\right)_p = \Delta_r C_{p,m}^\ominus = \sum_B \nu_B C_{p,m}^\ominus(B, \beta, T) \tag{1-69}$$

式(1-69)可称为 Kirchhoff(基尔霍夫,德国物理学家)定律,它描述了标准恒压摩尔反应热与温度的关系。

例题 1-14 已知合成氨反应 $\frac{1}{2}N_2(g) + \frac{3}{2}H_2(g) \rightleftharpoons NH_3(g)$ 25 ℃ 时的标准恒压摩尔热效应为 $\Delta_r H_m^\ominus$(25 ℃)$= -46.11\ kJ \cdot mol^{-1}$,试求 $\Delta_r H_m^\ominus$(225 ℃)。已知 $N_2(g)$、$H_2(g)$、$NH_3(g)$在 25～225 ℃间的平均标准恒压摩尔热容如下表:

物　质	$N_2(g)$	$H_2(g)$	$NH_3(g)$
$C_{p,m}^\ominus/(J \cdot K^{-1} \cdot mol^{-1})$	29.65	28.56	40.12

解 根据式(1-69),有

$$\begin{aligned}\Delta_r H_m^\ominus(225\ ℃) &= \Delta_r H_m^\ominus(25\ ℃) + \int_{25}^{225} \sum_B \nu_B C_{p,m}^\ominus(B, \beta, T) dT \\ &= \left[-46.11 + \left(40.12 - \frac{1}{2} \times 29.65 - \frac{3}{2} \times 28.56\right) \times (225 - 25) \times 10^{-3}\right] kJ \cdot mol^{-1} \\ &= -49.62\ kJ \cdot mol^{-1}\end{aligned}$$

1.13.2 纯物质相变焓与温度的关系

如果将相变理解成化学反应的特例,则可将式(1-69)改写成描述相变焓随温度变化的方程:

$$\left(\frac{\partial \Delta_\alpha^\beta H_m^\ominus}{\partial T}\right)_p = \Delta_\alpha^\beta C_{p,m}^\ominus = \sum C_{p,m}^\ominus(\beta, T) \tag{1-70}$$

将式(1-70)与式(1-54)相比较,两者形式上十分相似。但前者描述的是恒压下(不可逆)相变热与温度的关系,后者是可逆相变热与温度的关系,两者要注意分清楚。

例题1-15 已知100 ℃、$p^\ominus$下水的标准摩尔汽化焓$\Delta_{vap}H_m^\ominus(100\ ℃)=40.67\ kJ\cdot mol^{-1}$,25~100 ℃间纯水和水蒸气的标准摩尔恒压热容分别为$\bar{C}_{p,m}^\ominus(H_2O,l)=75.3\ J\cdot K^{-1}\cdot mol^{-1}$,$\bar{C}_{p,m}^\ominus(H_2O,g)=33.2\ J\cdot K^{-1}\cdot mol^{-1}$,试求25 ℃、$p^\ominus$下水汽化过程的$\Delta_{vap}H_m^\ominus(25\ ℃)$。

解 水在25 ℃、$p^\ominus$下汽化,显然是不可逆相变过程,故可以设计可逆途径来实现:

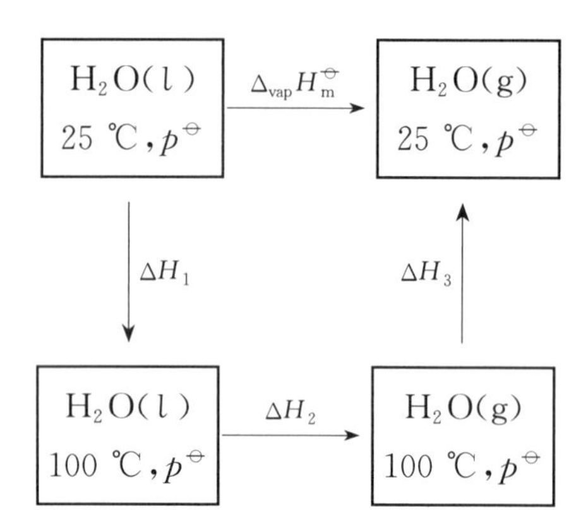

因为H是状态函数,所以H的变化值不随过程的途径而变化。因此,有

$$\begin{aligned}\Delta_{vap}H_m^\ominus(298\ K)&=\Delta H_1+\Delta H_2+\Delta H_3\\&=\int_{298}^{373}\bar{C}_{p,m}^\ominus(H_2O,l)dT+\Delta_{vap}H_m^\ominus(373\ K)+\int_{373}^{298}\bar{C}_{p,m}^\ominus(H_2O,g)dT\\&=\Delta_{vap}H_m^\ominus(373\ K)+\int_{373}^{298}[\bar{C}_{p,m}^\ominus(H_2O,g)-\bar{C}_{p,m}^\ominus(H_2O,l)]dT\\&=[40.67+(33.2-75.3)\times(298-373)\times10^{-3}]\ kJ\cdot mol^{-1}\\&=43.83\ kJ\cdot mol^{-1}\end{aligned}$$

本题亦可直接使用式(1-70)计算。

习　　题

1-1 设有如下图所示的刚性容器,容器的体积为V,现装有$V/2$的80 ℃的热水。试分别讨论:

① 若以容器内的热水为体系,则体系属于何种体系?

② 若以容器内的热水与水蒸气为体系,则体系属于何种体系?

③ 如果容器绝热,以容器及其内容物为体系,则体系属于何种体系?

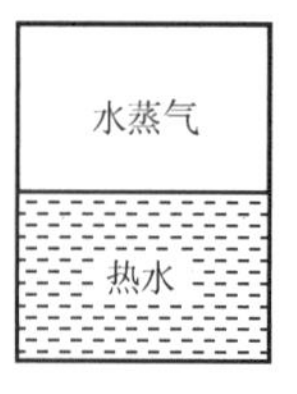

1-2 设有如下图所示的绝热封闭的刚性容器,左边为纯水,右边为NaCl水溶液。若隔膜为只允许纯水透过的半透膜,则如何选择体系可使体系分别为封闭体系、敞开体系?简要说明你的理由。

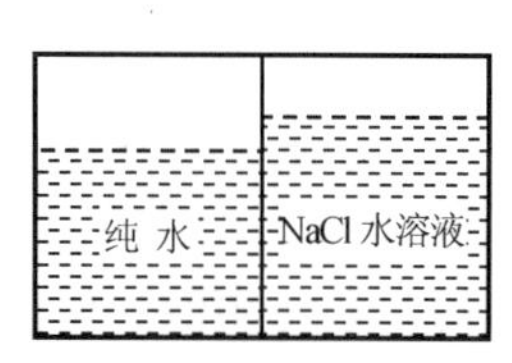

1-3 在热水瓶中放入一"热得快"，加满水后加热使水沸腾。在这个过程中按以下几种情况分析体系和环境能量交换情况，即 Q、W 是正、负还是零。

① 以"热得快"为体系；

② 以"热得快"和水为体系；

③ 以"热得快"、水、电源为体系；

④ 以"热得快"、水、电源及一切有关部分为体系。

1-4 体系发生如右图所示的变化时，请给出体系在整个过程中作功大小的表达式，并在图上标示出来。

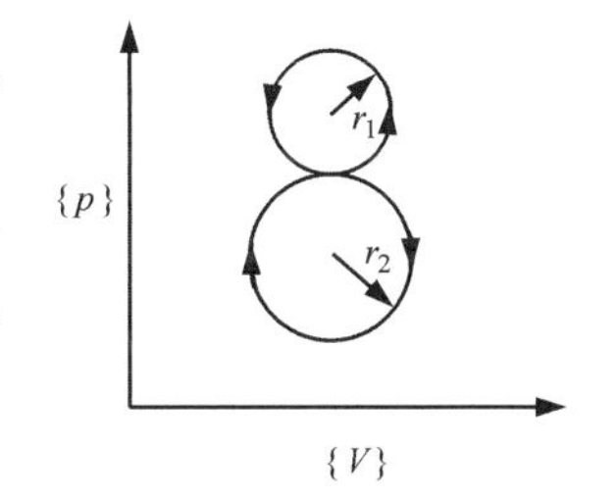

1-5 25 ℃时，2 mol 某气体的体积为 15 dm^3，经过下述过程变化到体积为 50 dm^3 的终态。试分别计算下列过程体系所做的功，比较两过程作功的大小可得出什么结论？

① 反抗恒定外压 $p_e = 10^5$ Pa 膨胀；

② 可逆膨胀。

1-6 0 ℃、$p^\ominus$下，体系发生如下过程：$H_2O(s) \longrightarrow H_2O(l)$。试计算体系所做的功。已知，0 ℃、$p^\ominus$下，$\rho_{H_2O(s)} = 0.917\ g \cdot cm^{-3}$，$\rho_{H_2O(l)} = 1.000\ g \cdot cm^{-3}$。

1-7 100 ℃、$p^\ominus$下，纯水的标准蒸发焓 $\Delta_{vap}H_m^\ominus = 40.67\ kJ \cdot mol^{-1}$，试计算该条件下水蒸发过程的 $\Delta_{vap}U_m^\ominus$。若已知 $V^*_{H_2O(l),m} = 18.80\ cm^3 \cdot mol^{-1}$、$V^*_{H_2O(g),m} = 30\ 320\ cm^3 \cdot mol^{-1}$，则 $\Delta_{vap}U_m^\ominus$ 为多少？比较两种不同处理方式下的结果差异性。

1-8 $p^\ominus$下，将 1 mol 25 ℃的液态水加热变为 150 ℃的水蒸气，求该过程体系应该吸收的热。已知液态水、水蒸气的恒压摩尔热容及水的标准摩尔汽化热如下：

$$\bar{C}_{p,m}(H_2O, l) = 75.30\ J \cdot K^{-1} \cdot mol^{-1}$$

$$\bar{C}_{p,m}(H_2O, g) = 33.58\ J \cdot K^{-1} \cdot mol^{-1}$$

$$\Delta_{vap}H_m^\ominus = 40.67\ kJ \cdot mol^{-1}$$

1-9 求如下过程的摩尔内能变 ΔU_m 和摩尔焓变 ΔH_m。

$$\boxed{H_2O(g), 100\ ℃, 5\times10^4\ Pa} \longrightarrow \boxed{H_2O(l), 100\ ℃, 1\times10^5\ Pa}$$

已知，$\Delta_{vap}H_m^\ominus = 40.67\ kJ \cdot mol^{-1}$。

1-10 1 mol 某理想气体从 273.2 K、$5p^\ominus$ 的始态膨胀到 $p^\ominus$ 的终态。如果是

① 可逆膨胀；

② 反抗恒定外压膨胀。

试计算两过程的 Q、W、ΔU 及 ΔH。

1-11 如何理解"$\left(\dfrac{\partial C_V}{\partial V}\right)_T = 0$ 表明理想气体的热容 C_V 仅为温度的函数"这句话？

1-12 1 mol 某双原子分子理想气体从 2 dm^3、$10p^\ominus$ 通过三种不同途径膨胀到压力为 $5p^\ominus$ 的终态：① 恒温可逆膨胀；② 绝热可逆膨胀；③ 反抗恒定外压绝热膨胀。

① 计算①、②、③过程的 W、Q、ΔU 和 ΔH；

② 在 p-V 坐标系中表示上述三过程并比较它们终态温度的大小。

1-13 将 100 dm^3 100 ℃、$\dfrac{1}{2}p^\ominus$ 的水蒸气压缩到 10 dm^3 的终态，试计算该过程的 ΔU 和 ΔH。若过程通过可逆途径实现，试在 p-V 图上描述该过程并计算过程的 Q 和 W。已知水的正常汽化热为 40.67 kJ·mol^{-1}。

1-14 高压锅内最高允许压力为 0.23 MPa，此时的沸腾温度约 125 ℃，若将水蒸气当作理想气体，请用 Planck 方程计算 125 ℃时纯水的可逆摩尔蒸发焓 $\Delta_{vap}H_m$。已知纯水的平均恒压摩尔热容为 $\bar{C}_{p,m}(H_2O, l) = 75.3\ J \cdot K^{-1} \cdot mol^{-1}$，纯水的蒸气的平均恒压摩尔热容为 $\bar{C}_{p,m}(H_2O, g) = 34.6\ J \cdot K^{-1} \cdot mol^{-1}$，纯水的标准摩尔汽

化热为 $\Delta_{vap}H_m^\ominus(H_2O)=40.67\ kJ\cdot mol^{-1}$。

1-15 一定量某实际气体从 298.2 K、$p^\ominus$ 等温压缩时，体系的焓增加。试从 $H=f(T,p)$ 出发，证明气体在 298.2 K、$p^\ominus$ 下节流膨胀系数 $\mu_{J\text{-}T}<0$。

1-16 若要使 CO_2 气体从 25 ℃、p 的始态一步节流降压膨胀至 -78.5 ℃、$p^\ominus$ 的终态，若已知 Joule-Thomson 系数 $\mu_{J\text{-}T}=1.07\times10^{-5}\ K\cdot Pa^{-1}$，试问始态压力 p 为多大?

1-17 25 ℃时 0.5 g 正庚烷在氧弹(绝热恒容体系)中完全燃烧后，测得体系温度上升 2.94 ℃，已知体系的热容为 8 175.5 $J\cdot K^{-1}$，求正庚烷 25 ℃时的摩尔燃烧焓。

1-18 根据下列热力学数据

物　质	$C_2H_2(g)$	$C_6H_6(l)$
$\Delta_fH_m^\ominus/(kJ\cdot mol^{-1})$	226.73	49.04
$\Delta_cH_m^\ominus/(kJ\cdot mol^{-1})$	−1 300	−3 268

计算反应 $3C_2H_2(g)=\!=\!=C_6H_6(l)$ 在 25 ℃、$p^\ominus$ 下的 $\Delta_rH_m^\ominus$、$\Delta_rU_m^\ominus$。

1-19 若已知下列物理量：

物　质	$H_2(g)$	$O_2(g)$	$H_2O(l)$
$C_{p,m}^\ominus/(J\cdot K^{-1}\cdot mol^{-1})$	28.83	29.16	75.31

25 ℃时，液态水的标准摩尔生成焓为 $\Delta_fH_m^\ominus(H_2O,l,25\ ℃)=-285.8\ kJ\cdot mol^{-1}$，试求 100 ℃时液态水的标准摩尔生成焓 $\Delta_fH_m^\ominus(H_2O,l,100\ ℃)$。

1-20 在 291 K、$p^\ominus$ 下，1 mol $MgCl_2(s)$及 $MgCl_2\cdot6H_2O(s)$溶解于大量水中分别放热 150.21 kJ 和 123.43 kJ，设 291～373 K 范围内 $\Delta_{vap}\bar{C}_{p,m}^\ominus(H_2O)=-44.51\ J\cdot K^{-1}\cdot mol^{-1}$，水的标准摩尔汽化焓为 $\Delta_{vap}H_m^\ominus(H_2O,100\ ℃)=40.63\ kJ\cdot mol^{-1}$，试求下列反应的 $\Delta_rH_m^\ominus(291\ K)$。

$$MgCl_2\cdot6H_2O(s)=\!=\!=MgCl_2(s)+6H_2O(g)$$

2 热力学第二定律

2.1 热力学第二定律的文字表述

2.1.1 热力学第一定律的局限性

热力学第一定律本质上是能量转化与守恒定律，它仅指出了不同形式能量之间的可转化性和等价性。如 25 ℃时反应：

$$H_2(g)+\frac{1}{2}O_2(g)\underset{分解}{\overset{化合}{\rightleftharpoons}}H_2O(l) \qquad \Delta_r H_m^{\ominus}=-285.838\ kJ\cdot mol^{-1}$$

正反应是氢-氧燃料电池的放电反应，生成的产物为纯水，不污染环境，有绿色电池的称谓。其原料 $H_2(g)$和 $O_2(g)$可以由 $H_2O(l)$分解而得到，根据第一定律，只要环境向体系供热 285.838 kJ · mol^{-1}，反应即可进行，但经验证明这并不可行。

关于反应的方向，Thomson - Berthelot(汤姆孙-贝赛罗)曾提出，放热反应均能自动进行，吸热反应均不能自动进行。大多数的反应都符合此规则，但也有不少的例外情况。如高温下的水煤气反应 $C(s)+H_2O(g)=CO(g)+H_2(g)$，尽管是吸热反应，但是却可以自动进行。这表明，热力学第一定律只表明不同能量的等价性，不能解决过程的方向性问题，在热力学第一定律之外必然存在关于过程方向性的规律。

2.1.2 自发过程的共同特征

热力学的方法是从大量的经验中总结出基本规律，然后通过演绎推理得出热力学结论。如果总结自然界中大量自发过程特征，必然可以从中归纳出关于自发过程方向性的规律。

自发过程(spontaneous process)是指不需要外界“帮助”就能自动发生的过程。自发过程种类繁多，但有着共同的特征。如下表所列的各种过程：

自发过程	自发方向	推 动 力	限　度
河水流动	$h_1\rightarrow h_2(h_1>h_2)$	高度差 Δh	$\Delta h\rightarrow 0$
热 传 导	$T_1\rightarrow T_2(T_1>T_2)$	温度差 ΔT	$\Delta T\rightarrow 0$
气体流动	$p_1\rightarrow p_2(p_1>p_2)$	压力差 Δp	$\Delta p\rightarrow 0$
溶质扩散	$c_1\rightarrow c_2(c_1>c_2)$	浓度差 Δc	$\Delta c\rightarrow 0$
电流流动	$E_1\rightarrow E_2(E_1>E_2)$	电势差 ΔE	$\Delta E\rightarrow 0$

它们都是自发过程，具有共同的特征：

(1) 体系内有某种推动力(如温度差 ΔT、压力差 Δp、……)；

(2) 自发过程的方向是使推动力减小的方向；

(3) 自发过程的限度是推动力趋于零；

(4) 自发过程具有作功的能力。

自发过程的上述特征表明自发过程具有不可逆性。

2.1.3 热力学第二定律的文字表述

自然界的自发过程多种多样,从不同的角度研究自发过程得出热力学第二定律(second law of thermodynamics)不同的文字表述方式。

(1) Clausius 表述

不可能把热从低温物体传到高温物体而不引起其他任何变化。这表明热传导过程的不可逆性。

(2) Kelvin 表述

不可能从单一热源取出热使之完全转化为功而不引起其他任何变化。这表明热-功转化过程的不可逆性。

在通常情况下,Kelvin 说法和 Clausius(克劳修斯,德国物理学家和数学家,热力学的奠基者之一)说法是等价的。这表明一切自发过程的不可逆性都和热-功转换过程的不可逆性等价。如果解决了热-功转化过程的方向和限度问题,就解决了一切自发过程的方向与限度问题。

2.2 热力学第二定律的熵表达

2.2.1 Carnot 循环与 Carnot 定理

为研究热-功转换过程的限度,法国军事工程师 Carnot(卡诺)设计了 Carnot 循环,它由四个可逆过程构成:恒温可逆膨胀、绝热可逆膨胀、恒温可逆压缩和绝热可逆压缩,如图 2-1 所示。

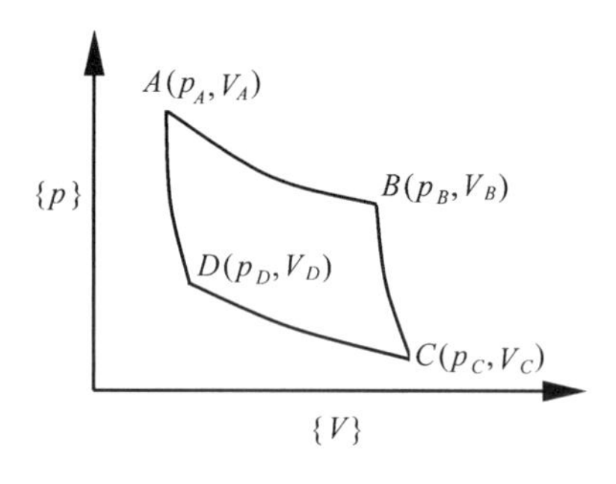

图 2-1 Carnot 循环

(1) 恒温可逆膨胀

理想气体从状态 $A(p_A, V_A)$ 恒温可逆膨胀到状态 $B(p_B, V_B)$,由于理想气体的内能仅为温度的函数,所以

$$Q_2 = W_1 = \int_{V_A}^{V_B} p\,dV = nRT_2 \ln \frac{V_B}{V_A}$$

(2) 绝热可逆膨胀

理想气体从状态 $B(p_B, V_B)$ 绝热可逆膨胀到状态 $C(p_C, V_C)$,由于绝热,所以

$$W_2 = -\Delta U_2 = -\int_{T_2}^{T_1} C_V\,dT$$

(3) 恒温可逆压缩

理想气体从状态 $C(p_C, V_C)$ 恒温可逆压缩到状态 $D(p_D, V_D)$,由于理想气体的内能仅为温度的函数,所以

$$Q_1 = W_3 = \int_{V_C}^{V_D} p\,dV = nRT_1 \ln \frac{V_D}{V_C}$$

(4) 绝热可逆压缩

理想气体从状态 $D(p_D, V_D)$ 绝热可逆压缩到状态 $A(p_A, V_A)$,由于绝热,所以

$$W_4 = -\Delta U_4 = -\int_{T_1}^{T_2} C_V\,dT$$

经过一个 Carnot 循环,$\Delta U = 0 = Q - W = (Q_1 + Q_2) - (W_1 + W_2 + W_3 + W_4)$,所以

$$W=Q_1+Q_2=nRT_1\ln\frac{V_D}{V_C}+nRT_2\ln\frac{V_B}{V_A}$$

对于过程(2)和(4)，分别应用理想气体绝热可逆过程方程：

$$T_1V_C^{\gamma-1}=T_2V_B^{\gamma-1}$$

$$T_1V_D^{\gamma-1}=T_2V_A^{\gamma-1}$$

两式相除，得

$$\frac{V_C}{V_D}=\frac{V_B}{V_A}$$

所以

$$W=Q_1+Q_2=nRT_1\ln\frac{V_A}{V_B}+nRT_2\ln\frac{V_B}{V_A}=nR(T_2-T_1)\ln\frac{V_B}{V_A}$$

Carnot 热机的效率

$$\eta=\frac{W}{Q_2}=\frac{nR(T_2-T_1)\ln\frac{V_B}{V_A}}{nRT_2\ln\frac{V_B}{V_A}}=\frac{T_2-T_1}{T_2}=1-\frac{T_1}{T_2} \tag{2-1}$$

从式(2-1)可以得出：

① Carnot 热机的效率只与两热源的温度有关，而与工作物质无关。

② 热机必须工作在两热源之间。工作在两热源间的热机以 Carnot 热机的效率最高。若只有一个热源，$T_2=T_1$，$\eta=0$。因为 $\frac{T_1}{T_2}>0$，所以 $\eta<1$。

分析式(2-1)，从工程师的角度还可以得出降低低温热源的温度和提高高温热源的温度均可以提升热机效率。不考虑其他因素的情况下，降低低温热源温度带来的收益更大，因为 $d\eta/dT_1>d\eta/dT_2$。由于受到低温热源最多与环境温度相同所限，目前对热源效率的改进努力只剩下提高高温热源温度这一条路径。

2.2.2 Clausius 不等式

Carnot 热机的效率为 $\eta=\frac{Q_2+Q_1}{Q_2}=1-\frac{T_1}{T_2}$，整理后可得

$$\frac{Q_1}{T_1}+\frac{Q_2}{T_2}=0 \tag{2-2}$$

可见，对于 Carnot 循环，热温商(Q/T)之和为零。

可以证明任意的可逆循环能看作是由无限多个微 Carnot 循环构成，对于每个微 Carnot 循环，均有

$$\frac{\delta Q_{i,1}}{T_{i,1}}+\frac{\delta Q_{i,2}}{T_{i,2}}=0 \tag{2-3}$$

因此

$$\oint\left(\frac{\delta Q}{T}\right)_{\mathrm{R}}=0 \tag{2-4}$$

根据状态函数的性质，从式(2-4)可知，存在状态函数 S：

$$dS=\frac{\delta Q_R}{T} \tag{2-5}$$

S 称为熵(entropy，"熵"，1923年，Planck 来华讲学时胡刚复教授翻译时自造字)。

Carnot 热机的效率 η 是热-功转化的极限，其他热机的效率 η' 均小于 Carnot 热机的效率 η。

$$\eta'=\frac{Q_2+Q_1}{Q_2}=1+\frac{Q_1}{Q_2}<\eta=1-\frac{T_1}{T_2}$$

所以

$$\frac{Q_1}{T_1}+\frac{Q_2}{T_2}<0 \tag{2-6}$$

对于任意不可逆循环，可证：

$$\sum_i\left(\frac{\delta Q_i}{T_i}\right)_{IR}<0 \tag{2-7}$$

式(2-4)、(2-5)、(2-7)相结合，即有

$$dS\geqslant\frac{\delta Q}{T} \tag{2-8}$$

式(2-8)就是热力学第二定律的一般表达形式。"$>$"表示不可逆过程，"$=$"则表示可逆过程。式(2-8)也被称为 Clausius 不等式。

2.2.3 熵增加原理与熵判据

对于绝热体系，$\delta Q=0$，根据式(2-8)，有

$$dS\geqslant 0 \tag{2-9}$$

式(2-9)意味着，如果是可逆过程，熵保持不变；如果是不可逆过程，则熵增加。因此，无论如何，体系的熵在绝热过程中不会减少，这被称为熵增加原理(principle of entropy increasing)。

若体积和环境间完全隔离，则表示孤立体系的熵永远不会减少。因此，对于孤立体系，当 $dS>0$ 时，则该过程是自发过程。当 $dS=0$，则表示体系达到平衡。故对于孤立体系可以用 dS 的符号来判断过程的方向和限度，可称为熵判据。

如果体系是非孤立体系，则应分别考虑体系和环境的熵变化：

$$dS_{宇宙}=dS_{孤立}=dS_{体系}+dS_{环境}\geqslant 0$$

"$>$"表示过程自发，"$=$"表示平衡。这种变通方式突破了熵判据只能适用于孤立体系的局限，被称为熵补偿原理，应用十分普遍。

例题 2-1 设定频空调器是一 Carnot 制冷机，制冷量为 1 250 W，房间的容积为 50 m^3，室外温度为 40 ℃，问将室温降为 25 ℃理论上需要多少时间?[1]

解 将空调视为理想化的 Carnot 制冷机，其制冷效率

$$\beta=\frac{Q_1}{-W}=\frac{T_1}{T_2-T_1}$$

[1] 本例只是理论计算，和实际情况相距甚远，存在热力学完善度等问题。

制冷过程中，室温不断降低，故制冷效率也不断降低，设空气为理想气体，则

$$\delta W=-\frac{\delta Q_1}{\beta}=-\frac{nC_{p,\mathrm{m}}\mathrm{d}T}{\dfrac{T}{T_2-T}}=-\frac{\dfrac{pV}{RT}C_{p,\mathrm{m}}\mathrm{d}T}{\dfrac{T}{T_2-T}}=\frac{pVC_{p,\mathrm{m}}(T-T_2)}{RT^2}\mathrm{d}T$$

$$\begin{aligned}W&=C_{p,\mathrm{m}}\frac{pV}{R}\left[\ln\frac{T_1}{T_2}-T_2\left(\frac{1}{T_2}-\frac{1}{T_1}\right)\right]\\&=\left\{\frac{7}{2}\times 8.314\times\frac{101\,325\times 50}{8.314}\left[\ln\frac{298.2}{313.2}-313.2\times\left(\frac{1}{313.2}-\frac{1}{298.2}\right)\right]\right\}\ \mathrm{J}\\&=21.71\times 10^3\ \mathrm{J}\end{aligned}$$

制冷所需的时间：

$$t=\frac{21.71\times 10^3\ \mathrm{J}}{1\,250\ \mathrm{W}}=17.4\ \mathrm{s}$$

例题 2-2 将 $0.1\ \mathrm{dm}^3$ 30 ℃和 $0.5\ \mathrm{dm}^3$ 70 ℃水相混合，问过程的自发性如何？

解 由于混合过程很快，所以该过程可看作恒压绝热过程。设混合体系的温度为 T'，则

$$Q_p=\frac{0.1\times 10^{-3}\rho}{18}C_{p,\mathrm{m}}[T'-(30+273.2)\ \mathrm{K}]+\frac{0.5\times 10^{-3}\rho}{18}C_{p,\mathrm{m}}[T'-(70+273.2)\ \mathrm{K}]=0$$

解得 $T'=336.5\ \mathrm{K}$。

混合过程的熵变化：

$$\begin{aligned}\Delta S&=\Delta S_1+\Delta S_2\\&=\left(\frac{0.1\times 10^{-3}\times 10^3}{0.018}\times 75.3\ln\frac{336.5}{30+273.2}+\frac{0.5\times 10^{-3}\times 10^3}{0.018}\times 75.3\ln\frac{336.5}{70+273.2}\right)\ \mathrm{J\cdot K^{-1}}\\&=2.35\ \mathrm{J\cdot K^{-1}}\end{aligned}$$

由于是孤立体系，$\Delta S>0$，所以过程自发。

2.3 熵变的计算

2.3.1 环境熵变的计算

环境一般为无限大，所以体系和环境间有限的热交换对于环境而言均是可逆热。于是有

$$\Delta S_{\text{环境}}=-\frac{Q_{\text{实际}}}{T_{\text{环境}}}\tag{2-10}$$

如果环境为有限大，则按计算体系熵变的原则计算环境的熵变，二者并无本质不同。

2.3.2 等温过程中熵变的计算

(1) 理想气体的等温过程熵变的计算

对于理想气体的等温过程，无论过程是否可逆，温度不变，$\Delta U=0$。

$$Q_{\mathrm{R}}=W_{\max}=nRT\ln\frac{V_2}{V_1}=nRT\ln\frac{p_1}{p_2}$$

$$\Delta S=\int \frac{dQ_R}{T}=nR\ln\frac{V_2}{V_1}=nR\ln\frac{p_1}{p_2} \tag{2-11}$$

若$V_2>V_1$，$\Delta S>0$。分子的运动范围扩大，S增大，所以熵S表征了体系的混乱程度，是体系混乱程度的度量。

例题 2-3　0 ℃时，1 mol 某理想气体在体积增大10倍的过程吸热5 000 J，求体系的熵变。

解　若过程是可逆过程，则吸收的热应为

$$Q_R=W_{max}=nRT\ln\frac{V_2}{V_1}=(8.314\times 273.2\times \ln 10)\ \mathrm{J}=5\ 230\ \mathrm{J}\neq Q_{实际}$$

所以该等温过程是不可逆过程，体系的熵变应按照与不可逆过程始、终态相同的可逆途径来计算：

$$\Delta S_{体系}=\frac{Q_R}{T}=\frac{5\ 230}{273.2}\ \mathrm{J\cdot K^{-1}}=19.1\ \mathrm{J\cdot K^{-1}}$$

环境的熵变为

$$\Delta S_{环境}=\frac{-Q_{实际}}{T}=\frac{-5\ 000}{273.2}\ \mathrm{J\cdot K^{-1}}=-18.30\ \mathrm{J\cdot K^{-1}}$$

总熵变为

$$\Delta S_{总}=\Delta S_{体系}+\Delta S_{环境}=19.1\ \mathrm{J\cdot K^{-1}}-18.30\ \mathrm{J\cdot K^{-1}}=0.80\ \mathrm{J\cdot K^{-1}}>0$$

所以过程是自发的。

(2) 相变过程熵变的计算

对于可逆相变，由于相变热是可逆热，所以

$$\Delta_\alpha^\beta S=\frac{\Delta_\alpha^\beta H}{T} \tag{2-12}$$

若不可逆相变的始、终态和可逆相变的始、终态相同，则式(2-12)仍然可用。否则，式(2-12)不适用，见例2-7。

例题 2-4　1 mol 液态水由100 ℃、$p^\ominus$的始态通过两种方式变成100 ℃、$p^\ominus$的水蒸气，试分别计算$\Delta S_{体系}$、$\Delta S_{环境}$和$\Delta S_{总}$。已知$\Delta_{vap}H_m^\ominus=40.63\ \mathrm{kJ\cdot mol^{-1}}$。

① 恒温、恒压下可逆蒸发；

② 向真空蒸发。

解　① 恒温、恒压下可逆蒸发，则蒸发热就是可逆热，所以

$$\Delta S_{体系}=\frac{\Delta_{vap}H}{T}=\frac{40.63\times 10^3}{373.2}\ \mathrm{J\cdot K^{-1}}=108.87\ \mathrm{J\cdot K^{-1}}$$

$$\Delta S_{环境}=\frac{-\Delta_{vap}H}{T}=\frac{-40.63\times 10^3}{373.2}\ \mathrm{J\cdot K^{-1}}=-108.87\ \mathrm{J\cdot K^{-1}}$$

$$\Delta S_{总}=\Delta S_{体系}+\Delta S_{环境}=(108.87-108.87)\ \mathrm{J\cdot K^{-1}}=0$$

所以过程可逆。

② 向真空蒸发时，体系的始、末态相同，因此

$$\Delta S_{体系}=\frac{\Delta_{vap}H}{T}=\frac{40.63\times 10^3}{373.2}\ \mathrm{J\cdot K^{-1}}=108.87\ \mathrm{J\cdot K^{-1}}$$

但是，环境的熵变则不同，$W_{实际}=0$：

$$\Delta S_{环境}=\frac{-Q_{实际}}{T}=\frac{-\Delta_{vap}U}{T}=\frac{-(\Delta_{vap}H-p\Delta_{vap}V)}{T}$$
$$\approx\frac{-(\Delta_{vap}H-nRT)}{T}=-\Delta S_{体系}+nR$$
$$=(-108.87+8.314)\ \mathrm{J\cdot K^{-1}}$$
$$=-100.556\ \mathrm{J\cdot K^{-1}}$$

$$\Delta S_{总}=\Delta S_{体系}+\Delta S_{环境}=(108.87-100.556)\ \mathrm{J\cdot K^{-1}}=8.314\ \mathrm{J\cdot K^{-1}}>0$$

所以过程自发。

(3) 理想气体混合过程熵变的计算

若理想气体等温、等容混合，对于每个理想气体组分，混合前后其状态并未改变，所以混合过程熵变 $\Delta_{mix}S=0$。

若理想气体等温、等压混合，对于每个理想气体组分来说，相当于等温膨胀，所以混合过程的熵增加。

$$\Delta_{mix}S=-R\sum_{B}n_B\ln x_B \tag{2-13}$$

例题 2-5 如图所示，某绝热刚性容器中装有相互隔离的理想气体 $H_2(g)$ 和 $O_2(g)$，当将隔板抽去后，求混合过程的 $\Delta_{mix}S$。

1 mol $O_2(g)$ 10 ℃, V	1 mol $H_2(g)$ 20 ℃, V

解 假定混合前，$H_2(g)$ 和 $O_2(g)$ 通过隔板进行热交换达到热平衡，然后等温混合。设热平衡的温度为 T'，因为体系恒容、绝热，所以

$$n_{O_2}C_{V,m}(O_2,g)(t'-10\ ℃)+n_{H_2}C_{V,m}(H_2,g)(t'-20\ ℃)=0$$

解得 $T'=t'+273.2\ \mathrm{K}=288.2\ \mathrm{K}$。

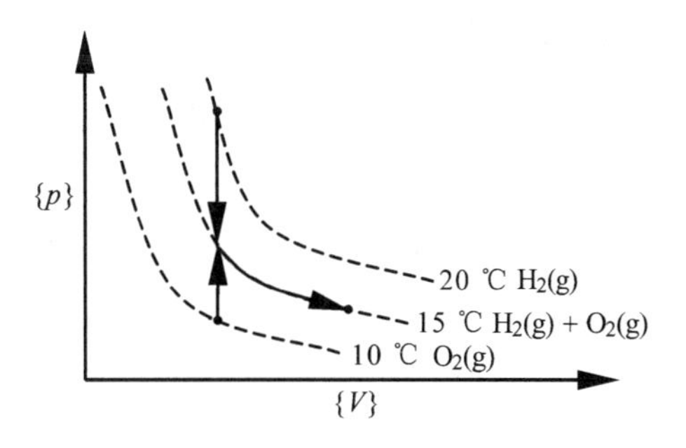

整个过程的熵变

$$\Delta_{mix}S=\Delta S_V+\Delta S_T$$
$$=\left[n_{O_2}C_{V,m}(O_2)\ln\frac{T'}{T_1}+n_{H_2}C_{V,m}(H_2)\ln\frac{T'}{T_2}\right]+(n_{O_2}R\ln 2+n_{H_2}R\ln 2)$$
$$=\left(\frac{5\times 8.314}{2}\times\ln\frac{288.2}{283.2}+\frac{5\times 8.314}{2}\times\ln\frac{288.2}{293.2}+2\times 8.314\times\ln 2\right)\ \mathrm{J\cdot K^{-1}}$$
$$=11.53\ \mathrm{J\cdot K^{-1}}$$

2.3.3 变温过程中熵变的计算

理想气体从任意的 p_1、V_1、T_1 状态变化到 p_2、V_2、T_2 状态过程的熵变,可以看作是等温过程、等容过程或等压过程的组合(如图2-2所示)。

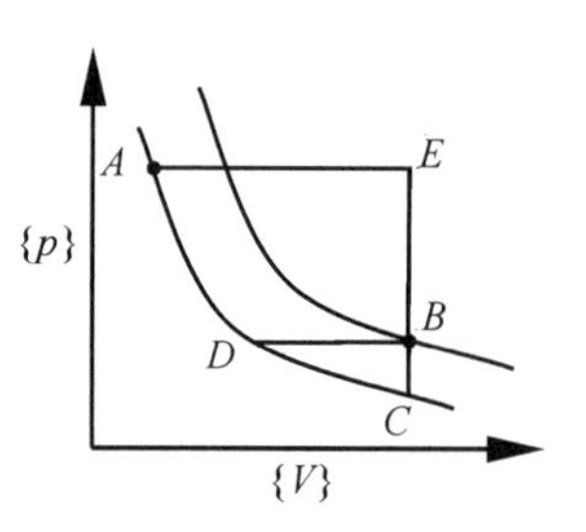

图2-2 变温过程熵变的计算

(1) 等温、等容组合

$$A(p_1,V_1,T_1)\xrightarrow{\text{等温}}C(p',V_2,T_1)\xrightarrow{\text{等容}}B(p_2,V_2,T_2)$$

$$\Delta S=nR\ln\frac{V_2}{V_1}+nC_{V,\mathrm{m}}\ln\frac{T_2}{T_1} \qquad (2-14)$$

(2) 等温、等压组合

$$A(p_1,V_1,T_1)\xrightarrow{\text{等温}}D(p_2,V',T_1)\xrightarrow{\text{等压}}B(p_2,V_2,T_2)$$

$$\Delta S=nR\ln\frac{p_1}{p_2}+nC_{p,\mathrm{m}}\ln\frac{T_2}{T_1} \qquad (2-15)$$

(3) 等压、等容组合

$$A(p_1,V_1,T_1)\xrightarrow{\text{等压}}E(p_1,V_2,T')\xrightarrow{\text{等容}}B(p_2,V_2,T_2)$$

$$\Delta S=nC_{p,\mathrm{m}}\ln\frac{V_2}{V_1}+nC_{V,\mathrm{m}}\ln\frac{p_2}{p_1} \qquad (2-16)$$

式(2-14)、(2-15)、(2-16)可计算任意 pVT 过程的 ΔS,不妨称之为"万能公式"。

例题2-6 对理想气体,试证明下述公式。

① $\Delta S=nC_{V,\mathrm{m}}\ln\dfrac{T_2}{T_1}+nR\ln\dfrac{V_2}{V_1}$

② $\Delta S=nC_{p,\mathrm{m}}\ln\dfrac{T_2}{T_1}+nR\ln\dfrac{p_1}{p_2}$

③ $\Delta S=nC_{p,\mathrm{m}}\ln\dfrac{V_2}{V_1}+nC_{V,\mathrm{m}}\ln\dfrac{p_2}{p_1}$

证明 ① 若其他功为零,将第一定律和第二定律结合,有

$$\begin{aligned}\mathrm{d}S&=\frac{\delta Q_\mathrm{R}}{T}=\frac{\mathrm{d}U+p\mathrm{d}V}{T}\\&=\frac{nC_{V,\mathrm{m}}\mathrm{d}T+\dfrac{nRT}{V}\mathrm{d}V}{T}\\&=nC_{V,\mathrm{m}}\frac{\mathrm{d}T}{T}+nR\frac{\mathrm{d}V}{V}\end{aligned}$$

积分

$$\Delta S=nC_{V,\mathrm{m}}\ln\frac{T_2}{T_1}+nR\ln\frac{V_2}{V_1}$$

② 将 $\dfrac{V_2}{V_1}=\dfrac{T_2p_1}{T_1p_2}$ 代入①,有

$$\Delta S=nC_{V,\mathrm{m}}\ln\frac{T_2}{T_1}+nR\ln\frac{T_2p_1}{T_1p_2}$$

$$=nC_{V,\mathrm{m}}\ln\frac{T_2}{T_1}+nR\ln\frac{T_2}{T_1}+nR\ln\frac{p_1}{p_2}$$

$$=(nC_{V,\mathrm{m}}+nR)\ln\frac{T_2}{T_1}+nR\ln\frac{p_1}{p_2}$$

$$=nC_{p,\mathrm{m}}\ln\frac{T_2}{T_1}+nR\ln\frac{p_1}{p_2}$$

③ 将 $\frac{T_2}{T_1}=\frac{p_2V_2}{p_1V_1}$ 代入①,有

$$\Delta S=nC_{V,\mathrm{m}}\ln\frac{p_2V_2}{p_1V_1}+nR\ln\frac{V_2}{V_1}$$

$$=nC_{V,\mathrm{m}}\ln\frac{p_2}{p_1}+nC_{V,\mathrm{m}}\ln\frac{V_2}{V_1}+nR\ln\frac{V_2}{V_1}$$

$$=nC_{V,\mathrm{m}}\ln\frac{p_2}{p_1}+(nC_{V,\mathrm{m}}+nR)\ln\frac{V_2}{V_1}$$

$$=nC_{p,\mathrm{m}}\ln\frac{V_2}{V_1}+nC_{V,\mathrm{m}}\ln\frac{p_2}{p_1}$$

例题 2-7 试判断下述过程能否自动发生。

$$\boxed{268.2\ \mathrm{K}, p^{\ominus}, C_6H_6(l)}\xrightarrow{\Delta S}\boxed{268.2\ \mathrm{K}, p^{\ominus}, C_6H_6(s)}$$

已知苯的正常凝固点为 278.2 K,正常熔化热 $\Delta_{\mathrm{fus}}H_{\mathrm{m}}^{\ominus}=9.940\ \mathrm{kJ\cdot mol^{-1}}$,液态苯和固态苯在 268.2~278.2 K 之间的平均恒压摩尔热容分别为 $127\ \mathrm{J\cdot K^{-1}\cdot mol^{-1}}$ 和 $123\ \mathrm{J\cdot K^{-1}\cdot mol^{-1}}$。

解 268.2 K 时,苯的凝固是不可逆相变过程,虚拟如下的可逆过程:

$$\begin{array}{ccc}
\boxed{268.2\ \mathrm{K}, p^{\ominus}, C_6H_6(l)} & \xrightarrow{\Delta S} & \boxed{268.2\ \mathrm{K}, p^{\ominus}, C_6H_6(s)} \\
①\downarrow\Delta S_1 & & ③\uparrow\Delta S_3 \\
\boxed{278.2\ \mathrm{K}, p^{\ominus}, C_6H_6(l)} & \xrightarrow[②]{\Delta S_2} & \boxed{278.2\ \mathrm{K}, p^{\ominus}, C_6H_6(s)}
\end{array}$$

过程①、③均是恒压变温可逆过程,过程②是恒温恒压可逆相变过程,所以整个过程体系(取 1 mol 为体系)的熵变

$$\Delta S_{体系}=\Delta S_1+\Delta S_2+\Delta S_3$$

$$=\left(127\times\ln\frac{278.2}{268.2}+\frac{-9\ 940}{278.2}+123\times\ln\frac{268.2}{278.2}\right)\ \mathrm{J\cdot K^{-1}}$$

$$=-35.58\ \mathrm{J\cdot K^{-1}}$$

根据 Kirchhoff 定律,计算不可逆相变过程中的相变焓:

$$\Delta_{\mathrm{fus}}H_{\mathrm{m}}^{\ominus}(268.2\ \mathrm{K})=\Delta_{\mathrm{fus}}H_{\mathrm{m}}^{\ominus}(278.2\ \mathrm{K})+\int_{278.2}^{268.2}\Delta_{\mathrm{fus}}C_{p,\mathrm{m}}^{\ominus}\mathrm{d}T$$

$$=[9\ 940+(127-123)\times(268.2-278.2)]\ \mathrm{J\cdot mol^{-1}}$$

$$=9\ 900\ \mathrm{J\cdot mol^{-1}}$$

环境的熵变为

$$\Delta S_{环境}=\frac{-Q_{实际}}{T_{环境}}=\frac{-[-\Delta_{fus}H_m^{\ominus}(268.2K)]}{268.2\ K}=\frac{9\ 900}{268.2}\ J\cdot K^{-1}=36.91\ J\cdot K^{-1}$$

总熵变

$$\Delta S_{总}=\Delta S_{体系}+\Delta S_{环境}=(-35.58+36.91)\ J\cdot K^{-1}=1.33\ J\cdot K^{-1}>0$$

所以过程自发。

$\Delta S_{体系}=-35.58\ J\cdot K^{-1}<0$，体系的熵变在相变过程中是减少的；$\Delta S_{环境}=36.91\ J\cdot K^{-1}>0$，而环境的熵变在相变过程中是增加的；$\Delta S_{总}=\Delta S_{体系}+\Delta S_{环境}>0$，体系的熵的减少被环境熵的增加所补偿，系统和环境所构成的新系统(宇宙)是一个孤立系统，其熵是增加的，过程依然是自发的。熵补偿原理扩大了熵判据的适用范围。

2.4 热力学第三定律

2.4.1 热力学第三定律

恒压或恒容时，体系的熵变：

$$dS=nC_{p,m}d\ln\{T\}\ \text{❶} \tag{2-17}$$

$$dS=nC_{V,m}d\ln\{T\} \tag{2-18}$$

从式(2-17)、(2-18)可知，温度越低，体系的熵越小。20世纪初，Planck、Lewis(路易斯，美国化学家)和Gibson(吉布斯，美国物理学家、化学家)提出，绝对零度时，任何完美晶体(perfect crystalline)的熵等于零，即

$$\lim_{T\to 0}S=0 \tag{2-19}$$

式(2-19)被称为热力学第三定律(third law of thermodynamics)。第三定律也可表述为任何有限步骤都不可能达到绝对零度。故第三定律也被称为绝对零度不可达到定律。

2.4.2 规定熵

根据热力学第三定律，不难计算纯物质任意温度 T 时的熵值，这种相对于0 K时的熵通常称为规定熵(stipulated entropy)或第三定律熵，也称为绝对熵。当压力为 $p^{\ominus}$ 时，温度 T 时的摩尔熵 $S_m^{\ominus}(T)$ 称为标准摩尔规定熵。如果在温度变化过程中有相变化，按下式计算：

$$S_m^{\ominus}(T)=\int_{0\ K}^{T_f^{\ominus}}\frac{C_{p,m}^{\ominus}(s)dT}{T}+\frac{\Delta_{fus}H_m^{\ominus}}{T_f^{\ominus}}+\int_{T_f^{\ominus}}^{T_b^{\ominus}}\frac{C_{p,m}^{\ominus}(l)dT}{T}+\frac{\Delta_{vap}H_m^{\ominus}}{T_b^{\ominus}}+\int_{T_b^{\ominus}}^{T}\frac{C_{p,m}^{\ominus}(g)dT}{T} \tag{2-20}$$

如果固态时有不同晶型间的转化，则必须计算相变熵，$S_m^{\ominus}(\beta)=S_m^{\ominus}(\alpha)+\frac{\Delta_\alpha^\beta H_m^{\ominus}}{T}$。极低温下的热容数据难得，需要用Debye(德拜，荷兰裔英国物理学家、物理化学家，诺贝尔化学奖获得者)定律，$C_V\approx$

---

❶ 物理量既可用符号表示，也可以用数值与单位之积表示。一般表示为 $Q=\{Q\}\cdot[Q]$。Q 为某物理量的符号；$[Q]$ 为物理量 Q 的某一单位的符号；$\{Q\}$ 则是以单位 $[Q]$ 表示量 Q 的数值。

超越函数，如指数函数、对数函数等中的变量都是量纲一的量，因此对非量纲一的量要除以其单位 $Q/[Q]$ 或表示为 $\{Q\}$。

$C_p=\frac{12}{5}\pi^4 R\left(\frac{T}{\theta_D}\right)^3$，即热容与绝对温度 T 的 3 次方成正比，θ_D 为 Debye 温度。该定律只适用于非金属，金属则需要考虑电子对热容的贡献。

2.4.3 化学反应的熵变化及其与温度的关系

对于任意反应 $0=\sum_B \nu_B B$，可以根据标准摩尔规定熵计算反应的标准摩尔反应熵：

$$\Delta_r S_m^\ominus=\sum_B \nu_B S_m^\ominus(B) \qquad (2-21)$$

因为 S 是状态函数，所以

$$\left(\frac{\partial \Delta_r S_m^\ominus}{\partial T}\right)_{p,\xi}=\left[\frac{\partial}{\partial T}\left(\frac{\partial S^\ominus}{\partial \xi}\right)_{T,p}\right]_{p,\xi}=\left[\frac{\partial}{\partial \xi}\left(\frac{\partial S^\ominus}{\partial T}\right)_{p,\xi}\right]_{T,p}=\left[\frac{\partial\left(\frac{C_p^\ominus}{T}\right)}{\partial \xi}\right]_{T,p}=\frac{\Delta_r C_{p,m}^\ominus}{T}$$

在 $T_1 \sim T_2$ 间积分，得

$$\Delta_r S_m^\ominus(T_2)=\Delta_r S_m^\ominus(T_1)+\int_{T_1}^{T_2}\frac{\Delta_r C_{p,m}^\ominus}{T}dT \qquad (2-22)$$

式(2-22)表示了化学反应的熵变化与温度的关系。$\Delta_r C_{p,m}^\ominus$ 数值越大，$\Delta_r S_m^\ominus$ 对温度 T 的变化越敏感。另外，低温下，$\Delta_r S_m^\ominus$ 对温度 T 依赖性更高。

例题 2-8 已知下列热力学数据：

$S_m^\ominus(H_2,g,298\ K)/(J \cdot K^{-1} \cdot mol^{-1})$	130.59
$S_m^\ominus(O_2,g,298\ K)/(J \cdot K^{-1} \cdot mol^{-1})$	205.1
$S_m^\ominus(H_2O,l,298\ K)/(J \cdot K^{-1} \cdot mol^{-1})$	69.940
$C_{p,m}^\ominus(H_2,g)/(J \cdot K^{-1} \cdot mol^{-1})$	28.84
$C_{p,m}^\ominus(O_2,g)/(J \cdot K^{-1} \cdot mol^{-1})$	29.359
$C_{p,m}^\ominus(H_2O,g)/(J \cdot K^{-1} \cdot mol^{-1})$	33.577
$C_{p,m}^\ominus(H_2O,l)/(J \cdot K^{-1} \cdot mol^{-1})$	75.295
$\Delta_{vap}H_m^\ominus(H_2O,373\ K)/(kJ \cdot mol^{-1})$	40.63

求 125 ℃时，反应 $H_2(g)+\frac{1}{2}O_2(g) \longrightarrow H_2O(g)$ 的 $\Delta_r S_m^\ominus$。

解 25 ℃时，反应 $H_2(g)+\frac{1}{2}O_2(g) \longrightarrow H_2O(g)$ 的 $\Delta_r S_m^\ominus$ 可由规定熵直接计算。

$$\begin{aligned}\Delta_r S_m^\ominus(298\ K)&=\sum_B \nu_B S_m^\ominus(B)\\&=S_m^\ominus(H_2O,l)-S_m^\ominus(H_2,g)-\frac{1}{2}S_m^\ominus(O_2,g)\\&=\left(69.940-130.59-\frac{1}{2}\times 205.1\right)\ J \cdot K^{-1} \cdot mol^{-1}\\&=-163.2\ J \cdot K^{-1} \cdot mol^{-1}\end{aligned}$$

而 125 ℃时的 $\Delta_r S_m^\ominus$ 却不能直接使用式(2-22)，因为积分区间内水发生了相变化，所以虚拟如下的过程：

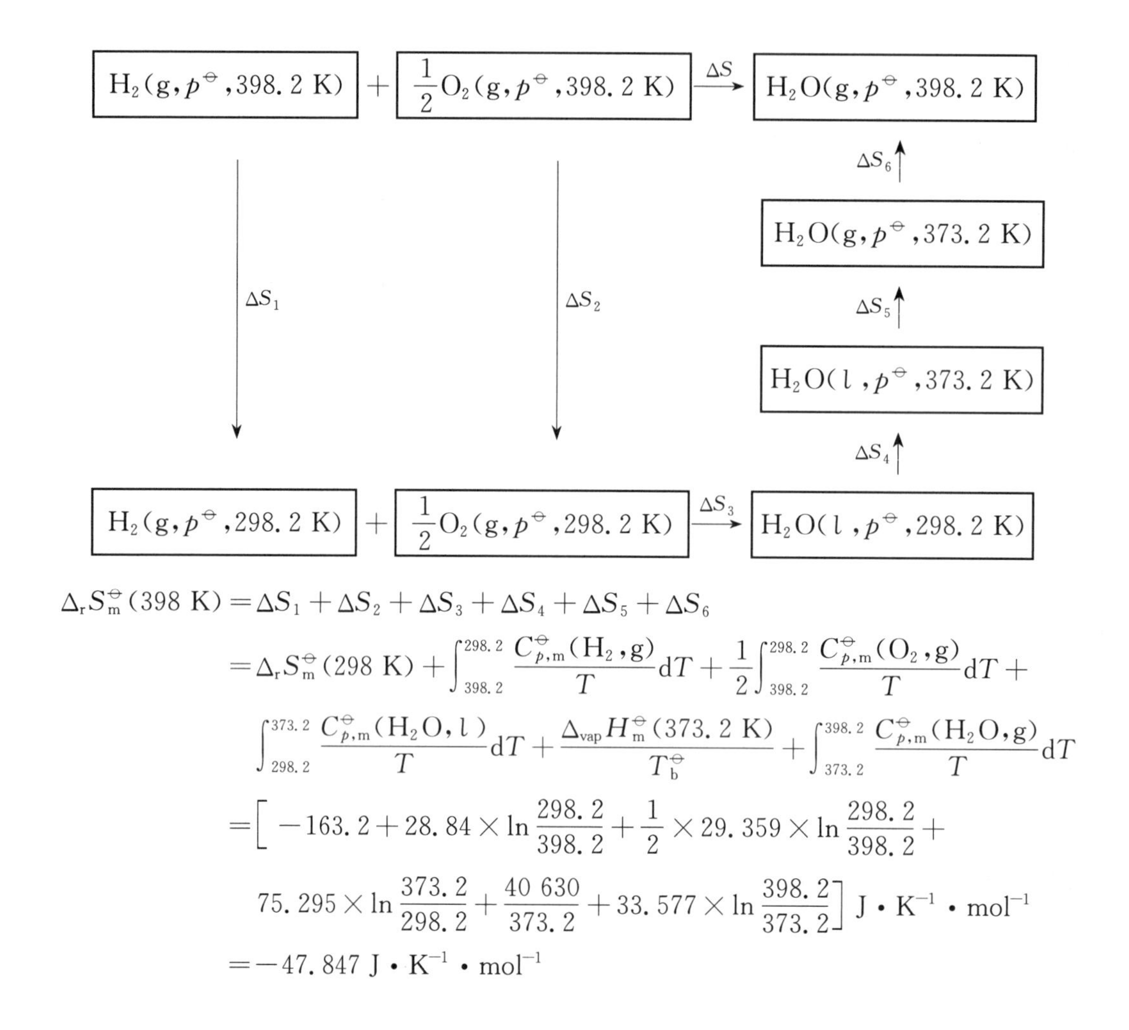

$$
\begin{aligned}
\Delta_r S_m^{\ominus}(398\ K) &= \Delta S_1 + \Delta S_2 + \Delta S_3 + \Delta S_4 + \Delta S_5 + \Delta S_6 \\
&= \Delta_r S_m^{\ominus}(298\ K) + \int_{398.2}^{298.2} \frac{C_{p,m}^{\ominus}(H_2,g)}{T} dT + \frac{1}{2}\int_{398.2}^{298.2} \frac{C_{p,m}^{\ominus}(O_2,g)}{T} dT + \\
&\quad \int_{298.2}^{373.2} \frac{C_{p,m}^{\ominus}(H_2O,l)}{T} dT + \frac{\Delta_{vap} H_m^{\ominus}(373.2\ K)}{T_b^{\ominus}} + \int_{373.2}^{398.2} \frac{C_{p,m}^{\ominus}(H_2O,g)}{T} dT \\
&= \left[-163.2 + 28.84 \times \ln \frac{298.2}{398.2} + \frac{1}{2} \times 29.359 \times \ln \frac{298.2}{398.2} + \right. \\
&\quad \left. 75.295 \times \ln \frac{373.2}{298.2} + \frac{40\ 630}{373.2} + 33.577 \times \ln \frac{398.2}{373.2} \right] J \cdot K^{-1} \cdot mol^{-1} \\
&= -47.847\ J \cdot K^{-1} \cdot mol^{-1}
\end{aligned}
$$

2.5 Gibbs 自由能与 Helmholtz 自由能

2.5.1 热力学第一定律和热力学第二定律联合表达式

对于封闭体系，$dU = \delta Q - (p_e dV + \delta W')$。由 Clausius 表达式有，$\delta Q \leqslant T_{环} dS$，所以

$$T_{环}\ dS - dU - p_e dV \geqslant \delta W' \tag{2-23}$$

式(2-23)是封闭体系热力学第一定律和第二定律的联合表达式，适用于封闭体系的任何过程。“>”表示过程不可逆，“=”表示可逆过程。在不同的条件下，可以有不同的形式。

2.5.2 Helmholtz 自由能

对于恒温、恒容体系，若不作其他功，则式(2-23)可变为

$$-d(U - TS) \geqslant 0 \tag{2-24}$$

因为 U、T、S 均是状态函数，所以 $U-TS$ 也是状态函数，定义 $F \overset{\text{def}}{=\!=} U - TS$，$F$ 称为 Helmholtz(亥姆霍兹，德国物理学家、生理学家、发明家)自由能，由于 U 的物理意义不明确，因此 F 也没有明确的物理意义。

引入辅助状态函数 F 后，式(2-24)可写为

$$(dF)_{T,V,W'=0} \leqslant 0 \tag{2-25}$$

由于无其他功，因此式(2－25)表示在恒温、恒容的条件下，体系自动发生 Helmholtz 自由能减少的过程，直到该条件下所允许的极小值，此时体系达到平衡状态。所以如果给定一个恒温、恒容且其他功为零的过程，计算其 Helmholtz 变化值，若 $dF<0$，则过程自动发生；若 $dF=0$，则已经达到平衡；绝对不会发生 $dF>0$ 的过程。

要注意的是，并非只有在恒温、恒容且其他功为零时才存在 ΔF，而是只要始、终态一定，就有一定的 ΔF 值。但是其他任意条件下的 ΔF 不再表示体系所能做的最大有效功。

2.5.3 Gibbs 自由能

若考查体系的恒温、恒压过程，则式(2－23)可改写为

$$-d(H-TS)\geqslant \delta W' \tag{2-26}$$

由于 H、T、S 是状态函数，所以 $H-TS$ 必然也是状态函数，定义 $G\xlongequal{\text{def}}H-TS$，$G$ 被称为 Gibbs 自由能。引入 G 后，式(2－26)写为

$$-(dG)_{T,p}\geqslant \delta W' \tag{2-27}$$

式(2－27)表示在恒温、恒压条件下，体系 Gibbs 自由能的减小等于体系所作的最大有效功。“>”表示不可逆，“=”表示达到平衡。

若过程恒温、恒压且其他功为零，则式(2－27)变为

$$(dG)_{T,p}\leqslant 0 \tag{2-28}$$

从式(2－28)可以看出，在恒温、恒压且其他功为零条件下，若 $dG<0$，则过程自发，若 $dG=0$，则已达平衡。

2.6 过程的自发性与可逆性判据

热力学第一定律证实体系存在状态函数 U、H，第二定律证实体系存在状态函数 S、F 和 G，其中 U 和 S 为基本状态函数，而 H、F、G 则是引入的辅助函数。在一定的条件下，U、H、S、F、G 是否为极值可以用作过程的方向性或可逆性的判据。

2.6.1 熵判据

对于孤立体系，一切实际过程中体系的熵趋向于极大值，所以熵判据可以写作

$$(dS)_{U,V}\geqslant 0$$

“>”表示过程自发，“=”表示平衡。若是绝热体系，则“>”仅表示不可逆，“=”表示可逆。

2.6.2 内能判据

如果不是孤立体系，则使用熵判据的时候既要计算体系的熵变又要计算环境的熵变或体系的热温商，很不方便，这时可以使用 U、H、F、G 判据，这一类判据只要考虑体系状态函数的变化值即可。

在 S、V 恒定且 $W'=0$ 的条件下，若 $dU<0$，则过程自发；若 $dU=0$，则过程达到平衡。所以内能判据可表示如下：

$$(dU)_{S,V}\leqslant 0$$

2.6.3 焓判据

在 S、p 恒定且 $W'=0$ 的条件下，若 $\mathrm{d}H<0$，则过程自发；若 $\mathrm{d}H=0$，则过程达到平衡。所以焓判据可表示如下：

$$(\mathrm{d}H)_{S,p}\leqslant 0$$

2.6.4 Helmholtz 判据

在 T、V 恒定且 $W'=0$ 的条件下，若 $\mathrm{d}F<0$，则过程自发；若 $\mathrm{d}F=0$，则过程达到平衡。所以 Helmholtz 判据可表示如下：

$$(\mathrm{d}F)_{T,V}\leqslant 0$$

2.6.5 Gibbs 判据

在 T、p 恒定且 $W'=0$ 的条件下，若 $\mathrm{d}G<0$，则过程自发；若 $\mathrm{d}G=0$，则过程达到平衡。所以 Gibbs 判据可表示如下：

$$(\mathrm{d}G)_{T,p}\leqslant 0$$

综上所述，所谓自发性判据就是在无其他功时，S、U、H、F、G 等容量性质在特定条件下是否为极值。如果未达到极值，则过程自发；如果体系处于极值点，则表示此时即为该条件下的限度。如果存在其他功，则在一定条件下 S、U、H、F、G 等容量性质是否为极值只能作为过程是否可逆的判据。

表 2-1 中是常见的判据，从表中可以看到，自发性判据和可逆性判据是不同的，它们既有区别又有联系。

表 2-1 常见的热力学判据

判　据	特定条件	判据表达式	
		自发性判据	可逆性判据
熵 判 据	U、V 恒定	$(\mathrm{d}S)_{U,V}\geqslant 0$	$(\mathrm{d}S)_{U,V}\geqslant\dfrac{\delta W'}{T_{环}}$
内能判据	S、V 恒定	$(\mathrm{d}U)_{S,V}\leqslant 0$	$(\mathrm{d}U)_{S,V}\leqslant-\delta W'$
焓 判 据	S、p 恒定	$(\mathrm{d}H)_{S,p}\leqslant 0$	$(\mathrm{d}H)_{S,p}\leqslant-\delta W'$
Helmholtz 判据	T、V 恒定	$(\mathrm{d}F)_{T,V}\leqslant 0$	$(\mathrm{d}F)_{T,V}\leqslant-\delta W'$
Gibbs 判据	T、p 恒定	$(\mathrm{d}G)_{T,p}\leqslant 0$	$(\mathrm{d}G)_{T,p}\leqslant-\delta W'$

2.7 热力学的重要关系式

2.7.1 热力学函数间的关系

U、S 是分别从第一定律和第二定律得出的基本状态函数，而 H、F、G 则是辅助函数。它们的定义归纳如下：

$$H\xlongequal{\text{def}}U+pV \tag{2-29}$$

$$F \xlongequal{\text{def}} U - TS \tag{2-30}$$

$$G \xlongequal{\text{def}} H - TS \tag{2-31}$$

对于恒温过程，由式(2-30)和式(2-31)有

$$\Delta F = \Delta U - T\Delta S \tag{2-32}$$

$$\Delta G = \Delta H - T\Delta S \tag{2-33}$$

若体系为理想气体，因为U和H仅为温度的函数，所以理想气体在无化学变化和相变化的恒温过程中ΔU和ΔH均为零，故$\Delta F = \Delta G$。对于凝聚态体系，$\Delta V \approx 0$，$\Delta U \approx \Delta H$，$\Delta F \approx \Delta G$。

2.7.2 热力学基本方程

对式(2-29)微分，有

$$\mathrm{d}H = \mathrm{d}U + p\mathrm{d}V + V\mathrm{d}p \tag{2-34}$$

将无其他功封闭体系的热力学第一定律和第二定律的联合表达式

$$\mathrm{d}U = T\mathrm{d}S - p\mathrm{d}V \tag{2-35}$$

代入式(2-34)，得

$$\mathrm{d}H = T\mathrm{d}S + V\mathrm{d}p \tag{2-36}$$

同样方法可以得到关于F和G的全微分表达式：

$$\mathrm{d}F = -S\mathrm{d}T - p\mathrm{d}V \tag{2-37}$$

$$\mathrm{d}G = -S\mathrm{d}T + V\mathrm{d}p \tag{2-38}$$

式(2-35)、(2-36)、(2-37)、(2-38)是关于U、H、F、G的全微分方程，被称为热力学基本方程(fundamental equation of thermodynamics)，也称为 Gibbs 方程。从式(2-35)、(2-36)、(2-37)、(2-38)中看到，热力学变量仅有2个，所以式(2-35)、(2-36)、(2-37)、(2-38)只能适用于双变量体系。对于组成不变的均相封闭体系，无论过程是否可逆，其状态只需用两个热力学状态函数描述，公式(2-35)、(2-36)、(2-37)、(2-38)均适用。如果体系的组成发生变化，如发生化学变化或相变化，描述体系的状态至少要3个变量，如T、p、ξ，式(2-35)、(2-36)、(2-37)、(2-38)不再适用。对于已经达到化学平衡或相平衡的体系，因为组成不再发生变化，它们是双变量体系，故式(2-35)、(2-36)、(2-37)、(2-38)仍适用。

对式(2-35)，令$\mathrm{d}V = 0$，则$T = \left(\frac{\partial U}{\partial S}\right)_V$。对式(2-36)，令$\mathrm{d}p = 0$，则$T = \left(\frac{\partial H}{\partial S}\right)_p$，所以

$$T = \left(\frac{\partial U}{\partial S}\right)_V = \left(\frac{\partial H}{\partial S}\right)_p \tag{2-39}$$

同样方式，可得

$$p = -\left(\frac{\partial U}{\partial V}\right)_S = -\left(\frac{\partial F}{\partial V}\right)_T \tag{2-40}$$

$$V = \left(\frac{\partial H}{\partial p}\right)_S = \left(\frac{\partial G}{\partial p}\right)_T \tag{2-41}$$

$$S=-\left(\frac{\partial F}{\partial T}\right)_V=-\left(\frac{\partial G}{\partial T}\right)_p \tag{2-42}$$

式(2-39)、(2-40)、(2-41)、(2-42)表明U、H、F和G等的偏导数与体系的某一可测状态函数是等值的。

2.7.3 特性函数和特征变量

对于没有其他功的均相封闭体系,选择适当的热力学变量就可以将体系的全部热力学性质确定下来,这样的变量称特征变量,对应的热力学函数称为特性函数(characteristic function)。

设T、p为特征变量,G为T、p的特性函数$G=G(T,p)$,由式(2-38)可得

$$S=-\left(\frac{\partial G}{\partial T}\right)_p$$

$$V=\left(\frac{\partial G}{\partial p}\right)_T$$

$$\begin{aligned}U&=G+TS-pV\\&=G-T\left(\frac{\partial G}{\partial T}\right)_p-p\left(\frac{\partial G}{\partial p}\right)_T\end{aligned}$$

$$H=G+TS=G-T\left(\frac{\partial G}{\partial T}\right)_p$$

$$F=G-pV=G-p\left(\frac{\partial G}{\partial p}\right)_T$$

以上各等式左边是体系的状态函数,右边是仅含T、p、G的函数式,所以G是以T、p为独立热力学变量的特性函数。

从式(2-35)、(2-36)、(2-37)、(2-38)中看到,当相应的特征变量不变时,特性函数的变化值可以用来判断变化过程的可逆性或方向性。

2.7.4 Maxwell关系式

式(2-35)是内能U的全微分式,因为全微分的二次偏微商与其求导次序无关[Euler关系式(1-1)],所以

$$\left(\frac{\partial T}{\partial V}\right)_S=-\left(\frac{\partial p}{\partial S}\right)_V \tag{2-43}$$

同样可得

$$\left(\frac{\partial T}{\partial p}\right)_S=\left(\frac{\partial V}{\partial S}\right)_p \tag{2-44}$$

$$\left(\frac{\partial p}{\partial T}\right)_V=\left(\frac{\partial S}{\partial V}\right)_T \tag{2-45}$$

$$\left(\frac{\partial V}{\partial T}\right)_p=-\left(\frac{\partial S}{\partial p}\right)_T \tag{2-46}$$

式(2-43)、(2-44)、(2-45)、(2-46)统称为Maxwell关系式,Maxwell公式的一个用途就是用容易由实验测定的偏微商来代替那些不易直接测定的偏微商,实现了由p-V至T-S坐标系的相互转换,变换过程中必须遵守能量守恒定律。

例题 2-9 证明 $\left(\frac{\partial T}{\partial p}\right)_S=\frac{T}{C_p}\left(\frac{\partial V}{\partial T}\right)_p$。

证明 由 Maxwell 关系，有

$$\left(\frac{\partial T}{\partial p}\right)_S=\left(\frac{\partial V}{\partial S}\right)_p=\left(\frac{\partial V}{\partial T}\right)_p\left(\frac{\partial T}{\partial S}\right)_p \qquad ①$$

又组成不变的均相体系无其他功时，$\mathrm{d}S_p=\frac{C_p}{T}\mathrm{d}T$，所以

$$\left(\frac{\partial T}{\partial S}\right)_p=\frac{T}{C_p} \qquad ②$$

将式②代入①，得 $\left(\frac{\partial T}{\partial p}\right)_S=\frac{T}{C_p}\left(\frac{\partial V}{\partial T}\right)_p$。

2.7.5 ΔG 与温度的关系

$$\left[\frac{\partial\left(\frac{G}{T}\right)}{\partial T}\right]_p=\left(\frac{\partial G}{\partial T}\right)_p\frac{1}{T}-\frac{G}{T^2}=-\frac{G+TS}{T^2}=-\frac{H}{T^2}$$

所以

$$\left[\frac{\partial\left(\frac{\Delta G}{T}\right)}{\partial T}\right]_p=-\frac{\Delta H}{T^2} \qquad (2-47)$$

类似(2-47)，可以证明：

$$\left[\frac{\partial\left(\frac{\Delta F}{T}\right)}{\partial T}\right]_V=-\frac{\Delta U}{T^2} \qquad (2-48)$$

式(2-47)、(2-48)及式(2-32)、(2-33)描述了 ΔG、ΔF 与 T 的关系，均被称为 Gibbs-Helmholtz 公式。对式(2-47)、(2-48)积分，可由 T_1 下的 ΔG_1、ΔF_1 求 T_2 下的 ΔG_2、ΔF_2。当 ΔU、ΔH 是温度函数时，计算变得繁琐，需要多加小心。

2.8 ΔG 的计算

2.8.1 理想气体等温过程 ΔG 的计算

(1) 组成不变的理想气体等温过程

根据式(2-38)，有

$$\Delta G=\int V\mathrm{d}p=\int\frac{nRT}{p}\mathrm{d}p=nRT\ln\frac{p_2}{p_1}=nRT\ln\frac{V_1}{V_2}$$

(2) 理想气体等温、等压混合过程

$$\Delta_{\text{mix}}G=\Delta_{\text{mix}}H-T\Delta_{\text{mix}}S=0-T(-R\sum_{\text{B}}n_{\text{B}}\ln x_{\text{B}})=RT\sum_{\text{B}}n_{\text{B}}\ln x_{\text{B}}$$

(3) 理想气体等温、等容混合过程

等温、等容下混合，体系状态未改变，$\Delta_{mix}T=0$，$\Delta_{mix}V=0$，$\Delta_{mix}U=0$，$\Delta_{mix}H=0$，$\Delta_{mix}S=0$，$\Delta_{mix}F=0$，$\Delta_{mix}G=0$。

例题 2-10 在 25 ℃时，将 1 mol $10p^{\ominus}$ 的理想气体膨胀至 $p^{\ominus}$ 的终态，求此过程的 ΔS、ΔF 和 ΔG。

解 由于是理想气体，温度不变，体系的内能和焓将不变，所以

$$\Delta S=\frac{Q_R}{T}=\frac{nRT\ln\frac{p_1}{p_2}}{T}=nR\ln\frac{p_1}{p_2}=\left(8.314\times\ln\frac{10p^{\ominus}}{p^{\ominus}}\right)\ \mathrm{J\cdot K^{-1}}=19.1\ \mathrm{J\cdot K^{-1}}$$

$$\Delta F=\Delta U-T\Delta S=(0-298.2\times19.1)\ \mathrm{J}=-5\,695.6\ \mathrm{J}$$

$$\Delta G=\Delta H-T\Delta S=(0-298.2\times19.1)\ \mathrm{J}=-5\,695.6\ \mathrm{J}$$

2.8.2 相变过程 ΔG 的计算

(1) 等温、等压下的可逆相变

根据式(2-38)，$\Delta G=0$。

(2) 等温、等压条件下的不可逆相变

将不可逆过程设计为可计算途径来计算。

例题 2-11 计算 25 ℃、$p^{\ominus}$ 的 1 mol $H_2O(l)$完全变成 25 ℃、$p^{\ominus}$ 的 $H_2O(g)$的 ΔG。已知 25 ℃时水的饱和蒸气压为 3 168 Pa。

解 显然该相变过程不是可逆过程，因此要设计可逆的途径来计算。

$$\begin{array}{ccc}
\boxed{298\ \mathrm{K},p^{\ominus},H_2O(l)} & \xrightarrow{\Delta G} & \boxed{298\ \mathrm{K},p^{\ominus},H_2O(g)} \\
①\downarrow\Delta G_1 & & ③\uparrow\Delta G_3 \\
\boxed{298\ \mathrm{K},3\,168\ \mathrm{Pa},H_2O(l)} & \xrightarrow[②]{\Delta G_2} & \boxed{298\ \mathrm{K},3\,168\ \mathrm{Pa},H_2O(g)}
\end{array}$$

过程①、③均为可逆 pVT 过程，过程①中

$$\Delta G_1=\int_{p^{\ominus}}^{3\,168\ \mathrm{Pa}}V(l)\mathrm{d}p\approx0$$

过程③中

$$\Delta G_3=\int_{3\,168\ \mathrm{Pa}}^{p^{\ominus}}V(g)\mathrm{d}p\approx nRT\ln\frac{p^{\ominus}}{3\,168\ \mathrm{Pa}}$$

过程②是可逆相变化，$\Delta G_2=0$，所以整个过程的 ΔG 为

$$\Delta G=\Delta G_1+\Delta G_2+\Delta G_3\approx\Delta G_3\approx\left(8.314\times298\times\ln\frac{101\,325}{3\,168}\right)\ \mathrm{J}=8\,585.4\ \mathrm{J}>0$$

所以 25 ℃、$p^{\ominus}$ 下 $H_2O(l)$比 $H_2O(g)$稳定。

2.8.3 化学反应过程 ΔG 的计算

在 T、$p^{\ominus}$ 下，由最稳定单质生成指定相态 β 物质 B 的 $\Delta_rG_m^{\ominus}$ 称为物质 B 的标准摩尔生成自由能

$\Delta_f G_m^\ominus(B,\beta)$。类似于 Hess 定律，对于任意化学反应 $0=\sum_B \nu_B B$，可以由 $\Delta_f G_m^\ominus(B,\beta)$ 计算反应的 $\Delta_r G_m^\ominus$。

$$\Delta_r G_m^\ominus=\sum_B \nu_B \Delta_f G_m^\ominus(B,\beta) \tag{2-49}$$

如果给定 $\Delta_f H_m^\ominus$ 和 $S_m^\ominus(B)$，也可以由 Gibbs-Helmholtz 公式计算 $\Delta_r G_m^\ominus$。

$$\Delta_r G_m^\ominus=\Delta_r H_m^\ominus-T\Delta_r S_m^\ominus \tag{2-50}$$

例题 2-12 已知下列有关的热力学数据：

	$C_2H_4(g)$	$H_2O(g)$	$C_2H_5OH(g)$
$\Delta_f H_m^\ominus/(kJ\cdot mol^{-1})$	52.28	−241.83	−235.31
$S_m^\ominus/(J\cdot K^{-1}\cdot mol^{-1})$	219.45	188.72	282.00

计算乙烯水合制备乙醇反应 $C_2H_4(g)+H_2O(g)\longrightarrow C_2H_5OH(g)$ 的 $\Delta_r G_m^\ominus$。

解 ① 由 $\Delta_f H_m^\ominus(B)$计算反应的 $\Delta_r H_m^\ominus$

$$\begin{aligned}\Delta_r H_m^\ominus&=\sum_B \nu_B \Delta_f H_m^\ominus(B)\\&=\Delta_f H_m^\ominus(C_2H_5OH,g)-\Delta_f H_m^\ominus(C_2H_4,g)-\Delta_f H_m^\ominus(H_2O,g)\\&=[-235.31-52.28-(-241.83)]\ kJ\cdot mol^{-1}\\&=-45.76\ kJ\cdot mol^{-1}\end{aligned}$$

② 由 $S_m^\ominus(B)$计算反应的 $\Delta_r S_m^\ominus$

$$\begin{aligned}\Delta_r S_m^\ominus&=\sum_B \nu_B S_m^\ominus(B)\\&=S_m^\ominus(C_2H_5OH,g)-S_m^\ominus(C_2H_4,g)-S_m^\ominus(H_2O,g)\\&=(282.00-219.45-188.72)\ J\cdot K^{-1}\cdot mol^{-1}\\&=-126.17\ J\cdot K^{-1}\cdot mol^{-1}\end{aligned}$$

③ 由 $\Delta_r H_m^\ominus$ 和 $\Delta_r S_m^\ominus$ 计算反应的 $\Delta_r G_m^\ominus$

$$\begin{aligned}\Delta_r G_m^\ominus&=\Delta_r H_m^\ominus-T\Delta_r S_m^\ominus\\&=[-45.76-298\times(-126.17)\times 10^{-3}]\ kJ\cdot mol^{-1}\\&=-8.16\ kJ\cdot mol^{-1}\end{aligned}$$

例题 2-13 已知 298 K、$p^\ominus$ 下，CO(g)和 $CO_2(g)$的标准摩尔生成 Gibbs 自由能分别为 $-137.27\ kJ\cdot mol^{-1}$ 和 $-394.38\ kJ\cdot mol^{-1}$，试问常温常压下 $CO_2(g)$的解离反应

$$2CO_2(g)\rightleftharpoons 2CO(g)+O_2(g)$$

能否进行？

解 根据式(2-49)，有

$$\begin{aligned}\Delta_r G_m^\ominus&=\sum_B \nu_B \Delta_f G_m^\ominus(B)\\&=2\Delta_f G_m^\ominus(CO,g)-2\Delta_f G_m^\ominus(CO_2,g)\\&=[2\times(-137.27)-2\times(-394.38)]\ kJ\cdot mol^{-1}\\&=514.22\ kJ\cdot mol^{-1}>0\end{aligned}$$

所以,常温常压下,$CO_2(g)$不能解离成$CO(g)$和$O_2(g)$。

习 题

2-1 室温25 ℃下将55.6 mol水放入0 ℃的冰箱中使其结冰,问至少需作多少功?冰箱对环境放热多少?已知冰的熔化热 $\Delta_{fus}H_m^{\ominus}=6.025\ kJ\cdot mol^{-1}$。

2-2 试在 T-S 坐标系中画出Carnot循环示意图,并推导出热机效率 η 的计算公式。

2-3 为什么汽车工程师不在汽车中安装一台空调给冷却水降温以提高汽车发动机的热机效率?

2-4 百度百科上说,空气能热水器也称为"空气源热泵热水器",其工作原理与空调器极为相似,采用少量的电能驱动压缩机运行,高压的液态工质经过膨胀阀后在蒸发器内蒸发为气态,并从空气中吸收大量的热能,气态的工质被压缩机压缩成为高温、高压的液态,然后进入冷凝器放热而把水加热……如此不断地循环加热,可以把水加热至50~65 ℃。在这一过程中,消耗1份的电能驱动压缩机运行,同时可从环境空气中吸收转移约4份的热量到水中。因此,相对于电热水器来说,空气能热水器可以节约近3/4的电能。即电热水器消耗4 kW·h电能产出的热水,使用空气能热水器只需要1度电就可以了。因此有人评论说,空气能热水器明显违背能量守恒定律,是商家的忽悠。买空气能热水器,就是赶着去交智商税。对此,运用本章所学,你怎么看?

2-5 某恒温槽温度为25 ℃,实验室温度为5 ℃,实验过程中有5 000 J的热因为绝热不良而从恒温槽散失到空气中。试判断此过程的自发性。

2-6 求下述过程体系的熵变,并判断过程是否可逆。已知水25 ℃时的标准汽化热 $\Delta_{vap}H_m^{\ominus}\approx 43.96\ kJ\cdot mol^{-1}$,25 ℃时水的饱和蒸气压为3.167 4 kPa。

$$\boxed{25\ ℃, p^{\ominus}, H_2O(g)} \xrightarrow{\Delta S} \boxed{25\ ℃, p^{\ominus}, H_2O(l)}$$

2-7 某型号的热水器容积为60 dm^3,求当温度从25 ℃升高到50 ℃的过程中体系的熵变。若该温度变化要求在10 min内达到,则加热器的功率至少为多少千瓦?设水的平均恒压摩尔热容 $\overline{C}_{p,m}^{\ominus}=75.3\ J\cdot K^{-1}\cdot mol^{-1}$。

2-8 1 mol某单原子分子理想气体从 $p^{\ominus}$、273.2 K经过某未知过程变化到 $2p^{\ominus}$、303 K,试计算此过程中体系的熵变。

2-9 例2-5中关于末态温度的求算用 $t'=\frac{10+20}{2}$ ℃ = 15 ℃ 似乎更直接,为什么例题中采用如此不简洁的方法?你有什么评论?

2-10 有人声称,自然界的一切过程都是朝熵增加的方向进行。你认为这种说法对吗?

2-11 求反应 $H_2(g, p^{\ominus}, 298.2\ K)+Cl_2(g, p^{\ominus}, 298.2\ K)\longrightarrow 2HCl(g, p^{\ominus}, 298.2\ K)$ 的标准摩尔熵变 $\Delta_rS_m^{\ominus}(298\ K)$。已知 $H_2(g)$、$Cl_2(g)$ 和 $HCl(g)$ 25 ℃的标准摩尔规定熵分别为130.587 $J\cdot K^{-1}\cdot mol^{-1}$、222.949 $J\cdot K^{-1}\cdot mol^{-1}$、184.81 $J\cdot K^{-1}\cdot mol^{-1}$。

2-12 有人说,当反应热效应不随温度而变化时,体系的熵变化也不随温度而变化。你认为这种说法对吗?

2-13 已知乙醇的标准沸点为78.5 ℃,标准摩尔汽化热为40.476 $kJ\cdot mol^{-1}$,求乙醇可逆蒸发时的 $Q_{rev,m}$、$W_{rev,m}$、$\Delta_{vap}U_m^{\ominus}$、$\Delta_{vap}H_m^{\ominus}$、$\Delta_{vap}F_m^{\ominus}$、$\Delta_{vap}G_m^{\ominus}$。

2-14 298 K、$p^{\ominus}$下某化学反应的 $\Delta H=-40.0\ kJ$,$\Delta S=13.4\ J\cdot K^{-1}$。

① 若使反应在恒温恒压下进行,则反应的热效应为多少?

② 若将反应安排在电池中可逆进行,则热效应为多少?

③ 恒温恒压下,体系的最大作功能力为多少?

2-15 已知−5 ℃时,固态苯的饱和蒸气压为2.28 kPa,液态苯的饱和蒸气压为2.64 kPa,求下述过程的 ΔG_m。

$$\boxed{268.2\ K, p^{\ominus}, C_6H_6(l)} \xrightarrow{\Delta G_m} \boxed{268.2\ K, p^{\ominus}, C_6H_6(s)}$$

2-16 25 ℃、$p^{\ominus}$时,求下述过程 $\boxed{298.2\ K, p^{\ominus}, H_2O(l)} \xrightarrow[\Delta S_m]{\Delta G_m} \boxed{298.2\ K, p^{\ominus}, H_2O(g)}$ 的 ΔS_m、ΔG_m。已

知 25 ℃时水的饱和蒸气压为 3.1674 kPa，可逆汽化热为 44.10 kJ · mol^{-1}。

2-17 例 2-10 中，若体系实际对外作功 5 000 J，问过程自发性如何？

2-18 例 2-11 中计算结果 $\Delta G > 0$，说明 25 ℃时液态水不可能蒸发为水蒸气。这种解读是否正确？

2-19 试证明实际气体 $pV_m = RT + bp (b > 0)$ 进行焦耳实验时，温度不变。

2-20 在 263 K、1 atm 下，1 mol 水凝结成冰的过程中，下列哪个公式可用？

A. $\Delta H = T\Delta S$　　B. $\Delta S = (\Delta H - \Delta G)/T$

C. $\Delta H = T\Delta S + V\Delta p$　　D. $\Delta G = 0$

3 多组分溶液热力学

3.1 组成的表示方法

3.1.1 物质的量分数 x_B

对于单组分均相封闭体系，通常只需两个变量如 T、p 描述体系的状态，对于多组分体系，则要加入额外的物理量——组成来描述。

溶液中物质 B 的物质的量分数（即摩尔分数，mole fraction）定义为该物质物质的量 n_B 与溶液中总物质的量 $\sum_B n_B$ 之比，即

$$x_B \overset{\text{def}}{=\!=} \frac{n_B}{\sum_B n_B} \tag{3-1}$$

x_B 是量纲一的纯数，在不考虑挥发的情况下，x_B 与温度、压力无关。显然，溶液中各物质 B 物质的量分数 x_B 之和等于 1，即

$$\sum_B x_B = 1 \tag{3-2}$$

对于气体混合物，通常用 y_B 表示物质 B 的物质的量分数。

3.1.2 质量摩尔浓度 m_B

溶质 B 的质量摩尔浓度（molality）定义为该溶质 B 的物质的量 n_B 与溶液中溶剂的质量 W_A 之比，即

$$m_B \overset{\text{def}}{=\!=} \frac{n_B}{W_A} \tag{3-3}$$

SI（法语 Le Système International d'unités 缩写，国际单位制）中，m_B 的单位是 $mol \cdot kg^{-1}$，非正式场合有人用 m 代替 $mol \cdot kg^{-1}$，如 0.05 $mol \cdot kg^{-1}$ 的 H_2SO_4 溶液记作 0.05 m 的 H_2SO_4 溶液。和 x_B 一样，m_B 与温度、压力无关。部分教材、文献资料中常用 b_B 表示质量摩尔浓度。

3.1.3 物质的量浓度 c_B

溶质 B 的物质的量浓度（molarity）定义为该溶质 B 的物质的量 n_B 与溶液体积 V 之比，即

$$c_B \overset{\text{def}}{=\!=} \frac{n_B}{V} \tag{3-4}$$

SI 中，c_B 的单位是 $mol \cdot m^{-3}$，常用单位是 $mol \cdot dm^{-3}$ 或 $mol \cdot L^{-1}$，非正式场合有人用 M 代替 $mol \cdot dm^{-3}$ 或 $mol \cdot L^{-1}$，如 0.05M 的 H_2SO_4 溶液。和 x_B、m_B 不同，c_B 与体系的温度、压力有关。

3.1.4 质量分数 w_B

物质 B 的质量分数（mass fraction）定义为该物质 B 的质量 W_B 与溶液的总质量 $\sum_B W_B$ 之比，即

$$w_{\mathrm{B}} \xlongequal{\mathrm{def}} \frac{W_{\mathrm{B}}}{\sum_{\mathrm{B}} W_{\mathrm{B}}} \tag{3-5}$$

质量分数 w_{B} 为量纲一的量，不随温度和压力而变化。很明显，溶液中各物质的质量分数之和等于1，即

$$\sum_{\mathrm{B}} w_{\mathrm{B}} = 1 \tag{3-6}$$

w_{B} 与温度、压力无关。

3.1.5 质量浓度 $\boldsymbol{\rho}_{\mathrm{B}}$

质量浓度(mass of concentration，titer)定义为物质B的质量 W_{B} 与系统体积 V 之比，即

$$\rho_{\mathrm{B}} = \frac{W_{\mathrm{B}}}{V} \tag{3-7}$$

对于纯物质，质量浓度就是密度，质量浓度具有和密度相同的量纲、单位甚至符号。多组分时，系统中所有组分质量浓度之和等于密度，即

$$\sum_{\mathrm{B}} \rho_{\mathrm{B}} = \rho \tag{3-8}$$

式中，ρ 表示密度。

因为体积是温度的函数，所以质量浓度是温度的函数，温度不同，质量浓度亦不同。比如，水在0～4 ℃之间，ρ_{B} 随温度升高而升高，4 ℃以上，ρ_{B} 随温度升高而降低，ρ_{B} 在4 ℃时存在极大值。

质量浓度在生物化学、医学等专业中应用很多，不少教材用 c_{B} 表示，容易与物质的量浓度混淆，建议用 ρ_{B} 表示。至于质量浓度和密度容易混淆，但实际应用中不会产生严重后果。比较而言，用 ρ_{B} 表示质量浓度比用 c_{B} 表示更合理。

3.2 偏摩尔量与化学势

多组分体系的容量性质 X(如 U、H、F、G 等)除了与温度、压力有关外，还与体系的组成有关。因为组成变化时，各组分的物质的量在改变，各组分间的相互作用也在改变，使每一组分单位物质的量对容量性质 X 的贡献发生改变，因此多组分体系中，容量性质的加和性不再成立，即

$$X \neq \sum_{\mathrm{B}} n_{\mathrm{B}} X_{\mathrm{B}}^{*} \tag{3-9}$$

为此，Lewis 提出用偏摩尔量来代替纯组分时的摩尔量。

3.2.1 偏摩尔量

设 X 为多组分均相体系的任意容量性质，可看作是 T、p、n_1、n_2、…的函数，即

$$X = f(T, p, n_1, n_2, \cdots)$$

X 的全微分为

$$\mathrm{d}X = \left(\frac{\partial X}{\partial T}\right)_{p,n_i} \mathrm{d}T + \left(\frac{\partial X}{\partial p}\right)_{T,n_i} \mathrm{d}p + \left(\frac{\partial X}{\partial n_1}\right)_{T,p,n_{j\neq 1}} \mathrm{d}n_1 + \left(\frac{\partial X}{\partial n_2}\right)_{T,p,n_{j\neq 2}} \mathrm{d}n_2 + \cdots \tag{3-10}$$

令

$$X_B \xlongequal{\text{def}} \left(\frac{\partial X}{\partial n_B}\right)_{T,p,n_{j\neq B}} \tag{3-11}$$

X_B 称为多组分体系中物质 B 的偏摩尔量(partial mole quantities),它表示等温等压条件下,加入 dn_B 的物质 B 时所引起体系容量性质 X 随该组分物质的量的变化率$\left(\frac{\partial X}{\partial n_B}\right)_{T,p,n_{j\neq B}}$;亦可解释为等温等压条件下,往大量溶液中加入 1 mol 物质 B 所引起体系容量性质 X 的变化量。

引入偏摩尔量 X_B 后,式(3-10)可简写为

$$dX = \left(\frac{\partial X}{\partial T}\right)_{p,n_i} dT + \left(\frac{\partial X}{\partial p}\right)_{T,n_i} dp + \sum_B X_B dn_B \tag{3-12}$$

当体系恒温、恒压时,对式(3-12)积分后,有

$$\int_0^X dX = \int_0^{n_B} \sum_B X_B dn_B$$

若在积分区间内,X_B 为常数,即体系的浓度维持不变,则

$$X = \sum_B X_B n_B \tag{3-13}$$

式(3-13)就是所谓的偏摩尔量的集合公式,这表明用偏摩尔量替代摩尔量后,多组分体系的容量性质的加和性得到恢复。

例题 3-1 298.2 K 时,往大量摩尔分数为 $x_{CH_3OH}=0.400\,0$ 的甲醇溶液中加入 1 mol 的纯水,溶液体积增加 17.35 cm^3;若往大量此溶液中加入 1 mol 甲醇,溶液体积增加 39.01 cm^3。试计算将 0.4 mol 甲醇和 0.6 mol 的水混合成溶液时,体积为多少。

解 根据题意,298.2 K 时,摩尔分数为 $x_{CH_3OH}=0.400\,0$ 的甲醇溶液中,水和甲醇的偏摩尔量体积分别为 $V_{H_2O}=17.35\ cm^3\cdot mol^{-1}$,$V_{CH_3OH}=39.01\ cm^3\cdot mol^{-1}$,根据容量性质 V 的集合公式(3-13),得:

$$\begin{aligned} V &= \sum_B V_B n_B \\ &= V_{H_2O} n_{H_2O} + V_{CH_3OH} n_{CH_3OH} \\ &= 17.35\ cm^3\cdot mol^{-1} \times 0.6\ mol + 39.01\ cm^3\cdot mol^{-1} \times 0.4\ mol \\ &= 26.01\ cm^3 \end{aligned}$$

3.2.2 化学势

在所有的偏摩尔量中,偏摩尔 Gibbs 自由能 G_B 最为重要,Gibbs 将其称为化学势(chemical potential),用符号 μ_B 表示,即

$$\mu_B \xlongequal{\text{def}} G_B = \left(\frac{\partial G}{\partial n_B}\right)_{T,p,n_{j\neq B}} \tag{3-14}$$

对多组分均相体系,G 可表示为 T、p 和各组分组成的函数,即

$$G = G(T, p, n_1, n_2, \cdots)$$

于是,其全微分

$$dG = \left(\frac{\partial G}{\partial T}\right)_{p,n_i} dT + \left(\frac{\partial G}{\partial p}\right)_{T,n_i} dp + \sum_B \mu_B dn_B$$

因为 $\left(\frac{\partial G}{\partial T}\right)_{p,n_i} = -S$,$\left(\frac{\partial G}{\partial p}\right)_{T,n_i} = V$,所以

$$dG = -SdT + Vdp + \sum_B \mu_B dn_B \tag{3-15}$$

可以用同样的方法得到化学势的其他表达式及其他的多组分均相体系热力学基本方程：

$$\mu_B = \left(\frac{\partial U}{\partial n_B}\right)_{S,V,n_{j\neq B}} = \left(\frac{\partial H}{\partial n_B}\right)_{S,p,n_{j\neq B}} = \left(\frac{\partial F}{\partial n_B}\right)_{T,V,n_{j\neq B}} = \left(\frac{\partial G}{\partial n_B}\right)_{T,p,n_{j\neq B}} \tag{3-16}$$

$$dU = TdS - pdV + \sum_B \mu_B dn_B \tag{3-17}$$

$$dH = TdS + Vdp + \sum_B \mu_B dn_B \tag{3-18}$$

$$dF = -SdT - pdV + \sum_B \mu_B dn_B \tag{3-19}$$

若不特别指明，化学势均是指式(3-14)所定义的偏摩尔 Gibbs 自由能。

可以证明，化学势与温度和压力的关系：

$$\left(\frac{\partial \mu_B}{\partial p}\right)_{T,n_i} = \left[\frac{\partial}{\partial p}\left(\frac{\partial G}{\partial n_B}\right)_{T,p,n_{j\neq B}}\right]_{T,n_i} = \left[\frac{\partial}{\partial n_B}\left(\frac{\partial G}{\partial p}\right)_{T,n_i}\right]_{T,p,n_{j\neq B}} = \left(\frac{\partial V}{\partial n_B}\right)_{T,p,n_{j\neq B}} = V_B \tag{3-20}$$

$$\left(\frac{\partial \mu_B}{\partial T}\right)_{p,n_i} = \left[\frac{\partial}{\partial T}\left(\frac{\partial G}{\partial n_B}\right)_{T,p,n_{j\neq B}}\right]_{p,n_i} = \left[\frac{\partial}{\partial n_B}\left(\frac{\partial G}{\partial T}\right)_{p,n_i}\right]_{T,p,n_{j\neq B}} = \left(\frac{\partial S}{\partial n_B}\right)_{T,p,n_{j\neq B}} = S_B \tag{3-21}$$

可见化学势 μ_B 和 T、p 的关系与 Gibbs 自由能 G 和 T、p 的关系类似。

3.2.3 化学势判据

对于发生相变化或化学变化的多相体系，其 Gibbs 方程可写为

$$dG = -SdT + Vdp + \sum_\alpha \sum_B \mu_B^\alpha dn_B^\alpha \tag{3-22}$$

等温、等压且非体积功为零时，Gibbs 判据为

$$(dG)_{T,p,W'=0} \leqslant 0$$

“<”表示过程自发，“=”则表示平衡。将 Gibbs 判据和式(3-22)结合，则得到多组分体系恒温、恒压下的判据

$$\sum_\alpha \sum_B \mu_B^\alpha dn_B^\alpha \leqslant 0 \quad \begin{matrix}\text{自发过程}\\ \text{平衡状态}\end{matrix} \tag{3-23}$$

式(3-23)可以判断恒温、恒压、非体积功为零的相变化和化学变化的方向和限度，可称为化学势判据。“<”表示过程自发，“=”则表示平衡。

(1) 化学势判据在相变化中的应用

根据式(3-23)，在等温、等压条件下，若体系已达平衡，则

$$\sum_\alpha \sum_B \mu_B^\alpha dn_B^\alpha = 0$$

假设体系有 α、β 两相，有 dn_B 的物质 B 从 α 相迁移到 β 相，则

$$dG = \mu_B^\beta dn_B - \mu_B^\alpha dn_B = 0$$

即

$$\mu_B^\beta = \mu_B^\alpha$$

这就是说，当体系达到相平衡时，物质 B 在各相中的化学势相等。如果化学势不等，物质 B 将从化学势大的相向化学势小的相转移，直至物质 B 在各相中的化学势相等为止。

(2) 化学势判据在化学变化中的应用

以 $2CO_2(g) \rightleftharpoons 2CO(g)+O_2(g)$ 为例，当有 dn $O_2(g)$生成时，必然伴随有 2dn CO(g)的生成和 2dn $CO_2(g)$的消失。达到化学平衡时，有

$$dG = \mu_{O_2}dn + 2\mu_{CO}dn - 2\mu_{CO_2}dn = 0$$

即

$$2\mu_{CO_2} = 2\mu_{CO} + \mu_{O_2}$$

这表明，当反应达到平衡时，反应物化学势与其计量系数乘积之和等于产物化学势与其计量系数乘积之和。若 $dG<0$，则 $2\mu_{CO_2} > 2\mu_{CO}+\mu_{O_2}$，反应自发进行，反应物化学势与其计量系数乘积之和大于产物化学势与其计量系数乘积之和；若 $dG>0$，则 $2\mu_{CO_2} < 2\mu_{CO}+\mu_{O_2}$，逆反应自发进行，反应物化学势与其计量系数乘积之和小于产物化学势与其计量系数乘积之和。

对任意的化学反应 $0=\sum_B \nu_B B$，则有

$$\sum_B \nu_B\mu_B < 0 \quad 正反应自发$$

$$\sum_B \nu_B\mu_B = 0 \quad 反应达平衡$$

$$\sum_B \nu_B\mu_B > 0 \quad 逆反应自发$$

例题 3-2 比较 101 ℃、101.3 kPa 液态水和 101 ℃、101.3 kPa 气态水的化学势相对大小。

解 可以设计如下的过程：

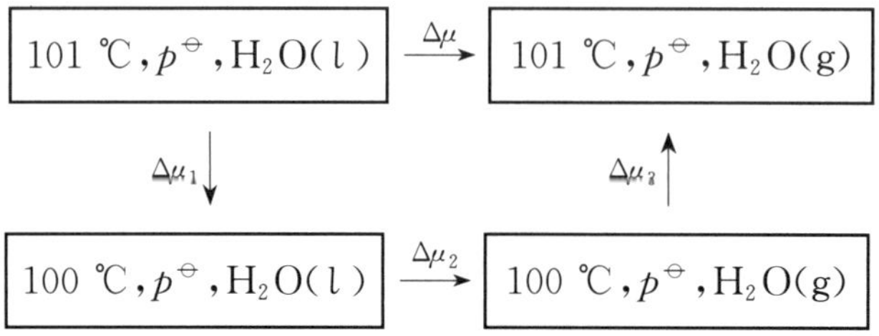

$$\begin{array}{ccc} \boxed{101\ ℃, p^\ominus, H_2O(l)} & \xrightarrow{\Delta\mu} & \boxed{101\ ℃, p^\ominus, H_2O(g)} \\ \Delta\mu_1 \downarrow & & \uparrow \Delta\mu_3 \\ \boxed{100\ ℃, p^\ominus, H_2O(l)} & \xrightarrow{\Delta\mu_2} & \boxed{100\ ℃, p^\ominus, H_2O(g)} \end{array}$$

$$\begin{aligned} \Delta\mu &= \Delta\mu_1 + \Delta\mu_2 + \Delta\mu_3 = \Delta\mu_1 + \Delta\mu_3 \\ &= -\int_{101}^{100} S_m(H_2O, l)dT - \int_{100}^{101} S_m(H_2O, g)dT \\ &= -\int_{100}^{101} [S_m(H_2O, g) - S_m(H_2O, l)]dT \end{aligned}$$

因为熵是体系混乱度的度量，所以气态水的熵大于液态水的熵，即 $S_m(H_2O,g) > S_m(H_2O,l)$，故 $\Delta\mu<0$，$\mu(101\ ℃, p^\ominus, l, H_2O) > \mu(101\ ℃, p^\ominus, g, H_2O)$。

3.3 Raoult 定律与 Henry 定律

3.3.1 Raoult 定律

Raoult(拉乌尔，法国化学家)归纳多次实验的结果，于 1887 年发表了 Raoult 定律：恒温时，稀溶

液中溶剂的蒸气压等于纯溶剂在该温度下的饱和蒸气压与溶液中溶剂的摩尔分数的乘积，即

$$p_A = p_A^* x_A \tag{3-24}$$

p_A^* 是纯溶剂的饱和蒸气压，x_A 代表溶剂 A 在溶液中的摩尔分数。若溶液中仅有 A、B 两个组分，B 为溶质，则 Raoult 定律也可表示为

$$\frac{p_A^* - p_A}{p_A^*} = x_B \tag{3-25}$$

若溶质本身也是挥发性的，亦遵守 Raoult 定律，则

$$\left.\begin{array}{l} p_A = p_A^* x_A \\ p_B = p_B^* x_B \end{array}\right\} \tag{3-26}$$

体系的总压为所有物质的分压的总和遵守 Dalton（道尔顿，英国化学家、物理学家、气象学家）定律：

$$p = \sum_B p_B$$

物质 B 在气相中的摩尔分数为

$$y_B = \frac{p_B}{\sum_B p_B}$$

3.3.2 Henry 定律

稀溶液的另一个实验定律是 Henry（亨利，英国化学家）定律。1803 年，Henry 总结出 Henry 定律：在一定温度下，气体在液体中的饱和溶解度与该气体的平衡分压成正比，即

$$p_B = k_{x,B} x_B \tag{3-27}$$

如果用 c_B、m_B 表示溶解度，则 Henry 定律亦可表示为

$$p_B = k_{c,B} c_B \tag{3-28}$$

$$p_B = k_{m,B} m_B \tag{3-29}$$

式(3-27)、(3-28)、(3-29)中的 $k_{x,B}$、$k_{c,B}$、$k_{m,B}$ 均为 Henry 常数，它们与温度、压力及溶剂和溶质的性质有关。一定 p_B 下，$k_{x,B}$、$k_{c,B}$、$k_{m,B}$ 越大，x_B、c_B、m_B 越小。亨利系数是溶解度的表征。亨利系数和溶解度呈负相关，这一点要引起读者们注意。

Raoult 定律和 Henry 定律同为实验定律，二者的表达式形式上十分相似，但实质上有很大的不同。稀溶液时，Raoult 定律描述的是溶剂的行为，而 Henry 定律描述的则是溶质的行为。式(3-24)中，Raoult 定律比例系数是纯溶剂 A 该温度下的饱和蒸气压 p_A^*；式(3-27)、(3-28)、(3-29)中 Henry 定律的比例系数则未必等于该温度下纯溶质 B 的饱和蒸气压 p_B^*。

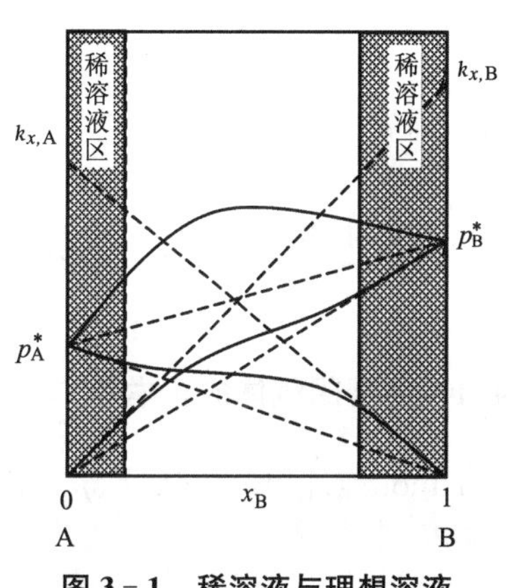

图 3-1 稀溶液与理想溶液

3.3.3 稀溶液与理想溶液

Raoult 定律和 Henry 是两个极限定律。如图 3-1 所示，靠近纯 A 的左侧部分及靠近纯 B 的右侧部分为稀溶液区。稀溶液区溶剂符合 Raoult 定律时，溶质必符合 Henry 定律；反之，溶

剂不遵守 Raoult 定律,则溶质不遵守 Henry 定律。因此,Raoult 定律和 Henry 定律的适用范围相同。

不妨这样定义,溶剂遵守 Raoult 定律,溶质遵守 Henry 定律的溶液为稀溶液。若溶液中的任意物质在所有浓度范围内均遵守 Raoult 定律,则该溶液是理想溶液。对理想溶液来说,Henry 定律和 Raoult 定律没有区别。

从微观的角度看,组成理想溶液的溶剂和溶质的分子大小和结构相差不大,分子间的作用力亦相等,$f_{A-A}=f_{B-B}=f_{A-B}$,即理想溶液中任意分子对的作用力相等。所以紧邻同系物的混合物、同位素化合物的混合物等可看作理想溶液。正因为如此,所以由纯物质混合形成理想溶液的过程中,$\Delta_{mix}V=0$,$\Delta_{mix}H=0$,$\Delta_{mix}U=0$,但是

$$\Delta_{mix}S=-R\sum_{B}n_B\ln x_B>0$$

$$\Delta_{mix}G=\Delta_{mix}H-T\Delta_{mix}S=RT\sum_{B}n_B\ln x_B<0$$

例题 3-3 293 K 时,HCl(g)溶于苯中形成稀溶液,液面蒸气压为 101.325 kPa。试分别求 HCl 在液相和气相中的摩尔分数。已知 293 K 时,纯苯的饱和蒸气压为 10.0 kPa,HCl(g)溶于苯时的 Henry 系数为 $k_{x,HCl}=2\ 380$ kPa。

解 对苯而言,根据 Raoult 定律,有

$$p_{C_6H_6}=p^*_{C_6H_6}x_{C_6H_6}$$

对 HCl 而言,根据 Henry 定律,有

$$p_{HCl}=k_{x,HCl}x_{HCl}$$

因此,液面上方总蒸气压

$$\begin{aligned}p&=p_{C_6H_6}+p_{HCl}=p^*_{C_6H_6}x_{C_6H_6}+k_{x,HCl}x_{HCl}\\&=10.0\ \text{kPa}\times(1-x_{HCl})+2\ 380\ \text{kPa}\times x_{HCl}\\&=101.325\ \text{kPa}\end{aligned}$$

解得 $x_{HCl}=0.038\ 53$。

设气体混合物遵守 Dalton 定律,则 HCl 在气相中的分数:

$$y_{C_6H_6}=\frac{p_{C_6H_6}}{p}=\frac{10.0\times0.038\ 53}{101.325}=3.803\times10^{-3}$$

$$y_{HCl}=1-y_{C_6H_6}=0.996$$

$x_{HCl}<y_{HCl}$,可见易挥发的 HCl 在气相混合物中所占分数大于其在液相混合物中的分数,这符合人们日常生活感受。

3.4 理想气体的化学势

3.4.1 纯理想气体的化学势

1 mol 纯理想气体从 T、$p^\ominus$ 变化到 T、p 时,其 Gibbs 自由能变化

$$\Delta G=\Delta\mu=\mu-\mu^\ominus=\int_{p^\ominus}^{p}V\mathrm{d}p=RT\ln\frac{p}{p^\ominus}$$

所以任意 T、p 下理想气体的化学势

$$\mu=\mu^{\ominus}+RT\ln\frac{p}{p^{\ominus}} \tag{3-30}$$

$\mu^{\ominus}$ 是理想气体处于状态 T、$p^{\ominus}$ 时的化学势，状态 T、$p^{\ominus}$ 称为理想气体的标准态(standard state)。

3.4.2 理想气体混合物中各组分的化学势

由于理想气体混合物中各组分分子间(除碰撞外)无相互作用，因此混合物中任意物质 B 的行为和该物质处于纯态时无异，因此

$$\mu_{\mathrm{B}}=\mu_{\mathrm{B}}^{\ominus}+RT\ln\frac{p_{\mathrm{B}}}{p^{\ominus}} \tag{3-31}$$

此时物质 B 的标准态即 B 的温度为 T、压力为 $p^{\ominus}$ 的纯态，$\mu_{\mathrm{B}}^{\ominus}$ 为标准态的化学势，p_{B} 为物质 B 的分压力(partial pressure)。

3.5 实际气体的化学势

3.5.1 纯实际气体的化学势

实际气体和理想气体有一定偏差，其状态方程与理想气体的状态方程不同，若将实际气体方程代入 Gibbs 热力学基本方程并对体积 V 积分，$\mu=\mu^{\ominus}+\int_{p^{\ominus}}^{p}V\mathrm{d}p$，不能得到式(3-30)所示的简单形式。为了使实际气体的化学势表达式仍然具有式(3-30)所示的简单形式，Lewis 想出了一个硬凑的方法，将气体的压力用逸度替换，即有

$$\mu=\mu^{\ominus}+RT\ln\frac{f}{p^{\ominus}} \tag{3-32}$$

f 是气体的逸度(fugacity)，具有压力的量纲和单位，可理解为有效压力。逸度 f 定义出自式(3-32)，可改写为更直观的定义式

$$f\xlongequal{\text{def}}\exp\frac{\mu-\mu^{\ominus}}{RT} \tag{3-33}$$

逸度和压力的关系是

$$\gamma\xlongequal{\text{def}}\frac{f}{p} \tag{3-34}$$

γ 是逸度系数，反映了实际气体对理想气体的偏离。对于理想气体，逸度系数 γ 等于 1，实际气体当压力趋于零时，逸度系数趋于 1，可表示为

$$\lim_{p\to 0}\frac{f}{p}=1 \tag{3-35}$$

从式(3-32)可以看出状态 T、$f=p^{\ominus}(\gamma=1)$ 是实际气体的标准态。很明显，对实际气体而言，该标准态并非实际气体的真实状态。

3.5.2 实际气体混合物中各组分的化学势

与理想气体混合物中组分 B 的化学势表达式类似，实际气体混合物中组分 B 的化学势 μ_{B} 可表示为该组分逸度 f_{B} 的函数，即

$$\mu_B = \mu_B^{\ominus} + RT\ln\frac{f_B}{p^{\ominus}} \tag{3-36}$$

f_B 为混合物中组分B的逸度。f_B 与很多因素有关，Lewis-Randall(兰德尔，美国物理化学家)提出计算 f_B 的近似规则：

$$f_B = f_B^* y_B \tag{3-37}$$

f_B^* 是当实际气体B处于和混合物的温度和压力相同时的逸度，y_B 为实际气体混合物中组分B的摩尔分数。

从式(3-30)、(3-31)、(3-32)、(3-36)中可知，对于气态物质，无论该物质是处于纯态还是在混合物中，无论是理想气体还是实际气体，在一定条件下，它们的化学势的表达式都具有相似的形式，都是温度和压力的函数。

从式(3-36)可以看出状态 T、$f_B = p^{\ominus}(\gamma_B = 1)$ 是实际气体B的标准态。很明显，对实际气体而言，该标准态并非实际气体的真实状态，是虚拟态。

3.6 理想溶液中物质的化学势

根据相平衡条件，当达到相平衡状态时，物质B在溶液中的化学势等于其在气相中的化学势，即

$$\mu_B(\text{sln}) = \mu_B(\text{g})$$

假设气体均为理想气体，则

$$\begin{aligned}\mu_B(\text{sln}) = \mu_B(\text{g}) &= \mu_B^{\ominus}(\text{g}) + RT\ln\frac{p_B}{p^{\ominus}}\\ &= \mu_B^{\ominus}(\text{g}) + RT\ln\frac{p_B^* x_B}{p^{\ominus}}\\ &= \mu_B^{\ominus}(\text{g}) + RT\ln\frac{p_B^*}{p^{\ominus}} + RT\ln x_B\end{aligned}$$

若令 $\mu_B^{\ominus}(\text{sln}) = \mu_B^{\ominus}(\text{g}) + RT\ln\frac{p_B^*}{p^{\ominus}}$，则理想溶液中物质B的化学势可表示为

$$\mu_B(\text{sln}) = \mu_B^{\ominus}(\text{sln}) + RT\ln x_B \tag{3-38}$$

当 $x_B = 1$ 时，纯物质B的状态为B的标准态，$\mu_B^{\ominus}(\text{sln})$ 即是标准态[1]的化学势。式(3-38)与式(3-30)、(3-31)、(3-32)、(3-36)比较，数学上并无不同，这一点很重要。所有情况下保持了相同的形式，减轻了大脑的负担。

例题3-4 300 K、$p^{\ominus}$ 下，将0.001 mol纯B加入 $x_B = 0.40$ 的大量由A、B形成的理想溶液中，求此过程的 ΔG。

解 根据理想溶液中物质B的化学势表达式(3-38)，有

$$\begin{aligned}\Delta G &= n_B\Delta\mu_B + n_A\Delta\mu_A\\ &= n_B[\mu_B(\text{sln}) - \mu_B^{\ominus}(\text{sln})] + n_A\Delta\mu_A\\ &= n_B RT\ln x_B\\ &= 0.001\ \text{mol}\times 8.314\ \text{J}\cdot\text{K}^{-1}\cdot\text{mol}^{-1}\times 300\ \text{K}\times\ln 0.40\\ &= -2.285\ \text{J}\end{aligned}$$

---

[1] 有部分教材坚持认为标准态的压力为 $p^{\ominus}$，所以 $\mu_B^{\ominus}(\text{sln})$ 并非溶液中物质B的标准态。本教材并不拘泥于此。

$\Delta G<0$，可见该过程是自发的。

3.7 稀溶液中物质的化学势

3.7.1 稀溶液中溶剂的化学势

稀溶液中，溶剂遵守 Raoult 定律，若溶剂的蒸气可视为理想气体，则

$$\begin{aligned}\mu_{\mathrm{A}}(\mathrm{sln})=\mu_{\mathrm{A}}(\mathrm{g})&=\mu_{\mathrm{A}}^{\ominus}(\mathrm{g})+RT\ln\frac{p_{\mathrm{A}}}{p^{\ominus}}\\&=\mu_{\mathrm{A}}^{\ominus}(\mathrm{g})+RT\ln\frac{p_{\mathrm{A}}^{*}x_{\mathrm{A}}}{p^{\ominus}}\\&=\mu_{\mathrm{A}}^{\ominus}(\mathrm{g})+RT\ln\frac{p_{\mathrm{A}}^{*}}{p^{\ominus}}+RT\ln x_{\mathrm{A}}\end{aligned}$$

令溶剂标准态的化学势 $\mu_{\mathrm{A}}^{\ominus}(\mathrm{sln})=\mu_{\mathrm{A}}^{\ominus}(\mathrm{g})+RT\ln\dfrac{p_{\mathrm{A}}^{*}}{p^{\ominus}}$，则溶液中溶剂 A 的化学势可表示为

$$\mu_{\mathrm{A}}(\mathrm{sln})=\mu_{\mathrm{A}}^{\ominus}(\mathrm{sln})+RT\ln x_{\mathrm{A}} \tag{3-39}$$

溶剂的标准状态即溶剂 A 的真实纯态。

3.7.2 稀溶液中溶质的化学势

稀溶液中，溶质遵守 Henry 定律，若溶质的蒸气遵守理想气体规律，则

$$\begin{aligned}\mu_{\mathrm{B}}(\mathrm{sln})=\mu_{\mathrm{B}}(\mathrm{g})&=\mu_{\mathrm{B}}^{\ominus}(\mathrm{g})+RT\ln\frac{p_{\mathrm{B}}}{p^{\ominus}}\\&=\mu_{\mathrm{B}}^{\ominus}(\mathrm{g})+RT\ln\frac{k_{x,\mathrm{B}}x_{\mathrm{B}}}{p^{\ominus}}\\&=\mu_{\mathrm{B}}^{\ominus}(\mathrm{g})+RT\ln\frac{k_{x,\mathrm{B}}}{p^{\ominus}}+RT\ln x_{\mathrm{B}}\end{aligned}$$

若令溶质标准态的化学势 $\mu_{\mathrm{B},x}^{\ominus}(\mathrm{sln})=\mu_{\mathrm{B}}^{\ominus}(\mathrm{g})+RT\ln\dfrac{k_{x,\mathrm{B}}}{p^{\ominus}}$，则溶液中溶质 B 的化学势可表示为

$$\mu_{\mathrm{B}}(\mathrm{sln})=\mu_{\mathrm{B},x}^{\ominus}(\mathrm{sln})+RT\ln x_{\mathrm{B}} \tag{3-40}$$

溶质 B 的标准状态即 $x_{\mathrm{B}}=1$ 时，仍然遵守 Henry 定律溶质 B 的假想纯态，$\mu_{\mathrm{B},x}^{\ominus}(\mathrm{sln})$为其化学势。

若以 m_{B} 表示溶质 B 在溶液中的浓度，稀溶液中溶质 B 的化学势亦可表达为

$$\mu_{\mathrm{B}}(\mathrm{sln})=\mu_{\mathrm{B},m}^{\ominus}(\mathrm{sln})+RT\ln\frac{m_{\mathrm{B}}}{m^{\ominus}} \tag{3-41}$$

同理，以 c_{B} 表示溶质 B 的浓度时，有

$$\mu_{\mathrm{B}}(\mathrm{sln})=\mu_{\mathrm{B},c}^{\ominus}(\mathrm{sln})+RT\ln\frac{c_{\mathrm{B}}}{c^{\ominus}} \tag{3-42}$$

显然，与式(3-41)、(3-42)相应的溶质 B 的标准态分别指 $m_{\mathrm{B}}=m^{\ominus}$、$c_{\mathrm{B}}=c^{\ominus}$，此时仍然遵守 Henry 定律溶质 B 的假想态。

一定溶液一定浓度下，显然 $x_{\mathrm{B}}\neq m_{\mathrm{B}}\neq c_{\mathrm{B}}$，$k_{\mathrm{B},x}\neq k_{\mathrm{B},m}\neq k_{\mathrm{B},c}$，而 B 的化学势是状态函数，有确定值，与浓度标度的选择无关，$\mu_{\mathrm{B},x}=\mu_{\mathrm{B},m}=\mu_{\mathrm{B},c}=\mu_{\mathrm{B}}$。

3.8 实际溶液中物质的化学势

3.8.1 实际溶液中溶剂的化学势

实际溶液和理想溶液存在偏差，为了保持与理想溶液中物质化学势表达式一样的简洁形式，Lewis 采取和气体类似的处理方式，将体系的浓度替换成活度(activity)a，使实际溶液中溶剂 A 的化学势可表达成如下的形式：

$$\mu_A(\text{sln}) = \mu_A^{\ominus}(\text{sln}) + RT\ln a_A \tag{3-43}$$

式中，a_A 为溶液 A 的活度，因此活度被定义为

$$a_A \stackrel{\text{def}}{=\!=} \exp\frac{\mu_A(\text{sln}) - \mu_A^{\ominus}(\text{sln})}{RT} \tag{3-44}$$

活度和浓度通过活度系数相联系：

$$\gamma_A \stackrel{\text{def}}{=\!=} \frac{a_A}{x_A} \tag{3-45}$$

式(3-45)很容易被误解为是活度的定义，它其实是活度系数的定义。式中，γ_A 是活度系数，表征了实际溶液和理想溶液中溶剂的偏差。若溶剂蒸气压对 Raoult 定律呈正偏差，$\gamma_A > 1$，$a_A > x_A$；若溶剂蒸气压对 Raoult 定律呈负偏差，$\gamma_A < 1$，$a_A < x_A$；理想溶液时，$\gamma_A = 1$，$a_A = x_A$；实际溶液 $\lim\limits_{x_A \to 1}\gamma_A = 1$，$\lim\limits_{x_A \to 1} a_A = x_A$。

实际溶液中，溶剂的标准态是指温度为 T，压力 $p_A = p_A^*$ 的状态，这是真实状态，因为 $x_A = 1$ 时，p_A 必然等于 p_A^*，这是 Raoult 定律的必然结果。

3.8.2 实际溶液中溶质的化学势

实际溶液中的溶质 B 常采用 Henry 定律为基准校正其浓度，此时溶质 B 的化学势可表示为

$$\mu_B(\text{sln}) = \mu_{B,x}^{\ominus} + RT\ln a_{B,x} \tag{3-46}$$

$$\mu_B(\text{sln}) = \mu_{B,m}^{\ominus} + RT\ln a_{B,m} \tag{3-47}$$

$$\mu_B(\text{sln}) = \mu_{B,c}^{\ominus} + RT\ln a_{B,c} \tag{3-48}$$

显然有

$$a_{B,x} \stackrel{\text{def}}{=\!=} \exp\frac{\mu_{B,x}(\text{sln}) - \mu_{B,x}^{\ominus}(\text{sln})}{RT}$$

$$a_{B,m} \stackrel{\text{def}}{=\!=} \exp\frac{\mu_{B,m}(\text{sln}) - \mu_{B,m}^{\ominus}(\text{sln})}{RT}$$

$$a_{B,c} \stackrel{\text{def}}{=\!=} \exp\frac{\mu_{B,c}(\text{sln}) - \mu_{B,c}^{\ominus}(\text{sln})}{RT}$$

$$\gamma_{B,x} \stackrel{\text{def}}{=\!=} \frac{a_{B,x}}{x_B}$$

$$\gamma_{B,m} \stackrel{\text{def}}{=\!=} \frac{a_{B,m}}{m_B/m^{\ominus}}$$

$$\gamma_{B,c} \xlongequal{\text{def}} \frac{a_{B,c}}{c_{B/c^\ominus}}$$

溶液无限稀时为参考态，$\lim\limits_{x_B\to 0}\gamma_{B,x}=1$，$\lim\limits_{m_B\to 0}\gamma_{B,m}=1$，$\lim\limits_{c_B\to 0}\gamma_{B,c}=1$。一般情况下，$x_B\neq m_B\neq c_B$，$\gamma_{B,x}\neq\gamma_{B,m}\neq\gamma_{B,c}$，$a_{B,x}\neq a_{B,m}\neq a_{B,c}$，$\mu^\ominus_{B,x}(\text{sln})\neq\mu^\ominus_{B,m}(\text{sln})\neq\mu^\ominus_{B,c}(\text{sln})$，但 $\mu_{B,x}=\mu_{B,m}=\mu_{B,c}=\mu_B$，溶质 B 的化学势是状态函数，有确定值，与浓度标度的选择无关。

实际溶液中溶质 B 的标准态是指浓度为单位浓度 $x_B=1$ 或 $m_B=m^\ominus$ 或 $c_B=c^\ominus$ 时，温度为 T，压力为 $p_B=k_{B,x}$ 或 $p_B=k_{B,m}$ 或 $p_B=k_{B,c}$ 的状态，这些标准态显然是虚拟态，因为 $x_B=1$ 或 $m_B=m^\ominus$ 或 $c_B=c^\ominus$ 时，远离遵守 Henry 定律的浓度区，一般地，$\gamma_{B,x}\neq 1$、$\gamma_{B,m}\neq 1$、$\gamma_{B,c}\neq 1$，$p_B\neq k_{B,x}$、$p_B\neq k_{B,m}$、$p_B\neq k_{B,c}$。

例题 3-5 $CHCl_3$ 和 CH_3COCH_3 形成 $x_{(CH_3)_2CO}=0.713$ 的实际溶液，该溶液 301.2 K 时液面上的蒸气压为 29.4 kPa，蒸气中 $y_{(CH_3)_2CO}=0.818$，求该溶液中 $CHCl_3$ 的活度和活度系数。已知 301.2 K 时，$p^*_{CHCl_3}=29.6$ kPa。

解 设蒸气可视为理想气体，根据 Dalton 定律，有

$$p=p_{(CH_3)_2CO}+p_{CHCl_3} \qquad ①$$

$CHCl_3$ 为溶剂，根据 Raoult 定律，有

$$p_{CHCl_3}=29.6\ \text{kPa}\times a_{CHCl_3} \qquad ②$$

蒸气中 $y_{(CH_3)_2CO}=0.818$，因此有

$$y_{(CH_3)_2CO}=\frac{p_{(CH_3)_2CO}}{p}=0.818 \qquad ③$$

联立式①、②、③，解得 $\begin{cases} a_{CHCl_3}=0.181 \\ \gamma_{CHCl_3}=\dfrac{a_{CHCl_3}}{x_{CHCl_3}}=\dfrac{0.181}{1-0.713}=0.630 \end{cases}$

$\gamma_{CHCl_3}<1$，$CHCl_3$ 呈对 Raoult 定律负偏差。

3.9 溶液的依数性

稀溶液时，蒸气压降低(relative lowering of vapor pressure)、沸点升高(elevation of boiling point)、凝固点降低(depression of freezing point)和渗透压(osmotic pressure)统称为溶液的依数性(colligative properties)。所谓依数性是指只与溶液中溶解的溶质的质点数(分子、离子、分子集团等)有关而与溶质的本性无关的性质。

3.9.1 凝固点降低

在溶液的凝固点时，固态纯溶剂[1]与其饱和溶液呈相平衡：

$$A(T,p,\text{sln}) \rightleftharpoons A(T,p,\text{s})$$

根据相平衡条件，平衡时，固态纯溶剂的化学势等于溶液中溶剂的化学势，即

[1] 若溶剂 A 与溶质 B 固态时能形成固溶体，则凝固点有可能上升。

$$\mu_A^\ominus(s)=\mu_A(sln)$$

将溶剂化学势的等温表达式代入：

$$\mu_A^\ominus(s)=\mu_A^\ominus(sln)+RT\ln a_A$$

$$\ln a_A=\frac{\mu_A^\ominus(s)-\mu_A^\ominus(sln)}{RT}=\frac{\Delta G_m}{RT}$$

恒温时，将上式对 T 求偏微商：

$$\left(\frac{\partial \ln a_A}{\partial T}\right)_p=\frac{1}{R}\left[\frac{\partial}{\partial T}\left(\frac{\Delta G_m}{T}\right)\right]_p=-\frac{\Delta H_m}{RT^2}\approx\frac{\Delta_{fus}H_m^\ominus}{RT^2}$$

若凝固点变化不大，可认为 $\Delta_{fus}H_m^\ominus$ 与温度无关，对上式积分：

$$\ln a_A=\frac{\Delta_{fus}H_m^\ominus}{R}\left(\frac{1}{T_f^*}-\frac{1}{T_f}\right) \tag{3-49}$$

对于稀溶液，$\gamma_A\approx 1, a_A\approx x_A$，利用近似 $\ln(1+x)\approx x(x\approx 0)$，式(3-49)可化为

$$\ln a_A\approx \ln x_A=\ln(1-x_B)\approx -x_B=\frac{\Delta_{fus}H_m^\ominus}{R}\left(\frac{T_f-T_f^*}{T_f^*\,T_f}\right)$$

稀溶液时，$x_B\approx m_B, T_f^*\approx T_f$，所以

$$\Delta T_f=T_f^*-T_f\approx\frac{RM_A(T_f^*)^2}{\Delta_{fus}H_m^\ominus}m_B=K_f m_B \tag{3-50}$$

式(3-50)表明稀溶液中，凝固点的降低幅度和溶质的本性无关，只和溶质的浓度有关，因此凝固点降低是依数性之一。K_f 是凝固点降低常数，它和溶剂有关。常见溶剂的凝固点降低常数见表3-1。

表3-1 常见溶剂的凝固点降低常数

溶 剂	水	醋酸	苯	硝基苯	三溴乙烷	环己烷
$K_f/(K\cdot kg\cdot mol^{-1})$	1.86	3.90	5.12	6.90	14.3	20.2

当浓度标度分别为 x_B(单位为1)、m_B(单位为 $mol\cdot kg^{-1}$)、c_B(单位为 $mol\cdot dm^{-3}$)时，K_f 对应的单位分别为K、$K\cdot kg\cdot mol^{-1}$、$K\cdot dm^3\cdot mol^{-1}$，读者查看资料和数据时要引起注意。

3.9.2 沸点升高

在溶液的沸点时，气态纯溶剂[1]与其溶液呈平衡：

$$A(T,p,sln)\rightleftharpoons A(T,p,g)$$

根据相平衡条件，平衡时，气态纯溶剂的化学势等于溶液中溶剂的化学势，即

$$\mu_A^\ominus(g)=\mu_A(sln)$$

将溶剂化学势的等温表达式代入：

$$\mu_A^\ominus(g)=\mu_A^\ominus(sln)+RT\ln a_A$$

$$\ln a_A=\frac{\mu_A^\ominus(g)-\mu_A^\ominus(sln)}{RT}=\frac{\Delta G_m}{RT}$$

[1] 若溶质B亦能挥发，则沸点有可能降低。

恒温时，将上式对 T 求偏微商：

$$\left(\frac{\partial \ln a_{A}}{\partial T}\right)_{p}=\frac{1}{R}\left[\frac{\partial}{\partial T}\left(\frac{\Delta G_{m}}{T}\right)\right]_{p}=-\frac{\Delta H_{m}}{RT^{2}}\approx-\frac{\Delta_{vap}H_{m}^{\ominus}}{RT^{2}} \tag{3-51}$$

若沸点变化不大，可认为 $\Delta_{vap}H_{m}^{\ominus}$ 与温度无关，对上式积分：

$$\ln a_{A}=\frac{\Delta_{vap}H_{m}^{\ominus}}{R}\left(\frac{1}{T_{b}}-\frac{1}{T_{b}^{*}}\right) \tag{3-52}$$

对于稀溶液，$\gamma_{A}\approx 1$，$a_{A}\approx x_{A}$，利用近似 $\ln(1+x)\approx x(x\approx 0)$，式(3-52)可化为

$$\ln a_{A}\approx \ln x_{A}=\ln(1-x_{B})\approx -x_{B}=\frac{\Delta_{vap}H_{m}^{\ominus}}{R}\left(\frac{T_{b}^{*}-T_{b}}{T_{b}^{*}T_{b}}\right)$$

稀溶液时，$x_{B}\approx m_{B}$，$T_{b}^{*}\approx T_{b}$，所以

$$\Delta T_{b}=T_{b}-T_{b}^{*}\approx\frac{RM_{A}(T_{b}^{*})^{2}}{\Delta_{vap}H_{m}^{\ominus}}m_{B}=K_{b}m_{B} \tag{3-53}$$

式(3-53)表明稀溶液中，沸点升高的幅度和溶质的本性无关，只和溶质的浓度有关。K_{b} 是沸点升高常数，它和溶剂有关。常见溶剂的沸点升高常数见表 3-2。

表 3-2　几种溶剂的沸点升高常数

溶　剂	水	醋酸	苯	苯酚	萘	四氯化碳	氯仿
$K_{b}/(\mathrm{K\cdot kg\cdot mol^{-1}})$	0.51	3.07	2.53	3.04	5.08	4.95	3.85

与 K_{f} 情况类似，当浓度标度分别为 x_{B}（单位为 1）、m_{B}（单位为 $\mathrm{mol\cdot kg^{-1}}$）、$c_{B}$（单位为 $\mathrm{mol\cdot dm^{-3}}$）时，$K_{b}$ 对应的单位分别为 K、$\mathrm{K\cdot kg\cdot mol^{-1}}$、$\mathrm{K\cdot dm^{3}\cdot mol^{-1}}$，读者查看资料和数据时亦要引起注意。

比较表 3-1 和表 3-2 会发现，对同一溶剂，$K_{f}>K_{b}$，从实验误差的角度看，凝固点降低法测小分子相对分子质量会比沸点升高法稍好一些。

3.9.3　渗透压

用半透膜将一个 U 形管一分为二，左侧为纯溶剂 A，右侧为非电解质溶质 B 的溶液（见图 3-2）。由于纯溶剂的蒸气压 p_{A}^{*} 大于溶液表面溶剂 A 的分压 p_{A}，因此左侧的纯水的化学势大于右侧溶液中水的化学势。根据相平衡条件，左侧的纯水将透过半透膜进入右侧的溶液中，直至溶液上升至一定高度达到渗透平衡时为止。即初始时：

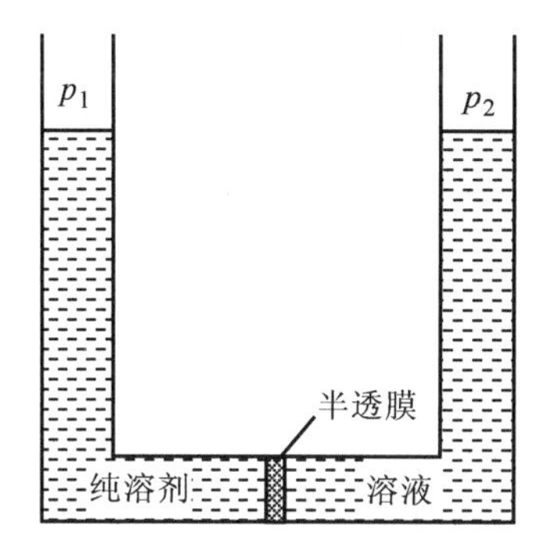

图 3-2　渗透压

$$\mu_{A}^{\ominus}(T,p_{A}^{*})>\mu_{A}(T,p,x_{A})=\mu_{A}^{\ominus}(T,p_{A}^{*})+RT\ln a_{A}$$

平衡时：

$$\mu_{A}^{\ominus}(T,p_{A}^{*\prime})=\mu_{A}(T,p,x_{A}^{\prime})=\mu_{A}^{\ominus}(T,p_{A}^{*\prime\prime})+RT\ln a_{A}^{\prime}$$

显然，平衡后左、右侧液面高度不同（同一温度下，纯溶剂不同高度时的蒸汽压不同，$p_{A}^{*\prime}\neq p_{A}^{*\prime\prime}$），为了保持液面高度相同，在溶液一侧施加一个外压力使半透膜两侧液面相同时，正好达到渗透平衡，右侧溶液的浓度和其初始浓度相同，此时所施加的额外压力为渗透压。

$$\pi=p_{2}-p_{1} \tag{3-54}$$

下面用平衡法推导出计算渗透压的公式。

当达到渗透平衡时,半透膜两侧的溶剂的化学势相等:

$$\mu_A^{\ominus}(T,p_1)=\mu_A(T,p_2,x_A)=\mu_A^{\ominus}(T,p_2)+RT\ln a_A$$

所以

$$\mu_A^{\ominus}(T,p_1)-\mu_A^{\ominus}(T,p_2)=RT\ln a_A$$

恒温下,$d\mu_A^{\ominus}=V_{m,A}^{*}dp$,所以

$$\pi V_{m,A}^{*}=-RT\ln a_A \tag{3-55}$$

对于非电解质稀溶液,有近似

$$-\ln a_A\approx-\ln x_A=-\ln(1-x_B)\approx x_B=\frac{n_B}{n_A+\sum_B n_B}\approx\frac{n_B}{n_A}$$

因此式(3-55)可写为

$$\pi V_{m,A}^{*}=\frac{n_BRT}{n_A}$$

或

$$\pi(n_AV_{m,A}^{*})=n_BRT$$

由于是稀溶液,$n_AV_{m,A}^{*}=V_A^{*}\approx V$,所以

$$\pi V=n_BRT \tag{3-56}$$

或

$$\pi=c_BRT \tag{3-57}$$

从式(3-56)和(3-57)中可以看出渗透压与溶质的本性无关,只与溶质的数目相关,因此渗透压也是溶液依数性之一。若溶液中溶质不止一种,或溶质是电解质,当溶液为稀溶液时,可将式(3-56)和(3-57)推广:

$$\pi=\left(\sum_B\nu_Bc_B\right)RT \tag{3-58}$$

式(3-57)、(3-58)可称为van't Hoff定律。$(\sum_B\nu_B)$用i代替,称为van't Hoff系数,式(3-58)可改写为$\pi=icRT$。van't Hoff(范霍夫,荷兰物理化学家)因为渗透压方面的贡献获得第一届(1901年)的诺贝尔化学奖。渗透压测量溶质相对分子质量比沸点升高法和凝固点降低法准确,对大分子尤其如此。除此之外,反渗透法制备纯水,在电子工业、医药行业、严重缺水地区、远洋航行中尤为重要。反渗透法从海水中分离1 mol纯水耗功85.15 J,蒸馏法耗功41 849 J,冷冻法耗功5 858 J,反渗透法制淡水从能量上是经济的,关键在于研制出高强度、耐压、不易堵塞的半透膜材料,同时又不能让其他离子透过。

例题3-6 29 g NaCl溶解于100 g水中形成溶液。373.2 K时的蒸气压为82.9 kPa,求此溶液该温度时的渗透压。已知373.2 K时水的密度为0.959×10^3 kg·m^{-3}。

解法一 设水蒸气可视为理想气体,则根据Raoult定律,有

$$82.9=101.325\times a_{H_2O}$$

而根据式(3－54)，渗透压为

$$\pi=-\frac{RT}{V_{\mathrm{m,A}}^{*}}\ln a_{\mathrm{A}}=\left(-\frac{8.314\times 373.2}{\frac{0.018}{0.959\times 10^{3}}}\times\ln\frac{82.9}{101.325}\right)\mathrm{Pa}=3.32\times 10^{7}\ \mathrm{Pa}$$

解法二 $c_{\mathrm{NaCl}}=\frac{29/58.5}{0.1/(0.959\times 10^{3})}\ \mathrm{mol\cdot m^{-3}}=4.75\times 10^{3}\ \mathrm{mol\cdot m^{-3}}$，因为NaCl是电解质，所以根据式(3－57)，溶液的渗透压为

$$\begin{aligned}\pi&=\left(\sum_{\mathrm{B}}\nu_{\mathrm{B}}c_{\mathrm{B}}\right)RT=(c_{\mathrm{Na^{+}}}+c_{\mathrm{Cl^{-}}})RT=2c_{\mathrm{NaCl}}RT\\&=(2\times 4.75\times 10^{3}\times 8.314\times 373.2)\ \mathrm{Pa}\\&=2.95\times 10^{7}\ \mathrm{Pa}\end{aligned}$$

解法一和解法二的结果不完全相同，其实是可以理解的。因为式(3－55)和式(3－58)的近似程度不同，式(3－55)只作了少量近似，比较准确。式(3－58)来源于式(3－57)，式(3－57)的准确度本不及式(3－55)。不但如此，式(3－58)还忽略了阴、阳离子间的相互作用，所以式(3－58)的准确度较差。

3.10 Nernst分配定律

化学势判据告诉我们，当溶质B在两相的化学势不等时，物质将从化学势高的相向化学势低的相迁移，直至两相的化学势相等而达到相平衡。一定温度下，相平衡时，物质在两相中的浓度比维持定值，而与两相大小无关，这一规律被称作Nernst(能斯特，德国化学家，1920年诺贝尔化学奖获得者)分配定律(distribution law)。分配定律可以从热力学角度推导出来。

温度T时，设有任意相α、β，组分B在两相中分布达到平衡，则

$$\mu_{\mathrm{B}}(\alpha)=\mu_{\mathrm{B}}^{\ominus}(\alpha)+RT\ln a_{\mathrm{B}}(\alpha)\quad \mu_{\mathrm{B}}(\beta)=\mu_{\mathrm{B}}^{\ominus}(\beta)+RT\ln a_{\mathrm{B}}(\beta)$$

平衡时，$\mu_{\mathrm{B}}(\alpha)=\mu_{\mathrm{B}}(\beta)$，即$\mu_{\mathrm{B}}^{\ominus}(\alpha)+RT\ln a_{\mathrm{B}}(\alpha)=\mu_{\mathrm{B}}^{\ominus}(\beta)+RT\ln a_{\mathrm{B}}(\beta)$，整理得

$$\frac{a_{\mathrm{B}}(\alpha)}{a_{\mathrm{B}}(\beta)}=\exp\left[\frac{\mu_{\mathrm{B}}^{\ominus}(\beta)-\mu_{\mathrm{B}}^{\ominus}(\alpha)}{RT}\right]=K_{\mathrm{d}}(T,p)\tag{3-59}$$

$K_{\mathrm{d}}(T,p)$称为分配系数(distribution coefficient)，它表示平衡时组分B在两相中的活度比为定值，浓度不大时，可认为浓度比是定值，$\frac{c_{\mathrm{B}}(\alpha)}{c_{\mathrm{B}}(\beta)}=K_{\mathrm{d}}(T,p)$。一定温度、压力时，分配系数与溶剂及溶质相关。

分配定律的一个重要应用是物质的萃取(extraction)，利用分配定律可计算萃取的效率。

设体积为V_1的溶液中含有溶质B的质量为W，一次加入V_2体积的溶剂进行萃取，平衡时，原液中剩余的溶质质量为W_1。

一次萃取平衡时，原液的浓度为$c_1=(W_1/M_{\mathrm{B}})/V_1$；萃取液中B的浓度为$c_2=\frac{(W-W_1)/M_{\mathrm{B}}}{V_2}$。根据分配定律

$$\frac{c_1}{c_2}=\frac{W_1/V_1}{(W-W_1)/V_2}=K_{\mathrm{d}}$$

解得 $W_1 = W\dfrac{K_dV_1}{K_dV_1+V_2}$。用相同体积的溶剂进行二次萃取后，原液中剩余B的量为 $W_2 = W\left(\dfrac{K_dV_1}{K_dV_1+V_2}\right)^2$。不难推断，进行 n 次萃取后，萃余液中B的量为 $W_n = W\left(\dfrac{K_dV_1}{K_dV_1+V_2}\right)^n$。$\dfrac{K_dV_1}{K_dV_1+V_2}<1$，$n$ 越大，W_n 越小；V_2 越大，W_n 亦越小。数学上还可以证明多次萃取比单次萃取效果好。

例题3-7 288.15 K时，将碘溶解于含 $0.100\ \mathrm{mol\cdot dm^{-3}}$ 的KI水溶液中，与四氯化碳一起振荡，达平衡后分为两层。经滴定法测定，水层中碘的平衡浓度为 $0.050\ \mathrm{mol\cdot dm^{-3}}$，$CCl_4$ 层中为 $0.085\ \mathrm{mol\cdot dm^{-3}}$。碘在四氯化碳和水之间的分配系数 $c(I_2/CCl_4)/c(I_2/H_2O)=85$。求反应 $I_2+I^- \rightleftharpoons I_3^-$ 在288.15 K的平衡常数。

解 因为反应只在水相进行，设平衡时的物料关系为

$$\begin{array}{cccc} I_2 & + \quad I^- & \rightleftharpoons & I_3^- \\ c_0-x & 0.1\ \mathrm{mol\cdot dm^{-3}}-x & & x \end{array}$$

根据分配定律，$\dfrac{0.085\ \mathrm{mol\cdot dm^{-3}}}{c_0-x}=85$，$x=c_0-\dfrac{0.085\ \mathrm{mol\cdot dm^{-3}}}{85}=0.049\ \mathrm{mol\cdot dm^{-3}}$。

$$\begin{aligned}\text{平衡常数 } K_c &= \frac{x}{(0.1\ \mathrm{mol\cdot dm^{-3}}-x)\times(c_0-x)}\\ &=\frac{0.049\ \mathrm{mol\cdot dm^{-3}}}{(0.05\ \mathrm{mol\cdot dm^{-3}}-0.049\ \mathrm{mol\cdot dm^{-3}})\times(0.1\ \mathrm{mol\cdot dm^{-3}}-0.049\ \mathrm{mol\cdot dm^{-3}})}\\ &=961\ \mathrm{dm^3\cdot mol^{-1}}\end{aligned}$$

3.11 活度和活度系数的计算

Lewis通过引入活度，使无论是溶剂还是溶质，理想溶液还是实际溶液，都具有完全相同的数学形式，式(3-32)、(3-33)、(3-35)、(3-39)明示了这一点。虽然Lewis的做法有削足适履之嫌，但其实是有大智慧的。活度可理解为有效浓度，在物理化学中有特别的分量，下面将简单讨论活度的计算问题。

3.11.1 蒸气压法

对挥发性溶剂或溶质的挥发性与溶剂相差不大，体系属于混合物，应用Raoult定律，物质B的活度是 $a_B=p_B/p_B^*$。活度系数 $\gamma_B=a_B/x_B=p_B/(p_B^*x_B)$。

若溶剂和溶质差别较大，则对溶剂应用Raoult定律，$a_A=p_A/p_A^*$。对溶质应用Henry定律，$a_{B,x}=p_B/k_{B,x}$，$a_{B,m}=p_B/k_{B,m}$，$a_{B,c}=p_B/k_{B,c}$。不同浓度标度 x_B、c_B、m_B 下，活度的算法无质的不同，只是亨利系数 $k_{B,x}$、$k_{B,m}$、$k_{B,c}$ 需要经由实验数据外推至 $x_B=0$、$c_B=0$、$m_B=0$ 以求得。

有实验获得活度及亨利系数数据后，活度系数即可得到。$\gamma_A=a_A/x_A=p_A/(p_A^*x_A)$，$\gamma_{B,x}=a_{B,x}/x_B=p_B/(k_{B,x}x_B)$，$\gamma_{B,m}=a_{B,m}/x_B=p_B/(k_{B,m}x_B)$，$\gamma_{B,c}=a_{B,c}/x_B=p_B/(k_{B,c}x_B)$。

例题3-8 298 K时，纯水的饱和蒸气压是3.176 kPa，水溶液中水蒸气的平衡分压是2.733 kPa。

(1) 若选298 K下纯水的真实纯态作标准态，求溶液中水的活度；

(2) 若选298 K下与0.133 kPa水蒸气达平衡的假想的纯水作标准态，求溶液中水的活度。

解　(1) 按题意,选真实纯水为标准态就是按 Raoult 定律计算溶液中水的活度。

$$a_{水}^{\mathrm{R}}=\frac{p_{水}}{p_{水}^{*}}=\frac{2.733}{3.173}=0.86$$

(2) 按题意选假想的纯水为标准态就是按 Henry 定律计算溶液中水的活度。

$$a_{水,x}^{\mathrm{H}}=\frac{p_{水}}{k_{水,x}}=\frac{2.733}{0.133}=20.5$$

尽管没有溶液浓度数据,但 $x_{\mathrm{B}}<1$,$a_{水,x}^{\mathrm{H}}=20.5>1$,$a_{水,x}^{\mathrm{H}}>x_{\mathrm{B}}$,$\gamma_{水,x}^{\mathrm{H}}=a_{水,x}^{\mathrm{H}}/x_{水}>1$,水蒸气压对 Henry 定律呈正偏差,故而对 Raoult 定律呈负偏差。另外,$a_{水}^{\mathrm{R}}\neq a_{水,x}^{\mathrm{H}}$,说明活度是相对活度,其数值与所选取的标准态密切相关。

3.11.2　凝固点降低法

对于非稀溶液,不能使用最简式 $\Delta T_{\mathrm{f}}=K_{\mathrm{f}}m_{\mathrm{B}}$,而只能由第一性原理得出的公式 $\ln a_{\mathrm{A}}=\frac{\Delta_{\mathrm{fus}}H_{\mathrm{m}}}{R}\left(\frac{1}{T_{\mathrm{f}}^{*}}-\frac{1}{T_{\mathrm{f}}}\right)$,算出活度和活度系数。

例题 3-9　已知金属 A 的熔点为 1 038 K,熔化热为 6.10 kJ·mol^{-1},A 与 B 在固态时完全不互溶。现有 A-B 液态合金,其中 $x_{\mathrm{A}}=0.8$。在 1 046 K,$p^{\ominus}$下,若以纯液态 A 为标准态,测得 1 mol 液态 A 溶解热 $\Delta H=200$ J/mol,而其熵变 $\Delta S=0.54$ J·K^{-1}·mol^{-1}。求该液态合金的凝固点及 A 的活度。

解　按题意,液态 A 与 B 形成合金时,$\Delta H=200\ \mathrm{J/mol}\neq 0$,因此 A-B 构成的不是理想溶液体系,不遵守 Raoult 定律。以 A 为溶剂,纯 A 的真实状态为标准态,A 的化学势表达式如下

$$\mu_{\mathrm{A}}=\mu_{\mathrm{A}}^{\ominus}+RT\ln a_{\mathrm{A}}$$

$$\Delta G=\Delta H-T\Delta S=n_{\mathrm{A}}\Delta\mu_{\mathrm{A}}=n_{\mathrm{A}}RT\ln a_{\mathrm{A}}$$

$$\ln a_{\mathrm{A}}=\frac{\Delta H-T\Delta S}{n_{\mathrm{A}}RT}=\frac{200\ \mathrm{J}-1\ 046\ \mathrm{K}\times 0.54\ \mathrm{J\cdot K^{-1}}}{1\ \mathrm{mol}\times 8.314\ \mathrm{J\cdot K^{-1}\cdot mol^{-1}}\times 1\ 046\ \mathrm{K}}=-0.041\ 95$$

$$a_{\mathrm{A}}=0.959$$

$$\ln a_{\mathrm{A}}=\frac{\Delta_{\mathrm{fus}}H_{\mathrm{m}}}{R}\left(\frac{1}{T_{\mathrm{f}}^{*}}-\frac{1}{T_{\mathrm{f}}}\right)$$

$$T_{\mathrm{f}}=\left[\frac{1}{1\ 038\ \mathrm{K}}-\frac{8.314\ \mathrm{J\cdot K^{-1}\cdot mol^{-1}}\times(-0.041\ 95)}{6\ 100\ \mathrm{J\cdot mol^{-1}}}\right]^{-1}=979.8\ \mathrm{K}$$

3.11.3　Gibbs-Duhem 公式法

将偏摩尔量的集合公式(3-11)微分,$\mathrm{d}X=\sum X_{\mathrm{B}}\mathrm{d}n_{\mathrm{B}}+\sum n_{\mathrm{B}}\mathrm{d}X_{\mathrm{B}}$,因为 $\mathrm{d}X=\sum X_{\mathrm{B}}\mathrm{d}n_{\mathrm{B}}$,所以

$$\sum n_{\mathrm{B}}\mathrm{d}X_{\mathrm{B}}=0 \tag{3-60}$$

化学势是偏摩尔吉布斯能,对于 A、B 构成的二组分体系,亦满足式(3-60)

$$n_{\mathrm{B}}\mathrm{d}\mu_{\mathrm{B}}+n_{\mathrm{A}}\mathrm{d}\mu_{\mathrm{A}}=0$$

将任意组分化学势的表达式 $\mu_{\mathrm{B}}=\mu_{\mathrm{B}}^{\ominus}+RT\ln a_{\mathrm{B}}$ 代入,得出

$$n_B \mathrm{d}\ln a_B + n_A \mathrm{d}\ln a_A = 0 \tag{3-61}$$

式(3-61)显示,已知一组分的活度,可求另一组分的活度。

对于A、B构成的理想溶液,由式(3-61)有 $n_B \mathrm{d}\ln x_B + n_A \mathrm{d}\ln x_A = 0$,代回式(3-61)

$$n_B \mathrm{d}\ln \gamma_B + n_A \mathrm{d}\ln \gamma_A = 0 \tag{3-62}$$

式(3-62)显示,由一已知组分的活度系数,可求另一组分的活度系数。式(3-60)、(3-61)、(3-62)均可称为Gibbs-Duhem(杜亥姆,法国理论物理学家、科学史家、科学哲学家)公式。Gibbs-Duhem公式告示,体系内各组分不是相互独立的,而是相互影响,互有联系的。

Gibbs-Duhem公式法求活度和活度系数涉及的数学处理较复杂,此处不详述。活度和活度系数的求法还有溶解度法、分配系数法、电动势法等。

习　题

3-1　D-果糖溶于水中形成质量分数为 $w_{果糖} = 0.095$ 的溶液,求此溶液中D-果糖的摩尔分数 $x_{果糖}$、物质的量浓度 $c_{果糖}$ 及质量摩尔浓度 $m_{果糖}$。已知此溶液在293 K时的密度为 $\rho = 1.036\,5 \times 10^3\ \mathrm{kg/m^3}$。

3-2　353.2 K时,苯与甲苯气态混合物中苯的摩尔分数为 $y_{苯} = 0.300$。求与之平衡的液态混合物中苯的摩尔分数 $x_{苯}$。已知353.2 K时,$p^*_{苯} = 100.4\ \mathrm{kPa}$,$p^*_{甲苯} = 3.167\,4\ \mathrm{kPa}$。

3-3　273.2 K时,1.00 kg的水中能溶解810.6 kPa下的 $O_2(g)$ 0.057 g。问相同的温度下,1.00 kg的水中能溶解多少克空气中的 $O_2(g)$?

3-4　298 K、$p^\ominus$ 下,将0.5 mol的A和0.5 mol的B混合形成理想溶液,求此混合过程的 $\Delta_{mix}V$、$\Delta_{mix}U$、$\Delta_{mix}H$、$\Delta_{mix}S$、$\Delta_{mix}F$、$\Delta_{mix}G$、$\Delta_{mix}C_{p,m}$。

3-5　101.325 kPa下,CCl_4 和 $SnCl_4$ 以某种配比形成的理想溶液在373.2 K时沸腾。求:

① 理想溶液的组成;

② 开始沸腾时第一个气泡的组成。

已知373.2 K时,CCl_4 和 $SnCl_4$ 的蒸气压分别为193.32 kPa、66.66 kPa。

3-6　某温度下,水和乙醇形成液态溶液,若溶液中水的摩尔分数为 $x_{H_2O} = 0.40$ 时,水和乙醇的偏摩尔体积分别为 $V_{H_2O} = 16.18 \times 10^{-6}\ \mathrm{m^3/mol}$,$V_{C_2H_5OH} = 57.5 \times 10^{-6}\ \mathrm{m^3/mol}$,试求该溶液在此温度下的密度。

3-7　288 K时,若干NaOH固体溶于水中形成的溶液的蒸气压为596 Pa,而该温度时纯水的饱和蒸气压为1 705 Pa。求:

① 该溶液中水的活度;

② 该过程中水的化学势的变化。

3-8　300 K时,将2 mol A和2 mol B混合后,液面上的蒸气压力为50.66 kPa,蒸气中A的摩尔分数 $y_A = 0.60$。已知300 K时,A的饱和蒸气压 $p^*_A = 37.33\ \mathrm{kPa}$,B的饱和蒸气压 $p^*_A = 22.66\ \mathrm{kPa}$。求:

① 溶液中A、B的活度、活度系数 a_A、a_B、γ_A、γ_B;

② 混合过程的 $\Delta_{mix}G$。

3-9　实验测得某水溶液的凝固点为258.2 K,求298.2 K时该溶液的渗透压。已知冰的标准摩尔熔化热为 $\Delta_{fus}H^\ominus_m = 6\,025\ \mathrm{J/mol}$。

3-10　1.45克 $CHCl_2COOH$ 溶于56.87克 CCl_4 中,其沸点升高0.518 K,试求 $CHCl_2COOH$ 的分子量。已知 CCl_4 的沸点升高常数为 $4.95\ \mathrm{K \cdot kg \cdot mol^{-1}}$。

3-11　298 K时,0.1 mol NH_3 溶于1 $\mathrm{dm^3}$ 三氯甲烷中,此溶液的 NH_3 的分压为4.433 kPa,同温度下同量的 NH_3 溶于同量的水中,NH_3 的分压为0.887 kPa。求 NH_3 在水与三氯甲烷中的分配系数。

3-12　293 K时,某有机酸在水和乙醚中的分配系数为0.4。今该有机物5 g溶于100 $\mathrm{cm^3}$ 水中形成溶液。

(1) 40 $\mathrm{cm^3}$ 乙醚一次萃取,问水中还剩多少有机酸(乙醚事先被水饱和)?

(2) 将 40 cm^3 分成两等分，两次萃取，问水中最后还剩多少有机酸？

3-13 A、B组成溶液，$x_A = 0.2$，恒温、恒压下，向溶液中加入无限小的 A 或 B，产生无限小体积改变 dV_A 和 dV_B，试求两者之间的关系？

3-14 265.2 K 时，在 1.0 kg 中溶解 3.30 mol 的 KCl 形成饱和溶液，在该温度下饱和溶液与冰平衡共存。若以纯水为标准态，试计算饱和溶液中水的活度和活度系数。已知水的摩尔融化焓为 6 010 J/mol。

3-15 二组分溶液中组分 A 在 298 K 时平衡蒸汽压与浓度关系如下：

$$p_A = 66\ 650 x_A (1 + x_B^2)\ \text{Pa}$$

(1) 计算 298 K 时，拉乌尔定律常数 p_A^* 和亨利常数 k_A；

(2) 计算 298 K 时，分别以拉乌尔定律的纯溶剂和以亨利定律的纯溶质为标准态，$x_A = 0.50$ 时溶剂中组分 A 的活度。

4 化学平衡

4.1 化学反应的方向

不作其他功的均相封闭体系中，对任意化学反应 $0=\sum_{B}\nu_{B}B$，有

$$
\begin{aligned}
dG &= -SdT + Vdp + \sum_{B}\mu_{B}dn_{B} \\
&= -SdT + Vdp + \sum_{B}\nu_{B}\mu_{B}d\xi
\end{aligned}
$$

恒温、恒压时，有

$$(dG)_{T,p}=\sum_{B}\mu_{B}dn_{B}=\sum_{B}\nu_{B}\mu_{B}d\xi$$

因此

$$\Delta_{r}G_{m}=\left(\frac{\partial G}{\partial \xi}\right)_{T,p}=\sum_{B}\nu_{B}\mu_{B} \tag{4-1}$$

根据最小 Gibbs 自由能原理，恒温、恒压、不作其他功的封闭的化学反应体系：

$$\Delta_{r}G_{m}=\sum_{B}\nu_{B}\mu_{B}\begin{cases}<0 & 正向自发\\ =0 & 达到平衡\\ >0 & 逆向自发\end{cases} \tag{4-2}$$

综上所述，$\Delta_{r}G_{m}$ 即化学反应进行方向的判据，称为化学反应摩尔 Gibbs 自由能变。它表示恒温、恒压、不作其他功的封闭体系，当反应进度为 ξ 时，体系的 Gibbs 自由能 G 随反应进度 ξ 的变化率，因此它是反应进度 ξ 的函数(不要被组合符号“$\Delta_{r}G_{m}$”中的符号“Δ”所迷惑而产生误解)，可用来表征反应体系所处的状态。

如图 4-1 所示，当 $\xi=\xi_{f}$ 时，$\Delta_{r}G_{m}<0$，正向反应自发进行；当 $\xi=\xi_{r}$ 时，$\Delta_{r}G_{m}>0$，逆向反应自发进行；当 $\xi=\xi_{eq}$ 时，$\Delta_{r}G_{m}=0$，正、逆反应速率相等，反应达到平衡。可以看到，无论反应从正向开始还是从逆向开始，它们都趋向最后的极限态——$\xi=\xi_{eq}$ 的反应平衡态。当 $\xi\neq\xi_{eq}$，即 $\Delta_{r}G_{m}\neq 0$ 时，$\Delta_{r}G_{m}$ 的正、负表征反应进行的方向；$\xi=\xi_{eq}$ 即 $\Delta_{r}G_{m}=0$ 时，反应宏观静止，即达到平衡态。因此，可以说状态函数 $\Delta_{r}G_{m}$ 是反应方向和限度的判据。

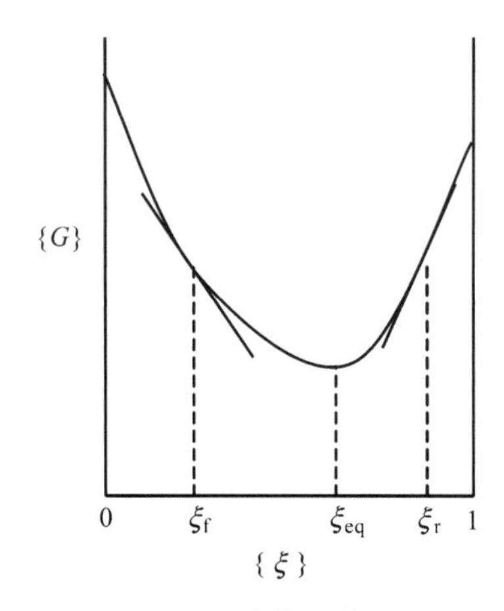

图 4-1　反应体系的 G-ξ 关系示意图

反应方向和限度判据 $\Delta_{r}G_{m}$ 之所以很重要，是因为反应时的温度、压力及组成可以影响反应的 $\Delta_{r}G_{m}$ 大小和正负，即反应的方向和限度，这直接关系到化学、化工和药物生产的效率，怎么重视都不为过。

1922 年，比利时人 de Donder(德·唐德尔，数学家、物理学家)将“$-\Delta_{r}G_{m}$”定义为化学反应亲和势(affinity of chemical reaction)，用 $\mathscr{A}$ 表示，它是化学反应的净推动力，更符合“势”的含义，$\mathscr{A} \xlongequal{\text{def}} -\Delta_r G_m$。$\mathscr{A}>0$，正向反应自发；$\mathscr{A}<0$，逆向反应自发；$\mathscr{A}=0$，反应达到平衡。

4.2 化学反应的限度

4.2.1 化学反应等温方程式

恒温、恒压下，不作其他功的封闭体系中，对于任意反应 $0=\sum_B \nu_B \mu_B$，$\Delta_r G_m=\sum_B \nu_B \mu_B$，而 $\mu_B=\mu_B^\ominus+RT\ln a_B$，所以

$$\Delta_r G_m=\sum_B \nu_B \mu_B=\sum_B \nu_B \mu_B^\ominus+RT\ln\prod_B a_B^{\nu_B}=\Delta_r G_m^\ominus+RT\ln Q_a \tag{4-3}$$

式(4-3)称为化学反应等温方程式。它由两项构成，第一项是反应体系中所有物质的标准态化学势的代数和，即

$$\Delta_r G_m^\ominus \xlongequal{\text{def}} \sum_B \nu_B \mu_B^\ominus \tag{4-4}$$

$\Delta_r G_m^\ominus$ 仅为温度 T 的函数；第二项与各物质的活度有关，Q_a 被称为活度商(activity quotient)，它的定义可表述为

$$Q_a \xlongequal{\text{def}} \prod_B a_B^{\nu_B} \tag{4-5}$$

Q_a 是反应体系中各物质活度的连乘积，是体系的状态函数。与单组分的活度 a_B 相比，Q_a 是与之相关的对应项，地位相等。活度 a_B 与浓度标度的选择(c_B、x_B、m_B 等)、标准态的选择相关，因此 Q_a 与浓度标度的选择、标准态的选择相关。$\Delta_r G_m=\sum_B \nu_B \mu_B$，$\Delta_r G_m$ 是体系当下化学势的代数和，化学势 μ_B 是状态函数，故 $\Delta_r G_m$ 也是状态函数。μ_B 与浓度标度的选择、标准态的选择无关，$\Delta_r G_m$ 也与浓度标度的选择、标准态的选择无关。

$RT\ln Q_a$ 与 $\Delta_r G_m^\ominus$ 的相对大小决定 $\Delta_r G_m$ 的符号及大小。一定温度下，$\Delta_r G_m^\ominus$ 是定值，调节 Q_a 的大小将有可能调节反应的方向——$\Delta_r G_m$ 的符号。

4.2.2 化学反应平衡常数

根据式(4-2)和式(4-3)，当反应能达到平衡[1]时，$\xi=\xi_{eq}$，$\Delta_r G_m=0$，有

$$\Delta_r G_m^\ominus=-RT\ln\prod_B (a_B)_{eq}^{\nu_B} \tag{4-6}$$

式(4-6)是由 $\Delta_r G_m=0$ 即化学平衡时得到的，若作如下的定义：

$$K_a^\ominus \xlongequal{\text{def}} Q_{a,eq}=\prod_B (a_B)_{eq}^{\nu_B} \tag{4-7}$$

则式(4-6)可写作

$$\Delta_r G_m^\ominus=-RT\ln K_a^\ominus \tag{4-8}$$

---

[1] 不是所有的化学反应都有化学平衡，如化学振荡等。

T 一定时，$\Delta_r G_m^{\ominus}$ 一定，$K_a^{\ominus}$ 也一定，所以称 $K_a^{\ominus}$ 为反应的标准平衡常数(standard equilibrium constant)。从第一性原理出发，表示体系处于化学平衡状态，但仅限于此，不能表示体系的限度是更接近反应物还是更接近产物，即不能将体系的反应限度量化。$\Delta_r G_m^{\ominus}$、$K_a^{\ominus}$ 在 $\Delta_r G_m$ 可以等于零的前提下表示体系反应所能达到的极限，即反应限度。但二者还是有区别的，前者在某些情形下不能很好反映反应的限度，后者没有此局限性，这就是经常将 $K_a^{\ominus}$ 说成是表示反应限度的量而对 $\Delta_r G_m^{\ominus}$ 的意义语焉不详的原因。

如果反应体系为理想气体，则

$$K_a^{\ominus}=K_p^{\ominus}=\prod_B\left(\frac{p_B}{p^{\ominus}}\right)_{eq}^{\nu_B}=K_p(p^{\ominus})^{-\sum_B \nu_B}$$

$$\begin{aligned}K_p^{\ominus}&=\prod_B\left(\frac{p_B}{p^{\ominus}}\right)_{eq}^{\nu_B}=\prod_B\left(\frac{y_B p}{p^{\ominus}}\right)_{eq}^{\nu_B}=\prod_B(y_B)_{eq}^{\nu_B}\prod_B\left(\frac{p}{p^{\ominus}}\right)^{\nu_B}\\&=K_y\left(\frac{p}{p^{\ominus}}\right)^{\sum_B \nu_B}\end{aligned}$$

$$\begin{aligned}K_p^{\ominus}&=\prod_B\left(\frac{p_B}{p^{\ominus}}\right)_{eq}^{\nu_B}=\prod_B\left(\frac{c_B RT}{p^{\ominus}}\right)_{eq}^{\nu_B}=\prod_B(c_B)_{eq}^{\nu_B}\prod_B\left(\frac{RT}{p^{\ominus}}\right)^{\nu_B}\\&=K_c\left(\frac{RT}{p^{\ominus}}\right)^{\sum_B \nu_B}\end{aligned}$$

如果反应体系为真实气体，则

$$\begin{aligned}K_a^{\ominus}=K_f^{\ominus}=Q_{f,eq}&=\prod_B\left(\frac{f_B}{p^{\ominus}}\right)_{eq}^{\nu_B}=\prod_B\left(\frac{\gamma_B y_B p}{p^{\ominus}}\right)_{eq}^{\nu_B}\\&=\prod_B(\gamma_B)_{eq}^{\nu_B}\prod_B(y_B)_{eq}^{\nu_B}\prod_B\left(\frac{p}{p^{\ominus}}\right)^{\nu_B}\\&=K_\gamma K_y\left(\frac{p}{p^{\ominus}}\right)^{\sum_B \nu_B}\end{aligned}$$

K_p、K_c、K_y 分别是以平衡时体系压力商、摩尔浓度商和摩尔分数商定义的经验平衡常数。K_γ 不是平衡常数，是逸度系数商。

若参与反应的组分均为完全互溶的固态溶液或液态溶液，并以摩尔分数 x_B 表示任意组分B的浓度，则

$$K_a^{\ominus}=\prod_B(\gamma_B x_B)_{eq}^{\nu_B}=\prod_B(\gamma_B)_{eq}^{\nu_B}\prod_B(x_B)_{eq}^{\nu_B}=K_\gamma K_x$$

K_γ 是活度系数商。同理，溶液中反应的经验平衡常数还有其他形式，如 K_m、K_c 等。

例题4-1 已知反应 $2H_2(g)+O_2(g) \longrightarrow 2H_2O(g)$ 在 2 000 K 时，其标准平衡常数为 $K_p^{\ominus}(2\,000\ K)=1.55\times10^7$。当 $p_{H_2}=p_{O_2}=0.1p^{\ominus}$ 且 $p_{H_2O}=p^{\ominus}$ 时，试判断反应自发进行的方向。

解 视反应体系中所有气态特质为理想气体，根据化学反应等温方程式，有

$$\begin{aligned}\Delta_r G_m&=-RT\ln K_p^{\ominus}+RT\ln Q_p=RT\ln\frac{Q_p}{K_p^{\ominus}}=RT\ln\frac{\dfrac{(p_{H_2O}/p^{\ominus})^2}{(p_{H_2}/p^{\ominus})^2(p_{O_2}/p^{\ominus})}}{K_p^{\ominus}}\\&=\left[8.314\times2\,000\times\ln\frac{\dfrac{(p^{\ominus}/p^{\ominus})^2}{(0.1p^{\ominus}/p^{\ominus})^2(0.1p^{\ominus}/p^{\ominus})}}{1.55\times10^7}\right]\ J\cdot mol^{-1}\end{aligned}$$

$$=-1.604\times10^{5}\ \mathrm{J\cdot mol^{-1}}<0$$

所以正反应自发进行。本例也可以由 $\dfrac{Q_p}{K_p^{\ominus}}<1$ 判断。

例题 4-2 已知 $\Delta_f G_m^{\ominus}(\mathrm{CO,g})=-137.3\ \mathrm{kJ\cdot mol^{-1}}$，$\Delta_f G_m^{\ominus}(\mathrm{COCl_2,g})=-210.5\ \mathrm{kJ\cdot mol^{-1}}$，求 298 K、$p^{\ominus}$下，反应 $\mathrm{CO\ (g)+Cl_2(g)\rightleftharpoons COCl_2(g)}$ 的标准平衡常数 $K_p^{\ominus}$。

解 因为 $\Delta_r G_m^{\ominus}=-RT\ln K_p^{\ominus}$，$K_p^{\ominus}=\exp\left(-\dfrac{\Delta_r G_m^{\ominus}}{RT}\right)$，而

$$\begin{aligned}\Delta_r G_m^{\ominus}&=\sum_B \nu_B\Delta_f G_m^{\ominus}(\mathrm{B})=\Delta_f G_m^{\ominus}(\mathrm{COCl_2,g})-\Delta_f G_m^{\ominus}(\mathrm{CO,g})\\&=[-210.5-(-137.3)]\ \mathrm{kJ\cdot mol^{-1}}\\&=-73.2\ \mathrm{kJ\cdot mol^{-1}}\end{aligned}$$

所以 $K_p^{\ominus}=\exp\left(-\dfrac{\Delta_r G_m^{\ominus}}{RT}\right)=\exp\left(-\dfrac{-73.2\times10^{3}}{8.314\times298}\right)=6.78\times10^{12}$。

例题 4-3 298 K 时，有下列热力学数据：

$\dfrac{p^{*}_{\mathrm{C_2H_5OH}}}{\mathrm{Pa}}$	$\dfrac{k_{\mathrm{C_2H_5OH},c}}{\mathrm{Pa/(mol\cdot dm^{-3})}}$	$\dfrac{\Delta_f G_m^{\ominus}(\mathrm{C_2H_5OH,l})}{\mathrm{kJ\cdot mol^{-1}}}$	$\dfrac{\Delta_f G_m^{\ominus}(\mathrm{C_2H_4,g})}{\mathrm{kJ\cdot mol^{-1}}}$	$\dfrac{\Delta_f G_m^{\ominus}(\mathrm{H_2O,l})}{\mathrm{kJ\cdot mol^{-1}}}$
7.60×10^{3}	5.33×10^{2}	−174.8	68.18	−237.2

求反应 $\mathrm{C_2H_4(g)+H_2O(l)\rightleftharpoons C_2H_5OH\ (aq)}$ 的标准平衡常数。

解 根据 Henry 定律，当水溶液中 $\mathrm{C_2H_5OH}$ 的浓度 $c=1\ \mathrm{mol\cdot dm^{-3}}$ 时，气相中 $\mathrm{C_2H_5OH}$ 的分压为

$$p_{\mathrm{C_2H_5OH}}=k_{\mathrm{C_2H_5OH},c}c_{\mathrm{C_2H_5OH}}=5.33\times10^{2}\ \mathrm{Pa}$$

设计如下的过程：

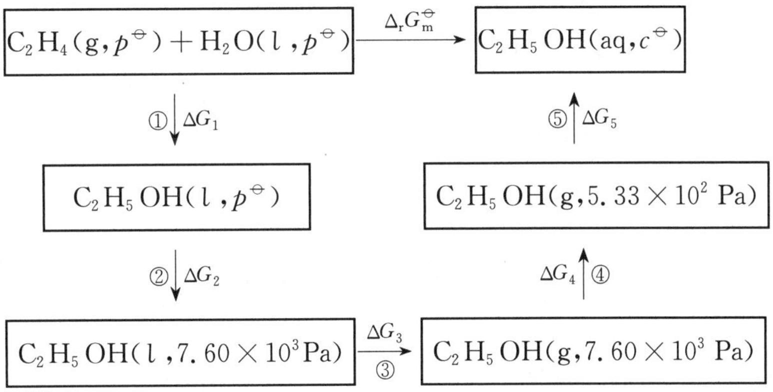

$\mathrm{C_2H_4(g,}p^{\ominus})+\mathrm{H_2O(l,}p^{\ominus})$ —$\Delta_r G_m^{\ominus}$→ $\mathrm{C_2H_5OH(aq,}c^{\ominus})$

① ΔG_1 ↓ ⑤ ΔG_5 ↑

$\mathrm{C_2H_5OH(l,}p^{\ominus})$ $\mathrm{C_2H_5OH(g,}5.33\times10^{2}\ \mathrm{Pa})$

② ΔG_2 ↓ ΔG_4 ④ ↑

$\mathrm{C_2H_5OH(l,}7.60\times10^{3}\mathrm{Pa})$ —ΔG_3 ③→ $\mathrm{C_2H_5OH(g,}7.60\times10^{3}\ \mathrm{Pa})$

过程③、⑤均为恒温恒压可逆相变过程，$\Delta G_3=\Delta G_5=0$。过程②是凝聚态的变压过程，$\Delta G_2\approx0$。若将 $\mathrm{C_2H_5OH(g)}$ 视为理想气体，则

$$\Delta G_4=\int V\mathrm{d}p\approx\left(8.314\times298\times\ln\frac{5.33\times10^{2}}{7.60\times10^{3}}\right)\ \mathrm{J\cdot mol^{-1}}=-6.58\times10^{3}\ \mathrm{J\cdot mol^{-1}}$$

$$\begin{aligned}\Delta G_1&=\sum_B \nu_B\Delta_f G_m^{\ominus}(\mathrm{B})\\&=\Delta_f G_m^{\ominus}(\mathrm{C_2H_5OH_2,l})-\Delta_f G_m^{\ominus}(\mathrm{C_2H_4,g})-\Delta_f G_m^{\ominus}(\mathrm{H_2O,l})\\&=[-174.8\times10^{3}-68.18\times10^{3}-(-237.2\times10^{3})]\ \mathrm{J\cdot mol^{-1}}\end{aligned}$$

$$= -5.78 \times 10^3\ \mathrm{J \cdot mol^{-1}}$$

$$\Delta_r G_m^{\ominus} = \Delta G_1 + \Delta G_2 + \Delta G_3 + \Delta G_4 + \Delta G_5 \approx \Delta G_1 + \Delta G_4$$
$$\approx (-5.78 \times 10^3 - 6.58 \times 10^3)\ \mathrm{J \cdot mol^{-1}}$$
$$= -12.36 \times 10^3\ \mathrm{J \cdot mol^{-1}}$$

$$K^{\ominus} = \exp\left(-\frac{\Delta_r G_m^{\ominus}}{RT}\right) \approx \exp\left(-\frac{-12.36 \times 10^3}{8.314 \times 298}\right) = 146.8$$

本例涉及的是多相反应，反应物 C_2H_4 是气相，H_2O 是纯液相，产物 C_2H_5OH 是溶液相。C_2H_4 的标准态是 298 K 下，压力为 $p^{\ominus}$ 的具有理想气体性质的 C_2H_4 假想态，H_2O 的标准态是 298 K 的纯 H_2O 真实态，C_2H_5OH 的标准态是 298 K，浓度为 $c = 1\ \mathrm{mol \cdot dm^{-3}}$ 时，压力为 533 Pa 的 C_2H_5OH 假想态。因此平衡常数是杂平衡常数，可记作 $K_{杂}^{\ominus}$。杂平衡常数与气相反应的平衡常数不同，后者涉及的各物质标准态是同一类型的。

例题 4-4 已知

$\Delta_f G_m^{\ominus}(H_2S,g)/(\mathrm{kJ \cdot mol^{-1}})$	$\Delta_f G_m^{\ominus}(NH_3,g)/(\mathrm{kJ \cdot mol^{-1}})$	$\Delta_f G_m^{\ominus}(NH_4HS,s)/(\mathrm{kJ \cdot mol^{-1}})$
−33.02	−16.64	−55.17

(1) 求 298 K 时，$NH_4HS(s)$ 在真空容器中达到分解平衡时，$NH_4HS(s)$ 分解压力是多少？

(2) 若容器中原有部分 H_2S 气体，其分压为 $p_{H_2S} = 4.00 \times 10^4$ Pa，此时 NH_4HS 的分解压力又为多少？

解 (1) 298 K 时，$NH_4HS(s)$ 在真空容器中分解：

$$\begin{array}{ccc} NH_4HS(s) \rightleftharpoons & NH_3(g) & +\ H_2S(g) \\ & \frac{p}{2} & \frac{p}{2} \end{array}$$

$$\Delta_r G_m^{\ominus} = \sum_B \nu_B \Delta_f G_m^{\ominus}(B)$$
$$= \Delta_f G_m^{\ominus}(H_2S,g) + \Delta_f G_m^{\ominus}(NH_3,g) - \Delta_f G_m^{\ominus}(NH_4HS,s)$$
$$= [-16.64 - 33.02 - (-55.17)]\ \mathrm{kJ \cdot mol^{-1}}$$
$$= 5.51\ \mathrm{kJ \cdot mol^{-1}}$$

$$K^{\ominus} = \frac{a_{NH_3} a_{H_2S}}{a_{NH_4HS}} = \frac{\dfrac{p/2}{p^{\ominus}} \times \dfrac{p/2}{p^{\ominus}}}{1} = \exp\left(-\frac{5.51 \times 10^3}{8.314 \times 298}\right)$$

所以分解压力 $p = 2p^{\ominus}\sqrt{\exp\left(-\dfrac{5.51 \times 10^3}{8.314 \times 298}\right)} = 2 \times 101\,325\ \mathrm{Pa} \times \sqrt{0.108} = 6.67 \times 10^4\ \mathrm{Pa}$。

(2) 若 NH_4HS (s) 在非真空容器内分解：

$$\begin{array}{ccc} NH_4HS\ (s) = & NH_3(g) & +\ H_2S\ (g) \\ & x & x + 4.00 \times 10^4\ \mathrm{Pa} \end{array}$$

因为温度保持不变，所以反应的标准平衡常数亦保持不变，故

$$K^{\ominus} = \frac{a_{NH_3} a_{H_2S}}{a_{NH_4HS}} = \frac{\dfrac{x}{p^{\ominus}} \times \dfrac{x + 4.00 \times 10^4\ \mathrm{Pa}}{p^{\ominus}}}{1} = \exp\left(-\frac{5.51 \times 10^3}{8.314 \times 298}\right)$$

解得 $x=1.89\times10^4$ Pa。

$NH_4HS(s)$的分解压，即体系的总压

$$p_{总}=x+(x+4.00\times10^4\ \text{Pa})=7.78\times10^4\ \text{Pa}$$

4.3 温度对化学平衡的影响

因为 $\Delta_r G_m^\ominus=-RT\ln K_a^\ominus$，所以$\dfrac{\Delta_r G_m^\ominus}{T}=-R\ln K_a^\ominus$，所以 $\left[\dfrac{\partial\left(\frac{\Delta_r G_m^\ominus}{T}\right)}{\partial T}\right]_p=-R\left(\dfrac{\partial \ln K_a^\ominus}{\partial T}\right)_p$，而 $\left[\dfrac{\partial\left(\frac{\Delta_r G_m^\ominus}{T}\right)}{\partial T}\right]_p=-\dfrac{\Delta_r H_m^\ominus}{T^2}$，故

$$\left(\frac{\partial \ln K_a^\ominus}{\partial T}\right)_p=\frac{\Delta_r H_m^\ominus}{RT^2} \tag{4-9}$$

若 $\Delta_r C_{p,m}^\ominus=0$ 或 $\Delta_r H_m^\ominus$ 为常数，则可积分上式得

$$\ln\frac{K_a^\ominus(T_2)}{K_a^\ominus(T_1)}=\frac{\Delta_r H_m^\ominus}{R}\left(\frac{1}{T_1}-\frac{1}{T_2}\right) \tag{4-10}$$

式(4-9)和式(4-10)均称为 van't Hoff 等压方程，它表示了平衡常数和温度的关系。若 $\Delta_r H_m^\ominus>0$，则温度升高时，$K_a^\ominus(T_2)>K_a^\ominus(T_1)$，反应平衡向右移动；反之，若 $\Delta_r H_m^\ominus<0$，则温度升高时，$K_a^\ominus(T_2)<K_a^\ominus(T_1)$，反应平衡向左移动；对 $\Delta_r H_m^\ominus=0$ 的化学反应，温度变化对化学平衡无影响。

若 $\Delta_r C_{p,m}^\ominus\neq0$，根据 Kirchhoff 定律，$\Delta_r H_m^\ominus$ 将是温度的函数，式(4-9)进行定积分时要考虑温度对 $\Delta_r H_m^\ominus$ 的影响：

$$\ln\frac{K_a^\ominus(T_2)}{K_a^\ominus(T_1)}=\int_{T_1}^{T_2}\frac{\Delta_r H_m^\ominus}{RT^2}\,dT$$

所以需要尽量避免，一般取 $\Delta_r H_m^\ominus$ 的平均值，这样可以继续使用式(4-10)。

例题 4-5 $p^\ominus$下，有反应

$$UO_3(s)+2HF(g)\rightleftharpoons UO_2F_2(s)+H_2O(g)$$

其标准平衡常数 $K_a^\ominus$ 与温度 T 的关系式为 $\ln K_a^\ominus=\dfrac{15\ 081.93}{T/K}-14.07$，求反应的标准摩尔反应焓。若要求反应平衡时 $y_{HF}=0.01$，则反应温度应该控制在多少度？

解 ① 将式(4-9)进行不定积分，有

$$\ln K_a^\ominus=-\frac{\Delta_r H_m^\ominus}{R}\times\frac{1}{T}+C$$

将之与 $K_a^\ominus$-T 关系式 $\ln K_a^\ominus=\dfrac{15\ 081.93}{T/K}-14.07$ 对照，有

$$\Delta_r H_m^\ominus=(-15\ 081.93\times8.314)\ \text{J}\cdot\text{mol}^{-1}=-125.39\times10^3\ \text{J}\cdot\text{mol}^{-1}$$

② $p^\ominus$下，有反应

$$UO_3(s)+2HF(g) \rightleftharpoons UO_2F_2(s)+H_2O(g)$$

平衡时的物质的量　　　$1-x$　　　　　　　　$\dfrac{x}{2}$

平衡时 HF (g)在气相中的摩尔分数为 0.01,所以

$$y_{HF}=\frac{1-x}{(1-x)+\frac{x}{2}}=\frac{1-x}{1-\frac{x}{2}}=0.01$$

所以 $x=\dfrac{198}{199}$ mol。

$$K_y=\frac{\frac{x}{2}/(1-x+\frac{x}{2})}{\left(\frac{1-x}{1-x+\frac{x}{2}}\right)^2}=\frac{\frac{x}{2}\times\left(1-\frac{x}{2}\right)}{(1-x)^2}=9.90\times10^3$$

设反应气体均为理想气体,则

$$K_a^{\ominus}=\prod_B(p_B/p^{\ominus})_{eq}^{\nu_B}=\prod_B(y_Bp/p^{\ominus})_{eq}^{\nu_B}=K_y\prod_B(p/p^{\ominus})^{\nu_B}$$
$$=K_y(p/p^{\ominus})^{\sum_B\nu_B}$$
$$=9.90\times10^3$$

$$\ln K_a^{\ominus}=\frac{15\ 081.93}{T/K}-14.07=\ln(9.90\times10^3)$$

解得 $T=648.12$ K。

例题 4-6　已知 298.2 K 时,反应 $I_2(s) \rightleftharpoons I_2(g)$ 的 $\Delta_rG_m^{\ominus}=19.33\ kJ\cdot mol^{-1}$,$\Delta_rH_m^{\ominus}=62.438\ kJ\cdot mol^{-1}$,且 $\Delta_rC_{p,m}^{\ominus}=0$。

① 求 298.2 K 时,$I_2(s)$的饱和蒸气压;

② 若要使 $I_2(s)$的饱和蒸气压为 101.325 kPa,问此时体系的平衡温度是多少?

解　① 设 $I_2(s)$的饱和蒸气压为 p_s,并设计如下的热力学循环:

$$\begin{array}{ccc} I_2(s,p^{\ominus}) & \xrightarrow{\Delta_rG_m^{\ominus}} & I_2(g,p^{\ominus}) \\ ①\downarrow\Delta G_1 & & \Delta G_3\uparrow③ \\ I_2(s,p_s) & \xrightarrow[②]{\Delta G_2} & I_2(g,p_s) \end{array}$$

过程①为凝聚态变压过程,$\Delta G_1\approx0$;过程②为可逆相变过程,$\Delta G_2=0$;过程③可视 $I_2(g)$为理想气体。所以

$$\Delta_rG_m^{\ominus}=\Delta G_1+\Delta G_2+\Delta G_3$$
$$\approx\Delta G_3=\int V\mathrm{d}p\approx RT\ln\frac{p^{\ominus}}{p_s}$$
$$=\left(8.314\times298.2\times\ln\frac{101\ 325\ Pa}{p_s}\right)\times10^{-3}\ kJ\cdot mol^{-1}$$
$$=19.33\ kJ\cdot mol^{-1}$$

解得 $p_s=41.65\ \text{Pa}$。

② 当 $T_1=298.2\ \text{K}$ 时，

$$K_a^\ominus(298.2\ \text{K})=\exp\left[-\frac{\Delta_r G_m^\ominus(298.2\ \text{K})}{RT}\right]=\exp\left(-\frac{19.33\times10^3}{8.314\times298.2}\right)=4.11\times10^{-4}$$

T_2 温度下，$p_s=101.325\ \text{kPa}$ 时，$K_a^\ominus(T_2)=\dfrac{p_s(T_2)}{p^\ominus}=1$。$\Delta_r C_{p,m}^\ominus=0$，所以 $\Delta_r H_m^\ominus$ 为常数，故有

$$\ln\frac{1}{4.11\times10^{-4}}=\frac{62.438\times10^3}{8.314}\text{K}\times\left(\frac{1}{298.2\ \text{K}}-\frac{1}{T_2}\right)$$

解得 $T_2=431.9\ \text{K}$。

例题 4-7 已知 298 K 时，有下列热力学数据：

物　质	$BaCO_3(s)$	$BaO(s)$	$CO_2(g)$
$\Delta_f H_m^\ominus/(\text{kJ}\cdot\text{mol}^{-1})$	−1 219	−558	−393
$S_m^\ominus/(\text{J}\cdot\text{K}^{-1}\cdot\text{mol}^{-1})$	112.1	70.3	213.6

试求 298 K 时 $BaCO_3(s)$ 分解反应 $BaCO_3(s) \rightleftharpoons BaO(s)+CO_2(g)$ 的标准平衡常数。若 $\Delta_r C_{p,m}^\ominus=4.0\ \text{J}\cdot\text{K}^{-1}\cdot\text{mol}^{-1}$，则 1 000 K 时的标准平衡常数为多少？

解 298 K 时，$BaCO_3(s)$ 的热效应和熵效应分别为

$$\begin{aligned}\Delta_r H_m^\ominus&=\sum_B \nu_B\Delta_f H_m^\ominus(B)\\&=\Delta_f H_m^\ominus(BaO,s)+\Delta_f H_m^\ominus(CO_2,g)-\Delta_f H_m^\ominus(BaCO_3,s)\\&=[-558-393-(-1\,219)]\ \text{kJ}\cdot\text{mol}^{-1}\\&=268\ \text{kJ}\cdot\text{mol}^{-1}\end{aligned}$$

$$\begin{aligned}\Delta_r S_m^\ominus&=\sum_B \nu_B S_m^\ominus(B)\\&=S_m^\ominus(BaO,s)+S_m^\ominus(CO_2,g)-S_m^\ominus(BaCO_3,s)\\&=(70.3+213.6-112.1)\ \text{J}\cdot\text{K}^{-1}\cdot\text{mol}^{-1}\\&=171.8\ \text{J}\cdot\text{K}^{-1}\cdot\text{mol}^{-1}\end{aligned}$$

所以 298 K 时 $BaCO_3(s)$ 分解反应的标准摩尔 Gibbs 自由能变化：

$$\begin{aligned}\Delta_r G_m^\ominus&=\Delta_r H_m^\ominus-T\Delta_r S_m^\ominus\\&=(268-298\times171.8\times10^{-3})\ \text{kJ}\cdot\text{mol}^{-1}\\&=216.8\ \text{kJ}\cdot\text{mol}^{-1}\end{aligned}$$

故 298 K 时反应的标准平衡常数

$$\begin{aligned}K^\ominus(298\ \text{K})&=\exp\left(-\frac{\Delta_r G_m^\ominus}{RT}\right)\\&=\exp\left(-\frac{216.8\times10^3}{8.314\times298}\right)\\&=9.92\times10^{-39}\end{aligned}$$

1 000 K 时，反应的 $\Delta_r H_m^\ominus$ 和 $\Delta_r S_m^\ominus$ 分别为

$$\Delta_r H_m^\ominus(1\,000\ \text{K})=\Delta_r H_m^\ominus(298\ \text{K})+\int_{298}^{1\,000}\Delta_r C_{p,m}^\ominus \mathrm{d}T$$
$$=[268+4.0\times(1\,000-298)\times10^{-3}]\ \text{kJ}\cdot\text{mol}^{-1}$$
$$=270.8\ \text{kJ}\cdot\text{mol}^{-1}$$

$$\Delta_r S_m^\ominus(1\,000\ \text{K})=\Delta_r S_m^\ominus(298\ \text{K})+\int_{298}^{1\,000}\frac{\Delta_r C_{p,m}^\ominus}{T}\mathrm{d}T$$
$$=\left(171.8+4.0\times\ln\frac{1\,000}{298}\right)\ \text{J}\cdot\text{K}^{-1}\cdot\text{mol}^{-1}$$
$$=176.6\ \text{J}\cdot\text{K}^{-1}\cdot\text{mol}^{-1}$$

故1 000 K时反应的$\Delta_r G_m^\ominus$为

$$\Delta_r G_m^\ominus(1\,000\ \text{K})=\Delta_r H_m^\ominus(1\,000\ \text{K})-T\Delta_r S_m^\ominus(1\,000\ \text{K})$$
$$=(270.8-1\,000\times176.6\times10^{-3})\ \text{kJ}\cdot\text{mol}^{-1}$$
$$=94.2\ \text{kJ}\cdot\text{mol}^{-1}$$

1 000 K时的标准平衡常数为

$$K^\ominus(1\,000\ \text{K})=\exp\left[-\frac{\Delta_r G_m^\ominus(1\,000\ \text{K})}{RT}\right]$$
$$=\exp\left(-\frac{94.2\times10^3}{8.314\times1\,000}\right)$$
$$=1.20\times10^{-5}$$

4.4 压力对化学平衡的影响

4.4.1 压力对理想气体反应平衡的影响

$K_p^\ominus=K_p(p^\ominus)^{-\sum_B\nu_B}=K_c\left(\frac{RT}{p^\ominus}\right)^{\sum_B\nu_B}=K_y\left(\frac{p}{p^\ominus}\right)^{\sum_B\nu_B}$，因为$K_p$、$K_c$仅为温度的函数，所以总压对$K_p$、$K_c$无影响。若$\sum_B\nu_B\neq0$，则总压对$K_y$有影响。

$$\left(\frac{\partial\ln K_y}{\partial p}\right)_T=-\frac{\sum_B\nu_B}{p}\qquad(4-11)$$

对于$\sum_B\nu_B>0$的反应，压力升高，$\left(\frac{\partial\ln K_y}{\partial p}\right)_T$减小，$K_y$减小，平衡向左移动；对于$\sum_B\nu_B<0$的反应，压力升高，$\left(\frac{\partial\ln K_y}{\partial p}\right)_T$增大，平衡向右移动；对于$\sum_B\nu_B=0$的反应，$\left(\frac{\partial\ln K_y}{\partial p}\right)=0$，压力变化对平衡不影响。

式(4-11)使用K_y讨论压力对化学平衡的影响，而不是热力学平衡常数$K^\ominus$，是因为$K^\ominus$仅为温度的函数，温度一定时$K^\ominus$是定值，无法反映压力对平衡的影响，所以不存在一个完美的平衡常数，可以反映一切内在、外在因素对平衡的影响，这就是其他经验平衡常数K_y(或K_x)甚至非平衡常数K_n(参见§4-5-2)等存在的理由。$\sum_B\nu_B=0$时，$K^\ominus=K_p^\ominus=K_c^\ominus=K_y=K_n$。

4.4.2 压力对凝聚态反应平衡的影响

对于凝聚态反应，$\Delta_r G_m^\ominus = -RT\ln K_a^\ominus$，在定温下对压力求偏导：

$$\left(\frac{\partial \ln K_a^\ominus}{\partial p}\right)_T = -\frac{\Delta_r V_m^\ominus}{RT} \tag{4-12}$$

当压力不大时，可以忽略压力对化学平衡的影响。式(4-11)、(4-12)均表达了压力对化学平衡的影响，可称为 van Laar - Planck(范拉尔，荷兰化学家)等温方程。

例题 4-8 合成氨时所用的氢和氮的物质的量之比为 3∶1，在 673 K、$10p^\ominus$ 下平衡混合物中氨的物质的量分数 $y_{NH_3}=0.038\ 5$。若要使产物中的氨的含量提升为 $y'_{NH_3}=0.05$，则总压应为多少？

解 673 K、$10p^\ominus$ 下合成氨反应为

$$\begin{array}{ccc} N_2(g) + & 3H_2(g) \rightleftharpoons & 2NH_3(g) \\ 1 & 3 & 0 \\ 1-\alpha & 3(1-\alpha) & 2\alpha \end{array}$$

$$y_{NH_3} = \frac{2\alpha}{(1-\alpha)+3(1-\alpha)+2\alpha} = \frac{2\alpha}{4-2\alpha} = 0.038\ 5$$

解得平衡时 $\alpha = 0.074\ 1$。故平衡时 $N_2(g)$ 和 $H_2(g)$ 的物质的量分数分别为

$$y_{N_2} = \frac{1-\alpha}{4-2\alpha} = \frac{1-0.074\ 1}{4-2\times 0.074\ 1} = 0.240\ 4$$

$$y_{H_2} = \frac{3(1-\alpha)}{4-2\alpha} = 3y_{N_2} = 3\times 0.240\ 4 = 0.721\ 1$$

故 673 K、$10p^\ominus$ 下合成氨反应的标准平衡常数 $K_p^\ominus$ 为

$$K_p^\ominus = K_y\left(\frac{p}{p^\ominus}\right)^{\sum_B \nu_B} = \frac{0.038\ 5^2}{0.240\ 4\times 0.721\ 1^3}\times\left(\frac{10p^\ominus}{p^\ominus}\right)^{-2} = 1.64\times 10^{-4}$$

若要使产物中的氨的含量提升为 $y'_{NH_3}=0.05$，则

$$y'_{NH_3} = \frac{2\alpha'}{4-2\alpha'} = 0.05$$

故 $\alpha' = 0.095\ 2$。平衡气相中 $N_2(g)$、$H_2(g)$ 分别为

$$y'_{N_2} = \frac{1-\alpha'}{4-2\alpha'} = \frac{1-0.095\ 2}{4-2\times 0.095\ 2} = 0.237\ 5$$

$$y'_{H_2} = \frac{3(1-\alpha')}{4-2\alpha'} = 3y'_{H_2} = 3\times 0.237\ 5 = 0.712\ 5$$

此条件下的物质的量分数平衡常数

$$K'_y = \frac{0.05^2}{0.237\ 5\times 0.712\ 5^3} = 0.029\ 1$$

温度不变时，标准平衡常数不变，$K_p^\ominus = K_y\left(\frac{p}{p^\ominus}\right)^{\sum_B \nu_B} = K_y\left(\frac{p'}{p^\ominus}\right)^{\sum_B \nu_B}$，所以

$$1.64\times 10^{-4} = 0.029\ 1\times\left(\frac{p'}{p^\ominus}\right)^{-2}$$

解得 $p'=\sqrt{\dfrac{0.0291}{1.64\times10^{-4}}}\times101\ 325\ \text{Pa}=1.35\times10^{6}\ \text{Pa}$。

例题 4-9 473 K时,反应 $2Ag_2O(s) \rightleftharpoons 4Ag(s)+O_2(g)$ 的分解压力为137.8 kPa,求反应

$$2Ag_2O(s,473\ K,2p^{\ominus}) \rightleftharpoons 4Ag(s,473\ K,p^{\ominus})+O_2(g,473\ K,p^{\ominus})$$

的 $\Delta_r G_m^{\ominus}$。

解 虚拟如下的历程:

$$\begin{array}{ccc}
\boxed{2Ag_2O(s,473\ K,2p^{\ominus})} & \xrightarrow{\Delta_r G_m^{\ominus}} & \boxed{4Ag(s,473\ K,p^{\ominus})+O_2(g,473\ K,p^{\ominus})} \\
① \downarrow \Delta G_1 & & \Delta G_3 \uparrow ③ \\
\boxed{2Ag_2O(s,473\ K,137.8\ kPa)} & \xrightarrow[②]{\Delta G_2} & \boxed{4Ag(s,473\ K,137.8\ kPa)+O_2(g,473\ K,137.8\ kPa)}
\end{array}$$

$\Delta G_1=\int_{2p^{\ominus}}^{137.8\ kPa}V(Ag_2O,s)dp\approx0,\Delta G_2=0$, 而

$$\begin{aligned}
\Delta G_3&=4\int_{137.8\ kPa}^{2p^{\ominus}}V(Ag,s)dp+\int_{137.8\ kPa}^{p^{\ominus}}V(O_2,g)dp\\
&\approx\int_{137.8\ kPa}^{p^{\ominus}}V(O_2,g)dp\approx RT\ln\frac{101.325}{137.8}
\end{aligned}$$

故

$$\begin{aligned}
\Delta_r G_m^{\ominus}&=\Delta G_1+\Delta G_2+\Delta G_3\\
&\approx RT\ln\frac{101.325}{137.8}\\
&=\left(8.314\times473\times\ln\frac{101.325}{137.8}\right)\ \text{J}\cdot\text{mol}^{-1}\\
&=-1.21\times10^{3}\ \text{J}\cdot\text{mol}^{-1}
\end{aligned}$$

例题 4-10 在600 ℃、100 kPa时下列反应达到平衡:

$$CO(g)+H_2O(g) \rightleftharpoons CO_2(g)+H_2(g)$$

现在把压力提高到 5×10^{4} kPa,问:

(1) 若各气体均视为理想气体,平衡是否移动?

(2) 若各气体的逸度系数分别为 $\varphi_{CO_2}=1.09$、$\varphi_{H_2}=1.10$、$\varphi_{CO}=1.20$、$\varphi_{H_2O}=0.75$,与理想气体反应相比,平衡向哪个方向移动?

解 (1) 对理想气体,$Q_a=Q_f^{\ominus}=Q_\varphi\times Q_p^{\ominus}=K^{\ominus}$,平衡不移动。

(2) 对非理想气体,$Q_a=Q_f^{\ominus}=Q_\varphi\times Q_p^{\ominus}=\dfrac{1.09\times1.10}{1.20\times0.75}\times Q_p^{\ominus}=1.33Q_p^{\ominus}>K^{\ominus}$,平衡向左移动。

4.5 惰性气体对化学平衡的影响

4.5.1 恒温、恒容下加入惰性气体

由于理想气体之间无相互作用,所以加入惰性气体后,反应物质的状态无改变,因此反应平衡不

移动。

4.5.2 恒温、恒压下加入惰性气体

对任意理想气体反应 $0=\sum_{B}\nu_B B$，可以证明：

$$K_p^{\ominus}=K_y\left(\frac{p}{p^{\ominus}}\right)^{\sum_B \nu_B}=\prod_B (n_B)_{eq}^{\nu_B}\left[\frac{p}{p^{\ominus}\sum_B n_B}\right]_{eq}^{\sum_B \nu_B}=K_n\left[\frac{p}{p^{\ominus}\sum_B n_B}\right]_{eq}^{\sum_B \nu_B}$$

此处，$K_n \xlongequal{\text{def}} \prod_B (n_B)_{eq}^{\nu_B}$。对于 $\sum_B \nu_B>0$ 的反应，加入惰性气体，$\left[\frac{p}{p^{\ominus}\sum_B n_B}\right]_{eq}^{\sum_B \nu_B}$ 降低，K_n 增大，平衡向右移动；对于 $\sum_B \nu_B<0$ 的反应，加入惰性气体，$\left[\frac{p}{p^{\ominus}\sum_B n_B}\right]_{eq}^{\sum_B \nu_B}$ 增大，K_n 减小，平衡向左移动；对于 $\sum_B \nu_B=0$ 的反应，惰性气体加入对平衡无影响。

4.6 物料比对产物平衡浓度的影响

恒温、恒压下，物料比不同虽然不影响平衡常数，但是可以改变反应产物的平衡浓度。现以合成氨反应为例予以说明。

设 T、p 恒定时，原料气的物料比 $n_{N_2}:n_{H_2}=1:x$，N_2 的转化率为 α。

	$\frac{1}{2}N_2(g)$	+ $\frac{3}{2}H_2(g)$ ⇌	$NH_3(g)$
反应开始时物质的量	n	nx	0
反应平衡时物质的量	$n(1-\alpha)$	$n(x-3\alpha)$	$2n\alpha$
反应平衡时摩尔分数	$\frac{1-\alpha}{1+x-2\alpha}$	$\frac{x-3a}{1+x-2\alpha}$	$\frac{2\alpha}{1+x-2\alpha}$
反应平衡时的分压力	$\frac{1-\alpha}{1+x-2\alpha}p$	$\frac{x-3\alpha}{1+x-2\alpha}p$	$\frac{2\alpha}{1+x-2\alpha}p$

令平衡时 $NH_3(g)$ 的摩尔分数为 y，即 $y=\frac{2\alpha}{1+x-2\alpha}$，所以 $\alpha=\frac{y(1+x)}{2(1+y)}$，将之代入标准平衡常数为 $K_p^{\ominus}=\frac{2\alpha(1+x-2\alpha)p^{\ominus}}{(1-\alpha)^{\frac{1}{2}}(x-3\alpha)^{\frac{3}{2}}p}$，并整理得

$$\frac{K_p^{\ominus}p}{4p^{\ominus}}=\frac{y(1+x)^2}{(2+y-xy)^{\frac{1}{2}}(2x-3y-xy)^{\frac{3}{2}}}$$

将上式取对数，在恒温、恒压下对 x 求偏微商，取 $\left(\frac{\partial y}{\partial x}\right)_{T,p}=0$，可得

$$\frac{2}{1+x}+\frac{y}{2(2+y-xy)}-\frac{3(2-y)}{2(x-3y-xy)}=0$$

$$(3-x)(1+y)^2=0$$

$(1+y)^2>0$，所以 $x=3$。

由此可以看到,若体系为理想气体,当反应物按计量系数配比时,产物的平衡浓度最大。

§4.3、§4.4、§4.5 和 §4.6 讨论了多种条件对化学平衡的影响,§4.3、§4.4 的结论和广为人知的 Le Châtelier(勒夏特列,法国化学家)化学平衡移动原理一致,因此从某种意义上式(4-10)、(4-12)可认为是 Le Châtelier 化学平衡移动原理的表达式。如果将 §4.6 的内容泛化地认为是物质浓度对化学平衡的影响,应用 Le Châtelier 化学平衡移动原理可能会得出错误结论,应用本章的现代化学平衡理论则不会出现此等讹误,个中缘由此处不便讨论,有兴趣的读者请查阅相关专业书籍、资料。

习　题

4-1　323 K、34.8 kPa 时,$N_2O_4(g)$ 发生如下的解离反应:$N_2O_4(g) \rightleftharpoons 2NO_2(g)$,实验测得反应平衡时 $N_2O_4(g)$ 的解离度为 $\alpha = 0.630$,求该温度下的标准平衡常数。

4-2　已知 298 K 时,$\Delta_f G_m^\ominus(Fe_2O_3, s) = -742.2\ kJ \cdot mol^{-1}$,$\Delta_f G_m^\ominus(Fe_3O_4, s) = -1\ 015\ kJ \cdot mol^{-1}$。试问 298 K 下,空气中能否发生如下反应:

$$4Fe_3O_4(s) + O_2(g) \longrightarrow 6Fe_2O_3(s)$$

4-3　已知 298 K 时,$\Delta_f G_m^\ominus(H_2O, g) = -228.57\ kJ \cdot mol^{-1}$,$\Delta_f G_m^\ominus(H_2O, l) = -237.13\ kJ \cdot mol^{-1}$,求该温度下水的饱和蒸气压。

4-4　已知 298 K 时:

物　质	$CO_2(g)$	$H_2(g)$	$CH_4(g)$	$H_2O(g)$
$\Delta_f H_m^\ominus/(kJ \cdot mol^{-1})$	−393.51	0	−74.85	−241.83
$S_m^\ominus/(J \cdot K^{-1} \cdot mol^{-1})$	213.65	130.59	186.19	188.72

求 298 K 时反应 $4H_2(g) + CO_2(g) \rightleftharpoons 2H_2O(g) + CH_4(g)$ 的标准平衡常数。

4-5　求 298 K 时反应 $CO(g) + 2H_2(g) \rightleftharpoons CH_3OH(g)$ 的标准平衡常数。已知

	$CO(g)$	$H_2(g)$	$CH_3OH(g)$	$CH_3OH(l)$	$\frac{p_s(CH_3OH)}{kPa}$	$\frac{\Delta_{vap} H_m^\ominus(CH_3OH)}{kJ \cdot mol^{-1}}$
$\Delta_f H_m^\ominus/(kJ \cdot mol^{-1})$	−110.52	0	−200.7		16.59	38.0
$S_m^\ominus/(J \cdot K^{-1} \cdot mol^{-1})$	197.67	130.68		127		

4-6　已知 298 K 时,C_6H_5COOH 和 $C_6H_5COO^-$ 的 $\Delta_f G_m^\ominus$ 分别为 $-245.27\ kJ \cdot mol^{-1}$ 和 $-223.84\ kJ \cdot mol^{-1}$,苯甲酸在水中的饱和溶解度为 $0.027\ 87\ mol \cdot kg^{-1}$。求苯甲酸在 298 K 下的电离反应

$$C_6H_5COOH(ag) \rightleftharpoons C_6H_5COO^-(aq) + H^+(aq)$$

的标准电离平衡常数 $K_m^\ominus$。

4-7　已知 $Hg_2Cl_2(s)$ 和 $AgCl(s)$ 在水中的溶解度分别为 $6.5 \times 10^{-7}\ mol \cdot dm^{-3}$ 和 $1.3 \times 10^{-5}\ mol \cdot dm^{-3}$,它们的标准摩尔生成 Gibbs 自由能分别为 $-210.66\ kJ \cdot mol^{-1}$ 和 $-109.72\ kJ \cdot mol^{-1}$。求下述反应 298 K 时的标准平衡常数。

$$2Ag(s) + Hg_2Cl_2(aq) \rightleftharpoons 2AgCl(aq) + 2Hg(l)$$

4-8　已知反应 $NiO(s) + CO(g) \rightleftharpoons Ni(s) + CO_2(g)$ 的标准平衡常数在 936 K 和 1 027 K 时分别为 4.54×10^3 和 2.55×10^3。

① 若设 936~1 027 K 范围内 $\Delta_r C_{p,m}^\ominus = 0$,求反应在此范围内的 $\Delta_r H_m^\ominus$、$\Delta_r S_m^\ominus$;

② 1 000 K 时，$\frac{p_{CO_2}}{p_{CO}}=1.05\times10^3$，若 Ni 和某种金属形成固溶体（固体溶液），求固溶体中 Ni 的活度，并指出 Ni 的标准态。

4-9 298 K 时，已知下列热力学数据：

物　质	$NaHCO_3(s)$	$Na_2CO_3(s)$	$H_2O(g)$	$CO_2(g)$
$\Delta_f H_m^\ominus/(kJ\cdot mol^{-1})$	−947.7	−1 130.9	−241.8	−393.5
$S_m^\ominus/(J\cdot K^{-1}\cdot mol^{-1})$	102.1	136.0	188.7	213.6

求 $NaHCO_3(s)$分解反应

$$2NaHCO_3(s) \rightleftharpoons Na_2CO_3(s)+H_2O(g)+CO_2(g)$$

在 298 K 时的标准平衡常数和真空分解时的分解压。若假设 $\Delta_r C_{p,m}^\ominus=0$，则 $NaHCO_3(s)$的分解温度为多少度？

4-10 在高温下，$CO_2(g)$发生分解：

$$2CO_2(g) \rightleftharpoons 2CO(g)+O_2(g)$$

实验测得 $p^\ominus$ 下 1 000 K 和 1 400 K 时 $CO_2(g)$的解离度分别为 2.0×10^{-7} 和 1.27×10^{-4}，试求 1 200 K 时 $CO_2(g)$的解离度为多少。

4-11 反应 $2Ca(l)+ThO_2(s) \rightleftharpoons 2CaO(s)+Th(s)$ 在 1 373 K 和 1 473 K 时的标准平衡常数分别为 2.50 和 1.98，试估计 $Ca(l)$能还原 $ThO_2(s)$的最高温度。

4-12 已知

	$CH_3OH(g)$	$CO(g)$	$H_2(g)$
$\Delta_f H_m^\ominus/(kJ\cdot mol^{-1})$	−201.16	−110.54	0
$S_m^\ominus/(J\cdot K^{-1}\cdot mol^{-1})$	239.7	197.56	130.59

某催化反应

$$CO(g)+2H_2(g) \rightleftharpoons CH_3OH(g)$$

773.2 K 达到平衡时，加入 1 mol $CO(g)$和 2 mol $H_2(g)$至少能得到 0.1 mol $CH_3OH(g)$，问体系的压力是多少？设反应热效应为常数。

4-13 已知 298 K、$p^\ominus$下反应 $2NO_2(g) \rightleftharpoons N_2O_4(g)$ 的 $\Delta_r G_m^\ominus=-4.0\ kJ\cdot mol^{-1}$，$\Delta_r H_m^\ominus=-57\ kJ\cdot mol^{-1}$，求 500 K 时反应的标准平衡常数 $K_p^\ominus$。

4-14 合成氨反应中 $N_2(g)$和 $H_2(g)$的物质的量之比为 1∶3，设反应平衡时 $NH_3(g)$的物质的量分数为 y，且 $y\ll1$，证明 y 总是与体系的压力 p 成正比。

4-15 已知 25 ℃水溶液中甲酸 HCOOH 和乙酸 CH_3COOH 的标准解离常数 $K^\ominus$ 分别为 1.82×10^{-4} 和 1.74×10^{-5}。求下列溶液中氢离子的质量摩尔浓度 b_{H^+}：

(1) $b=1\ mol\cdot kg^{-1}$ 的甲酸水溶液；

(2) $b=1\ mol\cdot kg^{-1}$ 的乙酸水溶液；

(3) 质量摩尔浓度均为 $b=1\ mol\cdot kg^{-1}$ 的甲酸和乙酸的混合溶液。

计算结果说明了什么？

5 化学动力学

5.1 化学反应速率

5.1.1 化学反应速率的表示方法

对于任意化学反应 $0=\sum_{\mathrm{B}}\nu_{\mathrm{B}}\mathrm{B}$，随着反应的进行，反应物不断减少，产物不断增加(如图 5－1 所示)，因此可以用单位时间内反应物消失量或产物的增加量表示反应的快慢，即反应速率(rate of reaction)：

$$\bar{r}_{\mathrm{B}}=-\frac{\Delta n_{\mathrm{B}}}{\Delta t} \tag{5-1}$$

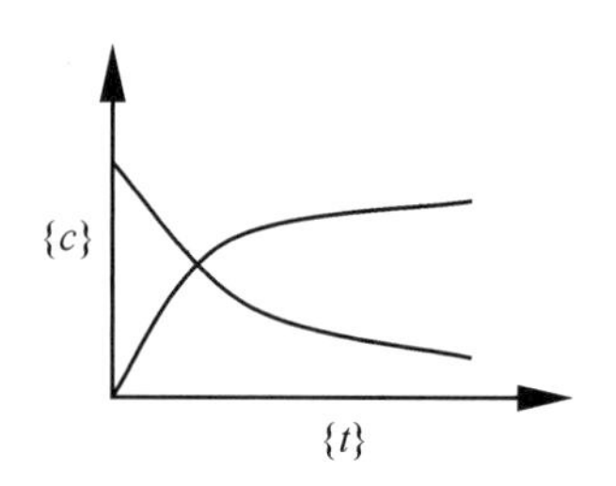

图 5－1　化学反应 c－t 关系

如果反应体系的体积保持不变，则可以用浓度的变化来反映反应的快慢：

$$\bar{r}_{\mathrm{B}}=-\frac{\Delta c_{\mathrm{B}}}{\Delta t} \tag{5-2}$$

一般而言，反应速率是反应物或产物浓度的函数，浓度不同，反应速率也不同。因此式(5－1)、(5－2)表示反应在某个时间段内的平均速率，可称为平均反应速率。如果要表示反应在某时刻的速率，则将式(5－1)或式(5－2)取其极限即可。

$$r_{\mathrm{B}}\xlongequal{\mathrm{def}}\lim_{\Delta t\to 0}\left(-\frac{\Delta n_{\mathrm{B}}}{\Delta t}\right)=-\frac{\mathrm{d}n_{\mathrm{B}}}{\mathrm{d}t} \tag{5-3}$$

$$r_{\mathrm{B}}\xlongequal{\mathrm{def}}\lim_{\Delta t\to 0}\left(-\frac{\Delta c_{\mathrm{B}}}{\Delta t}\right)=-\frac{\mathrm{d}c_{\mathrm{B}}}{\mathrm{d}t} \tag{5-4}$$

式(5－3)、(5－4)可称为瞬时反应速率。如果没有特别指明，反应速率都指式(5－4)表示的瞬时反应速率。从式(5－4)可知反应速率的 SI 单位为 $\mathrm{mol\cdot dm^{-3}\cdot s^{-1}}$。又反应进行的程度可以用状态函数反应进度 ξ 表示：

$$\mathrm{d}\xi=\frac{\mathrm{d}n_{\mathrm{B}}}{\nu_{\mathrm{B}}} \tag{5-5}$$

将式(5－5)代入式(5－4)，得

$$r=\frac{1}{\nu}\cdot\frac{\mathrm{d}\xi}{\mathrm{d}t} \tag{5-6}$$

用式(5－6)表示反应速率的好处在于反应速率的数值与具体物质 B 的选择无关。而式(5－4)表示的反应速率与具体物质 B 有关，$r_{\mathrm{B}}=-\frac{\mathrm{d}c_{\mathrm{B}}}{\mathrm{d}t}=r\times\nu_{\mathrm{B}}$。

式(5－4)是用浓度变化表示的反应速率，如果反应体系为气相，也可用物质压力的变化表示：

$$r_B \xlongequal{\text{def}} \lim_{\Delta t \to 0}\left(-\frac{\Delta p_B}{\Delta t}\right) = -\frac{dp_B}{dt} \tag{5-7}$$

如果气相是理想气体，则两种表示法可换算：

$$r_{B,c} = -\frac{dc_B}{dt} = \frac{1}{RT} \times \left(-\frac{dp_B}{dt}\right) = \frac{1}{RT} \times r_{B,p}$$

5.1.2 化学反应速率的测定方法

测定反应速率即测定物质浓度随时间的变化率。按照测定原理不同，可分为两大类：物理法和化学法。

(1) 物理法

物理法测定反应速率是测定反应体系中某一与物质浓度呈线性关系的物理性质随时间的变化率。所选择的物理性质常有压力、膨胀度、折射率、旋光度、电导、电动势、黏度、导热率、吸光度等。物理法的优点之一是可以在线(in situ)检测，不必终止反应，易于实现测定、记录、处理的自动化。

(2) 化学法

化学法是用化学分析方法测定物质浓度-时间的变化。此法必须使样品中的反应立即终止，常用的终止方法有骤冷、冲淡、加入阻化剂或移出催化剂等。化学法比较繁琐，对反应本身有影响，不容易实现在线检测。

5.2 化学反应速率方程

实验测定化学反应的速率一般可表示为浓度的连乘积，即

$$r_B = k_B \prod_B c_B^{\alpha_B} \tag{5-8}$$

式(5-8)称为反应速率方程(reaction rate equation)。这里 B 一般指反应物，α_B 是 c_B 的指数，一般地，$\alpha_B \neq \nu_B$。α_B 的大小反映了 B 的浓度变化对反应速率影响的大小，称为物质 B 的反应级数(order of reaction)。反应级数是量纲为一的量，反应级数可以为 0、1、2、3、…，也可以是小数或负数。如果 B 是产物，且 $\alpha_B > 0$，则反应是自催化反应；若 $\alpha_B < 0$，则反应是自阻化反应。物质的反应级数之和 $n = \sum_B \alpha_B = \alpha + \beta + \gamma + \cdots$ 称为反应的(总)级数。

将式(5-8)变形，得

$$k_B \xlongequal{\text{def}} \frac{r_B}{\prod_B c_B^{\alpha_B}} \tag{5-9}$$

式(5-9)反映了物质浓度为一个单位时反应的快慢，所以能排除物质浓度对反应速率的影响，是反映反应快慢更好的物理量，称为反应速率常数(rate constant)或反应比速。显然，k_B 的单位与反应级数有关，因此可以从 k_B 的量纲判断反应级数。反应速率常数与反应温度、反应介质、催化剂，有时甚至与反应器的材料及表面状态等有关。

某些反应，如 $H_2 + Br_2 = 2HBr$，实验速率方程为

$$r = \frac{dc_{HBr}}{2dt} = \frac{a c_{H_2}\sqrt{c_{Br_2}}}{1 + b\dfrac{c_{HBr}}{c_{Br_2}}}$$

不符合式(5-8),因此没有简单的反应级数,也没有简单的速率常数。在反应初始阶段,产物 HBr 可忽略,$r_0=\left(\frac{dc_{HBr}}{2dt}\right)_{t=0}=ac_{H_2}\sqrt{c_{Br_2}}$,反应的级数为 1.5。若 H_2 大大过量,则 H_2 在反应中浓度基本不变,$r_0=\left(\frac{dc_{HBr}}{2dt}\right)_{t=0}=a'\sqrt{c_{Br_2}}(a'=ac_{H_2})$,反应级数为 0.5,此即所谓的准级数反应(pseudo-order reaction)。

5.3 基元反应

5.3.1 基元反应与总包反应

由反应物分子一次有效碰撞就直接作用而生成新产物的反应,称为基元反应(elementary reaction)。如

$$2Cl\cdot + M \longrightarrow Cl_2 + M$$

两个氯原子作用释放的能量被第三体 M 吸收,生成氯气分子。基元反应是最基本的反应,如果反应包含多个基元反应,这种反应称为非基元反应、复杂反应或总包反应(overall reaction)。如反应 $H_2 + Cl_2 \longrightarrow 2HCl$ 被证实包含以下步骤:

$$① \ Cl_2 \longrightarrow 2Cl\cdot$$
$$② \ Cl\cdot + H_2 \longrightarrow HCl + H\cdot$$
$$③ \ H\cdot + Cl_2 \longrightarrow HCl + Cl\cdot$$
$$④ \ 2Cl\cdot + M \longrightarrow Cl_2 + M$$

这些列举的步骤称为反应机理(reaction mechanism)或反应历程。

5.3.2 反应分子数

对于基元反应,反应物的数目称为反应分子数(molecularity)。如反应②、③的分子数为 2,反应④的分子数为 3。反应①的分子数为 1。到目前为止,反应分子数只能是 1、2、3,分别是单分子反应(unimolecular reaction)、双分子反应(bimolecular reaction)和三分子反应(trimolecular reaction)。气相反应中,双分子反应最为常见,单分子反应次之,三分子反应极少,液相反应中三分子反应很多。

要注意的是,反应分子数是针对基元反应而言的,复杂反应无反应分子数。反应分子数与反应级数是不同范畴的概念。前者为理论概念,后者为实验概念。反应级数和反应的速率方程相联系,实验条件不同,反应速率方程可能不同,级数也不同。

5.3.3 质量作用定律

对于基元反应,19 世纪中期 Guldberg(古尔德伯格,挪威数学家、化学家)和 Waage(韦格,挪威化学家)提出了质量作用定律(law of mass action):反应速率和反应物的"有效质量"成正比。这里"有效质量"可理解为浓度的连乘积,可将质量作用定律表示为

$$r_B = k_B \prod_B c_B^{\nu_B} \tag{5-10}$$

B 的级数等于反应物 B 的计量系数 ν_B。如反应 $Cl\cdot + H_2 \longrightarrow HCl + H\cdot$,其速率方程根据质量作用定律可表示为

$$r_{\mathrm{Cl}\cdot}=-\frac{\mathrm{dCl}\cdot}{\mathrm{d}t}=k_{\mathrm{Cl}\cdot}\,c_{\mathrm{Cl}\cdot}\,c_{\mathrm{H_2}}$$

利用质量作用定律可判断反应是否为基元反应，如反应 $H_2+Br_2 \xlongequal{} 2HBr$ 的实验速率方程为 $r=\frac{\mathrm{d}c_{\mathrm{HBr}}}{2\mathrm{d}t}=\frac{ac_{\mathrm{H_2}}\sqrt{c_{\mathrm{Br_2}}}}{1+b\frac{c_{\mathrm{HBr}}}{c_{\mathrm{Br_2}}}}$，不符合质量作用定律式(5-10)的形式，因此必定不是基元反应。如果反应的速率方程符合质量作用定律形式，也未必一定是基元反应。如反应 $H_2+I_2 \longrightarrow 2HI$，其速率方程 $r=kc_{\mathrm{H_2}}c_{\mathrm{I_2}}$ 符合质量作用定律形式，但理论和实验证实该反应是复杂反应，有复杂的反应机理。

化学动力学作为一门独立的分支学科，其真正的历史始于质量作用定律的建立。质量作用定律自被提出来后，一直是化学动力学的基本内容，具有基石性的地位和作用。

例题 5-1 已知反应 $2\mathrm{A}\underset{k_2}{\overset{k_1}{\rightleftharpoons}}\mathrm{B}\xrightarrow{k_3}\mathrm{C}$，写出 A、B、C 的浓度变化率及 A、B 之间的平衡常数 K_c。

解 根据质量作用定律，有

$$\frac{\mathrm{d}c_{\mathrm{A}}}{\mathrm{d}t}=-2k_1c_{\mathrm{A}}^2+2k_2c_{\mathrm{B}}$$

$$\frac{\mathrm{d}c_{\mathrm{B}}}{\mathrm{d}t}=k_1c_{\mathrm{A}}^2-k_2c_{\mathrm{B}}+k_3c_{\mathrm{C}}$$

$$\frac{\mathrm{d}c_{\mathrm{C}}}{\mathrm{d}t}=k_3c_{\mathrm{C}}$$

当 A、B 间可逆反应近乎平衡时，$\frac{\mathrm{d}c_{\mathrm{A}}}{\mathrm{d}t}=0$，所以

$$\frac{\mathrm{d}c_{\mathrm{A}}}{\mathrm{d}t}=-2k_1c_{\mathrm{A}}^2+2k_2c_{\mathrm{B}}=0$$

$$K_c=\frac{c_{\mathrm{B}}}{c_{\mathrm{A}}^2}=\frac{k_1}{k_2}$$

例题 5-2 对于 n 级理想气体反应，其速率方程满足浓度或压力连乘积的形式：

$$r_{\mathrm{B},c}=k_{\mathrm{B},c}\prod_{\mathrm{B}}c_{\mathrm{B}}^{\alpha_{\mathrm{B}}}$$

$$r_{\mathrm{B},p}=k_{\mathrm{B},p}\prod_{\mathrm{B}}p_{\mathrm{B}}^{\alpha_{\mathrm{B}}}$$

求 $k_{\mathrm{B},c}$ 和 $k_{\mathrm{B},p}$ 之间的换算关系。

解 因为速率常数与浓度或压力无关，因此可假定所有反应物的浓度或压力相同，所以

$$r_{\mathrm{B},c}=-\frac{\mathrm{d}c_{\mathrm{B}}}{\mathrm{d}t}=k_{\mathrm{B},c}c_{\mathrm{B}}^n$$

$$r_{\mathrm{B},p}=-\frac{\mathrm{d}p_{\mathrm{B}}}{\mathrm{d}t}=k_{\mathrm{B},p}p_{\mathrm{B}}^n$$

故

$$k_{\mathrm{B},p}=\frac{-\frac{\mathrm{d}p_{\mathrm{B}}}{\mathrm{d}t}}{p_{\mathrm{B}}^n}=\frac{-\frac{\mathrm{d}c_{\mathrm{B}}}{\mathrm{d}t}RT}{(c_{\mathrm{B}}RT)^n}=k_{\mathrm{B},c}(RT)^{1-n}$$

对 $n=1, k_{B,p}=k_{B,c}$；$n\neq 1, k_{B,p}\neq k_{B,c}$。因此在报告反应速率常数时，需要确定反应级数是否为1，若不为1，则反应速率常数有 $k_{B,c}$ 和 $k_{B,p}$ 之分。

5.4 简单级数反应

所谓简单级数反应，是指反应级数为0、1、2、3…的反应。因此简单级数反应可以是基元反应，也可以是复杂反应，甚至可以是核反应等。简单级数反应所谓的"简单"是指数学上的简单，不意味着反应机理上的简单。当然数学上的不简单(负数、分数)，必然反映出反应机理上的不简单。

5.4.1 零级反应

零级反应(zeroth order reaction)的反应速率与反应物浓度无关，其速率方程为

$$-\frac{dc_B}{dt}=k_B \tag{5-11}$$

将方程积分，得

$$c_B=c_{B,0}-k_Bt \tag{5-12}$$

如果以 c_B 为纵轴，t 为横轴作图，将得一直线，从直线的斜率可得反应速率常数 k_B，从直线在纵轴上的截距可得B的初浓度 $c_{B,0}$。

零级反应有以下特点：

(1) 反应的彻底完成只需有限时间，$t=\frac{c_{B,0}}{k_B}$。

(2) 反应的半衰期(half life)与初浓度成正比。$\frac{c_{B,0}}{2}=c_{B,0}-k_Bt_{1/2}$，$t_{1/2}=\frac{c_{B,0}}{2k_B}$。

(3) 速率常数的单位和反应速率单位相同，都是[浓度]·[时间]$^{-1}$ 或[压力]·[时间]$^{-1}$。

零级反应在一些复相催化及光化学反应、酶催化反应中常见。另外需要指出的是，零级反应是绝对意义上能真正完成的反应。

例题5-3 1 129 K时，NH_3 在钨表面上催化分解动力学数据如下表：

t/s	200	400	600	1 000
p/kPa	30.40	33.33	36.40	42.40

求反应级数。

解 NH_3 在钨表面的反应如下：

$$\begin{array}{lccc} & 2NH_3 \longrightarrow & N_2 & +\ 3H_2 \\ t=0 & p_0 & & \\ t=t & p_0-\Delta p & \frac{\Delta p}{2} & \frac{3\Delta p}{2} \end{array}$$

体系的压力，$p=\sum_B p_B=p_0+\Delta p$。$-\frac{dp_{NH_3}}{dt}=\frac{d\Delta p}{dt}=\frac{dp}{dt}$。设反应为零级反应，

$$\frac{dp}{dt}=k_{NH_3,p}$$

将上式积分，则

$$p = p_0 + k_{NH_3,p} t$$

以 p-t 作图，得一直线。

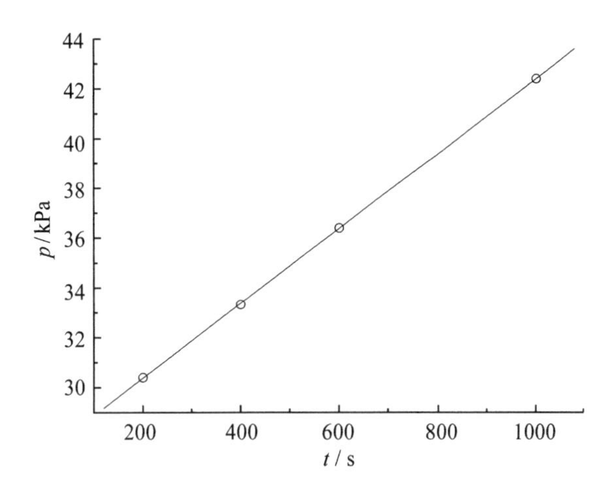

因此反应为零级反应。速率常数 $k_{NH_3,p} = 0.015\,03\ \text{kPa} \cdot \text{s}^{-1}$。

5.4.2 一级反应

一级反应(first order reaction)的速率与反应物的浓度成正比，即

$$-\frac{dc_B}{dt} = k_B c_B \tag{5-13}$$

将上式积分，得

$$\ln \frac{c_{B,0}}{c_B} = k_B t \tag{5-14}$$

或

$$c_B = c_{B,0} \exp\{-k_B t\} \tag{5-15}$$

根据式(5-14)，以 $\ln\{c_B\}$ 为纵轴，t 为横轴作图得一直线，从直线的斜率和截距分别可得 k_B、$c_{B,0}$。

一级反应有以下特点：

(1) 反应无法彻底完成。$t = \dfrac{\ln \dfrac{c_{B,0}}{0}}{k_B} = \infty$，彻底完成需要无限长时间。

(2) 反应的半衰期与初浓度无关。$\ln \dfrac{c_{B,0}}{c_{B,0}/2} = k_B t_{1/2}$，$t_{1/2} = \dfrac{\ln 2}{k_B}$。

(3) 速率常数的量纲是时间量纲的倒数。

许多分子的重排反应和热分解反应属于一级反应。

例题 5-4 设将 100 个细菌放入 1 dm^3 烧杯中，瓶中有适宜细菌生长的介质，温度为 313 K 时，得到如下结果：

t/min	0	30	60	90	120
细菌数	100	200	400	800	1 600

① 预计 3 h 后细菌的数目；

② 求此动力学过程的级数及速率常数；

③ 求经过多长时间后得到 10^6 个细菌。

解 ① 观察表格中的数据发现，每 30 min 细菌的数目增加一倍。3 h＝180 min，因此 3 h 后细菌的数目 $n=1\,600\times2\times2=6\,400$(个)。

② 设反应的速率方程为

$$\frac{\mathrm{d}n}{\mathrm{d}t}=kn^{\alpha}$$

若反应为一级，则

$$\ln\frac{n}{n_0}=kt$$

以 $\ln n-t$ 作图，得一直线。

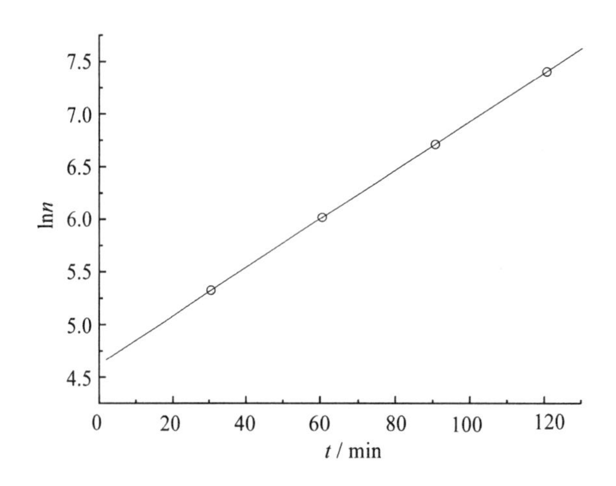

速率常数 $k=0.023\,1\ \mathrm{min}^{-1}$。

③ $\ln\frac{10^6}{100}=0.023\,1\ \mathrm{min}^{-1}\times t$，解得 $t=398.7$ min。

例题 5－5 某抗生素 0.5 g 注入人体后，在血液中的浓度随时间变化服从简单动力学规律，测定不同时间药物在血液中浓度列表如下：

t/h	4	8	12	16
$c/(10^{-2}\mathrm{g\cdot dm^{-3}})$	0.48	0.31	0.24	0.15

① 求反应的速率常数；

② 该抗生素在血液中浓度不能低于 0.37 g · 100 $\mathrm{dm^{-3}}$，问需间隔几小时注射第二针？

解 ① 设反应为一级反应，按一级反应线性式要求处理题设中的数据列表如下：

t / h	4	8	12	16
$\ln[c/(10^{-2}\mathrm{g\cdot dm^{-3}})]$	−0.733 97	−1.171 18	−1.427 12	−1.897 12

以 $\ln\{c\}-t$ 作图，得一直线。

从直线的斜率可得反应速率为 $0.093\,63\ \mathrm{h}^{-1}$。

② 从直线的截距得反应物的初浓度 $c_0=\exp(-0.37)\ (100\ \mathrm{g\cdot dm^{-3}})=0.69\ (100\ \mathrm{g\cdot dm^{-3}})$。

$$\ln\frac{0.69}{0.37}=0.093\,63\ \mathrm{h}^{-1}\times t_{0.37}$$

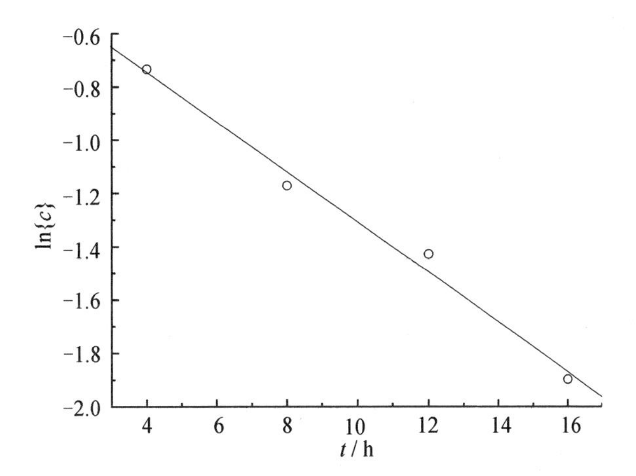

解得注射第二针的时间 $t_{0.37} \approx 6.7$ h。

5.4.3 二级反应

二级反应(second order reaction)有两种：一种是反应速率与一个反应物质的浓度的平方成正比，有时称为纯二级反应；另一种是反应速率与两种物质的浓度的一次方的乘积成正比，有时候称为混二级反应。

(1) 第一种：$2A \longrightarrow P$

反应的微分方程

$$-\frac{dc_A}{dt}=k_A c_A^2 \tag{5-16}$$

积分得

$$\frac{1}{c_A}-\frac{1}{c_{A,0}}=k_A t \tag{5-17}$$

若以 $\frac{1}{c_A}$-t 作图得一直线，从直线的斜率和截距分别可得 k_A 和 $c_{A,0}$。

令 $c_A=\frac{c_{A,0}}{2}$，半衰期 $t_{1/2}=\frac{1}{k_A c_{A,0}}$。

(2) 第二种：$aA+bB \longrightarrow P$

反应的微分方程

$$-\frac{dc_A}{dt}=\frac{dx}{dt}=kc_A c_B \tag{5-18}$$

若反应物初浓度之比等于计量系数之比，即 $c_{A,0} : c_{B,0}=a : b$，则和第一种情况相似。若 $a=b$，$c_{A,0} \neq c_{B,0}$，设 t 时间后反应物 A、B 消耗掉的浓度为 x，则

$$\frac{dx}{dt}=k(c_{A,0}-x)(c_{B,0}-x) \tag{5-19}$$

积分，得

$$\int_0^x \frac{dx}{(c_{A,0}-x)(c_{B,0}-x)}=\int_0^t k\,dt$$

$$\frac{1}{(c_{A,0}-c_{B,0})}\ln\frac{c_{B,0}(c_{A,0}-x)}{c_{A,0}(c_{B,0}-x)}=kt$$

二级反应具有如下特点：

① 反应无法彻底完成；

② 速率常数的单位为[浓度]$^{-1}$·[时间]$^{-1}$；

③ 对于纯二级反应，半衰期与初浓度成反比；对于混二级反应，不同反应物的半衰期可能不同；

④ 对于纯二级反应，$\frac{1}{c_A}-t$ 为线性关系；对于混二级反应，初始浓度不同时，$\ln\frac{c_{B,0}c_A}{c_{A,0}c_B}-t$ 为线性关系。

二级反应是一类常见的反应，溶液中的许多有机反应都符合二级反应规律。如加成、取代和消除反应等。

例题 5-6 乙醛的气相分解反应为二级反应：$CH_3CHO \longrightarrow CH_4 + CO$，在定容下反应时体系的压力增加。在518 ℃时测量反应过程中不同时刻 t 定容器皿内的压力 p，得如下数据：

t / s	0	73	242	480	840	1 440
p / kPa	48.4	55.6	66.25	74.25	80.9	86.25

试求此反应的速率常数。

解 518 ℃乙醛发生分解：

$$\begin{array}{llll} & CH_3CHO \longrightarrow & CH_4 & + CO \\ t=0 & p_0 & 0 & 0 \\ t=t & p_0-\Delta p & \Delta p & \Delta p \end{array}$$

体系的总压 $p=\sum_B p_B = p_0+\Delta p$。$p_0-\Delta p=2p_0-p$，求出不同时刻的 $\frac{1}{2p_0-p}$，列表如下：

t/s	0	73	242	480	840	1 440
$\frac{1}{(2p_0-p)/\text{kPa}}$	13	0.024 27	0.032 73	0.044 35	0.062 89	0.094 79

以 $\frac{1}{(2p_0-p)/\text{kPa}}-t$ 作图，得一直线。

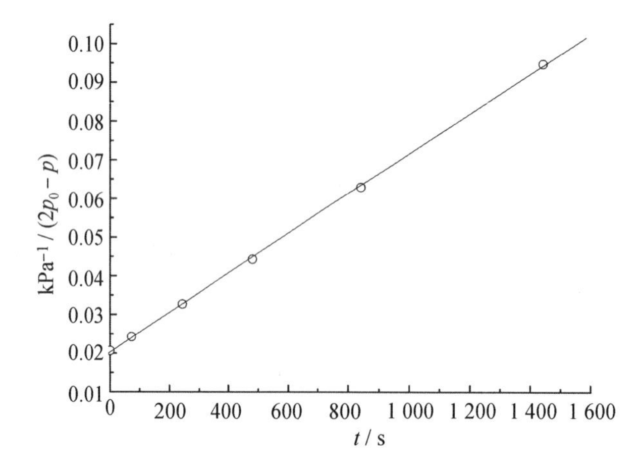

从直线的斜率得 $k_p=5.139\times10^{-5}\ \text{kPa}^{-1}\cdot\text{s}^{-1}$。

5.4.4 三级反应

气相中的三级反应(third order reaction)很少。三级反应可能有三种类型：

(i) $A+B+C \longrightarrow P$ $r=kc_Ac_Bc_C$

(ii) $2A+B \longrightarrow P$ $r=kc_A^2c_B$

(iii) $3A \longrightarrow P$ $r=kc_A^3$

类型(ii)最常见。

$$
\begin{array}{llll}
 & 2A & + & B \longrightarrow P \\
t=0 & c_{A,0} & & c_{B,0} \\
t=t & c_{A,0}-x & & c_{B,0}-\dfrac{x}{2}
\end{array}
$$

若 $c_{A,0}:c_{B,0}=2:1$,

$$-\frac{dc_A}{2dt}=\frac{dx}{2dt}=k(c_{A,0}-x)^2(c_{B,0}-\frac{x}{2})=\frac{k}{2}(c_{A,0}-x)^3$$

积分,得

$$\frac{1}{(c_{A,0}-x)^2}-\frac{1}{c_{A,0}^2}=2kt \tag{5-20}$$

$\frac{1}{(c_{A,0}-x)^2}-t$ 为线性关系。令 $x=\frac{c_{A,0}}{2}$ 得反应的半衰期 $t_{1/2}=\frac{3}{2kc_{A,0}^2}$。

5.4.5 简单级数反应的规律

对于反应

$$aA+bB+cC+\cdots \longrightarrow P$$

当反应速率方程符合 $-\frac{dc_A}{dt}=k_Ac_A^{\alpha}c_B^{\beta}c_C^{\gamma}\cdots$ 时,若满足以下条件之一:

(i) $\frac{c_{A,0}}{a}=\frac{c_{B,0}}{b}=\frac{c_{C,0}}{c}=\cdots$

(ii) 除某一反应物外,其他反应物均大大过量。

则反应速率方程可以简化为纯简单级数反应的形式:$-\frac{dc_A}{dt}=k_Ac_A^n$。表 5-1 就是纯简单级数反应经常应用的特征。

表 5-1 常见的纯简单级数反应的特点

级数	微分速率方程	积分速率方程	半衰期	速率常数的单位
0	$-\frac{dc_A}{dt}=k_A$	$c_A=c_{A,0}-k_At$	$t_{1/2}=\frac{c_{A,0}}{2k_A}$	[浓度]·[时间]$^{-1}$
1	$-\frac{dc_A}{dt}=k_Ac_A$	$\ln\frac{c_{A,0}}{c_A}=k_At$	$t_{1/2}=\frac{\ln 2}{k_A}$	[时间]$^{-1}$
2	$-\frac{dc_A}{dt}=k_Ac_A^2$	$\frac{1}{c_A}-\frac{1}{c_{A,0}}=k_At$	$t_{1/2}=\frac{1}{k_Ac_{A,0}}$	[浓度]$^{-1}$·[时间]$^{-1}$
3	$-\frac{dc_A}{dt}=k_Ac_A^3$	$\frac{1}{2}\left(\frac{1}{c_A^2}-\frac{1}{c_{A,0}^2}\right)=k_At$	$t_{1/2}=\frac{3}{2k_Ac_{A,0}^2}$	[浓度]$^{-2}$·[时间]$^{-1}$
n	$-\frac{dc_A}{dt}=k_Ac_A^n$	$\frac{1}{n-1}\left(\frac{1}{c_A^{n-1}}-\frac{1}{c_{A,0}^{n-1}}\right)=k_At$	$t_{1/2}=\frac{2^{n-1}-1}{c_{A,0}^{n-1}}$	[浓度]$^{1-n}$·[时间]$^{-1}$

5.5 反应级数的确定

反应级数是重要的动力学参数,它反映了反应物浓度对反应速率的影响程度,为探讨反应机理、了解反应细节提供了有用的动力学信息。于是,确定反应的级数是反应动力学的一个重要任务。确定反应级数的方法很多,最基本的方法有积分法和微分法,从中又派生出其他方法,如半衰期法、孤立法等。

5.5.1 积分法

所谓积分法(integral method)就是利用速率方程的积分式确定反应级数的方法。如假定反应为一级,通过 $k=\frac{\ln\frac{c_0}{c}}{t}$ 计算看所得 k 值是否一致或者用 $\ln\{c\}$ 对 t 作图看是否得到直线,如果 k 值一致或者得到直线,则反应为一级。否则,继续假定反应为二级,用 $k=\frac{\frac{1}{c}-\frac{1}{c_0}}{t}$ 计算或者用 $1/c$ 对 t 作图,继续尝试,直到假设成立为止。因此,积分法也叫尝试法,具体的途径是计算或者作图等。如果反应级数为分数,反复尝试会很复杂。另外,当反应时间持续不长或者转化率低时,很可能按一级、二级、三级特征作图都能得到线性关系,很难区分究竟是哪一级反应。当级数为负数或分数时,也很难尝试成功。尝试法的优点是只需要一次实验的数据。

例题 5-7 高温时气态二甲醚发生分解:

$$CH_3OCH_3 \longrightarrow CH_4+CO+H_2$$

迅速将二甲醚引入一个 777 K 的已经抽空的瓶中,并在不同时刻 t 测定瓶内的压力:

t / s	0	390	665	1 195	2 240	3 155	∞
p / kPa	41.60	54.40	62.40	74.93	95.19	103.9	124.1

试用作图法确定反应级数。

解 777 K 时,二甲醚分解:

$$\begin{array}{llllll} & CH_3OCH_3 & \longrightarrow & CH_4 & +CO & +H_2 \\ t=0 & p_0 & & & & \\ t=t & p_0-\Delta p & & \Delta p & \Delta p & \Delta p \end{array}$$

$p=\sum_B p_B=p_0+2\Delta p$,$p_0-\frac{p-p_0}{2}=\frac{3p_0-p}{2}$。

① 假定反应为零级,按零级的线性式要求处理题设数据列表如下:

t / s	0	390	665	1 195	2 240	3 155
$\frac{3p_0-p}{2}$ / kPa	41.6	35.2	31.2	24.935	14.805	10.45

$\frac{3p_0-p}{2}-t$ 作图:

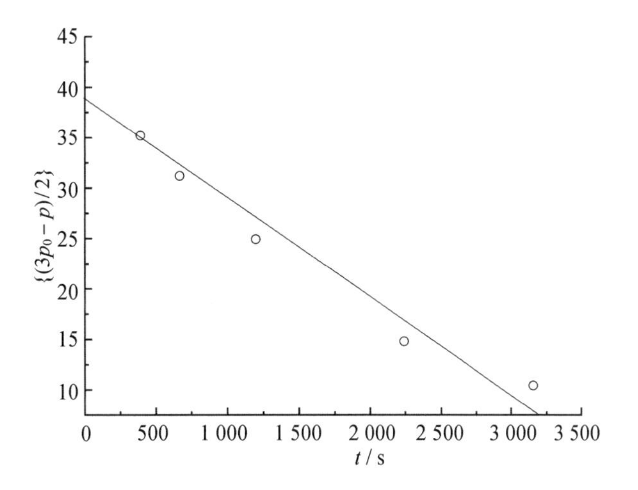

数据点散落在直线的两侧，明显分布不均匀，故零级反应假设不成立。

② 假设反应为一级，按一级线性式处理，列表如下：

t / s	0	390	665	1 195	2 240	3 155
$\ln\left(\frac{3p_0-p}{2}/\mathrm{kPa}\right)$	3. 728 1	3. 561 05	3. 440 42	3. 216 27	2. 694 96	2. 346 6

以 $\ln\left(\frac{3p_0-p}{2}/\mathrm{kPa}\right)$-$t$ 作图：

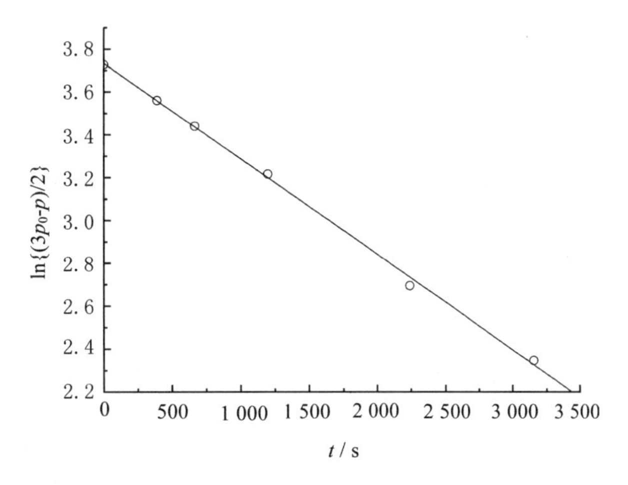

数据点均匀分布在直线两侧或者在直线上，线性关系良好，一级反应假设成立可能性很大。

③ 假定反应为二级，按二级线性关系处理题设数据，列表如下：

t / s	0	390	665	1 195	2 240	3 155
$2\mathrm{kPa}/(3p_0-p)$	0. 024 04	0. 028 41	0. 032 05	0. 040 1	0. 067 54	0. 095 69

以 $2/(3p_0-p)$-t 作图：

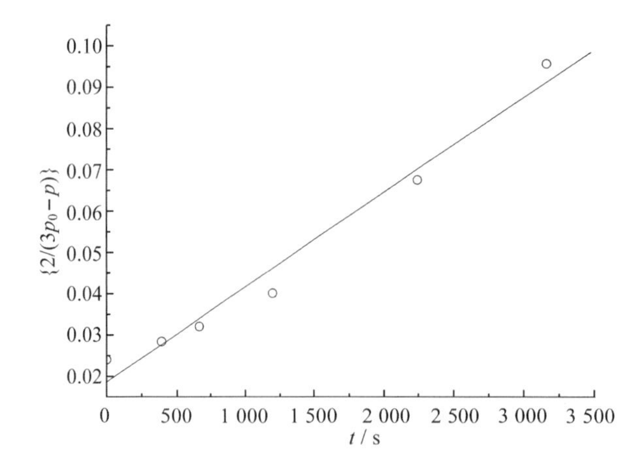

数据点散落直线两侧，且分布不均，二级反应假设不成立。

综上所论，从图形上对比零级、一级、二级反应假设的线性关系，基本可以确定反应为一级。

5.5.2 微分法

微分法(differential method)就是利用速率方程的微分形式以确定反应级数的方法。设反应的速率方程为

$$r=-\frac{\mathrm{d}c}{\mathrm{d}t}=kc^{n}$$

两边取对数，

$$\ln\left\{\left(-\frac{\mathrm{d}c}{\mathrm{d}t}\right)\right\}=\ln\{k\}+n\ln\{c\} \tag{5-21}$$

$\ln\left\{\left(-\frac{\mathrm{d}c}{\mathrm{d}t}\right)\right\}$-$\ln\{c\}$ 为线性关系，从斜率可得反应级数 n。如果实验数据较少，可用下式计算反应级数：

$$n=\frac{\ln\{r_1\}-\ln\{r_2\}}{\ln\{c_1\}-\ln\{c_2\}} \tag{5-22}$$

微分法的优点之一是对于负数、分数级数反应也有效。不用事先假设反应级数进行不断的尝试，而是一次性成功地得到反应级数。式(5-22)确定反应级数，是不同起始浓度 c_1、c_2 下，测定不同的起始反应速率 r_1、r_2，求得的反应级数排除了反应产物影响，可称为浓度反应级数，记作 n_c。如果 c_1、c_2 是同一起始浓度下不同时刻的浓度值，r_1、r_2 是同一起始浓度下不同时刻对应的反应速率，由式(5-22)确定的反应级数就没有排除产物可能的影响，记作 n_t，称为时间反应级数。一般对于简单级数反应，$n_c=n_t$；对于非简单级数反应，n_c 不一定等于 n_t。例如用 $KMnO_4$ 滴定过氧化氢的反应中，开始反应速率很小，反应开始后速率不断加快，反应产物 Mn^{2+} 对反应起了自催化作用，$n_t<n_c$。

例题 5-8 有人在恒定温度下测得乙醛分解反应在不同转化率时的反应速率：

转化率	0	0.05	0.10	0.15	0.20	0.25	0.30	0.35	0.40	0.45	0.50
$\frac{r}{\mathrm{Pa\cdot min^{-1}}}$	1 137	998.4	898.4	786.5	685.2	625.2	574.5	500.0	414.6	356.0	305.3

试确定反应级数。

解 按式(5-21)的要求处理题设数据列表如下：

$\ln\{c\}$	0	−0.051 3	−0.105 4	−0.162 5	−0.223 1	−0.287 7	−0.356 7	−0.430 8	−0.510 8	−0.597 8	−0.693 1
$\ln\{r\}$	7.036	6.906	6.801	6.668	6.530	6.438	6.354	6.215	6.027	5.875	5.721

以 $\ln\{r\}$-$\ln\{c\}$ 作图：

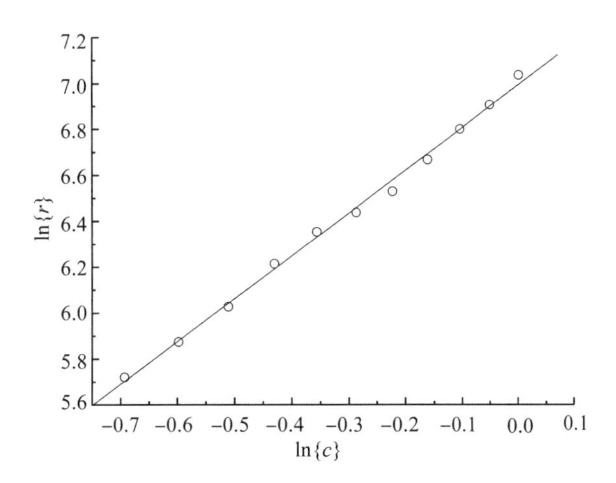

直线的斜率为 1.9 ≈ 2。因此反应为二级。

5.5.3 半衰期法

初浓度为 $c_{A,0}$ 的简单 n 级反应的半衰期为 $t_{1/2}$，当初浓度为 $c'_{A,0}$ 时，半衰期为 $t'_{1/2}$。根据半衰期与初浓度的关系 $t_{1/2}=\dfrac{A}{c_{A,0}^{n-1}}$，则反应级数

$$n=1+\frac{\ln(t_{1/2}/t'_{1/2})}{\ln(c'_{A,0}/c_{A,0})} \tag{5-23}$$

如果实验次数很多，可以用作图法确定反应级数。

$$\ln\{t_{1/2}\}=\ln\{A\}+(1-n)\ln\{c_{A,0}\} \tag{5-24}$$

半衰期法与微分法相同，不需要反复地尝试，一次性地得到反应级数。半衰期法（half-life method）实质是积分法，也可以是一种初速率法，如果 $n_c \neq n_t$，用半衰期法确定的反应级数将介于 n_c、n_t 之间。

例题 5-9 对于气相反应 $2NO+2H_2 \longrightarrow N_2+2H_2O$，在某温度下等物质的量的 NO 和 H_2 混合气体在不同初压力下的半衰期如下：

p_0/kPa	50.0	45.4	38.4	32.4	26.9
$t_{1/2}$/min	95	102	140	176	224

求反应的总级数 n。

解 按式(5-24)的要求处理题设数据，列表如下：

$\ln(p_0/\text{kPa})$	3.912 02	3.815 51	3.648 06	3.478 16	3.292 13
$\ln(t_{1/2}/\text{min})$	4.553 88	4.624 97	4.941 64	5.170 48	5.411 65

以 $\ln(t_{1/2}/\text{min})$-$\ln(p_0/\text{kPa})$ 作图：

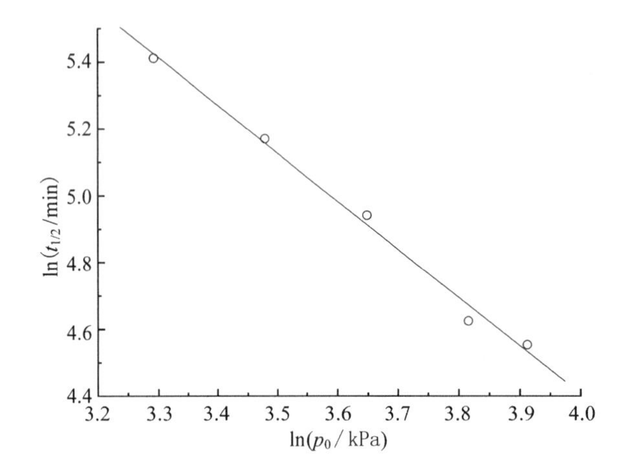

直线的斜率 $m=1-n\approx-1.5$，反应级数 $n\approx2.5$。反应级数非整数，说明反应一定是复杂反应，不是简单反应(基元反应)。

5.5.4 孤立法

当反应速率方程中不止一种物质，如 $-\dfrac{dc_A}{dt}=k_A c_A^{\alpha} c_B^{\beta} c_C^{\gamma}\cdots$ 时，按化学计量系数比进料使之简化为纯简单级数反应。除此之外，还可以采用孤立法。孤立法或淹没法(method of flooding，method of isolation)的做法是当要确定物质A的级数时，保持除A之外的其他物质的浓度不变或大大过量，然后使用上述的各种方法确定反应对A的级数。用类似的方法确定对物质B、C等的级数。

应当指出的是，在实际工作中经常多种方法联合使用以确定反应级数。

例题 5-10 1 099 K，有反应 $2NO+2H_2 \longrightarrow N_2+2H_2O$，测得如下数据：

$p_{H_2,0}=53.196$ kPa			$p_{NO,0}=53.196$ kPa		
组别	$p_{NO,0}$/kPa	$\left\{-\left(\dfrac{dp}{dt}\right)_0\right\}$	组别	$p_{H_2,0}$/kPa	$\left\{-\left(\dfrac{dp}{dt}\right)_0\right\}$
1	47.623	0.197 5	4	38.301	0.211
2	40.023	0.135 0	5	27.358	0.145
3	20.265	0.033 0	6	19.657	0.104

求该反应的级数。

解 设反应速率方程为 $r=kc_{NO}^{\alpha}c_{H_2}^{\beta}$，两边取对数：

$$\ln\left\{-\left(\frac{dp}{dt}\right)_0\right\}=\ln\{k\}+\alpha\ln\{c_{NO,0}\}+\beta\ln\{c_{H_2,0}\}$$

用1、2、3组数据可确定 α。用 $\ln\left\{-\left(\dfrac{dp}{dt}\right)_0\right\}$-$\ln\{c_{NO,0}\}$ 进行线性拟合[1]：

$$\ln\left\{-\left(\frac{dp}{dt}\right)_0\right\}=-9.693\ 71+2.087\ 3\ln\{c_{NO,0}\}$$

$$(r=0.999\ 95,n=3)$$

[1] 一般用 Origin 等专业软件进行线性拟合，其用法可参考有关资料。

所以 $\alpha=2$。类似地,由 4、5、6 组的数据用 $\ln\left\{-\left(\frac{\mathrm{d}p}{\mathrm{d}t}\right)_0\right\}$-$\ln\{c_{\mathrm{H_2},0}\}$ 进行线性拟合:

$$\ln\left\{-\left(\frac{\mathrm{d}p}{\mathrm{d}t}\right)_0\right\}=-5.42892+1.06076\ln\{c_{\mathrm{H_2},0}\}$$

$$(r=0.99956, n=3)$$

所以 $\beta=1$。

5.6 温度对反应速率的影响

5.6.1 Arrhenius 公式

一般地,温度升高,反应速率加快。van't Hoff 认为,温度每升高 10 K,反应速率增加 2～4 倍。Arrhenius 则提出了明确的解析方程:

$$k=A\exp\left(-\frac{E_{\mathrm{a}}}{RT}\right) \tag{5-25}$$

E_{a} 称为活化能(activation energy),基本不随温度而变化,具有能量的量纲和单位;A 为指前因子(pre-exponential factor)或频率因子(frequency factor),是经验常数,与 k 具有相同的量纲和单位,单位与反应级数有关,因此单位不一定与频率单位相同。Arrhenius 公式的微分形式如下:

$$\frac{\mathrm{d}\ln\{k\}}{\mathrm{d}T}=\frac{E_{\mathrm{a}}}{RT^2} \tag{5-26}$$

从式(5-26)可以看出,E_{a} 越大,速率常数随温度变化越显著,低温下尤其如此。对式(5-26)进行定积分,得

$$\ln\frac{k_{T_2}}{k_{T_1}}=\frac{E_{\mathrm{a}}}{R}\left(\frac{1}{T_1}-\frac{1}{T_2}\right) \tag{5-27}$$

从式(5-27)可知:如果知道反应的活化能及某温度下的速率常数,可以求得另一温度下的速率常数;或者知道两温度下的速率常数,可求得平均活化能,也可以用 $\ln\{k\}-1/T$ 作图,从直线的斜率得到平均活化能。

5.6.2 活化能的意义

Tolman(托里曼,美国数学物理学家、物理化学家)通过统计力学研究证明,基元反应的活化能是活化分子的平均能量与所有反应物分子的平均能量之差。可表示为

$$E_{\mathrm{a}}=\langle E^*\rangle-\langle E\rangle \tag{5-28}$$

所谓活化能分子是一些能量比较高,碰撞后能反应的分子。$\langle E^*\rangle$、$\langle E\rangle$ 均是温度的函数,E_{a} 也是温度的函数,但是一般情况下,温度对 $\langle E^*\rangle$、$\langle E\rangle$ 的影响可能会相互抵消,所以 E_{a} 随温度的变化并不大。一般地,反应体系始态和终态的能量不同,化学反应的热效应不为零,所以正反应和逆反应的活化能也不同。

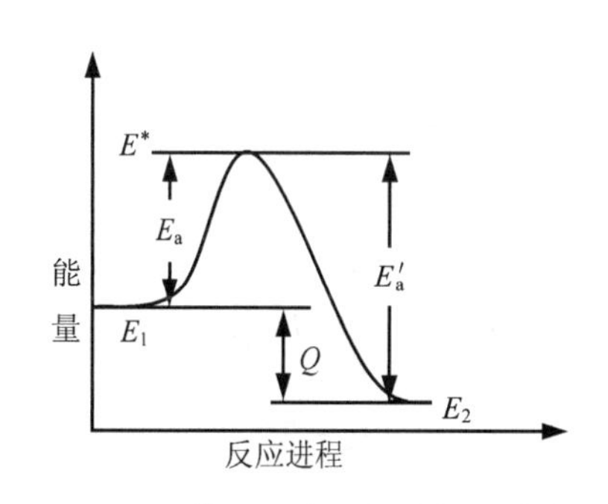

图 5-2 基元反应活化能与热效应

如图 5-2 所示,正、逆反应的活化能之差等于反应的热效

应,即

$$E_a - E'_a = Q \qquad (5-29)$$

对于复杂反应,只要其速率方程满足浓度连乘积的形式,就依然适合 Arrhenius 公式。按照 Arrhenius 公式

$$E_a \stackrel{\text{def}}{=\!=} RT^2 \frac{\mathrm{dln}\{k\}}{\mathrm{d}T} \qquad (5-30)$$

计算所得的活化能可称为表观活化能 E_{app}(apparent activation energy),没有明确的物理意义。但依然可认为是阻碍反应进行的能量因素,因为它是构成总包反应的各基元反应活化能的某种线性组合。例如某总包反应的表观速率常数 $k=\frac{k_1k_2}{\sqrt{k_3}}$,则表观活化能为

$$E_{app} = E_{a,1} + E_{a,2} - \frac{E_{a,3}}{2}$$

由速率常数的非线性关系转换为活化能的线性关系的规则是

乘法→加法　　除法→减法

乘方→倍数　　开方→分数

常数→消失　（在活化能中）

5.6.3 恒温法预测药物贮存期

药物在贮存过程中常因各种因素含量逐渐降低乃至失效。利用 Arrhenius 公式可以预测药物的贮存期。

经典恒温法(classical constant - temperature method)预测药物贮存期的方法是:在高温下测定反应的速率常数及活化能,利用 Arrhenius 公式外推得出药物在室温下的速率常数,由动力学方程计算药物含量降低至合格限所需的时间——贮存期(storage life)。随着计算机技术的普及,科研人员尝试使用变温法估计药物的贮存期正变得可行。

例题 5-11 将 1 %盐酸丁卡因水溶液安瓿分别置于 65 ℃、75 ℃、85 ℃、95 ℃恒温水浴中加热,得如下结果:

t/℃	65	75	85	95
k/h^{-1}	4.140×10^{-4}	9.453×10^{-4}	2.158×10^{-3}	4.768×10^{-3}

当相对含量降至 90%即为失效。求该药物在室温下的贮存期。

解 按式(5-27)要求处理题设数据:

$\frac{1}{T}$/K^{-1}	0.002 96	0.002 87	0.002 79	0.002 72
ln (k/h^{-1})	−7.789 64	−6.964 01	−6.138 57	−5.345 83

以 ln $\{k\}$ - $1/T$ 作图:

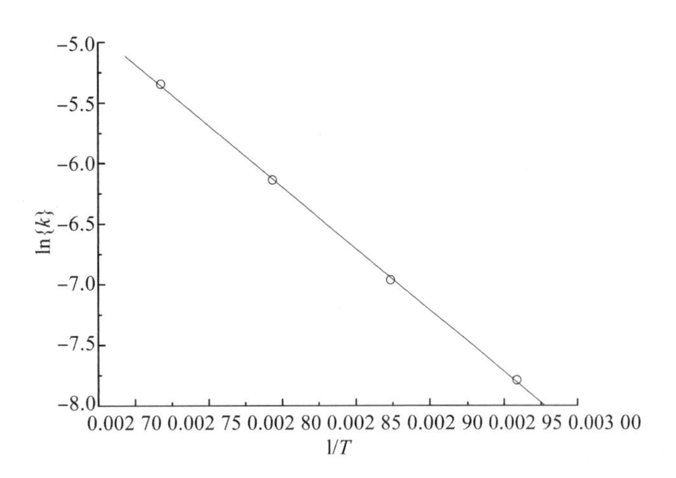

所得的直线可用方程表示为

$$\ln\{k\}=22.203\ 83-\frac{10\ 143.267\ 56}{T/\mathrm{K}}$$

从方程可算得 298 K 时的反应速率 $k_{298\ \mathrm{K}}=7.254\times10^{-6}\mathrm{h}^{-1}$。

药物的贮存期：

$$\ln\frac{1}{0.9}=7.254\times10^{-6}\mathrm{h}^{-1}\times t_{0.9}$$

解得 $t_{0.9}=1.45\times10^{4}\mathrm{h}=1.66\ \mathrm{a}$。

5.7 典型复杂反应

典型复杂反应是由多个基元反应组合而成的反应。组合方式不同，得到的复杂反应不同。典型复杂反应有对峙（可逆）反应、平行反应、连续（连锁）反应和链反应。

5.7.1 对峙反应

正、逆两个方向都能进行的反应称为对峙反应（opposing reaction），又叫对行反应或可逆反应。最简单的情况是正、逆反应都是一级反应，这样的对峙反应称为 1-1 级对峙反应。设有如下的 1-1 级对峙反应

$$\mathrm{A}\underset{k_2}{\overset{k_1}{\rightleftharpoons}}\mathrm{B}$$

反应的净速率为正、逆反应速率代数和：

$$-\frac{\mathrm{d}c_{\mathrm{A}}}{\mathrm{d}t}=k_1c_{\mathrm{A}}-k_2c_{\mathrm{B}}=k_1c_{\mathrm{A}}-k_2(c_{\mathrm{A,0}}-c_{\mathrm{A}})=(k_1+k_2)c_{\mathrm{A}}-k_2c_{\mathrm{A,0}} \tag{5-31}$$

当反应达到平衡时，净反应速率为零，$-\frac{\mathrm{d}c_{\mathrm{A}}}{\mathrm{d}t}=0$，所以

$$(k_1+k_2)c_{\mathrm{A,eq}}=k_2c_{\mathrm{A,0}} \tag{5-32}$$

将式(5-32)代入式(5-31)，得

$$-\frac{\mathrm{d}c_{\mathrm{A}}}{\mathrm{d}t}=(k_1+k_2)(c_{\mathrm{A}}-c_{\mathrm{A,eq}})$$

积分,得

$$\ln\frac{c_{A,0}-c_{A,eq}}{c_A-c_{A,eq}}=(k_1+k_2)t \tag{5-33}$$

或者用 $\ln\{c_A-c_{A,eq}\}$-t 作图,从斜率得正、逆反应速率之和 (k_1+k_2)。联合平衡常数 $K=\frac{k_1}{k_2}$ 可分别求得 k_1 和 k_2。

例题 5-12 顺、反氯代乙烯间的单分子异构化反应是可逆反应:

$$反\text{-}CHCl{=\!=}CHCl \underset{k_2}{\overset{k_1}{\rightleftharpoons}} 顺\text{-}CHCl{=\!=}CHCl$$

测得不同时间的产物的质量分数如下表:

t/min	7.0	9.0	11.0	13.0	16.0	20.0
$w_{顺\text{-}CHCl=CHCl}$	0.061	0.080	0.093	0.114	0.133	0.157

设反-CHCl══CHCl 的起始浓度为 a,平衡时顺-CHCl══CHCl 的浓度为 $a/2$。求 k_1、k_2 值。

解 顺、反异构体转化时,

$$反\text{-}CHCl{=\!=}CHCl \underset{k_2}{\overset{k_1}{\rightleftharpoons}} 顺\text{-}CHCl{=\!=}CHCl$$

$t=0$ $\quad a$

$t=t$ $\quad a-x \quad\quad x$

将题设数据按式(5-33)要求处理,得

t/min	7.0	9.0	11.0	13.0	16.0	20.0
$\ln(w_{反}-w_{反,eq})$	−0.823 26	−0.867 5	−0.898 94	−0.951 92	−1.002 39	−1.070 02

以 $\ln(w_{反}-w_{反,eq})$-t 作图:

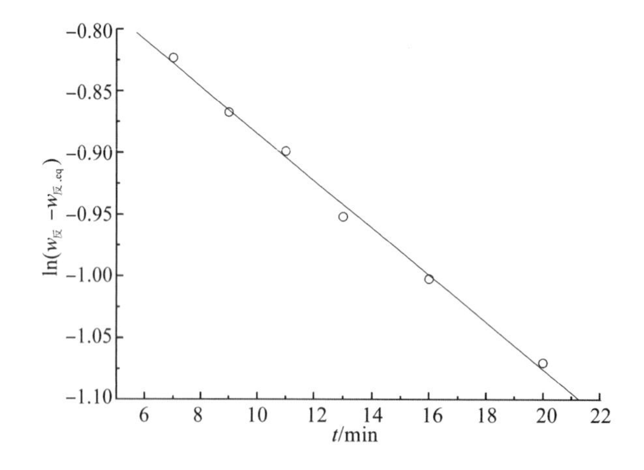

从直线的斜率得 $k_1+k_2=0.019\ 07\ \text{min}^{-1}$。又 $k_1/k_2=1$,所以 $k_1=k_2=9.535\times10^{-3}\ \text{min}^{-1}$。

5.7.2 平行反应

一种或几种反应物同时进行几个不同的反应,称为平行反应(parallel reaction)。一般将速率较大的或生成目标产物的反应称为主反应(main reaction, principal reaction),其他反应称为副反应

(secondary reaction，side reaction)。一般可区分为相同级数和不同级数的平行反应。最简单的是两个都是 1 级反应，即 1－1 平行反应：

$$\mathrm{A} \begin{array}{l} \xrightarrow{k_1} \mathrm{B} \\ \xrightarrow{k_2} \mathrm{C} \end{array}$$

总反应速率等于两个支反应速率之和：

$$-\frac{\mathrm{d}c_{\mathrm{A}}}{\mathrm{d}t}=(k_1+k_2)c_{\mathrm{A}} \tag{5-34}$$

积分上式，得

$$c_{\mathrm{A}}=c_{\mathrm{A},0}\exp[-(k_1+k_2)t] \tag{5-35}$$

或

$$\ln\frac{c_{\mathrm{A},0}}{c_{\mathrm{A}}}=(k_1+k_2)t \tag{5-36}$$

将之代入 B、C 的生成速率方程

$$\frac{\mathrm{d}c_{\mathrm{B}}}{\mathrm{d}t}=k_1c_{\mathrm{A}},\frac{\mathrm{d}c_{\mathrm{C}}}{\mathrm{d}t}=k_2c_{\mathrm{A}}$$

得

$$c_{\mathrm{B}}=\frac{k_1}{k_1+k_2}c_{\mathrm{A},0}\{1-\exp[-(k_1+k_2)t]\} \tag{5-37}$$

$$c_{\mathrm{C}}=\frac{k_2}{k_1+k_2}c_{\mathrm{A},0}\{1-\exp[-(k_1+k_2)t]\} \tag{5-38}$$

从式(5－37)、(5－38)得

$$\frac{c_{\mathrm{B}}}{c_{\mathrm{C}}}=\frac{k_1}{k_2} \tag{5-39}$$

这表示同级平行反应产物的浓度比始终等于速率常数之比，与时间无关。

对于相同级数的平行反应，表观速率常数 k_{app} 是各支反应的速率常数之和，$k_{\mathrm{app}}=\sum_i k_i$。可以证明

$$E_{\mathrm{app}}=\frac{\sum_i k_iE_{\mathrm{a},i}}{\sum_i k_i} \tag{5-40}$$

式(5－40)表明相同级数的平行反应的表观活化能 E_{app} 等于各支反应的活化能对于反应速率常数的加权平均值。如果一支反应的速率常数远大于其他支反应的速率常数时，表观活化能基本等于该反应的活化能。基于这一点，平行反应常具有向上凸的表观活化能曲线(见图 5－3)。例如，可以同时按均相和复相机理平行进行的反应，由于复相反应的活化能与指前因子一般都较小，因此低温反应主要在复相进行，高温时主要在均相进行。

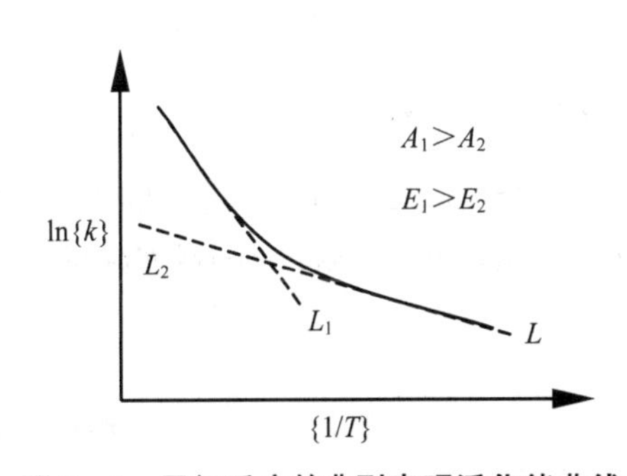

图 5－3　平行反应的典型表观活化能曲线

例题 5-13 d-樟脑-3-羧酸在乙醇溶液中有 1-1 级平行反应：

$$① \ C_{10}H_{15}OCOOH \xrightarrow{k_1} C_{10}H_{16}O(\text{樟脑}) + CO_2$$

$$② \ C_{10}H_{15}OCOOH + C_2H_5OH \xrightarrow{k_2} C_{10}H_{15}OCOOC_2H_5 + H_2O$$

321 K 时，不同时间取 20.00 mL 反应溶液，用浓度为 0.050 0 mol·L^{-1} 的 $Ba(OH)_2$ 溶液滴定。另测定不同时间 200 mL 溶液放出的 CO_2 气体的质量，得如下结果：

t/min	0	10	20	30	40	60	80
$V_{Ba(OH)_2}$/mL	20.00	16.26	13.25	10.68	8.74	5.88	3.99
m_{CO_2}/g	—	0.081 4	0.154 5	0.209 5	0.248 2	0.304 5	0.355 6

求 k_1、k_2。

解 按式(5-36)、(5-39)处理题设数据：

t/min	0	10	20	30	40	60	80
$\ln[c/(\text{mol}\cdot\text{L}^{-1})]$	−2.302 6	−2.509 6	−2.714 3	−2.929 9	−3.130 4	−3.526 8	−3.914 5
c_{CO_2}/c_{H_2O}	—	0.978 84	1.084 21	1.044 47	1.003 88	0.961 23	1.019 38

用 $\ln\{c_{C_{10}H_{15}OCOOH}\}$-$t$ 作图：

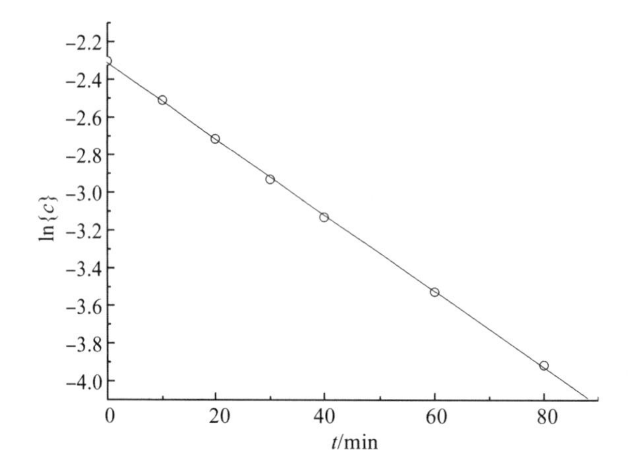

从直线的斜率得 $k_1 + k_2 = 0.020\ 18\ \text{min}^{-1}$。

$$\frac{k_1}{k_2} = \frac{c_{CO_2}}{c_{H_2O}} = \frac{0.978\ 84 + 1.084\ 21 + 1.044\ 47 + 1.003\ 88 + 0.961\ 23 + 1.019\ 38}{6} = 1.015\ 335$$

所以 $k_1 = 0.010\ 17\ \text{min}^{-1}$，$k_2 = 0.010\ 01\ \text{min}^{-1}$。

5.7.3 连续反应

一个反应要经过几个连续的中间步骤，并且前一步的产物为后一步的反应物，则该反应称为连续反应(consecutive reaction)或连串反应。设有最简单的连续反应：

$$\begin{array}{cccc} & A \xrightarrow{k_1} & B \xrightarrow{k_2} & C \\ t=0 & c_{A,0} & 0 & 0 \\ t=t & c_A & c_B & c_C \end{array}$$

根据物料衡算，有 $c_{A,0}=c_A+c_B+c_C$，所以

$$\frac{dc_A}{dt}+\frac{dc_B}{dt}+\frac{dc_C}{dt}=0 \tag{5-41}$$

A、B、C 的变化率分别为

$$-\frac{dc_A}{dt}=k_1c_A \tag{5-42}$$

$$\frac{dc_B}{dt}=k_1c_A-k_2c_B \tag{5-43}$$

$$\frac{dc_C}{dt}=k_2c_B \tag{5-44}$$

解联立方程，得

$$c_A=c_{A,0}\exp(-k_1t) \tag{5-45}$$

$$c_B=\frac{k_1}{k_2-k_1}c_{A,0}\{\exp(-k_1t)-\exp(-k_2t)\} \tag{5-46}$$

$$c_C=c_{A,0}\left[1-\frac{k_2}{k_2-k_1}\exp(-k_1t)+\frac{k_1}{k_2-k_1}\exp(-k_2t)\right] \tag{5-47}$$

按式(5-45)、(5-46)、(5-47)可以绘制连串反应的 $c-t$ 关系。如图 5-4 所示，A 的浓度单调下降，C 的浓度单调上升；而中间物 B 的浓度先上升后下降，显著的特征就是有极大值。如果令 $\frac{dc_B}{dt}=0$，则不难解得极大值出现的时间：

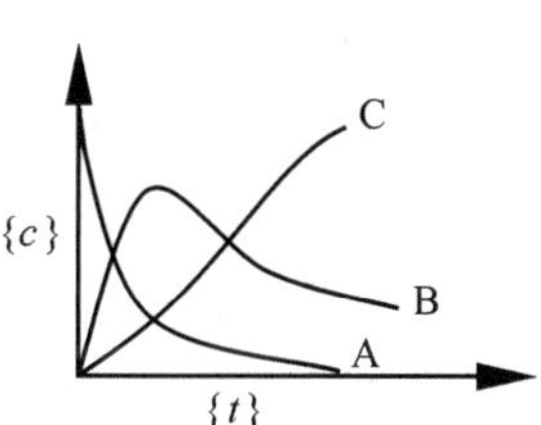

图 5-4 连串反应 c-t 关系

$$t_{B,\max}=\frac{\ln(k_1/k_2)}{k_1-k_2} \tag{5-48}$$

将式(5-48)代入式(5-46)可得极大值的数值：

$$c_{B,\max}=c_{A,0}\left(\frac{k_1}{k_2}\right)^{\frac{k_2}{k_2-k_1}} \tag{5-49}$$

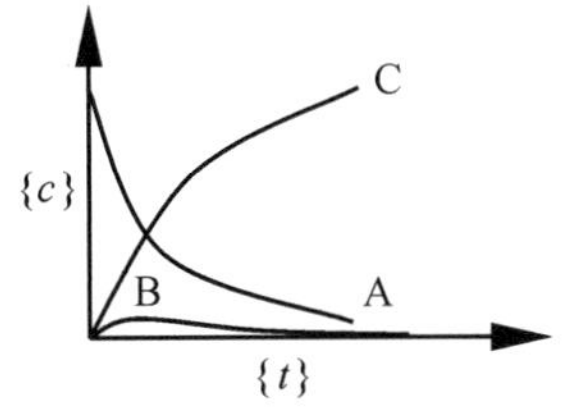

图 5-5 $k_2\gg k_1$ 时连串反应 c-t 关系

从式(5-48)和(5-49)可知，B 的极大值的大小和出现的时间受到 k_1/k_2 的影响，当 k_1/k_2 减小时，$t_{B,\max}$ 和 $c_{B,\max}$ 均减小。当 $k_2\gg k_1$ 时，B 在反应过程中浓度一直很小，且基本不变(如图 5-5 所示)。因此可以令式(5-43)等于零，即

$$\frac{dc_B}{dt}=k_1c_A-k_2c_B\approx 0$$

从中可解得活泼中间体 B 的浓度

$$c_B=\frac{k_1}{k_2}c_A=\frac{k_1}{k_2}c_{A,0}\exp(-k_1t)$$

所以

$$c_C=c_{A,0}-c_A-c_B$$

$$=c_{A,0}-c_{A,0}\exp(-k_1t)-\frac{k_1}{k_2}c_{A,0}\exp(-k_1t)$$

$$=c_{A,0}\left[1-\left(1+\frac{k_1}{k_2}\right)\exp(-k_1t)\right]$$

$$\approx c_{A,0}[1-\exp(-k_1t)]$$

这种以解代数方程代替解微分方程而求出反应物种的浓度的简化处理手段称为稳态近似(steady state approximation)。当中间产物B为活泼的自由原子或自由基时,可以认为B近似处于稳态。

例题5-14 已知连串反应 $A\xrightarrow{k_1}B\xrightarrow{k_2}C$ 在323 K的速率常数 $k_1=0.42\times10^{-2}\ \text{min}^{-1}$,$k_2=0.20\times10^{-4}\ \text{min}^{-1}$。试求该温度下B物质的最佳反应时间及相应的最大产率。

解 $t_{B,\max}=\dfrac{\ln(k_1/k_2)}{k_1-k_2}=\dfrac{\ln[0.42\times10^{-2}/(0.20\times10^{-4})]}{0.42\times10^{-2}\ \text{min}^{-1}-0.20\times10^{-4}\ \text{min}^{-1}}=1\ 279\ \text{min}$

$$\frac{c_{B,\max}}{c_{A,0}}=\left(\frac{k_1}{k_2}\right)^{\frac{k_2}{k_2-k_1}}=\left(\frac{0.42\times10^{-2}}{0.20\times10^{-4}}\right)^{\frac{0.20\times10^{-4}}{0.20\times10^{-4}-0.42\times10^{-2}}}=0.975$$

5.8 链反应

某些复杂反应,只要用某种方法使反应引发,就会因活泼中间物的交替生成和消失,使反应像链条一样,一环扣一环,连续不断地自动进行下去,这类反应被称为链反应(chain reactions)或连锁反应。链反应的发现是继质量作用定律之后化学动力学史上又一重大事件。

链反应分三个阶段进行:链的引发、链的传递和链的终止。

(1) 链的引发

链引发(chain initiation)是产生自由基或活泼中间物的过程,是链反应中最难进行的阶段。一般需要的活化能很大,约200~400 kJ·mol^{-1},因此链反应的初始阶段反应速率很小。

使链反应引发的物质称为引发剂(initiator)。引发的方法有加热、光照、高能辐射或加入化学引发剂等。如H_2和Cl_2在黑暗中反应很慢,在日光的照射下却非常快,这是因为在光的照射下使Cl_2产生了反应性很高的Cl·:

$$Cl_2\xrightarrow{h\nu}2Cl\cdot$$

这里光子是引发剂。化学引发剂是较易产生自由基或自由原子的物质,如碱金属、卤素、有机氮化物和过氧化物等。

(2) 链的传递

链的传递或链增长(chain propagation)就是自由基或活泼中间物与其他物质生成产物,同时又形成一个至多个自由基或活泼中间体的过程。根据链传递机理的不同,可将链反应区分为直链反应(straight reaction)和支链反应(branched chain reaction)。若链传递过程中自由基数目保持不变,则是直链反应;反之,自由基数目不断增长,称为支链反应。

如H_2和Cl_2的气相反应就是一个直链反应:

$$Cl\cdot+H_2\longrightarrow HCl+H\cdot\qquad E_a=25\ \text{kJ}\cdot\text{mol}^{-1}$$

$$H\cdot+Cl_2\longrightarrow HCl+Cl\cdot\qquad E_a=12.6\ \text{kJ}\cdot\text{mol}^{-1}$$

链传递的活化能一般都很小,一般小于40 kJ·mol^{-1}。因此链传递是链反应中最活泼的阶段,是链反应的主体。

在支链反应中，每一基元反应中可产生多个自由基或活泼中间物。如^{235}U裂变中能产生 x 个中子：

$$^{235}_{92}U + ^{1}_{0}n \longrightarrow ^{236}_{92}U \longrightarrow X + Y + x^{1}_{0}n$$

x 的平均值为 2.47。裂变产生的中子又可能引发新的裂变，导致产生更多的中子，最终形成一系列的裂变反应（见图 5-6）。如果不加控制，形成正反馈（positive feedback），最终导致爆炸，这就是原子弹（atomic bomb）的基本原理。这种爆炸方式称为支链爆炸（branched chain explosion）。如果裂变过程中使用控制棒（control rod），吸收多余的中子，使裂变反应平稳进行下去，达到和平利用核能的目的，这就是所谓的核反应堆（nuclear reactor）。从链反应角度分析，控制棒的使用使得内禀支链反应变为表观直链反应。

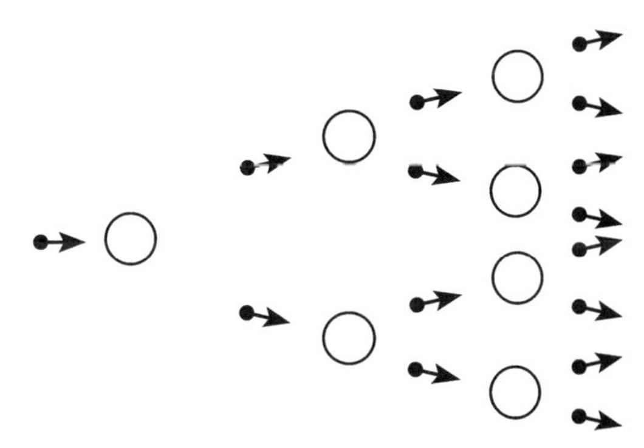

图 5-6 ^{235}U 链式裂变机理示意图

爆炸是瞬间完成的超高速反应。与支链爆炸不同的是，如果反应在有限的空间内进行，所放出的热量无法散开，使温度急剧上升，而温度升高又使反应速度按指数增长，放出更多的热量，如此恶性循环（正反馈），从而导致的爆炸称为热爆炸（thermal explosion）。如黑色炸药的爆炸就是热爆炸，H_2 和 O_2 混合气的爆炸是支链爆炸。前者在狭小的空间内进行，后者在一定压力范围内进行。除了热爆炸和支链爆炸，目前学界还讨论一种新型的爆炸，称为熵爆炸（entropic explosion）。熵爆炸的机理与前两者均不相同，爆炸时几乎无热效应，也不涉及链的增长，如 $C_9H_{18}O_6$(TATP, s) $\longrightarrow$ O_3(g) + $3CH_3COCH_3$(g) 被认为是熵爆炸。反应发生时 1 mol 固态 TATP 反应，造成 4 mol 气态分子的熵增加。

(3) 链的终止

链的终止（chain termination）是自由基或活泼中间体结合为普通分子的过程。这一过程是链的引发的逆过程。如

$$Cl\cdot + Cl\cdot + M \longrightarrow Cl_2 + M$$

活化能几乎为零。链终止的方法很多，如减小容器体积，加入固体粉末，加入阻化剂等。阻化剂一般是含有未配对电子的稳定分子或基团，如 NO、三苯甲基等。链反应有强烈的器壁效应（wall effect），改变反应器的形状或表面涂料都可能影响反应速率。

例题 5-15 H_2 和 Cl_2 按下列机理进行反应：

链引发 (1) $Cl_2 \xrightarrow{k_1} 2Cl\cdot$

链传递 (2) $Cl\cdot + H_2 \xrightarrow{k_2} HCl + H\cdot$

(3) $H\cdot + Cl_2 \xrightarrow{k_3} HCl + Cl\cdot$

链终止 (4) $Cl\cdot + Cl\cdot + M \xrightarrow{k_4} Cl_2 + M$

试导出其速率方程。

解 反应(2)和(3)生成 HCl,所以

$$\frac{dc_{HCl}}{dt} = k_2 c_{Cl\cdot} c_{H_2} + k_3 c_{H\cdot} c_{Cl_2} \tag{i}$$

因为自由基反应性高,浓度很小,故可采用稳态近似处理:

$$\frac{dc_{H\cdot}}{dt} = k_2 c_{Cl\cdot} c_{H_2} - k_3 c_{H\cdot} c_{Cl_2} \approx 0 \tag{ii}$$

$$\frac{dc_{Cl\cdot}}{dt} = k_1 c_{Cl_2} + k_3 c_{H\cdot} c_{Cl_2} - k_2 c_{H_2} c_{Cl\cdot} - k_4 c_{Cl\cdot}^2 \approx 0 \tag{iii}$$

由式(ii)得 $k_2 c_{Cl\cdot} c_{H_2} = k_3 c_{H\cdot} c_{Cl_2}$,代入(iii)得

$$c_{Cl\cdot} = \sqrt{\frac{k_1}{k_4} c_{Cl_2}} \tag{iv}$$

将(ii)、(iv)代入(i),得 $\frac{dc_{HCl}}{dt} = k_2 c_{Cl\cdot} c_{H_2} + k_3 c_{H\cdot} c_{Cl_2} = 2k_2 c_{Cl\cdot} c_{H_2} = 2k_2 \sqrt{\frac{k_1}{k_4}} c_{H_2} c_{Cl_2}^{0.5}$。

5.9 溶液中的反应

当反应在溶液中进行时,因为有溶剂的存在,情况要比气相中复杂很多。

5.9.1 笼效应

如图 5-7 所示,从统计的角度看,反应物分子被溶剂分子所包围,如同被关在溶剂分子形成的笼子中,偶然冲出一个笼子后又很快进入别的笼子。这种现象称为笼效应(cage effect)。

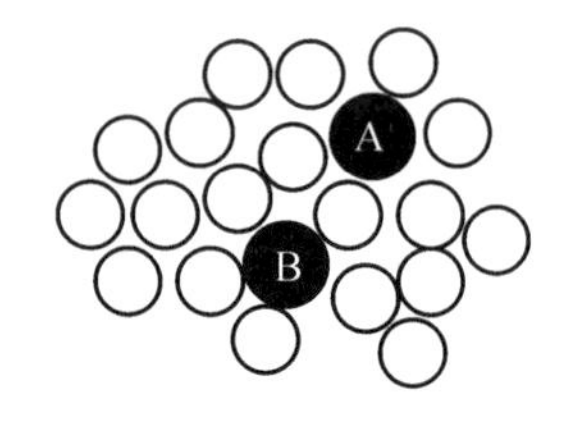

图 5-7 笼效应示意图

笼效应的存在使得不同笼子中反应物分子的碰撞(长程碰撞)机会减少,但是增加相同笼子中反应物分子的碰撞(短程碰撞)机会,因此单位时间总的碰撞次数与气相反应大致相当。

N_2O_5 在气相中和液相中均发生分解反应:

$$N_2O_5 \longrightarrow 2NO_2 + \frac{1}{2}O_2$$

表 5-2 是 N_2O_5 分解反应在气相和液相中的动力学参数。从中可以看到,对大多数溶剂,N_2O_5 的分解反应的速率常数、指前因子、活化能几乎完全与气相中相同。表明这些溶剂没有特殊的作用,不过提供反应的介质而已,溶剂是惰性溶剂。

表 5-2 298 K 时 N_2O_5 分解反应的动力学参数

溶 剂	$10^5 k/s$	$\ln(A/s^{-1})$	$E_a/(kJ \cdot mol^{-1})$
气相	3.38	31.3	103.3
CCl_4	4.09	31.3	101.3
$CHCl_3$	3.72	31.3	102.5

续表

溶　剂	$10^5 k/\mathrm{s}$	$\ln(A/\mathrm{s}^{-1})$	$E_a/(\mathrm{kJ \cdot mol^{-1}})$
$C_2H_2Cl_2$	4.79	31.3	102.1
CH_3NO_2	3.13	31.1	102.5
Br_2	4.27	30.6	100.4
HNO_3	0.15	34.1	118

5.9.2 扩散控制与活化控制

当反应物分子 A 与反应物分子 B 发生一次碰撞，称为一次偶遇(encounter)，A 和 B 称为偶遇对(encounter complex)。偶遇对有可能发生反应，生成产物 P，也有可能没有反应而分开。因此反应物分子 A 与 B 之间的化学反应过程可以表示如下：

$$\mathrm{A}+\mathrm{B} \underset{k_{-\mathrm{d}}}{\overset{k_{\mathrm{d}}}{\rightleftharpoons}} \mathrm{A:B} \xrightarrow{k_{\mathrm{r}}} \mathrm{P}$$

k_{d} 为扩散过程的速率常数；$k_{-\mathrm{d}}$ 为偶遇对分离过程的速率常数；k_{r} 为偶遇对生成产物的速率常数。设经过一定时间后，偶遇对达到近似稳态：

$$\frac{\mathrm{d}c_{\mathrm{A:B}}}{\mathrm{d}t}=k_{\mathrm{d}}c_{\mathrm{A}}c_{\mathrm{B}}-k_{-\mathrm{d}}c_{\mathrm{A:B}}-k_{\mathrm{r}}c_{\mathrm{A:B}}\approx 0$$

偶遇对的浓度为

$$c_{\mathrm{A:B}}=\frac{k_{\mathrm{d}}c_{\mathrm{A}}c_{\mathrm{B}}}{k_{-\mathrm{d}}+k_{\mathrm{r}}} \tag{5-50}$$

反应速率为

$$r=\frac{\mathrm{d}c_{\mathrm{P}}}{\mathrm{d}t}=k_{\mathrm{r}}c_{\mathrm{A:B}}=\frac{k_{\mathrm{r}}k_{\mathrm{d}}c_{\mathrm{A}}c_{\mathrm{B}}}{k_{-\mathrm{d}}+k_{\mathrm{r}}} \tag{5-51}$$

因此表观速率常数为

$$k=\frac{k_{\mathrm{r}}k_{\mathrm{d}}}{k_{-\mathrm{d}}+k_{\mathrm{r}}} \tag{5-52}$$

若 $k_{-\mathrm{d}} \gg k_{\mathrm{r}}$，则式(5－52)简化为

$$k=\frac{k_{\mathrm{r}}k_{\mathrm{d}}}{k_{-\mathrm{d}}}=K_{\mathrm{d}}k_{\mathrm{r}} \tag{5-53}$$

K_{d} 为反应物分子 A、B 形成偶遇对的平衡常数。式(5－53)表明，$k_{-\mathrm{d}} \gg k_{\mathrm{r}}$ 的情况下，化学反应基本不影响偶遇平衡。反应速率取决于偶遇对的反应速率，一般称反应受活化控制(activation control)或动力学控制(kinetic control)。偶遇对形成产物的步骤称为反应的决速步(rate-determining step)。当 $k_{-\mathrm{d}} \ll k_{\mathrm{r}}$ 时，式(5－52)可化为

$$k=\frac{k_{\mathrm{r}}k_{\mathrm{d}}}{k_{\mathrm{r}}}=k_{\mathrm{d}} \tag{5-54}$$

式(5－54)表明，$k_{-\mathrm{d}} \ll k_{\mathrm{r}}$ 的情况下，受扩散控制(diffusion control)。

溶剂的黏度与温度的关系类似于 Arrhenius 公式：

$$\eta = A\exp\left(\frac{E_a}{RT}\right) \tag{5-55}$$

η 是溶剂的黏度，E_a 为扩散活化能。当 $r_A \approx r_B$ 时，扩散速率常数 $k_d = \frac{8k_BT}{3\eta}$ 与温度的关系为

$$k_d = \frac{8k_BT}{3A}\exp\left(-\frac{E_a}{RT}\right) \tag{5-56}$$

k_B 为 Boltzmann(玻尔兹曼，奥地利物理学家和哲学家)常数。扩散活化能一般小于 20 kJ·mol^{-1}，多数有机溶剂中约为 10 kJ·mol^{-1}，大致是溶剂汽化热的 1/3。而多数化学反应的活化能在 40～400 kJ·mol^{-1} 之间，因此溶液中的反应一般受活化控制而不是扩散控制。但一些活化能很小的反应，如某些离子反应、自由基复合反应等，反应受扩散控制。

5.9.3 溶剂效应与原盐效应

当溶剂不仅仅充当反应介质时，溶剂对反应的影响称为溶剂效应。非惰性溶剂中，溶剂效应包括物理效应和化学效应。物理效应有解离、传质、传能等，化学效应有催化、溶剂参与反应。

表 5-3 是不同溶剂中季铵盐$(C_2H_5)_4NI$ 形成反应的动力学参数。从中可以看到，溶剂不同，反应速率相差可达千倍，而且指前因子几乎相同，不同的主要是活化能。

表 5-3 373 K 时，季铵盐$(C_2H_5)_4NI$ 形成反应[1]的动力学参数

溶剂	ε_r	$\frac{10^5 k}{mol^{-1}\cdot dm^3\cdot s^{-1}}$	$\ln\frac{A}{mol^{-1}\cdot dm^3\cdot s^{-1}}$	$\frac{E_a}{kJ\cdot mol^{-1}}$
n-C_6H_{14}	1.9	0.5	9.2	67
$C_6H_5CH_3$	2.40	25.3	9.2	54.4
C_6H_6	2.23	39.8	7.6	48
p-$C_6H_4Cl_2$	2.86	70	10.4	53
CH_3COCH_3	21.4	265	10.1	49.8
$C_6H_5NO_2$	36.1	138.3	11.3	48.5

(1) 溶剂的极性

如果产物的极性大于反应物的极性，则在极性溶剂中的反应速率比非极性溶剂中大；反之，如果产物的极性小于反应物的极性，则在极性溶剂中的反应速率比非极性溶剂中小。

(2) 溶剂的介电常数

同种电荷离子之间的反应，溶剂的介电常数越大，反应速率越大；异种电荷离子之间的反应，溶剂的介电常数越大，反应速率越小。

(3) 离子强度

稀溶液中，离子强度对反应速率的影响称为原盐效应(primary salt effect)或动力学盐效应(kinetic salt effect)。由过渡态理论和 Debye-Hückel(休克尔，德国物理学家和物理化学家)极限公式可以导出原盐效应公式——Brønsted-Bjerrum 方程(布朗斯特-比耶鲁姆)：

$$\ln\frac{k}{k_0} = 2Az_Az_B\sqrt{I} \tag{5-57}$$

[1] $(C_2H_5)_3N + C_2H_5I \longrightarrow (C_2H_5)_4NI$

k_0 为离子强度为零时的反应速率常数；I 为离子强度；z_A、z_B 为反应物 A、B 的离子电荷。由式(5-57)可知，对同种离子之间的反应，离子强度越大，反应速率也越大；反之，异种离子之间的反应，离子强度越大，反应速率越小。

在溶液反应中，外来添加物也会影响反应速率。如 303 K 时，苯佐卡因(对氨基苯甲酸酯)在 NaOH 溶液中水解，当加入不同的表面活性剂(如溴化十六烷基三甲基铵、十二烷基硫酸钠、十六醇聚氧乙烯基醚)，半衰期均显著变大。其原因是表面活性物质在溶液中形成了胶团，苯佐卡因分子进入胶团的非极性基团之间，胶团的非极性基团保护了苯佐卡因使其免受 OH^- 的进攻，抑制了水解。

例题 5-16 已知，298 K 时水的黏度为 8.937×10^{-4} Pa·s，308 K 时的黏度为 7.255×10^{-4} Pa·s。计算以水为溶剂的扩散反应的活化能。

解
$$\ln\frac{8.937\times10^{-4}}{7.255\times10^{-4}}=\frac{E_a}{8.314\ \mathrm{J\cdot K^{-1}\cdot mol^{-1}}}\times\left(\frac{1}{298\ \mathrm{K}}-\frac{1}{308\ \mathrm{K}}\right)$$
解得 $E_a=15.91\ \mathrm{kJ\cdot mol^{-1}}$。

5.10 光化学反应

5.10.1 光化学定律

在光的作用下才能进行的化学反应称为光化学反应(photoreaction)。对光化学反应有效的是可见光(400～800 nm)、紫外光(400～150 nm)及红外激光，普通的红外光(800 nm～1 000 μm)不足以引发化学反应。19 世纪，Grotthuss(格罗特斯，德国科学家)、Draper(德雷伯，英裔美国科学家、哲学家、医生、化学家、历史学家和摄影师)总结出光化学第一定律(the first law of actinochemistry)：只有被吸收的光才对光学过程是有效的。20 世纪初，Stark、Einstein 分别提出光化学第二定律(the second law of actinochemistry)：一个分子吸收一个光子而被活化。光化学第二定律也被称为 Einstein 定律。Einstein 定律可表示为：

$$A+h\nu\longrightarrow A^*$$

A^* 为分子 A 的电子激发态。实验发现，当用强脉冲光照射某些体系，可以出现一个分子先后吸收两个光子的情况：

$$A+h\nu\longrightarrow A^*$$
$$A^*+h\nu\longrightarrow A^{**}$$

当电子激发态 A^* 的寿命较长时容易发生这种情况。当用高强度的脉冲红外激光照射时，一个复杂分子可以同时吸收 20～40 个光子而分解。在一般的光强度下，双光子和多光子吸收的概率可以忽略，Einstein 定律总是正确的。

Einstein 定律描述的是单光子吸收现象，1 mol 反应物分子将吸收 1 mol 光子。光化学中将 1 mol 光子的能量叫作 1 Einstein，用符号 u 表示。

$$\begin{aligned}u&=N_Ah\nu=\frac{N_Ahc}{\lambda}\\&=\frac{6.02\times10^{23}\ \mathrm{mol^{-1}}\times6.63\times10^{-34}\ \mathrm{J\cdot s}\times3.0\times10^{8}\ \mathrm{m\cdot s^{-1}}}{\lambda}\\&=\frac{0.1197}{\lambda}\ \mathrm{J\cdot m\cdot mol^{-1}}\end{aligned}$$

在光化学的初级过程中，反应物分子吸收光子而活化。活化分子可以直接转变为产物，也可以通过其他过程而退活化。为了衡量光化学反应的效率，引入量子效率(quantum efficiency，quantum yield)的概念：吸收单位数量的光量子后，发生反应的反应物分子数，用符号 Φ 表示。

$$量子效率=\frac{发生反应的分子数}{被吸收的光量子数} \tag{5-58}$$

不同的反应，量子效率差别很大。比如 H_2 和 Br_2 生成 HBr 的反应，在 600 nm 光照下，量子效率只有 0.01，而 H_2 和 Cl_2 生成 HCl 的反应在 400 nm 光照下引发链反应，量子效率可达 10^6。

5.10.2 光化学反应的特点

(1) 在光化学反应中，反应物分子吸收光量子而活化，因此在反应物充足的条件下，光化学反应表现为零级反应，反应速率与反应物浓度无关，只与吸收光的强度成正比。而普通的热反应，因分子的相互碰撞而活化，反应速率与反应物浓度有关。

(2) 普通的热反应中，只有 $\Delta G<0$，反应才能自发进行。而光化学反应中，$\Delta G>0$，反应也有可能进行。

(3) 热反应的活化能来源于分子碰撞，一般在 40～400 $kJ\cdot mol^{-1}$，反应速率受温度的影响大；而光化学反应的活化能来源于光子，一般在 30 $kJ\cdot mol^{-1}$ 左右，反应速率受温度影响较小。

例题 5-17 肉桂酸在光照下溴化生成二溴肉桂酸。在温度为 303.6 K，用波长为 435.8 nm、强度为 0.001 4 $J\cdot s^{-1}$ 的光照射 1 105 s 后，80.1%的入射光被吸收，有 7.5×10^{-5} mol 的 Br_2 发生了反应。求量子效率。

解 被溶液吸收的光量子的物质的量为

$$n_{h\nu}=\frac{E}{u}=\frac{0.001\,4\ J\cdot s^{-1}\times 1\,105\ s\times 0.801}{\dfrac{0.119\,7\ J\cdot m\cdot mol^{-1}}{435.8\times10^{-9}\ m}}=4.51\times10^{-6}\ mol$$

量子效率为

$$\Phi=\frac{n_{Br_2}}{n_{h\nu}}=\frac{7.5\times10^{-5}}{4.51\times10^{-6}}=16.6$$

5.11 催化反应

5.11.1 催化作用的基本原理

(1) 催化作用的基本特点

一般说来，反应物种以外的少量其他组分能引起反应速率的显著变化，而这些物种在反应前后的数量和化学性质不变，这种作用称为催化作用(catalysis)，产生催化作用的物质被称为催化剂(catalysts)。一般所指的催化作用是指能加速反应速率的正催化作用，有时负催化作用也有重要意义，如金属防腐等。如果反应的产物有催化作用，则称为自催化作用(autocatalysis)。如图 5-8 所示，自催化作用的特点是反应一开始有一个诱导期(induction period)，随着反应产物的累积，反应速率随时间递增，经过一个极大值后，由于反应物浓度的下降，反应速率降低。

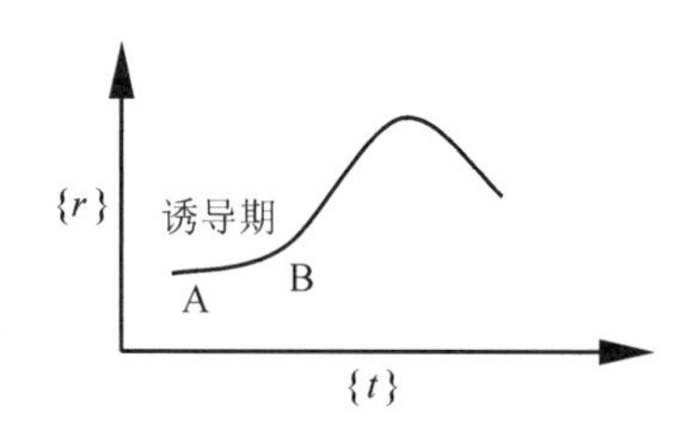

图 5-8 自催化反应 r-t 示意图

催化作用具有如下的基本特征：

① 催化剂在反应前后的数量和化学性质不变。但催化剂参与了化学反应，反应前后的物理性质可以改变。

② 催化剂不改变化学平衡，并不能启动热力学上不可能的反应发生。化学平衡时，催化剂加速正反应的同时，也同样地加速逆反应。利用这种特点，可以方便地寻找合适的催化剂。

③ 催化剂有选择性。催化剂的选择性有两个方面的含义：其一，不同类型的反应需要选择不同的催化剂。其二，对于同一反应物，如果选择不同的催化剂，可得到不同的产物。工业上，选择性用转化为目标产物的原料量与原料转化总量的比值表示：

$$\text{选择性}=\frac{\text{转化为目标产物的原料量}}{\text{原料转化总量}} \tag{5-59}$$

一般说来，酶催化剂的选择性最强，络合催化剂次之，金属催化剂及酸碱催化剂选择性最弱。

④ 许多催化剂对杂质敏感。少量杂质就能严重阻碍催化反应的进行，这种现象称为催化剂中毒，这些物质称为催化剂的毒物。催化剂中毒可以是永久性的，也可以是暂时性的。如果少量杂质使催化剂的催化作用减弱，则称这些杂质为阻化剂或抑制剂。若杂质能使催化剂的活性、选择性、稳定性增强，则称这些杂质为助催化剂或促进剂。

(2) 催化作用的机理

一般说来，催化作用的机理是：催化剂与反应物分子形成了不稳定的中间化合物或络合物，或者发生了物理或化学吸附作用，从而改变了反应途径，大幅度地改变了反应的活化能或改变了指前因子，使反应速率显著变化。而这些不稳定的中间产物继续反应后，催化剂又被重新复原。图 5-9 示出了两种历程，实线为非催化的基元反应历程，虚线为催化历程。催化历程可表示为

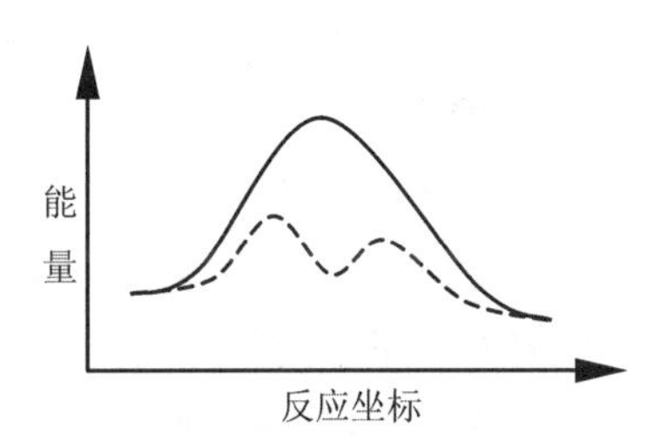

图 5-9　催化机理示意图
（实线为非催化历程，虚线为催化历程）

$$(1)\ A+C \underset{k_2}{\overset{k_1}{\rightleftharpoons}} AC$$

$$(2)\ AC+B \xrightarrow{k_3} P+C$$

AC 为反应物 A 和催化剂 C 生成的中间物。

如果中间物 AC 分解成产物 P 很慢，而其生成反应及其逆反应很快，则可认为在反应过程中中间物的生成及其逆反应基本保持平衡状态，$K_c=\frac{k_1}{k_2}=\frac{c_{AC}}{c_A c_C}$，中间物 AC 的浓度为 $c_{AC}=\frac{k_1}{k_2}c_A c_C=K_c c_A c_C$。这种简化处理方法称为平衡态近似(equilibrium approximation)。速控步决定反应的速率，因此

$$\frac{dc_P}{dt}=k_3 c_{AC} c_B=\frac{k_1 k_3}{k_2}c_C c_A c_B=k' c_A c_B$$

表观速率常数 k' 是各基元步骤速率常数的乘积。

$$k'=\frac{k_1 k_3}{k_2}c_C=\left(\frac{A_1 A_3}{A_2}c_C\right)\exp\left[-\frac{(E_{a,1}+E_{a,3}-E_{a,2})}{RT}\right]=A'\exp\left(-\frac{E'_a}{RT}\right)$$

表观指前因子为 $A'=\frac{A_1 A_3}{A_2}c_C$，表观活化能为各基元步骤活化能的代数和。

$$E'_a=E_{a,1}+E_{a,3}-E_{a,2}$$

多数催化反应的活化能降低达 80 kJ·mol^{-1} 以上,使反应速率大大加快(见表5-4)。

表5-4 催化反应与催化反应的活化能

反　应	活化能 E_a/(kJ·mol^{-1})		催化剂
	非催化反应	催化反应	
$2HI \longrightarrow H_2 + I_2$	184.1	104.6	Au
$2H_2O \longrightarrow 2H_2 + O_2$	244.8	136.0	Pt
蔗糖酸催化水解	107.1	39.3	转化酶
$2SO_2 + O_2 \longrightarrow 2SO_3$	251.0	62.76	Pt
$3H_2 + N_2 \longrightarrow 2NH_3$	334.7	167.4	$Fe\text{-}Al_2O_3\text{-}K_2O$

催化反应的种类不同,催化活性及选择性不同。根据反应体系与催化剂的相态不同,常将催化作用分为均相催化(homogeneous catalysis)、多相催化(heterogeneous catalysis)和介于两者之间的酶催化(enzyme catalysis)。

当催化剂与反应体系处于同一相时,称为均相催化。因为催化剂与反应物分子有充分接触,故有较高的活性。各催化剂分子或离子有相同的结构,故催化产物较为单一,因此具有较高的选择性。但存在催化剂难以从体系中分离的缺点。

当反应体系与催化剂处于不同的相时,称为多相催化剂或复相催化剂。因为催化剂与反应物接触不充分,催化活性较差。固相催化剂表面状态复杂,活性中心的结构不尽相同,因而催化产物种类较多,选择性较差。但也存在催化剂易于分离、可以反复使用的优点。

目前人们正积极研究均相催化的固载化或多相化及固相催化剂的单相化,企图结合均相催化与多相催化的优点,摈弃其缺点。

$$\text{均相催化} \underset{\text{单相化}}{\overset{\text{固载化}}{\rightleftharpoons}} \text{多相催化}$$

例题5-18 反应 $2HI \longrightarrow H_2 + I_2$ 在无催化剂时,其活化能 $E_a = 184.1$ kJ·mol^{-1};以Au作催化剂时,活化能为 $E'_a = 104.6$ kJ·mol^{-1}。503 K时,指前因子 $A/A' = 10^8$。试估计催化作用使反应速率变化的倍数。

解 根据Arrhenius公式,有

$$\begin{aligned}\frac{k'}{k} &= \frac{A'\exp(-E'_a/RT)}{A\exp(-E_a/RT)} = \frac{A'}{A} \times \exp\left(-\frac{E'_a - E_a}{RT}\right) \\ &= 10^{-8} \times \exp\left[-\frac{(104.6 - 184.1) \times 10^3\ \text{J}\cdot\text{mol}^{-1}}{8.314\ \text{J}\cdot\text{K}^{-1}\cdot\text{mol}^{-1} \times 503\ \text{K}}\right] \\ &= 1.8\end{aligned}$$

5.11.2 均相酸碱催化

(1) 酸、碱概念

van't Hoff提出的渗透压公式获得了巨大的成功,但对电解质溶液体系却失效了。为解决这一问题,Arrhenius(阿累尼乌斯,瑞典物理学家、化学家,1903年诺贝尔化学奖获得者)提出了电离理论。Arrhenius认为,凡能够电离出 H^+ 的为酸,电离出 OH^- 的为碱。Brønsted进一步地修正和拓展了酸碱概念:能给出 H^+ 的为酸,能接受 H^+ 的为碱。如

$$\underset{\text{共轭酸}}{NH_4^+} \longrightarrow \underset{\text{共轭碱}}{NH_3} + H^+$$

$$\underset{\text{共轭酸}}{[Al(H_2O)_6]^{3+}} \longrightarrow \underset{\text{共轭碱}}{[Al(OH)(H_2O)_5]^{2+}} + H^+$$

20 世纪 30 年代，Lewis 提出了酸碱电子理论：凡能接受电子对的物质（分子、离子、原子团）都是酸，凡能给出电子对的都是碱。如

$$\underset{\text{碱}}{(H_3C)_3N}: + \underset{\text{酸}}{BF_3} \rightleftharpoons (H_3C)_3\overset{\delta+}{N}:\rightarrow \overset{\delta-}{B}F_3$$

$$\underset{\text{碱}}{C_5H_5N}: + \underset{\text{酸}}{AlCl_3} \rightleftharpoons C_5H_5\overset{\delta+}{N}:\rightarrow \overset{\delta-}{Al}Cl_3$$

酸碱催化反应是均相反应中应用得最广、研究得最多的一类。酸碱催化反应又分为专属酸碱催化（specific acid-base catalysis）和广义酸碱催化（general acid-base catalysis）。专属酸碱催化以 Arrhenius 酸碱为催化剂，而广义酸碱催化以广义酸碱为催化剂。专属酸碱催化与一般酸碱催化可按如下方法鉴别：令反应在酸或碱的缓冲溶液中进行，缓冲溶液中酸和碱的浓度比与离子强度保持一定，改变缓冲液的总浓度，测定反应速率。如果速率不变，则是专属酸碱催化；如果速率随缓冲液总浓度的改变而改变，则是一般酸碱催化。均相酸碱催化中，一般酸碱催化占多数。要指出的是，有的反应既可以被专属酸碱催化也可以被一般酸碱催化。

（2）专属酸碱催化

如果反应被 H^+ 所催化，则称为专属酸催化；如果被 OH^- 催化，则称为专属碱催化；如果能同时被 H^+ 和 OH^- 所催化，则称为专属酸碱催化。专属酸碱催化的速率方程可表示为

$$-\frac{dc_S}{dt}=k_0c_S+k_{H^+}c_{H^+}+k_{OH^-}c_{OH^-} \tag{5-60}$$

下标 S 表示反应物，也被称为底物（substrate）；k_0 表示无催化剂时反应的速率常数；k_{H^+}、k_{OH^-} 分别为酸、碱催化系数。酸碱催化反应的表观速率常数为

$$k=k_0+k_{H^+}c_{H^+}+k_{OH^-}c_{OH^-}$$

水溶液中，上式可写为

$$k=k_0+k_{H^+}c_{H^+}+k_{OH^-}\frac{K_w}{c_{H^+}}$$

因此水溶液中的酸碱催化反应，其速率常数与溶液的 pH 密切相关。如图 5 - 10 所示，当 pH 较小时，反应以酸催化为主，$k\approx k_{H^+}c_{H^+}$；当 pH 较大时，以碱催化为主，$k\approx k_{OH^-}c_{OH^-}$；pH 居中时，催化作用可忽略，$k\approx k_0$。令 $\frac{dk}{dc_{H^+}}=0$，求得 c - c_{H^+} 曲线极小值时的 pH 为

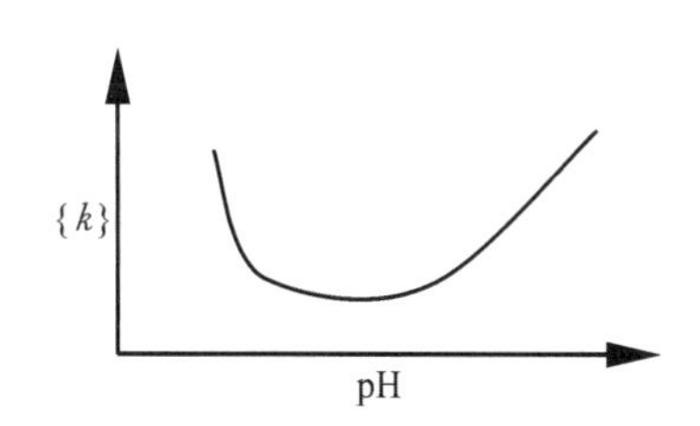

图 5 - 10　专属酸碱催化的{k}-pH 示意图

$$pH_{min}=\frac{\lg\{k_{H^+}\}-\lg\{k_{OH^-}\}-\lg K_w}{2} \tag{5-61}$$

（3）一般酸碱催化

均相酸碱催化反应中，k_{H^+}、k_{OH^-} 代表了催化剂的催化能力。Brønsted 在大量实验的基础上提出酸、碱催化系数与其解离常数关系的 Brønsted 规则：

$$\frac{k_{H^+}}{p}=G_aK_a^\alpha \tag{5-62}$$

$$\frac{k_{OH^-}}{q}=G_bK_b^\beta \tag{5-63}$$

G_a、G_b、α、β 均是经验常数，一般与反应种类、溶剂种类和反应温度有关，与酸、碱种类无关，p 为催化剂所能提供的质子数，q 为催化剂(共轭碱)所能接受的质子数。α 在 0～1 之间，$\alpha=1$，反应为专属酸催化；$\alpha(\beta)=0\sim1$，反应为一般酸碱催化。极少情况下，$\beta=1\sim2$。如果将(5-62)或式(5-63)线性化，可得

$$\ln\left\{\frac{k_{H^+}}{p}\right\}=\ln\{G_a\}+\alpha\ln K_a \tag{5-64}$$

$$\ln\left\{\frac{k_{OH^-}}{q}\right\}=\ln\{G_b\}+\beta\ln K_b \tag{5-65}$$

用 $\ln\left\{\frac{k_{H^+}}{p}\right\}$-$\ln K_a$ 或 $\ln\left\{\frac{k_{OH^-}}{q}\right\}$-$\ln K_b$ 作图，如图 5-11 所示。

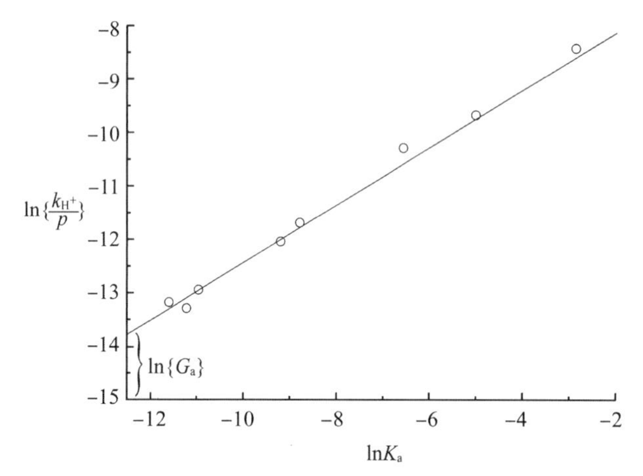

图 5-11　丙酮碘化反应的 $\ln\{k_{H^+}\}$-$\ln K_a$ 关系图

从直线和截距的斜率可得经验常数 α、β、G_a、G_b。

例题 5-19　浓度为 0.056 mol·dm^{-3} 的葡萄糖溶液在 140 ℃温度下用不同浓度的 HCl 催化水解，得如下数据：

$10^3k/h^{-1}$	3.66	5.80	8.18	10.76	12.17
$c_{H^+}/(mol\cdot dm^{-3})$	0.010 8	0.010 97	0.029 5	0.039 4	0.492

忽略 OH^- 的催化作用，求 k_{H^+}、k_0。

解　根据式(5-60)，反应的速率方程为 $-\frac{dc_s}{dt}=k_0c_s+k_{H^+}c_{H^+}c_s$，表观速率常数为 $k=k_0+k_{H^+}c_{H^+}$，以 k-c_{H^+} 作图，得一直线方程

$$k=0.001\ 35+0.227\ 64\ c_{H^+}$$
$$(r=0.996\ 14, n=5)$$

所以 $k_{H^+}=0.227\ 64\ mol^{-1}\cdot dm^3\cdot h^{-1}$，$k_0=0.001\ 35\ h^{-1}$。

5.11.3　酶催化

(1) 酶催化的特点

一般认为酶是一类由生物、微生物产生的具有催化能力的特殊蛋白质。生物体内的化学反应几乎大多是酶催化反应，可以说，没有酶催化反应，就没有生命现象。酶催化反应具有以下重要特点：

① 高度的选择性。酶催化剂的选择性超过了最好的人造催化剂。如脲酶(urease)仅仅能迅速地将尿素转变为氨和二氧化碳,而对其他反应没有催化活性。也有一些酶的选择性稍低,它们可以催化某一类型的反应,如胃蛋白酶能催化各种水溶性蛋白质中肽键的水解。

② 极高的效率,比一般的无机或有机催化剂有时高出成亿倍,乃至10万亿倍。

③ 酶催化反应所需的条件温和,一般在常温常压下就能进行。酶催化反应一般要求在室温或稍高于室温下进行,温度过高或过低就会使反应速率减小。酶作为一类蛋白质,可以两性电离,因此酶催化对溶液pH很敏感。因为很多酶会结合一些金属,因此酶催化作用容易受到某些杂质的抑制。如CN^-可以与酶分子中的过渡金属络合,使酶丧失活性,从而造成生物的死亡。

④ 酶催化同时具有均相反应和多相反应的特点。

⑤ 酶反应历程复杂,所以速率方程也比较复杂。

⑥ 酶本身的结构极复杂,酶的活性可以调节。

(2) 酶催化反应的历程

酶催化反应的历程十分复杂。最简单的历程是Michaelis(米凯利斯,德国生物化学家、物理化学家和医生)和Menton(门腾,加拿大医生和化学家)提出的:底物(S)与酶(E)结合首先形成络合物(ES),然后络合物分解成产物。可表示如下:

$$\mathrm{E}+\mathrm{S}\underset{k_2}{\overset{k_1}{\rightleftharpoons}}\mathrm{ES}\xrightarrow{k_3}\mathrm{E}+\mathrm{P}$$

由于酶的活性很高,因此中间物ES的浓度很低,可以用稳定态近似处理:

$$\frac{\mathrm{d}c_{\mathrm{ES}}}{\mathrm{d}t}=k_1c_{\mathrm{E}}c_{\mathrm{S}}-k_2c_{\mathrm{ES}}-k_3c_{\mathrm{ES}}\approx 0$$

$$c_{\mathrm{ES}}=\frac{k_1c_{\mathrm{E}}c_{\mathrm{S}}}{k_2+k_3}=\frac{c_{\mathrm{E}}c_{\mathrm{S}}}{(k_2+k_3)/k_1}=\frac{c_{\mathrm{E}}c_{\mathrm{S}}}{K_{\mathrm{M}}} \tag{5-66}$$

式(5-66)称为Michaelis-Menton公式,K_{M}可视为ES的不稳定常数。

又根据物料衡算,有

$$c_{\mathrm{E},0}=c_{\mathrm{E}}+c_{\mathrm{ES}} \tag{5-67}$$

代入式(5-66),得

$$c_{\mathrm{ES}}=\frac{c_{\mathrm{E},0}c_{\mathrm{S}}}{K_{\mathrm{M}}+c_{\mathrm{S}}} \tag{5-68}$$

反应速率为

$$r=\frac{\mathrm{d}c_{\mathrm{P}}}{\mathrm{d}t}=k_3c_{\mathrm{ES}}=\frac{k_3c_{\mathrm{E},0}c_{\mathrm{S}}}{K_{\mathrm{M}}+c_{\mathrm{S}}} \tag{5-69}$$

此式就是酶催化反应的速率方程。根据式(5-69),用r-c_{S}作图,得一曲线,如图5-12所示。

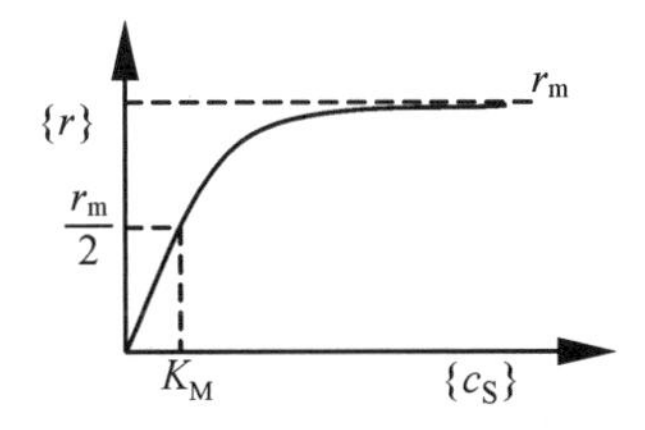

图5-12 酶催化速率与底物浓度关系曲线

当底物浓度很小,即$c_{\mathrm{S}}\ll K_{\mathrm{M}}$时,式(5-69)可化为

$$r=\frac{k_3c_{E,0}c_S}{K_M} \tag{5-70}$$

反应对底物呈一级反应。若底物浓度很大,即 $c_S \gg K_M$ 时,式(5-69)可化为

$$r=k_3c_{E,0}=r_m \tag{5-71}$$

反应对底物呈零级反应。反应速率为极大值,极大值的大小与酶的初浓度成正比。当 $r=\frac{r_m}{2}$,由式(5-69)知,$c_S=K_M$。K_M 和 r_m 是酶催化反应的特性常数。将式(5-69)变换为线性式:

$$\frac{1}{r}=\frac{K_M}{r_mc_S}+\frac{1}{r_m} \tag{5-72}$$

用 $\frac{1}{r}$-$\frac{1}{c_S}$ 作图,从直线的截距和斜率可分别求得 r_m 和 K_M。

例题 5-20 酶E作用在某反应物S上产生氧气,其反应机理可表达为

$$E+S \underset{k_2}{\overset{k_1}{\rightleftharpoons}} ES \xrightarrow{k_3} E+P$$

实验测得不同底物浓度时,氧气产生的初速率如下:

$\frac{c_{S,0}}{mol \cdot dm^{-3}}$	0.050	0.017	0.010	0.005	0.002
$\frac{10^{-6}r_0}{mol \cdot dm^{-3} \cdot min^{-1}}$	16.6	12.4	10.1	6.6	3.3

求反应的 Michaelis 常数 K_M。

解 根据式(5-72)处理题设数据:

$(\frac{c_{S,0}}{mol \cdot dm^{-3}})^{-1}$	20	58.823 53	100	200	500
$10^8\left(\frac{r_0}{mol \cdot dm^{-3} \cdot min^{-1}}\right)^{1}$	6.024 1	8.064 52	9.900 99	15.151 5	30.303

用 $\frac{1}{r_0}$-$\frac{1}{c_{S,0}}$ 作图,$\frac{K_M}{r_m}=5.061\ 08\times10^{-10}$ min,$\frac{1}{r_m}=4.993\ 24\times10^{-8}$ $mol^{-1}\cdot dm^3\cdot min$。所以

$$K_M=\frac{5.061\ 8\times10^{-10}\ min}{4.993\ 24\times10^{-8}\ mol^{-1}\cdot dm^3\cdot min}=1.01\times10^{-2}\ mol\cdot dm^{-3}$$

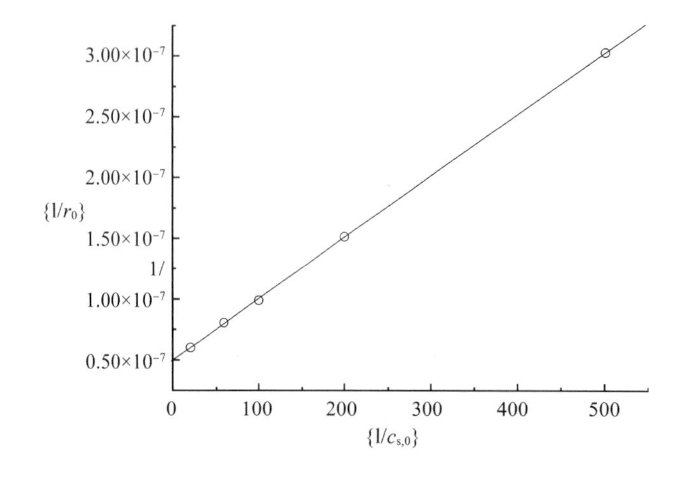

5.12 简单碰撞理论

5.12.1 简单碰撞理论简介

简单碰撞理论(SCT,simple collision theory)是建立在气体分子运动论基础上的最常用的基元反应速率理论之一。简单碰撞理论有如下的基本假定:

(1) 分子必须经过碰撞才能发生反应,但却不是每次碰撞都能发生反应。

(2) 相互碰撞的一对分子在分子质心连线方向的相对平动能(如图 5-13 所示)必须足够高,必须超过某一临界值(ε_c)即阈能(threshold energy)才能发生反应。

(3) 单位时间单位体积内发生的有效碰撞次数就是反应的速率。

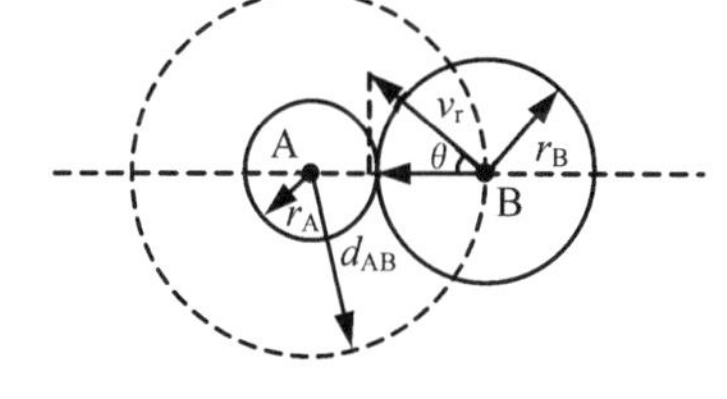

图 5-13 质心线上的相对速率

设有基元反应 A+B ⟶ P,根据气体分子运动论可以得出单位时间单位体积内分子 A 和 B 的碰撞总次数即碰撞频率为

$$Z_{AB}=n_An_B(r_A+r_B)^2\sqrt{\frac{8\pi RT}{\mu}} \tag{5-73}$$

n_A、n_B 分别为单位体积内 A、B 分子的个数;r_A、r_B 分别为 A、B 分子的半径;μ 为 A、B 分子的折合摩尔质量(reduced mass),$\mu=\frac{M_AM_B}{M_A+M_B}$。又根据 Boltzmann 能量分布定律,气体中平动能超过临界能($E_c=N_A\varepsilon_c$)的分子在总分子数中的比例为

$$\frac{n_i}{n}=\exp\left(-\frac{E_c}{RT}\right) \tag{5-74}$$

由式(5-73)和(5-74)得反应速率方程

$$-\frac{dc_A}{dt}=N_A(r_A+r_B)^2\sqrt{\frac{8\pi RT}{\mu}}\exp\left(-\frac{E_c}{RT}\right)c_Ac_B \tag{5-75}$$

因此反应速率常数为

$$k=N_A(r_A+r_B)^2\sqrt{\frac{8\pi RT}{\mu}}\exp\left(-\frac{E_c}{RT}\right) \tag{5-76}$$

5.12.2 简单碰撞理论的评价

(1) 活化能与温度的关系

简单碰撞理论不能预言阈能的大小,一般用实验测得的活化能代替。实际上,活化能和阈能是两个不同的物理量,物理意义不同。活化能是活化分子的平均能量与反应物分子平均能量之差,阈能是发生反应的最低能量值。

将式(5-76)改写为

$$k=Z'\sqrt{T}\exp\left(-\frac{E_c}{RT}\right)$$

取对数,并对 T 微分,得

$$\frac{\mathrm{d}\ln\{k\}}{\mathrm{d}T}=\frac{E_c+\frac{1}{2}RT}{RT^2}=\frac{E_a}{RT^2}$$

所以

$$E_a=E_c+\frac{1}{2}RT \tag{5-77}$$

通常温度下,$E_c \gg \frac{1}{2}RT$,因此 $E_a \approx E_c$。

(2) 方位因子

将式(5-77)代入式(5-76),有

$$k=N_A(r_A+r_B)^2\sqrt{\frac{8\pi RT\mathrm{e}}{\mu}}\exp\left(-\frac{E_a}{RT}\right) \tag{5-78}$$

将之与 Arrhenius 公式比较,得

$$A=N_A(r_A+r_B)^2\sqrt{\frac{8\pi RT\mathrm{e}}{\mu}}$$

因为简单碰撞理论不可预言阈能的大小,实际可以计算的就是频率因子。表5-5是一些反应的频率因子实验值与理论值的比较。

表5-5 某些反应实验频率因子与理论频率因子比较

反应	$\frac{E_a}{\mathrm{kJ\cdot mol^{-1}}}$	$10^{-9}A/(\mathrm{mol^{-1}\cdot dm^3\cdot s^{-1}})$ 实验值	理论值	$P=\frac{实验值}{理论值}$
$2ClO \longrightarrow Cl_2+O_2$	0	0.058	26	2.2×10^{-3}
$H+I_2 \longrightarrow HI+I$	2	200	1 070	0.19
$Cl+CCl_4 \longrightarrow Cl_2+CCl_3$	84	85	340	0.25
$K+Br_2 \longrightarrow KBr+Br$	0	1 000	210	4.8

如果定义方位因子(steric factor)P 为频率因子实验值与理论因子的比值:

$$P \xlongequal{\mathrm{def}} \frac{实验值}{理论值} \tag{5-79}$$

从表5-5中可见,多数情况下,$P<1$。一般将 P 的物理意义解释为:当两个活化分子相互碰撞时,并非都能发生反应。只有发生在活化分子的特定部位的碰撞才能发生反应,这样的碰撞才是真正的有效碰撞,它们在活化分子之间碰撞总数中占的比例,即为概率因子 P,因此 $P<1$。由这种解释可见,实验值和理论值的差别在于理论中没有考虑反应分子的结构,而是视为没有结构的硬球。因此,也将概率因子 P 称为结构因子或方位因子。表5-5中亦有 $P>1$ 的情况,显然再将 P 解释为结构因子是无力的,而鱼叉机理(harpoon mechanism)对此解释力较强。

例题5-21 已知气相反应 $2NOCl \longrightarrow 2NO+Cl_2$ 的实验活化能为 $105.5\ \mathrm{kJ\cdot mol^{-1}}$,NOCl 分子直径为 2.83×10^{-10} m,摩尔质量为 $65.5\times10^{-3}\ \mathrm{kg\cdot mol^{-1}}$。求在 600 K 时的速率常数。

解 因为是同种分子之间的碰撞,因此可以将式(5-78)改写为

$$k=2N_{\mathrm{A}}d_{\mathrm{AB}}^{2}\sqrt{\frac{\pi RT\mathrm{e}}{M}}\exp\left(-\frac{E_{\mathrm{a}}}{RT}\right)$$

将题设数据代入，得

$$\begin{aligned}k&=2\times(6.02\times10^{23}\ \mathrm{mol^{-1}})\times(2.83\times10^{-10}\ \mathrm{m})^{2}\times\\&\sqrt{\frac{3.14\times8.314\ \mathrm{J\cdot K^{-1}\cdot mol^{-1}}\times600\ \mathrm{K}\times2.71828}{65.5\times10^{-3}\ \mathrm{kg\cdot mol^{-1}}}}\times\\&\exp\left(-\frac{105.5\ \mathrm{kJ\cdot mol^{-1}}}{8.314\ \mathrm{J\cdot K^{-1}\cdot mol^{-1}}\times600\ \mathrm{K}}\right)\\&=5.07\times10^{-2}\ \mathrm{mol^{-1}\cdot m^{3}\cdot s^{-1}}\end{aligned}$$

5.13 过渡态理论

5.13.1 过渡态理论简介

虽然简单碰撞理论可以定性地解释基元反应的质量作用定律以及 Arrhenius 公式中的指前因子 A 及活化能 E_a，但不能给出阈能的具体数据，计算所得的 A 经常与实验值差别很大。引入的方位因子 P 也不能给出令人信服的解释。Eyring（艾林，美国理论化学家）、Polanyi（波兰尼，匈牙利-英国博学家）等人在统计力学和量子力学的基础上提出基元反应的过渡态理论（TST，transition state theory）。与简单碰撞理论不同，只需要知道反应分子的某些基本性质，如振动频率、质量、核间距离等，即可计算反应速率，因此该理论也称为绝对反应速率理论（ART，absolute rate theory）。

过渡态理论的基本假定是：

(1) 反应体系的势能是原子间相对位置的函数。

(2) 在由反应物生成产物的过程中，分子要经历一个价键重排的过渡阶段。处于这一过渡阶段的分子称为活化络合物（activated complex）或过渡态（transition state）。

(3) 活化络合物的势能高于反应物或产物的势能。此势能是反应进行时必须克服的势垒，但它又较其他可能的中间态的势能低。

(4) 活化络合物与反应物分子处于某种平衡状态。总反应速率取决于活化能络合物的分解速率。

过渡态理论的反应机理可以表示如下：

$$\mathrm{A}+\mathrm{BC}\overset{K_c}{\rightleftharpoons}[\mathrm{A\cdots B\cdots C}]^{\neq}\xrightarrow{k}\mathrm{AB}+\mathrm{C}\qquad(5-80)$$

过渡态$[\mathrm{A\cdots B\cdots C}]^{\neq}$处于分子 A 与 BC 的 A、B、C 三个原子的相对位置连续变化的鞍点处。活化络合物$[\mathrm{A\cdots B\cdots C}]^{\neq}$很不稳定，它一方面与反应物很快建立热力学平衡：

$$K_c=\frac{c_{\mathrm{ABC}^{\neq}}}{c_{\mathrm{A}}c_{\mathrm{BC}}}\qquad(5-81)$$

另一方面活化络合物又沿着反应坐标方向发生无回复力的振动而分解成产物。其分解速率就是反应的速率：

$$r=-\frac{\mathrm{d}c_{\mathrm{ABC}^{\neq}}}{\mathrm{d}t}=\nu^{\neq}c_{\mathrm{ABC}^{\neq}}=\nu^{\neq}K_c c_{\mathrm{A}}c_{\mathrm{BC}}\qquad(5-82)$$

$\nu^{\ddagger}$为无回复力振动的频率。根据量子理论，振动频率为 $\nu^{\ddagger}=\dfrac{\varepsilon}{h}$（$\varepsilon$ 是一个振动量子的能量，h 为 Planck 常数，其值为 6.63×10^{-34} J·s)，根据能量均分原理，一个振动自由度的能量为 $\varepsilon=k_{\mathrm{B}}T$，$k_{\mathrm{B}}=\dfrac{R}{N_{\mathrm{A}}}$，所以

$$r=-\frac{\mathrm{d}c_{\mathrm{ABC}^{\ddagger}}}{\mathrm{d}t}=\frac{k_{\mathrm{B}}T}{h}K_{c}c_{\mathrm{A}}c_{\mathrm{BC}} \tag{5-83}$$

所以总反应速率常数为

$$k=\frac{k_{\mathrm{B}}T}{h}K_{c}=\frac{RT}{N_{\mathrm{A}}h}K_{c} \tag{5-84}$$

又因为 $-RT\ln K_{c}=\Delta G_{\mathrm{m}}^{\ddagger}=\Delta H_{\mathrm{m}}^{\ddagger}-T\Delta S_{\mathrm{m}}^{\ddagger}$，代入上式得 Eyring 方程的热力学表达式

$$k=\frac{RT}{N_{\mathrm{A}}h}K_{c}=\frac{RT}{N_{\mathrm{A}}h}\exp\left(\frac{\Delta S_{\mathrm{m}}^{\ddagger}}{R}\right)\exp\left(-\frac{\Delta H_{\mathrm{m}}^{\ddagger}}{RT}\right) \tag{5-85}$$

5.13.2 过渡态理论的评价

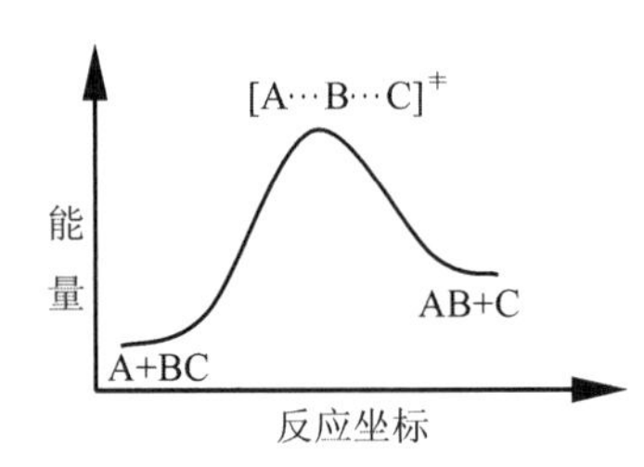

图 5-14 过渡态理论关于反应细节示意图

(1) 将过渡态理论的 Eyring 热力学表达式(5-85)与简单碰撞理论公式(5-78)及 Arrhenius 公式(5-25)相比较，$\Delta H_{\mathrm{m}}^{\ddagger}$、$E_{\mathrm{c}}$ 及 E_{a} 的地位相近，温度不高时，数值也接近。但它们的物理意义各不相同，过渡态理论对反应细节的描绘更详细，活化能的物理意义更清楚(见图 5-14)。

(2) 通过对比知，$P\approx\exp\left(\dfrac{\Delta S_{\mathrm{m}}^{\ddagger}}{R}\right)$，一般活化络合物的熵比反应始态的熵小，因此 $P<1$。可见过渡态理论可以比较信服地解释方位因子。从 Eyring 表达式可见，影响反应速率的因素除了能量因素($\Delta H_{\mathrm{m}}^{\ddagger}$)外，还有结构因素($\Delta S_{\mathrm{m}}^{\ddagger}$)，即影响反应速率的因素是能量因素与结构因素的综合($\Delta G_{\mathrm{m}}^{\ddagger}$)，而不是单纯的能量因素，这与简单碰撞理论是不同的。

例题 5-22 有两个级数相同的反应，其活化能数值相同，但二者的活化熵相差 60.00 J·K^{-1}·mol^{-1}。试求反应在 300 K 时的速率常数之比。

解 由式(5-85)有

$$\frac{k_{2}}{k_{1}}=\exp\left(\frac{\Delta S_{\mathrm{m},2}^{\ddagger}-\Delta S_{\mathrm{m},1}^{\ddagger}}{R}\right)=\exp\left(\frac{60\ \mathrm{J\cdot K^{-1}\cdot mol^{-1}}}{8.314\ \mathrm{J\cdot K^{-1}\cdot mol^{-1}}}\right)=1.36\times10^{3}$$

习　题

5-1 对基元反应 $\mathrm{A}+2\mathrm{B}\xrightarrow{k}\mathrm{C}$，若将其反应速率方程写为下列形式：

$$-\frac{\mathrm{d}c_{\mathrm{A}}}{\mathrm{d}t}=k_{\mathrm{A}}c_{\mathrm{A}}c_{\mathrm{B}}^{2}$$

$$-\frac{\mathrm{d}c_{\mathrm{B}}}{\mathrm{d}t}=k_{\mathrm{B}}c_{\mathrm{A}}c_{\mathrm{B}}^{2}$$

$$+\frac{dc_C}{dt}=k_C c_A c_B^2$$

则 k_A、k_B、k_C 之间的关系为

A. $k_A=k_B=k_C$　　B. $k_A=2k_B=2k_C$

C. $k_A=\frac{k_B}{2}=k_C$　　D. $k_A=k_B=2k_C$

5-2 乳酸在酶的作用下发生氧化作用，实验测得不同时间乳酸的浓度如下：

t/s	0	300	480	600	780	960
$c/(mol\cdot dm^{-3})$	0.320 0	0.317 5	0.315 9	0.314 9	0.313 3	0.311 3

试确定反应级数。

5-3 三苯甲基氯化物的水解反应为

$$Ph_3CCl+H_2O\longrightarrow Ph_3COH+H^++Cl^-$$

当温度为 239.0 K、溶剂为 15%水及 85%丙酮时，测得如下数据：

t/s	0	18	57	93	171	298	448	1 800
$\frac{c_{H^+}\times 10^3}{mol\cdot dm^{-3}}$	0	0.104	0.312	0.484	0.757	1.04	1.23	1.44

试确定反应级数。

5-4 某反应按一级反应进行分解，该反应完成 40%需要 50 min，问完成 80%需要多长时间？

5-5 叔戊烷基碘在乙醇水溶液中水解：

$$t\text{-}C_5H_{11}I+H_2O\longrightarrow t\text{-}C_5H_{11}OH+H^++I^-$$

实验测得不同时间体系的电导 G 如下表：

t/min	0.0	1.5	4.5	9.0	16.0	22.0	∞
$G/(10^{-3}S)$	0.39	1.78	4.09	6.32	8.36	9.34	10.50

求反应速率常数。

5-6 某温度下的气相反应 A+B⟶P，现测得如下数据：

$p_{B,0}$=1.3 kPa	$p_{A,0}$/kPa	1.3	2.0	3.3	5.3	8.0	13.3
	$10^4 r_0/(kPa\cdot s^{-1})$	1.3	1.6	2.1	2.7	3.3	4.2
$p_{A,0}$=1.3 kPa	$p_{B,0}$/kPa	1.3	2.0	3.3	5.3	8.0	13.3
	$10^4 r_0/(kPa\cdot s^{-1})$	1.3	2.5	5.3	10.7	19.6	42.1

求反应的级数及速率常数。

5-7 某有机物 A 323 K 时在酸催化下发生水解反应，速率方程为 $-\frac{dc_A}{dt}=k_A c_A^{\alpha} c_{H^+}^{\beta}$。已知 pH＝5时，$t_{1/2}$＝69.3 min；pH＝4 时，$t_{1/2}$＝6.93 min，且 $t_{1/2}$ 与 A 的初浓度无关。求 α、β。

5-8 3%硫酸罗通定注射液在热和光作用下颜色逐渐变深，当吸收度(ABS，430 nm)增至 0.222 时即为不合格。不同温度下避光加速实验的数据如下：

t/℃	60	70	80	88
K_{ABS}/h^{-1}	1.33×10^{-3}	3.82×10^{-3}	10.6×10^{-3}	24.0×10^{-3}

求该药物的贮存期。设降解开始时的吸收度 $ABS_0 = 0.088$，降解反应为零级。

5-9 某1-1级对峙反应 $A \underset{k_2}{\overset{k_1}{\rightleftharpoons}} B$，已知 k_1、k_2 分别为 $1.0\times10^{-4}\ s^{-1}$、$2.5\times10^{-4}\ s^{-1}$，反应开始时并无B存在。求6 000 s后A、B的浓度。

5-10 高温时，醋酸的分解反应按下式进行：

$$CH_3COOH \begin{cases} \xrightarrow{k_1} CH_4 + CO_2 \\ \xrightarrow{k_2} CH_2 = CO + H_2O \end{cases}$$

1 189 K时，$k_1 = 3.74\ s^{-1}$，$k_2 = 4.65\ s^{-1}$。试计算：

① 醋酸分解掉99%所需的时间；

② 这时所得到的 $CH_2 = CO$ 的产量(以醋酸分解的百分数表示)。

5-11 某一级连续反应 $A \xrightarrow{k_1} B \xrightarrow{k_2} C$，$k_1 = 1.5\times10^{-3}s^{-1}$，$k_2 = 3.0\times10^{-3}s^{-1}$，A的初始浓度为 $1.0\ mol \cdot dm^{-3}$。求：

① 中间产物B的浓度达极大值的时间 $t_{B,max}$；

② 此时A、B、C的浓度。

5-12 有一放射性衰变反应如下：

$$^{239}_{92}U \xrightarrow[23.5\ min]{\beta^-} {}^{239}_{93}Np \xrightarrow[2.35\ d]{\beta^-} {}^{239}_{94}Pu$$

试推导出U、Np、Pu放射性强度与时间 t 的函数表示式，并作出 $\frac{c_U}{c_{U,0}}$、$\frac{c_{Np}}{c_{U,0}}$、$\frac{c_{Pu}}{c_{U,0}}$ 对时间 t 的曲线。[提示：放射性强度 A 用单位时间内发生的衰变的次数表示，$A(t) = -\frac{dN(t)}{dt}$。放射性强度的单位为居里，符号为Ci，$1\ Ci = 3.7\times10^{10}$ 次核衰变/秒]

5-13 异丙苯[$C_6H_5C(CH_3)_2-H$]氧化为过氧化氢异丙苯[$C_6H_5C(CH_3)_2-OOH$]的反应式可简单表示为 $R-H+O_2 \longrightarrow ROOH$。一般应在异丙苯中先加入2.5%的过氧化氢异丙苯作为引发剂。此反应的机理如下：

链引发　(1) $ROOH \xrightarrow{k_1} RO\cdot + OH\cdot$　　$E_1 = 151\ kJ \cdot mol^{-1}$

　　　　(2) $RO\cdot + RH \xrightarrow{k_2} ROH + R\cdot$　　$E_2 = 17\ kJ \cdot mol^{-1}$

　　　　(3) $OH\cdot + RH \xrightarrow{k_3} H_2O + R\cdot$　　$E_3 = 17\ kJ \cdot mol^{-1}$

链传递　(4) $R\cdot + O_2 \xrightarrow{k_4} RO_2\cdot$　　$E_4 = 17\ kJ \cdot mol^{-1}$

　　　　(5) $RO_2\cdot + RH \xrightarrow{k_5} ROOH + R\cdot$　　$E_5 = 17\ kJ \cdot mol^{-1}$

链终止　(6) $RO_2\cdot + RO_2\cdot \xrightarrow{k_6} ROOR + O_2$　　$E_6 = 0$

试导出该反应的速率方程，并求出表观活化能。

5-14 有下列溶液中的反应，离子强度如何影响其速率常数？

A. $CH_3COOC_2H_5 + OH^- \longrightarrow CH_3COO^- + C_2H_5OH$

B. $NH_4^+ + CNO^- \longrightarrow CO(NH_2)_2$

C. $S_2O_8^{2-} + 2I^- \longrightarrow I_2 + 2SO_4^{2-}$

D. $2[Co(NH_3)_5Br]^{2+} + Hg^{2+} + 2H_2O \longrightarrow 2[Co(NH_3)_5H_2O]^{3+} + HgBr_2$

5-15 用某波长的紫外光照射HI气体后，HI按下列机理分解：

① $HI \xrightarrow{h\nu} H\cdot + I\cdot$

② $H\cdot + HI \longrightarrow H_2 + I\cdot$

③ $2I\cdot + M \longrightarrow I_2 + M^*$

求量子效率。

5-16 某反应在催化剂存在时，反应的活化能降低了 41.840 kJ·mol^{-1}，反应温度为 625.0 K，测得反应速率常数增加为无催化剂时的 1 000 倍。通过计算，并结合催化作用的一般机理说明催化剂是如何使反应速率增加的。

5-17 葡萄糖的变旋异构是酸催化反应。测得一级表观速率常数与酸浓度的关系如下：

$c_{H^+}/(mol\cdot dm^{-3})$	0.004 8	0.024 7	0.032 5
$10^3 k/min^{-1}$	6.0	8.92	10.02

试求实验条件下的 k_0 和 k_{H^+}。

5-18 在活塞流装置中研究下列酶催化反应：

$$CO_2(aq)+H_2O\xrightarrow{E}H^++HCO_3^-$$

反应条件 pH = 7.1，T = 273.7 K，$c_{E,0}=2.8\times10^{-9}$ mol·dm^{-3}。实验测得初速率随 $c_{CO_2,0}$ 变化的数据如下：

$\frac{c_{CO_2,0}}{mmol\cdot dm^{-3}}$	1.25	2.50	5.00	20.0
$\frac{r_0}{mmol\cdot dm^{-3}\cdot s^{-1}}$	0.028	0.048	0.080	0.155

计算该反应的 Michaelis 常数 K_M 和 r_m。

5-19 甲基自由基复合为乙烷分子 C_2H_6 时，活化能可视为零，概率因子 P 为 1。已知甲基自由基的碰撞直径为 3.08×10^{-10} m，计算温度为 300 K 时反应的速率常数。

5-20 某反应具有一个有助于反应进行的活化熵，使反应速率比 $\Delta S_m^{\neq}=0$ 时大 1 000 倍，则反应实际活化熵应为多少？

6　多相平衡

第一章、第二章论述的热力学第一定律、第二定律对热力学大厦起到打好根基的作用，第三章中引入化学势后，第一定律、第二定律建立的基本规律扩展到多组分体系，第四章又扩展到化学反应，第五章专门论及了化学动力学。通过第一至第五章的篇幅，物理化学的基本内容已架构完毕，可以称之为物理化学通论，之后的篇章则为物理化学专论。一至五章的内容基本约定各种过程在均相中进行，涉及不匀质的多相情况则予以回避。本章将专门讨论相的问题。

相平衡及相的动力学研究方法除了沿用第一至第五章涉及的数学方法外，突出特点是大量使用几何学方法，在热力学坐标系中研究几何要素点、线、面、体所代表的物理化学意义及各种应用。令人遗憾的是，在新的方法难以掌握的窘态之下，又将传统的数学方法（微分方程等）遗忘，以为几何学研究就是相的研究之全部。初学者切忌。

6.1　Gibbs 相律

6.1.1　基本概念

（1）相及相数

不考虑外力场的条件下，相（读音 xiàng，phase）是体系中物理性质和化学性质完全均一的部分。相数就是体系中存在的相的数目，用 f 或 P 表示。比如常温下，将少量的食盐加入纯水中，食盐全部溶解于水中，形成完全均一的溶液，相数 $f=1$；如果加入足够的食盐，将形成饱和溶液，部分未完全溶解的固体食盐与其饱和溶液共存，相数 $f=2$。如果在烧杯中放入半透膜，烧杯左侧为 NaCl 不饱和溶液，右侧为纯水，半透膜不允许 Na^+ 和 Cl^- 透过，只允许 H_2O 透过，显然体系的相数为 2。因为半透膜的左侧为 NaCl 溶液，其性质显然不同于半透膜右侧的纯水的性质（见图 6-1）。

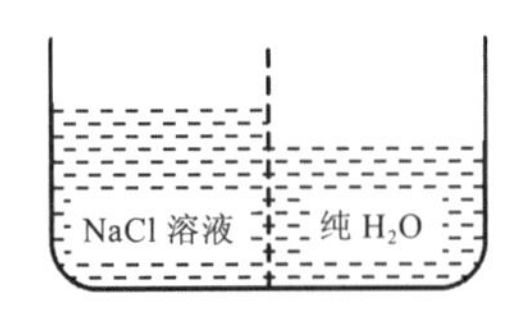

图 6-1　渗透体系的相数

一般地，有几种固体物质就有几相，但像 Au 和 Cu 可以完全互溶，形成固态溶液，相数为 1；液态物种多数互溶，形成均一溶液，相数为 1，但像水和苯性质相差很大，几乎完全不互溶，相数为 2；气态物质一般完全均匀混合，相数为 1。

（2）化学物种数

化学物种（number of chemical species）是指分子、原子水平上的化学物质的数目。比如纯水，如果认为它既不解离，也不聚集，则只有化学物种 H_2O，物种数 $S=1$；如果认为 H_2O 解离，至少存在 H^+ 和 OH^-，化学物种有 H_2O、H^+ 和 OH^-，物种数 $S=3$；如果认为 H^+、OH^- 均是水化的，水化数也各不相同，则物种数远大于 3；另外，液态水中，水分子间存在氢键，存在水的各种聚集体，物种数则更难以计数。所以化学物种数从不同的角度考虑，数值不同。

（3）独立反应数

所谓独立化学反应数（number of independent chemical reactions）是指在一个比较复杂的体系中，能够独立存在，不依赖于其他反应而存在的反应的数目。比如在一个由 C(s)、CO(g) 和 CO_2(g) 构成的平衡体系中，存在 3 个化学反应

$$2C(s) + O_2(g) = 2CO(g) \quad \text{(i)}$$

$$C(s) + O_2(g) = CO_2(g) \quad \text{(ii)}$$

$$2CO(g) + O_2(g) = 2CO_2(g) \quad \text{(iii)}$$

显然 3 个反应并非都是独立的，反应之间存在关系式 (iii)=2×(ii)−(i)，即反应(iii)是反应(i)和(ii)的组合，只有反应(i)和(ii)是独立的，所以独立反应数为 $R=2$。

(4) 其他独立浓度限制条件数

所谓其他独立浓度限制条件(number of additional restrictions)是指在均相中独立的物质之间的浓度(或压力)关系。比如在抽空的容器中放入 $NH_4HCO_3(s)$，$NH_4HCO_3(s)$发生分解反应

$$NH_4HCO_3(s) = NH_3(g) + H_2O(g) + CO_2(g)$$

如果体系的温度足够高，水分以气态存在，显然有

$$p_{NH_3} = p_{H_2O} \quad \text{(i)}$$

$$p_{H_2O} = p_{CO_2} \quad \text{(ii)}$$

$$p_{NH_3} = p_{CO_2} \quad \text{(iii)}$$

但是三个关系式中，只有两个是独立的，所以其他独立浓度限制条件数 $R'=2$。在计算浓度限制条件要注意必须是同一相的物质之间的浓度关系，比如 $CaCO_3(s)$在一定温度下分解

$$CaCO_3(s) = CaO(s) + CO_2(g)$$

显然 $CaO(s)$和 $CO_2(g)$的物质的量始终相同，但 $CaO(s)$是固相，而 $CO_2(g)$是气相，不在同一相中，$CaO(s)$和 $CO_2(g)$之间不存在其他浓度限制条件。

(5) 独立组分数

独立组分数(number of independent component)是描述平衡体系中各相组成所需的最小独立物种数，用 K 或 C 表示。独立组分数与化学物种数不同，独立组分数不随考虑的角度不同而不同。可以证明独立组分数与化学物种数、独立化学平衡数及其他独立浓度限制条件间有如下关系式：

$$K = S - R - R' \quad (6-1)$$

从式(6-1)中可知 $K \leqslant S$。

例如，大量的水中溶解少量的食盐，如果认为水和食盐都以分子形态存在，则物种数为 2，组分数亦为 2；如果认为水发生解离，食盐不解离，则物种为 H_2O、H^+、OH^- 及食盐分子，物种数为 4，而独立组分数 $K=4-1-1=2$；如果认为水及食盐均发生解离，存在的物种有 H_2O、H^+、OH^-、Na^+、Cl^-，化学物种数为 5，溶液中 H^+、OH^- 的浓度相同，Na^+、Cl^- 浓度也相同，$R'=2$，独立组分数 $K=5-1-2=2$。

(6) 自由度

自由度(degree of freedom)就是在不引起旧相消灭和新相形成的前提下，描述体系所需的最少的强度性质数目，常用符号 f(或 F)表示。比如液态水的状态常用温度 T 和压力 p 描述，$f=2$；气态水和液态水相同，$f=2$；当气态水和液态水平衡共存时，只有温度或压力中的一个自由可变，如 373 K 时，压力必定为 101 325 Pa，所以 $f=1$。

6.1.2 Gibbs 相律

对于单相多组分平衡体系，可用温度 T、压力 p 和 K 个独立组分 i 的化学势 μ_i 描述体系，变量

数目为 $K+2$ 个;对于多相多组分平衡体系,每一独立组分 i 在各相中的化学势相等,则描述整个体系的变量数目为 $f=K+2-\phi$。综上所述,"2"代表了变量温度和压力,若用"n"替换"2"可得到普遍化的 Gibbs 相律(Gibbs phase rule):

$$f=K-\phi+n \tag{6-2}$$

当固定温度或压力,或者两者全部固定时,相律表达式为 $f^{*}=K-\phi+1$ 或 $f^{**}=K-\phi$,f^{*}、f^{**} 是所谓的条件自由度(conditional degree of freedom)。相律是1875年由 Gibbs 推导出来的,读者不要被中文相律之"律"误导以为是实验总结出来的定律或将相律翻译为英文 phase law。

例题 6-1 固体 $CaCO_3$ 在固定的真空容器中加热时,分解压力是否恒定?

解 $CaCO_3(s) = CaO(s) + CO_2(g)$,反应体系物种数为3,反应数为1,相数为3,自由度为

$$f=K-\phi+n=(3-1)-3+2=1$$

即温度一定时,分解压力一定。$\dfrac{p_{CO_2}}{p^{\ominus}}=K^{\ominus}$,分解压力一定,标准平衡常数一定,这与化学平衡理论的结论一致。

例题 6-2 固体 NaCl、KCl、$NaNO_3$ 与 KNO_3 的混合物与水振荡达到平衡,问体系的组分数及自由度各为多少?

解 固体 NaCl、KCl、$NaNO_3$、KNO_3 均是强电解质,与水振荡达到平衡后,必然在水中完全电离,但水中必须遵守电中性原则(设水不电离):

$$c_{Na^+}+c_{K^+}=c_{Cl^-}+c_{NO_3^-}$$

所以组分数

$$K=S-R-R'=5-0-1=4$$

自由度数

$$f=K-\phi+n=4-\phi+2=6-\phi$$

例题 6-3 硫的同素异形体有正交硫和单斜硫,试讨论硫的多相平衡共存情况。

解 纯硫为单组分体系,$K=1$,根据 Gibbs 相律,体系的自由度可表示为

$$f=K-\phi+n=1-\phi+2=3-\phi\geqslant 0$$

(i) 若是三相共存,$f=0$。硫的相态有正交硫、斜方硫、液态硫和气态硫,$C_4^3=C_4^1=4$,因此硫三相共存的可能情形有4种。

正交硫 ⇌ 液态硫 ⇌ 斜方硫

正交硫 ⇌ 气态硫 ⇌ 斜方硫

斜方硫 ⇌ 液态硫 ⇌ 气态硫

正交硫 ⇌ 液态硫 ⇌ 气态硫

(ii) 若是两相共存,$f=1$。$C_4^2=\dfrac{3\times 4}{2}=6$,两相共存的情形可能有6种。

正交硫 ⇌ 液态硫,正交硫 ⇌ 气态硫,气态硫 ⇌ 液态硫

正交硫 ⇌ 斜方硫,斜方硫 ⇌ 气态硫,斜方硫 ⇌ 液态硫

(iii) 若仅有一相，$f=2$。$C_4^1=4$，单相体系可能有 4 种。

正交硫，斜方硫，液态硫，气态硫

6.2 单组分体系相图

6.2.1 水的相图

根据实验数据可以绘制水的相图，如图 6-2 所示。水的形态有液态水、固态水(冰)和气态水(水蒸气)，条件不同，水存在形态不同。在 *AOB* 区，水的稳定相态为冰；在 *BOC* 区，水以蒸气存在；在 *AOC* 区，水以液态存在。曲线 *BO* 是 *AOB* 区和 *BOC* 区的交界，表示冰和蒸气共存；曲线 *OC* 是 *AOC* 区和 *BOC* 区的交界，表示液态水和蒸气共存；曲线 *AO* 是 *AOB* 区和 *AOC* 区的交界，表示冰和液态水共存。*O* 点是曲线 *AO*、*BO* 和 *CO* 的交点，表示冰、液态水和蒸气共存，因此 *O* 点可称为三相点(triple point)。*O* 点的温度为 0.009 8 ℃，压力为 609 Pa，自由度为 0。此时体系为无变量体系(non-variant system or invariant system)，是热力学温标(又称绝对温标、开尔文温标)定义的唯一固定点。三相点和水的冰点(freezing point，ice point)略有不同。冰点为 0 ℃，是空气存在条件下，冰、水共存的温度。另外 *C* 点是气、液共存的最高温度点。*OC* 表示了气、液共存，随着温度的升高，气、液两相的性质逐渐接近，*C* 点时气液的区别消失，所以 *C* 点为临界点(critical point)。*C* 点的温度和压力分别为 374 ℃、2.23×10^7 Pa。当体系温度高于临界温度(374 ℃)，压力高于临界压力(2.23×10^7 Pa)时，称为体系处于超临界状态，处于超临界状态的流体称为超临界流体(SCF，supercritical fluid)，如超临界水记作 SC-H_2O。

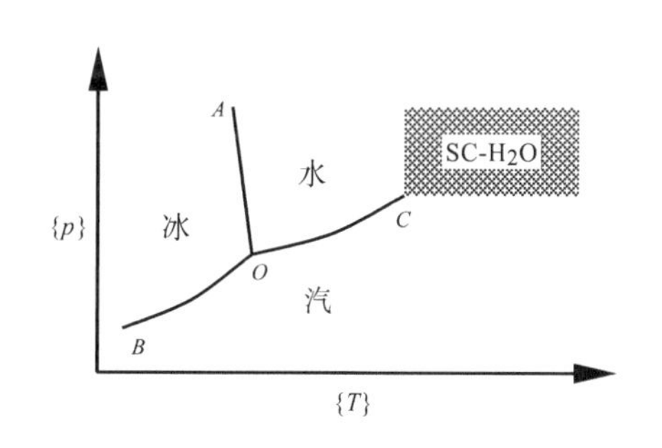

图 6-2 水的相图

超临界流体可以认为是一种高密度气体，与液体密度相近，比一般气体密度大两个数量级，但其黏度比液体小一个数量级，扩散系数比液体大两个数量级，所以 SCF 有较好的流动性和热传导性能。SCF 的最常见应用是超临界萃取(supercritical fluid extraction)和超临界干燥(supercritical drying)，如用 SC-CO_2 从烟草中萃取尼古丁(nicotine)，用 SC-CO_2 超临界干燥制备 $3Al_2O_3\cdot2SiO_2$ 超细粉体等。

6.2.2 单组分体系两相平衡时的 *p*-*T* 关系

图 6-2 中的曲线 *OA*、*OB*、*OC* 代表水的两相平衡共存状态，此时相数为 2，自由度 $f=1-2+2=1$。因此，平衡压力仅是平衡温度的函数。可以证明，两相平衡共存时，平衡压力与平衡温度间满足关系式

$$\frac{\mathrm{d}p}{\mathrm{d}T}=\frac{\Delta S}{\Delta V}=\frac{\Delta H}{T\Delta V} \tag{6-3}$$

式(6-3)称为 Clapeyron(克拉佩龙，法国工程师和物理学家)方程。图 6-2 中，曲线 *OA* 是固-液平衡共存线，由于冰的密度小于水的密度，$\Delta_s^l V<0$，$\Delta_s^l H>0$，所以 $\left(\frac{\mathrm{d}p}{\mathrm{d}T}\right)_{OA}=\frac{\Delta_s^l H}{T\Delta_s^l V}<0$，这种固-液平衡线的 p-T 关系是比较少见的。

对于曲线 *OB* 和 *OC*，属于凝聚相与气相平衡共存，体系离 *C* 点较远时，可以忽略凝聚相的体积，并视气相为理想气体，则 Clapeyron 方程简化为 Clausius-Clapeyron 方程

$$\frac{\mathrm{dln}\{p\}}{\mathrm{d}T}=\frac{\Delta H}{RT^2} \tag{6-4}$$

式(6－4)是 Clausius－Clapeyron 方程的微分式。对于凝聚相-气相共存，$\Delta_{s/l}^{g}H>0$，所以 $\left(\frac{\mathrm{dln}\{p\}}{\mathrm{d}T}\right)_{\mathrm{OB/OC}}=\frac{\Delta_{s/l}^{g}H}{RT^2}>0$，即温度升高时，平衡压力亦升高。可以用定积分式计算其压力：

$$\ln\frac{p_2}{p_1}=\frac{\Delta_{s/l}^{g}H}{R}\left(\frac{1}{T_1}-\frac{1}{T_2}\right) \tag{6-5}$$

显然，式(6－5)假定了相变热是常数，不随温度而变化，或者相变热取积分区间的平均值。反过来，预知两温度下的蒸气压，可计算该温度区间内的平均汽化热。对于正常液体(非极性液体，液体分子不缔合)，还可以用 Trouton(特鲁顿，爱尔兰物理学家)规则估算其正常汽化热：

$$\frac{\Delta_{\mathrm{vap}}H_{\mathrm{m}}^{\ominus}}{T_{\mathrm{b}}^{\ominus}}\approx 88\ \mathrm{J\cdot K^{-1}\cdot mol^{-1}} \tag{6-6}$$

用式(6－4)的不定积分式，以 $\ln p$ 对 $1/T$ 作图，从斜率可以得出实验平均相变热 ΔH。目前工程上最常用的是 Antoine(安托万，法国物理学家)方程：

$$\ln p=A-\frac{B}{t+C} \tag{6-7}$$

A、B、C 是与物性有关的 Antoine 常数。应用时要注意压力、温度单位及适用的温度范围。

例题 6－4 已知水的摩尔汽化热 $\Delta_{\mathrm{vap}}H_{\mathrm{m}}^{\ominus}=40.67\ \mathrm{kJ\cdot mol^{-1}}$，而炊事用的压力锅最高允许压力为 0.23 MPa，试估计水在压力锅内所能达到的最高温度。

解 忽略温度(或压力)对水的摩尔汽化热的影响，则由 Clausius－Clapeyron 方程有

$$\ln\frac{101\ 325}{0.23\times10^6}=\frac{40.67\times10^3}{8.314}\mathrm{K}\times\left(\frac{1}{T_{\max}}-\frac{1}{373.2\ \mathrm{K}}\right)$$

解得 $T_{\max}=398.1\ \mathrm{K}\approx125\ ℃$。

例题 6－5 将 263 K 的冰放入一恒温槽中缓慢加热直至沸腾，用电脑记录加热过程中恒温槽的温度变化。试用 Gibbs 相律分析电脑记录的温度-时间曲线。

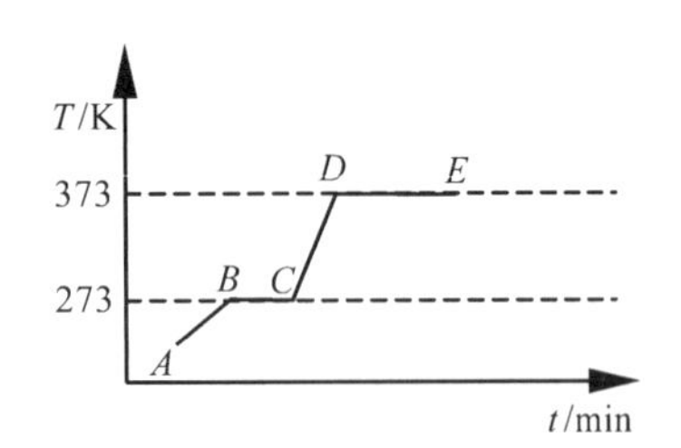

解 当体系温度在 263～273 K 之间时，水以固体冰的形态存在，$K=1$，$\phi=1$，$f=1-1+2=2$。因此温度和压力可以自由变化，表现在温度-时间图上，温度随时间延长而升高，如图中 AB 段。温度升高到 273 K 后，冰开始融化，此时冰与水共存，$\phi=2$，$f=1-2+2=1$。因此，温度是压力的函数，压力不变，温度亦不变，如图中 BC 段。当所有的冰全部融化后，温度继续上升，如图中 CD 段。当体系温度升高至 373 K 时，水开始沸腾，体系处于气、液平衡共存状态，$\phi=2$，$f=1-2+2=1$，温度再次保持不变，如图中 DE 段。

6.3 理想完全互溶双液体系

6.3.1 压力-组成图

对于理想溶液，其中的任一组分都遵守 Raoult 定律。根据 Dalton 定律，体系的总压

$$p=\sum_{B}p_{B}=\sum_{B}p_{B}^{*}x_{B}=p_{A}^{*}+(p_{B}^{*}-p_{A}^{*})x_{B} \tag{6-8}$$

可见体系的总压 p 和溶液的组成 x_B 呈线性关系。

根据 Dalton 定律，气体的分压力

$$y_{B}=\frac{p_{B}}{\sum_{B}p_{B}}=\frac{p_{B}^{*}x_{B}}{\sum_{B}p_{B}} \tag{6-9}$$

由式(6－9)和式(6－8)消去 x_B，得

$$p=\frac{p_{A}^{*}p_{B}^{*}}{p_{B}^{*}-(p_{B}^{*}-p_{A}^{*})y_{B}} \tag{6-10}$$

根据式(6－8)和式(6－10)可以绘制理想完全互溶双液体系的压力-组成图(即 p-x 图)，见图 6－3。

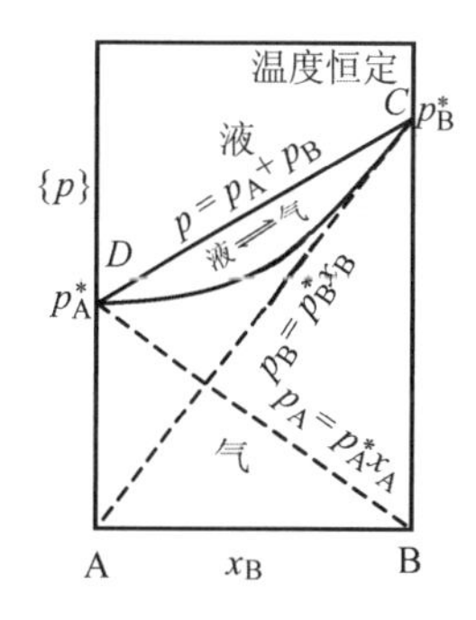

图 6－3 理想溶液 $p-x$ 图

图 6－3 分为三个部分，直线 $\overline{CD}$ 上方为组分 A、B 的液态理想溶液；直线 $\overline{CD}$ 和曲线 $\overset{\frown}{CD}$ 之间为液相和气相平衡共存的区域；曲线 $\overset{\frown}{CD}$ 下方为 A、B 的气体混合物。直线 $\overline{CD}$ 是液相与气、液共存区的交界，称为液相线，表示了体系压力与液相组成的关系。如果体系压力低于直线 $\overline{CD}$ 所示的压力进入气、液共存区域，则有部分液相汽化，因此液相线也称为泡点线(bubble point curve)。曲线 $\overset{\frown}{CD}$ 是气相与气、液共存区的交界，称为气相线，表示体系压力与气相组成的关系。如果体系压力高于曲线 $\overset{\frown}{CD}$ 所示的压力进入气、液共存区，则有部分气相液化，因此气相线也称为露点线(dew point curve)。

6.3.2 温度-组成图

从式(6－8)可得

$$x_{B}=\frac{p-p_{A}^{*}}{p_{B}^{*}-p_{A}^{*}} \tag{6-11}$$

从式(6－10)得

$$y_{B}=\frac{p_{B}^{*}-\frac{p_{A}^{*}p_{B}^{*}}{p}}{p_{B}^{*}-p_{A}^{*}} \tag{6-12}$$

保持体系的压力恒定，测定不同温度时的 p_A^*、p_B^*，分别代入式(6－11)、(6－12)，计算出该温度下的 x_B 和 y_B，用温度 T 为纵坐标，x_B 或 y_B 为横坐标可绘得理想完全互溶双液体系的温度-组成图(即 T-x 图)，如图 6－4 所示。

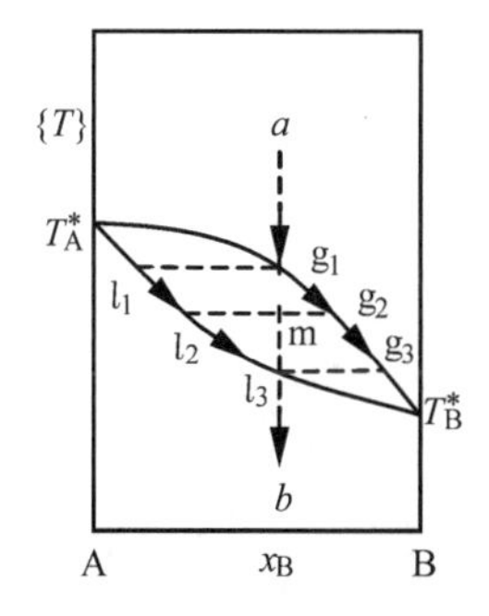

图 6－4 理想溶液 T-x 图

与 p-x 相图相似，T-x 相图也分三部分。但上方是气相区，下方是液相区，中间是气、液共存区。相应地，气相线(露点线)在上方，液相线(泡点线)在下方。

设 a 点是体系的始态，即所谓的物系点(system point)。当体系的温度下降时，物系点沿 ag_1 运动。当温度降低至 g_1 点所在的温度时，体系中开始有部分气体液化，第一个液滴的组成由 l_1 点表示。此时体系的状态由 l_1 点和 g_1 点表示，l_1 和 g_1 可称为相点(phase point)。当温度继续下降时，气相组成由 g_1 经 g_2 至 g_3；液相组成由 l_1 经 l_2 至 l_3。当温度降低至 g_3，

体系几乎完全液化，g_3 代表了最后一个气泡的组成。当温度低于 g_3，体系完全液化，此时物系点和相点重合。

6.3.3 杠杆规则

从上述的讨论可以看到，物系点表示体系的整体状态，相点表示体系相的状态。因此，条件不同时，物系点和相点可能重合，也可能分离。当体系处于气相区或液相区（单相区）时，物系点和相点重合；当体系处于气、液平衡区（两相区）时，物系点和相点分离。可以证明物系点、相点在两相平衡共存区存在所谓的杠杆规则（lever rule）。以图 6-4 中的结线（tie line）l_2mg_2 为例，杠杆规则可写为

$$n_l(x_m - x_{l_2}) = n_g(x_{g_2} - x_m) \tag{6-13}$$

当横坐标为质量分数时，式(6-13)可改写为

$$m_l(w_m - w_{l_2}) = m_g(w_{g_2} - w_m) \tag{6-14}$$

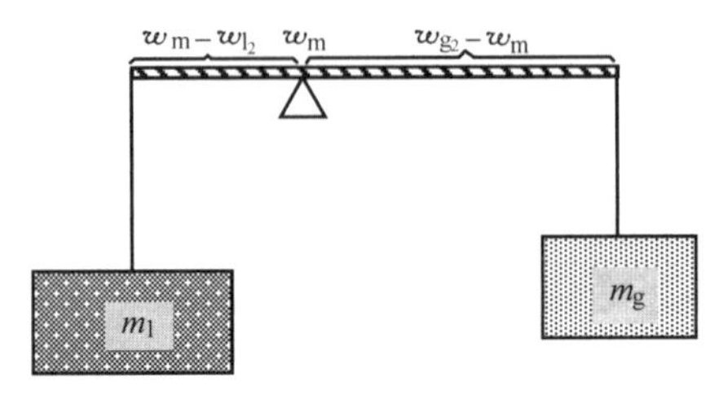

图 6-5　杠杆规则示意图

式(6-14)、(6-13)之所以称为杠杆规则，是因为表达式很像力学中的杠杆平衡原理（见图 6-5）：物系点是杠杆的支点（△）；两个分离相的物质的量或质量（m_l，m_g）是作用于支点两侧的力；两个分离相与物系点的组成的差值（$w_m - w_{l_2}$，$w_{g_2} - w_m$）分别是两力的力臂长度；杠杆平衡时，力矩相等即是杠杆规则。杠杆规则是质量守恒的反映，相图上任何发生物系点和相点分离的相区均遵守该规则。

例题 6-6　293 K 时，甲苯(A)的饱和蒸气压 $p_A^* = 2.973$ kPa，苯(B)的饱和蒸气压 $p_B^* = 9.959$ kPa。把 4 mol 甲苯和 1 mol 苯形成的理想液态混合物置于带活塞的气缸中，在 293 K 下，调节体系的压力达气液两相平衡。当液相中的苯的物质的量分数 $x_B = 0.1$ 时，试求：

① 体系的总压；

② 气相中苯的摩尔分数；

③ 气、液两相中物质的量。

解　① 苯和甲苯是紧邻同系物，所以苯-甲苯体系可视为理想溶液。体系中的任一组分均遵守 Raoult 定律：

$$\begin{aligned} p &= \sum_B p_B = p_A^* x_A + p_B^* x_B \\ &= 2.973\ \text{kPa} \times (1 - 0.1) + 9.959\ \text{kPa} \times 0.1 \\ &= 3.672\ \text{kPa} \end{aligned}$$

② 根据 Dalton 定律，苯在气相中的分数：

$$y_B = \frac{p_B}{\sum_B p_B} = \frac{9.959\ \text{kPa} \times 0.1}{3.672\ \text{kPa}} = 0.271$$

③ 设气、液两相的物质的量分别为 n_g、n_l。根据题意有

$$\begin{cases} n_g + n_l = 5\ \text{mol} \\ n_l\left(\dfrac{1}{1+4} - 0.1\right) = n_g\left(0.271 - \dfrac{1}{1+4}\right) \end{cases}$$

解得 $\begin{cases} n_g = 2.92\ \text{mol} \\ n_l = 2.08\ \text{mol} \end{cases}$。

例题 6-7 已知液体 A 和 B 可形成理想溶液，液体 A 的正常沸点为 338 K，其汽化热为 35 kJ·mol^{-1}。由 2 dm^3 A 和 8 dm^3 B 形成的溶液在标准压力 $p^\ominus$ 下的沸点为 318 K。将 $x_B=0.60$ 的溶液置于带活塞的气缸中，开始时活塞紧紧压在液面上，在 318 K 下逐渐减小活塞下的压力。求：

① 出现第一个气泡时体系的总压和气泡的组成；

② 当溶液几乎全部汽化，最后仅剩一滴时液相的组成和体系的总压。

解 ① 根据 Clausius-Clapeyron 方程，可计算液体 A 在 318 K 时的饱和蒸气压：

$$\ln\frac{p_A^*}{101.325\ \text{kPa}}=\frac{35\times10^3}{8.314}\times\left(\frac{1}{338}-\frac{1}{318}\right)$$

解得 $p_A^*=46.294$ kPa。

318 K 时，2 dm^3 A 和 8 dm^3 B 形成的溶液的总压为 $p^\ominus$，所以

$$p=\sum_B p_B=p_A^*x_A+p_B^*x_B$$

$$=46.292\ \text{kPa}\times\frac{2}{2+8}+p_B^*\times\left(1-\frac{2}{2+8}\right)$$

$$=101.325\ \text{kPa}$$

解得 B 的饱和蒸气压 $p_B^*=115.083$ kPa。

当体系生成第一个气泡时，体系的压力

$$p=\sum_B p_B=p_A^*x_A+p_B^*x_B$$

$$=46.292\ \text{kPa}\times(1-0.60)+115.083\ \text{kPa}\times0.60$$

$$=87.567\ \text{kPa}$$

第一个气泡的组成

$$y_B=\frac{p_B}{p}=\frac{115.083\times0.60}{87.567}=0.789$$

② 当液相仅剩最后一滴时，气相的组成 $y_B=0.60$，所以

$$y_B=\sum_B^{p_B}p_B=\frac{p_B^*x_B}{p_A^*x_A+p_B^*x_B}$$

$$=\frac{115.083\times x_B}{46.292\times(1-x_B)+115.083\times x_B}$$

$$=0.60$$

解得液相组成 $x_B=0.376$。

仅剩最后一滴时，体系的压力

$$p=\sum_B p_B=p_A^*x_A+p_B^*x_B$$

$$=46.292\ \text{kPa}\times(1-0.376)+115.083\ \text{kPa}\times0.376$$

$$=72.150\ \text{kPa}$$

6.4 非理想完全互溶双液体系

6.4.1 一般偏差体系与最大偏差体系

(1) 一般偏差体系

理想溶液的重要特点是任一组分在全部浓度范围内 ($0 \leqslant x_B \leqslant 1$) 均遵守 Raoult 定律,蒸气总压与液相组成呈线性关系。而实际的溶液对理想溶液均有偏差,按偏差的多少可分为一般偏差体系和最大偏差体系。真实液态混合物中两个组分通常或均为正偏差,或均为负偏差。某些情况下也可能一个(或两个)组分在某一组成范围内为正偏差,而在另一范围内为负偏差。

如果蒸气总压总是介于两个纯组分蒸气压之间就是一般偏差体系。如果蒸气总压大于 Raoult 定律的计算值,就是一般正偏差体系(见图 6-6);反之,蒸气总压小于 Raoult 定律的计算值,就是一般负偏差体系(见图 6-7)。正偏差时常有吸热现象,体积增大,负偏差时常有放热现象,体积缩小。如水-甲醇、苯-丙酮是一般正偏差体系,氯仿-乙醚是一般负偏差体系。

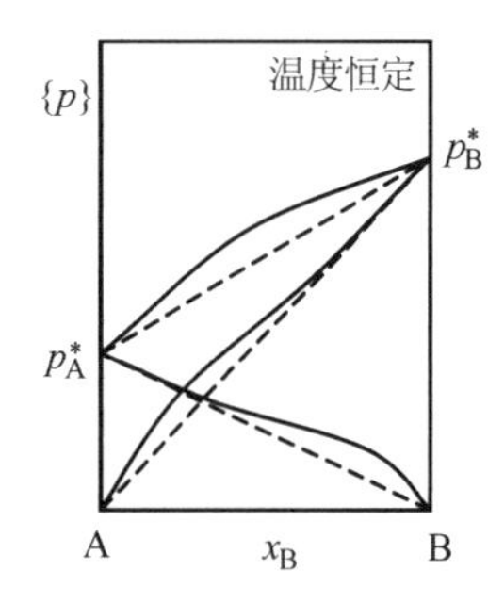

图 6-6 一般正偏差体系 p-x 相图

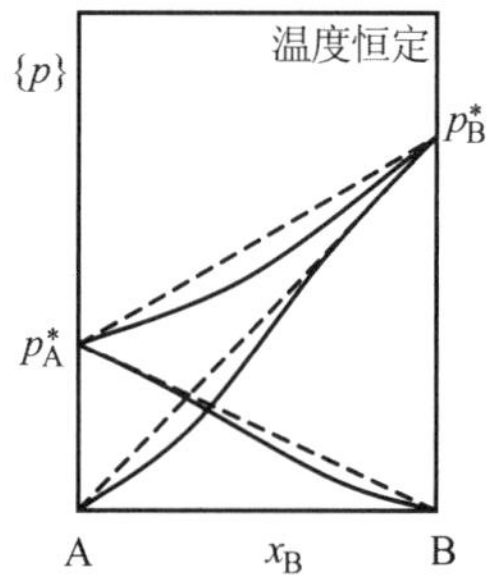

图 6-7 一般负偏差体系 p-x 相图

一般偏差体系除了液相线为曲线外,其他部分与理想互溶双液系相似,对相图的分析也一样。

(2) 最大偏差体系

如果实际体系的蒸气总压大于易挥发组分或者小于难挥发组分,表现在 p-x 相图有极大值或极小值,这种体系就是最大偏差体系。前者是最大正偏差体系,后者是最大负偏差体系。要引起注意的是,最大正偏差体系在 T-x 相图上表现为极小值,最大负偏差体系在 T-x 相图上表现为极大值。如甲醇-氯仿、苯-乙醇体系是最大正偏差体系,水-硝酸、氯仿-丙酮是最大负偏差体系。

如图 6-8、6-9、6-10、6-11 所示,图中的极值点称为恒沸点。具有恒沸点组成的混合物称为恒沸混合物(boiling azeotrope)。当恒沸混合物汽化时,气相组成等于液相组成,$x_B = y_B$,沸点在压力一定时一定,似与纯净物无异。但恒沸混合物的组成随压力而改变,甚至恒沸点消失,所以恒沸混合物不是纯净物。在 T-x 图中,极小值对应最低恒沸点,极大值对应最高恒沸点。

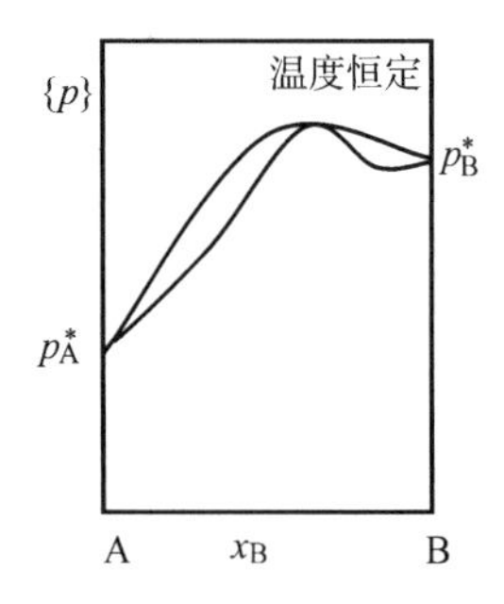

图 6-8 最大正偏差体系 p-x 相图

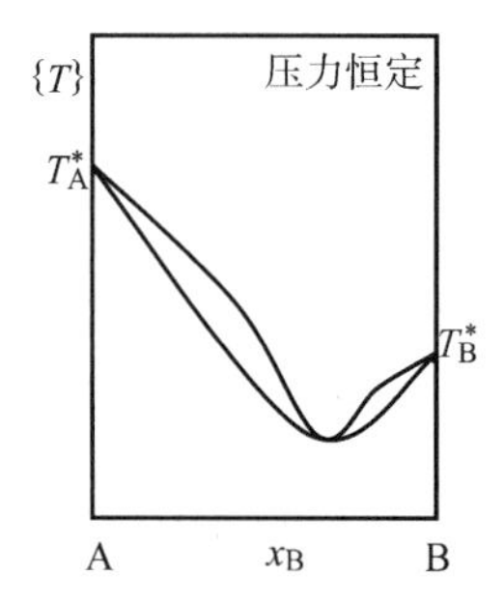

图 6-9 最大正偏差体系 T-x 相图

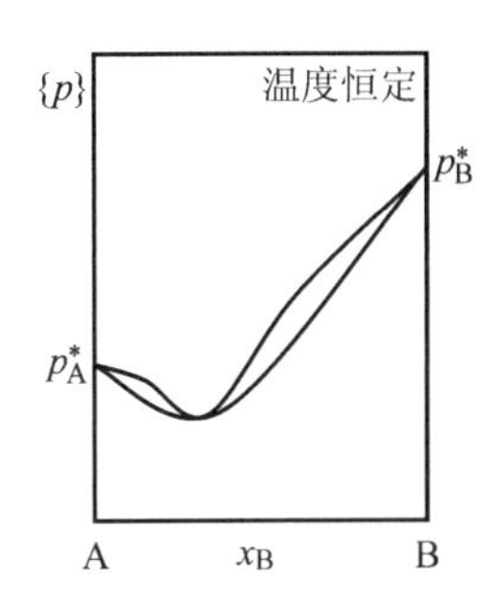

图 6-10 最大负偏差体系 *p-x* 相图

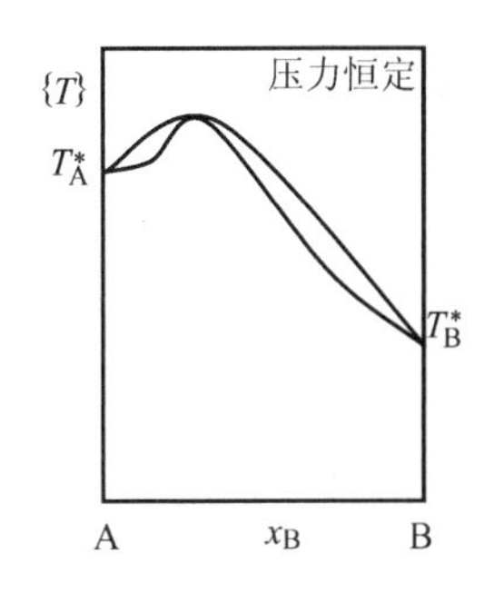

图 6-11 最大负偏差体系 *T-x* 相图

6.4.2 精馏原理

(1) 简单蒸馏

将混合物加热至沸腾，使之变为气体，然后使蒸气冷凝而液化的过程称为蒸馏(distillation)。蒸馏的基本原理可以用 T-x 图来说明。

组成为 x_1 的溶液加热到 T_1 时开始沸腾，与之平衡的气相组成为 y_1，$x_1 < y_1$，气相中易挥发的成分 B 相对于液相中的含量提高了。当温度升高到 T_2 时，液相和气相中组成分别为 x_2、y_2，$x_2 < y_2$。收集 $T_1 \sim T_2$ 之间的气相并冷凝，则馏出物的组成在 y_1 和 y_2 之间，馏出物中 B 的含量相对于原始溶液 x_1 为高。这就是有机合成中常用的蒸馏的原理，它只能粗略地将多组分体系相对分离，效果不是很好(见图 6-12)。

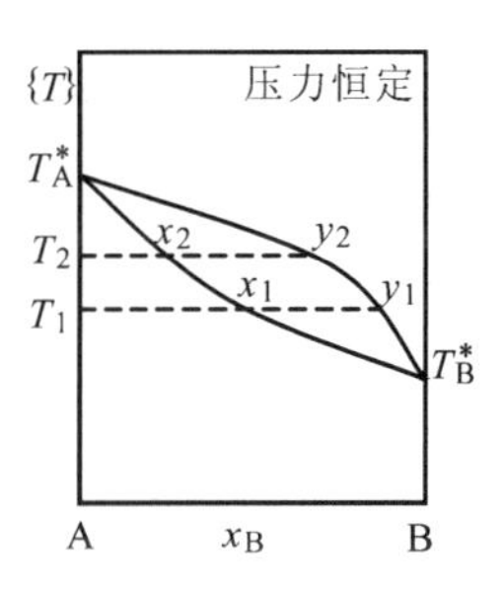

图 6-12 简单蒸馏原理

(2) 精馏

精馏(rectification)是多次简单蒸馏的组合。将组成为 x_1 的原始溶液加热到温度 t_1 时开始沸腾，与之平衡的气相组成为 y_1。将组成为 y_1 的气相冷却至 t'，得到组成为 x' 的液相和组成为 y' 的气相，$y_1 < y'$，气相易挥发组分 B 相对富集。将组成为 y' 的气相冷却至 t''，得到组成分别为 x''、y'' 的液相和气相，$y' < y''$，气相中易挥发组分 B 进一步富集。如此反复，最后得到的气相的组成几乎就是纯 B(见图 6-13)。

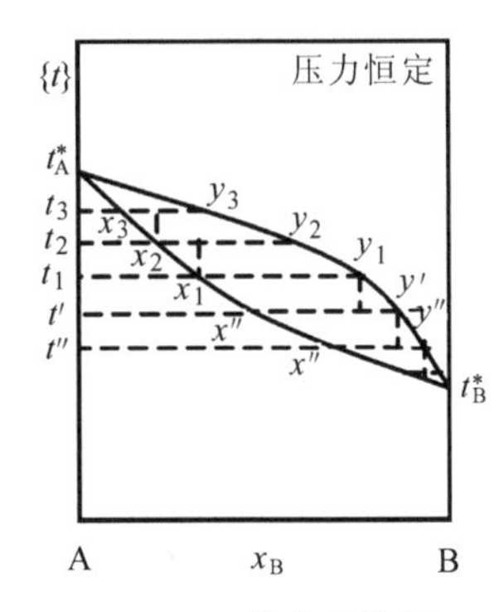

图 6-13 精密分馏原理

如果将组成为 x_1 的液相加热至 t_2，将得到组成分别为 x_2、y_2 的液相和气相，$x_2 < x_1$，液相中难挥发的组分 A 相对富集。将组成为 x_2 的液相加热至 t_3，将得到组成分别为 x_3、y_3 的液相和气相，$x_3 < x_2$，液相中难挥发的组分 A 进一步富集。如此反复，最后所得的液相几乎就是纯 A。

工业上精馏是在精馏塔中进行，通过反复的部分汽化和部分液化，最终能完全分离液态混合物，分别得到纯 A 和纯 B。如果是最大偏差体系，将一次性只能得到一个纯组分和恒沸混合物，精馏塔顶得到相对易挥发的纯组分(或恒沸混合物)，塔底得到相对难挥发的恒沸混合物(或纯组分)。

例题 6-8 下表是乙酸乙酯(A)-乙醇(B)体系在 $p^\ominus$ 下的气-液平衡数据：

t/℃	77.2	76.7	75.0	72.6	71.8	71.6	72.0	72.8	74.2	76.4	77.7	78.3
x_B	0	0.03	0.10	0.24	0.36	0.46	0.56	0.71	0.83	0.94	0.98	1.00
y_B	0	0.07	0.16	0.30	0.40	0.46	0.51	0.60	0.74	0.88	0.975	1.00

① 由表中数据绘制沸点组成图;

② 说明图中点、线、区的意义;

③ 将 8 000 mol 乙醇和 2 000 mol 乙酸乙酯混合并加热,求出泡点。最初馏出物的组成为多少?

④ 把上述体系精馏,最终得到何种产物?

⑤ 上述体系如果是气体混合物,降温凝结,求出露点。最初凝结出的液滴的组成如何?

解 ① 以液相或气相组成为横坐标,以体系的温度为纵坐标,在 t-x 坐标系中描出体系各个相点,用光滑的曲线连接起来即是体系在 $p^{\ominus}$ 下的 t-x 相图。

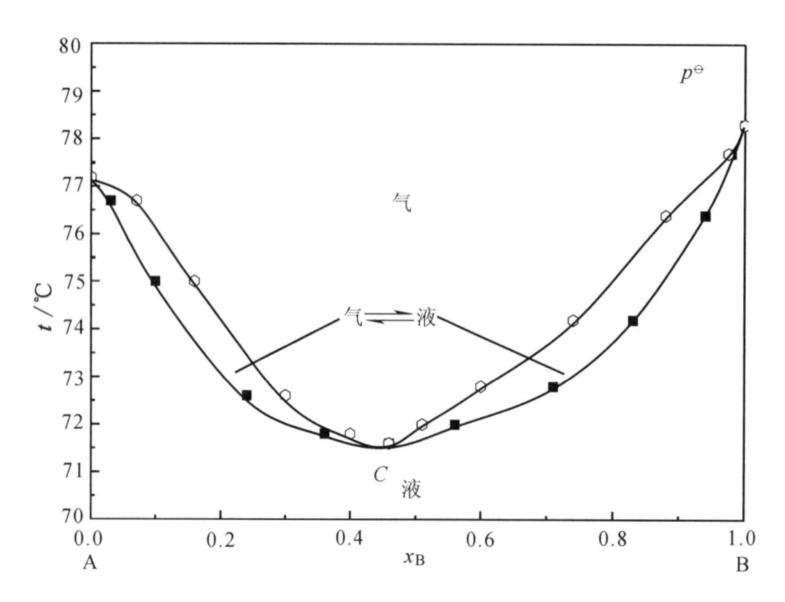

② C 点是最低恒沸点,此时气、液组成相同。上方曲线为气相线(露点线),下方曲线为液相线(泡点线)。相图上方为气相,相图下方为液相,两曲线之间为气液共存区。

③ 泡点为 73.7 ℃,最初馏出物 $y_B = 0.69$。

④ 塔顶得最低恒沸混合物,塔底得乙醇。

⑤ 露点为 75.1 ℃,最初凝结的液滴 $x_B = 0.88$。

6.5 部分互溶双液体系

如果两种液体的性质相差较大,则在一定温度与组成时,它们的混合物将部分互溶,形成两个液相。升高温度,液体的蒸气压升高。当蒸气压等于外压时,就会出现气、液共存现象。

6.5.1 部分互溶双液体系的液-液相图

(1) 具有最高会溶温度的双液体系

图 6-14 所示是水-苯胺体系的 t-x 相图。靠近纯水和苯胺的两侧分别为苯胺在水中的不饱和溶液及水在苯胺中的不饱和溶液。当水和苯胺的含量相当时,体系分为两层,即水中饱和了苯胺的水层及苯胺中饱和了水的苯胺层。温度升高时,水和苯胺的相图溶解度加大,在 t-x 相图上表现为平衡共存的两相组成相互接近。当体系温度升至 167

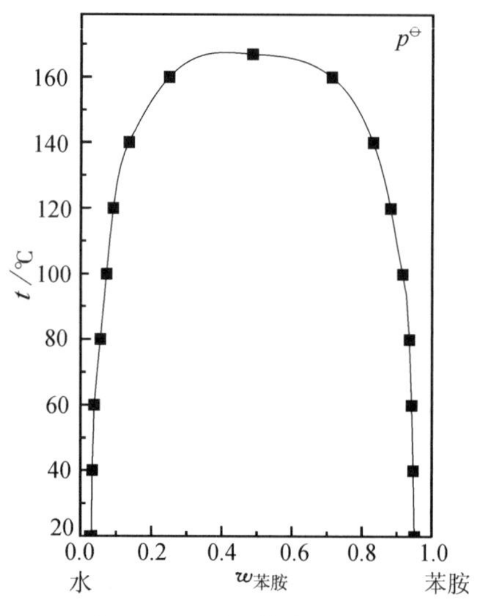

图 6-14 水-苯胺 t-x 相图

℃时，两相的组成相同，体系实为一相。此温度以上体系完全互溶，因此该温度称为体系的会溶温度(consolute temperature)。

具有最高会溶温度的体系比较多。例如苯胺-己烷、二硫化碳-甲醇、水-异丁醇等。

(2) 具有最低会溶点的体系

图 6-15 是水-三乙基胺体系的 t-x 相图。与图 6-14 相反，当温度低于 18 ℃时，水和三乙基胺完全互溶。18 ℃以上时，水和三乙基胺部分互溶。在部分互溶双液体系中，会溶温度越低，说明两液体间互溶性越低，反之互溶程度高。由此利用会溶温度数据筛选性能优良的萃取剂。

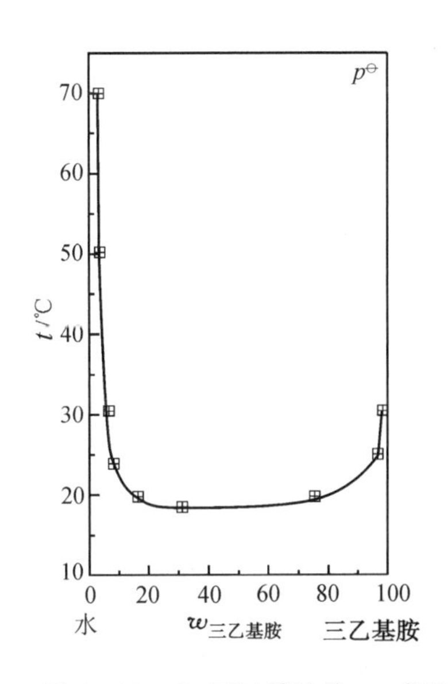

图 6-15 水-三乙基胺的 t-x 相图

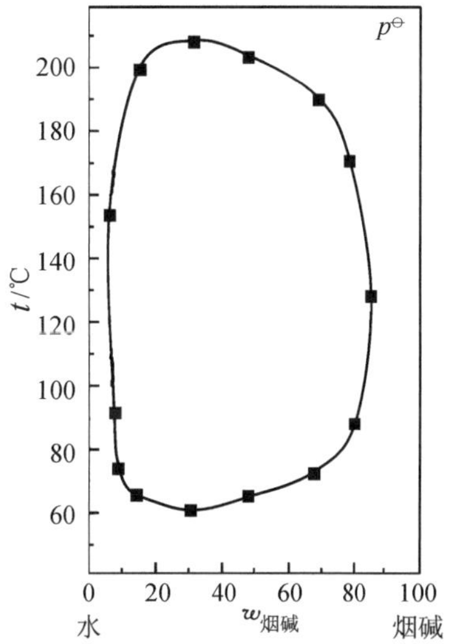

图 6-16 水-烟碱的 t-x 相图

(3) 同时具有最高、最低会溶点的体系

图 6-16 是水-烟碱体系的 t-x 相图。水-烟碱体系同时具有最高、最低会溶温度。在 60.8～208 ℃之间，水-烟碱部分互溶。温度高于 208 ℃或低于 60.8 ℃，水-烟碱完全互溶。

苯-硫体系，163 ℃以下部分互溶，在 226 ℃以上也部分互溶，但两个温度之间却完全互溶。此类体系的低会溶点位于高会溶点的上方。此外，还具有没有会溶温度的类型。

6.5.2 部分互溶双液体系的气-液相图

图 6-17 是部分互溶双液体系的气-液相图。这类相图可以看作是液-液相图和气-液相图的组合。相图中的水平线是所谓的共沸线，体系处于三相共存状态，根据相律，$f=2-3+1=0$，压力一定，温度一定。

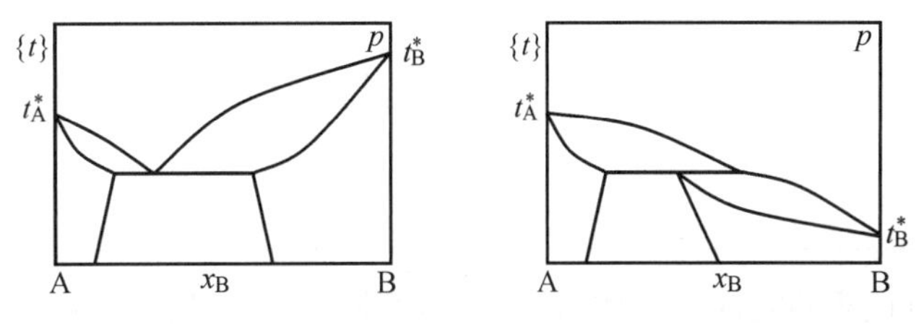

图 6-17 部分互溶双液体系的气-液相图

例题 6-9 A 与 B 在液态时部分互溶，A 和 B 在 101.325 kPa 下沸点分别为 120 ℃和 100 ℃，该二组分体系的气-液平衡相图如图所示。

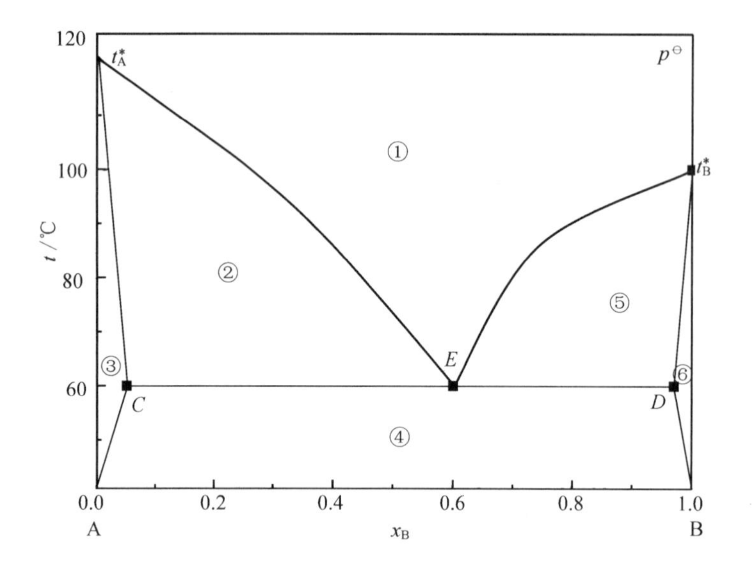

(1) 填写下表：

相　区	相　数	相　态	自由度
①			
②			
③			
④			
⑤			
⑥			
$\overline{CDE}$			

(2) 已知 C、D、E 点的组成分别为 0.05、0.97、0.60，若溶液 C 和 D 可视为理想稀溶液，试求 60 ℃时 A、B 的饱和蒸气压及溶液 C、D 中溶质的 Henry 系数。

解 (1)填写的表格如下：

相　区	相　数	相　态	自由度
①	1	气	2
②	2	气$\rightleftharpoons$溶液 1	1
③	1	溶液 1	2
④	2	溶液 1$\rightleftharpoons$溶液 2	1
⑤	2	气$\rightleftharpoons$溶液 2	2
⑥	1	溶液 2	2
$\overline{CDE}$	3	气(E)$\rightleftharpoons$溶液 1$\rightleftharpoons$溶液 2	0

(2) 当将 C、D 点所代表的溶液视为稀溶液，则溶剂遵守 Raoult 定律，溶质遵守 Henry 定律。溶液 C 中，A 为溶剂，根据 Raoult 定律和 Dalton 定律有

$$p_A = p_A^* x_A = p y_{A,E}$$

$$p_A^* \times 0.95 = 101.325\ \text{kPa} \times 0.40$$

解得 $p_A^* = 42.663\ \text{kPa}$。

溶液 C 中，B 为溶质，根据 Henry 定律和 Dalton 定律有

$$p_B = k_{B,x} x_B = p y_{B,E}$$

$$k_{B,x} \times 0.05 = 101.325\ \text{kPa} \times 0.60$$

解得 $k_{B,x} = 1\ 215.9\ \text{kPa}$。

溶液 D 中，B 为溶剂，根据 Raoult 定律和 Dalton 定律有

$$p_B = p_B^* x_B = p y_{B,E}$$

$$p_B^* \times 0.97 = 101.325\ \text{kPa} \times 0.60$$

解得 $p_B^* = 62.675\ \text{kPa}$。

溶液 D 中，A 为溶质，根据 Henry 定律和 Dalton 定律有

$$p_A = k_{A,x} x_A = p y_{A,E}$$

$$k_{A,x} \times 0.03 = 101.325\ \text{kPa} \times 0.40$$

解得 $k_{A,x} = 1\ 351\ \text{kPa}$。

6.6 完全不互溶的双液体系

当两个液相的性质差别很大，相互溶解度很小时，它们构成的体系可视为完全不互溶的双液体系，例如水-汞、水-苯等便属于此类体系。

6.6.1 完全不互溶双液体系的温度-组成图

图 6-18 是完全不互溶的双液体系的 t-x 相图。当温度足够高时，①区的稳定相态为 A、B 的气态混合物。降低温度后，将可能分别有液态 A 或 B 凝结，因此②区和③区分别为液态 A 与气态混合物共存和液态 B 与气态混合物共存。当温度降低至 $\overline{CDE}$ 时，液态 A、液态 B 与组成为 E 的气相共存，此时体系的自由度 $f = 2 - 3 + 1 = 0$，因此体系的温度保持不变，各相组成也恒定，故 $\overline{CDE}$ 是三相共存的共沸点线。继续降温，气态物质消失，④区的稳定相态为液态纯 A 和纯 B 共存。

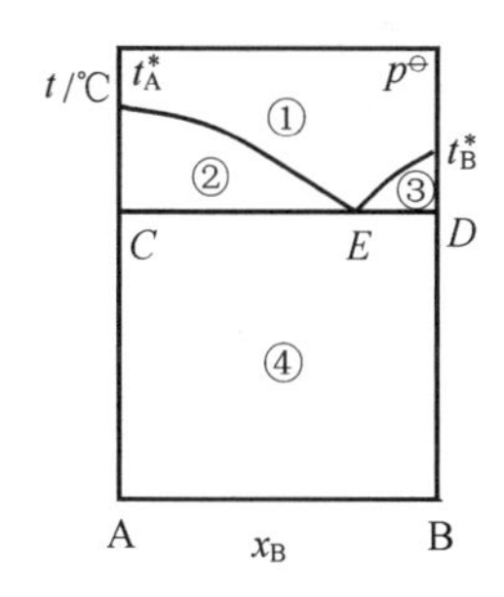

图 6-18 完全不互溶双液系 t-x 相图

6.6.2 完全不互溶双液体系的压力-温度图及水蒸气蒸馏

水蒸气蒸馏两个性质差异很大的液相混合物时，各组分的蒸气压与纯态时无异。因此体系的蒸气压为各组分纯态饱和蒸气压的总和。温度升高时，各组分的蒸气压升高，体系的总蒸气压亦升高。

图 6-19 是水-溴苯体系的蒸气压-温度图。溴苯相对于水难挥发，蒸气压曲线在下方，水的蒸气压曲线在其上，体系的蒸气压曲线是二者的和，位于 p-t 图的上部。用标准大气压作平行于横轴的直线，直线分别与水、溴苯及体系蒸气压曲线相交，交点分别是水、溴苯及体系的沸点。从图 6-19 可以看到，体系的沸点低于水及溴苯的沸点，水蒸气蒸馏(steam distillation)有减压蒸馏(vacuum distillation)的效果。

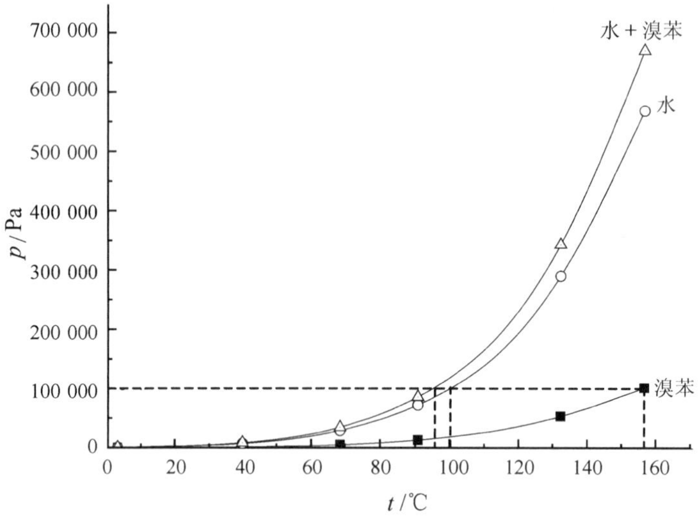

图 6-19　水-溴苯的蒸气压-温度图

$$\frac{n_{H_2O}}{n_B}=\frac{m_{H_2O}/M_{H_2O}}{m_B/M_B}=\frac{p_{H_2O}^*}{p_B^*}$$

$$\frac{m_{H_2O}}{m_B}=\frac{p_{H_2O}^*M_{H_2O}}{p_B^*M_B} \tag{6-15}$$

$\frac{m_{H_2O}}{m_B}$为水蒸气消耗系数，即蒸馏出单位质量有机物 B 所需水蒸气的质量。由式(6-15)可见，有机物的摩尔质量越大，蒸气压越高，消耗的水的量越少。水蒸气消耗系数是工业上衡量该法是否具有经济价值的重要指标。

由于完全不互溶体系中，各组分的饱和蒸气压互不影响，所以在装有废汞的烧杯中加一层水，企图防止水蒸气对人体的毒害是无科学依据的做法。

例题 6-10　水(A)-硝基苯(B)近似为完全不互溶双液体系。一个标准大气压时，共沸温度为 99 ℃，水的蒸发焓为 40.67 kJ・mol^{-1}。将此混合物进行蒸馏，求馏出物中硝基苯的质量分数。

解　视水蒸气为理想气体，99 ℃时水的饱和气压可由 Clausius-Clapeyron 方程计算：

$$\ln\frac{101.325\ \text{kPa}}{p_{H_2O}}=\frac{40.67\ \text{kJ}\cdot\text{mol}^{-1}}{8.314\ \text{J}\cdot\text{K}^{-1}\cdot\text{mol}^{-1}}\times\left[\frac{1}{(99+273.15)\ \text{K}}-\frac{1}{373.15\ \text{K}}\right]$$

解得 $p_{H_2O}=97.818$ kPa。因此硝基苯的饱和气压

$$p_B=p^{\ominus}-p_A=(101.325-97.818)\ \text{kPa}=3.507\ \text{kPa}$$

由式(6-15)可算得水和硝基苯的质量比：

$$\frac{m_{H_2O}}{m_B}=\frac{p_{H_2O}^*M_{H_2O}}{p_B^*M_B}=\frac{97.818\times18.015}{3.507\times123.11}=4.082$$

硝基苯在馏出物中的质量分数

$$w_B=\frac{m_B}{m_{H_2O}+m_B}=\frac{1}{4.082+1}=0.197$$

6.7 简单低共熔体系

与完全不互溶双液体系的气-液相图类似，两种固体之间有可能形成固体完全不互溶的固-液相图，如 AgBr(A)-KBr(B)体系。

图 6-20 是 AgBr-KBr 体系的温度-组成图。①区的温度很高，AgBr 和 KBr 都完全熔化，形成溶液。②区的温度较低，存在过量的 AgBr，因此 AgBr 从熔融液中析出。析出纯 AgBr 后，熔融液的组成沿 $\widehat{EG}$ 变化，当温度降至 285 ℃，熔融液的组成 $w_{KBr}=0.33$，由 G 点表示，此时纯 KBr 与纯 AgBr 同时析出，即三相平衡共存。当所有的熔融液消耗后，体系进入④区，稳定相为固态 AgBr 和 KBr。③区的情形与②区类似，熔融液与过量的纯 KBr 共存。

如果将熔融液冷却，同时记录体系的温度和冷却时间，将得到体系的步冷曲线(cooling curve)。体系的组成不同，步冷曲线不同。如将纯 AgBr 或纯 KBr 熔化后冷却，得到的步冷曲线形如图 6-21 的折线 A。折线的特点是有一平台，此时固-液平衡，$f=1-2+1=0$，因此在固体 AgBr 或 KBr 析出的过程中，温度保持不变。当 KBr 的含量为 33%的体系冷却时，冷却曲线 y 和纯物质相同，$f=2-3+1=0$。出现平台时，三相平衡，G 点可称为低共熔点(eutectic point)。低共熔混合物(eutectic mixture)的组成 $w_{KBr}=0.33$，熔化后液态的组成不变。低共熔混合物不是纯净物，因为其组成随压力而变化。对于其他混合物，如折线 x、z 所示，当析出固态物时，$f=2-2+1=1$，体系的温度依然下降，只是下降的幅度较小。

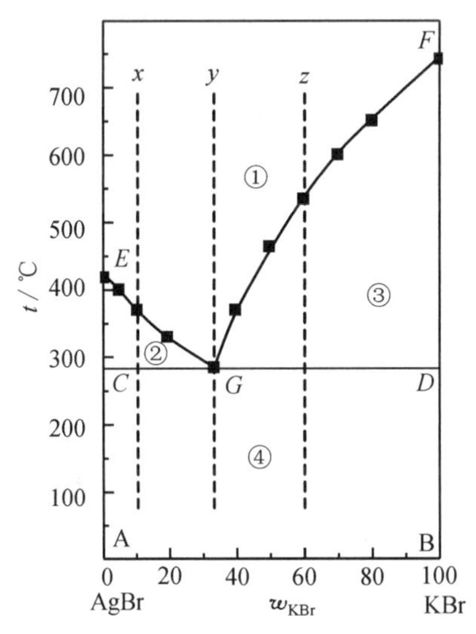

图 6-20 AgBr-KBr 的 t-x 相图

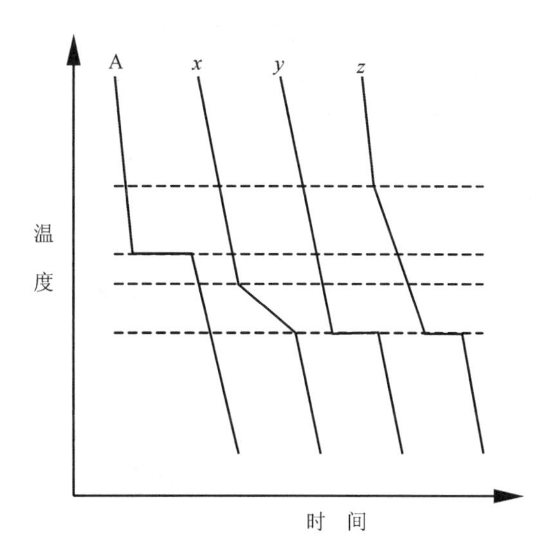

图 6-21 AgBr-KBr 的步冷曲线

例题 6-11 一化工厂中常用联苯-联苯醚的混合物(俗称道生)做载热体，已知该体系的熔点-组成图如图所示。

(1) 指出图中各相区的相态；

(2) 道生的配比多少才最合适？

解 (1) 各相区的稳定相态分别为：① l；② $l \rightleftharpoons s_{联苯}$；③ $l \rightleftharpoons s_{联苯醚}$；④ $s_{联苯}+s_{联苯醚}$。

(2) 道生的低共熔组成 $w_{联苯醚}=0.78$。这一组成的道生低于 12 ℃时，才有固体联苯、联苯醚析出，不易堵塞管道。

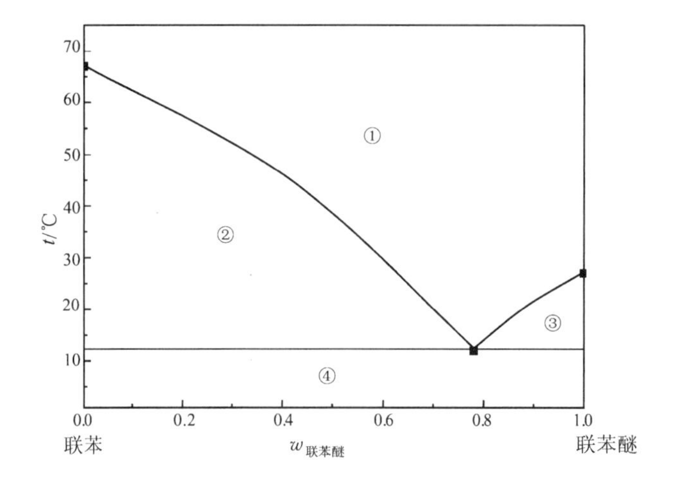

6.8 固态互溶体系

6.8.1 固态完全互溶体系

若固态完全互溶,将有三种类型的固-液体系:全部浓度范围内,熔点都在两个纯物质熔点之间;某浓度范围内,熔点高于熔点最高的纯物质;某浓度范围内,熔点低于熔点最低的纯物质。

(1) 第一类固-液体系

第一类固-液体系中,混合物的熔点在两纯物质之间,液态时混合物形成液态溶液,固态时混合物形成固态溶液——固溶体(solid solution, sosoloid)。如 AgBr-NaBr 就是这类体系(见图 6-22)。

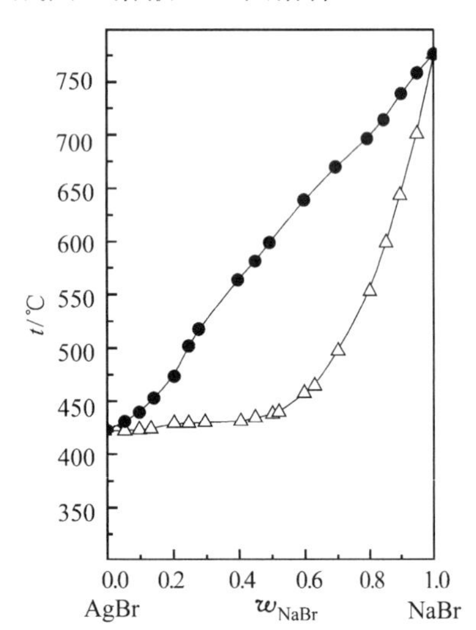

图 6-22 AgBr-NaBr 体系的固-液相图

固溶体是组成可连续改变的固态溶液。当两个组分无限互溶时,如水和乙醇,则析出时形成固溶体。与液态溶液一样,形成固溶体时,物质的蒸气压降低。凝固点降低幅度小于理想溶液,甚至有可能凝固点升高。

根据固溶体结构的不同,将固溶体分为三类:置换固溶体、嵌入固溶体和缺位固溶体(见图 6-23)。

① 置换固溶体:组成 B 的原子取代了组分 A 晶格中的原子,如黄铜(Cu-Zn 合金),Zn 原子置换了 Cu 晶格中 Cu 原子,晶格的类型不变,但 X 射线衍射图与纯 Cu 和纯 Zn 不同,它介于 Zn 和 Cu 之间,晶格参数是 Cu 和 Zn 的平均值。

② 嵌入固溶体:一种组分嵌入另一组分的晶格的空隙中,如非金属(H、Br、C、N)溶解于金属(如 Fe、W、Mo)中。

③ 缺位固溶体:实际上是晶格有缺陷的固溶体。固态电解质被认为是解决电动车安全焦虑和里程焦虑的终极方案,而缺陷被认为是固态电解质的导电机理之一。

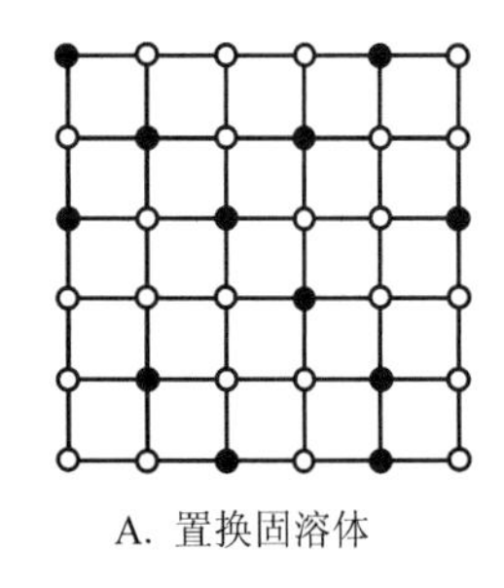

A. 置换固溶体

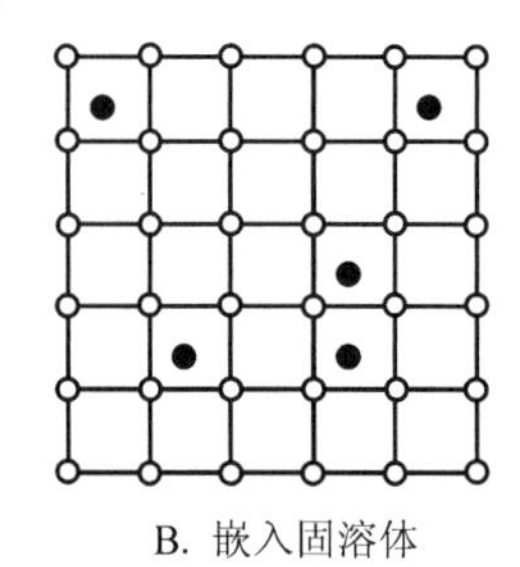

B. 嵌入固溶体

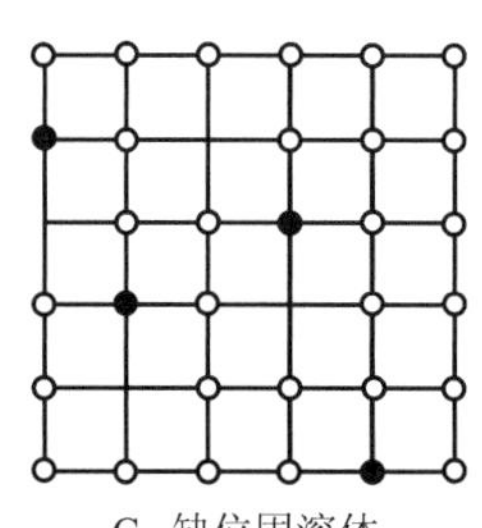

C. 缺位固溶体

图 6-23 固溶体的结构类型(● A 原子 ○ B 原子)

(2) 第二类固-液体系

这类相图较少，如 d-香芹-l-香芹在相图出现极大值(见图 6-24)。

(3) 第三类固-液体系

如 Cu-Au 体系，相图上有极小值(见图 6-25)。

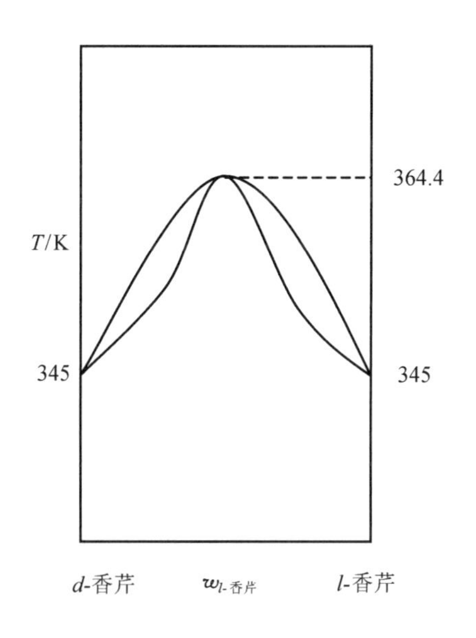

图 6-24 d-香芹-l-香芹体系的相图

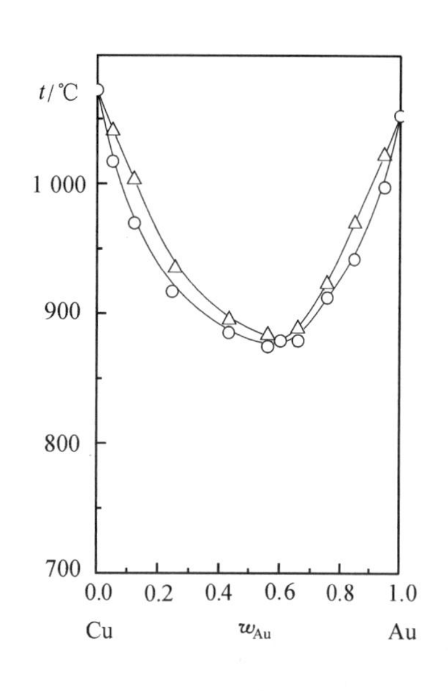

图 6-25 Cu-Au 体系的相图

6.8.2 固态部分互溶体系

应当指出，固态完全互溶的情况较少，而且多为生成有限固溶体的体系。固态部分互溶体系大致有两种：低共熔型和转熔型。

图 6-26 中，①区为熔融液；②区为熔融液与固溶体 α 平衡共存；③区则是熔融液与固溶体 β 平衡共存；④区是固溶体 α 的单相区；⑤区是固溶体 β 的单相区；⑥区是两个固溶体 α、β 平衡共存区。图中的 A、B 分别为纯 Pb 和纯 Sn 的熔点；C、D、E 的组成 w_{Sn} 分别为 0.195、0.974、0.779，温度为 183.3 ℃。该状态下，体系处于三相平衡：固溶体 α $\rightleftharpoons$ 固溶体 β $\rightleftharpoons$ 熔融液(E)。

图 6-27 中，①区为熔融液；②区为熔融液与固溶体 β 平衡共存；③区则是熔融液与固溶体 α 平衡共存；④区是固溶体 β 的单相区；⑤区是固溶体 α 的单相区；⑥区是两个固溶体 α、β 平衡共存区。图中的 A、B 分别为纯 Ag 和纯 Pt 的熔点；在 $\overline{CED}$ 上，有三相转熔反应：固溶体 α $\rightleftharpoons$ 固溶体 β＋熔融液(E)。

图 6-26 为低共熔型，图 6-27 为转熔型。低共熔型中，低共熔温度低于两个纯组分中的熔点最低者；转熔型中，转熔温度处于两个纯组分熔点之间。

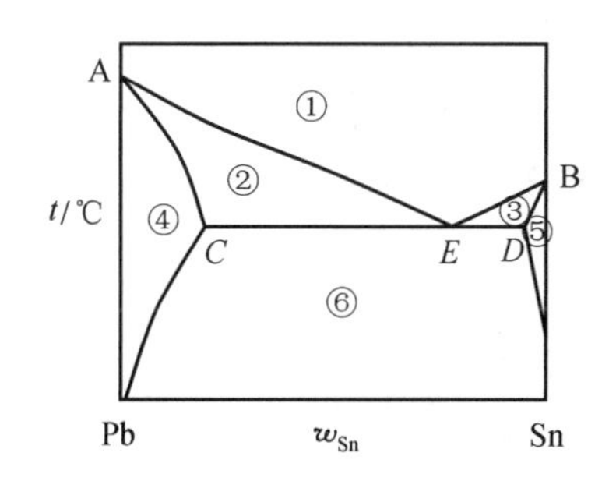

图 6-26 Pb-Sn 体系的相图

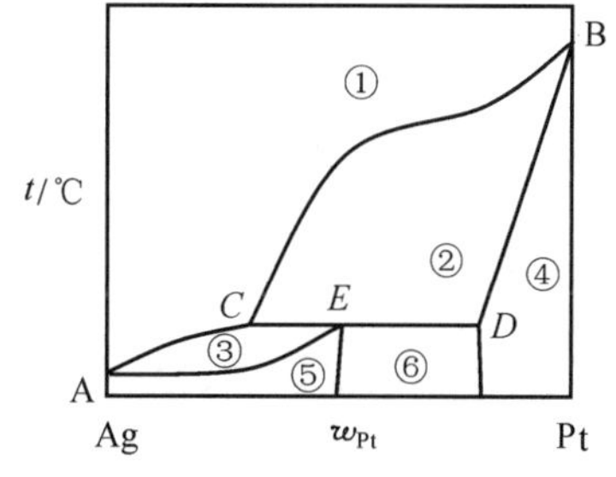

图 6-27 Ag-Pt 体系的相图

6.9 有化合物生成的体系

6.9.1 生成稳定化合物的体系

如果A、B间可以形成稳定化合物A_mB_n,则A-B的相图可以看成是A-A_mB_n与A_mB_n-B以A_mB_n为轴拼合而成的。

图6-28是CuCl-$FeCl_3$的示意相图,CuCl和$FeCl_3$生成一固态稳定的化合物CuCl·$FeCl_3$。相图的左、右两部分可视为简单低共熔体系。

①区熔融液;

②区熔融液与固体CuCl共存;

③区熔融液与CuCl·$FeCl_3$共存;

④区固体CuCl与CuCl·$FeCl_3$共存;

⑤区熔融液与CuCl·$FeCl_3$共存;

⑥区熔融液与固体$FeCl_3$共存;

⑦区固体$FeCl_3$与CuCl·$FeCl_3$共存。

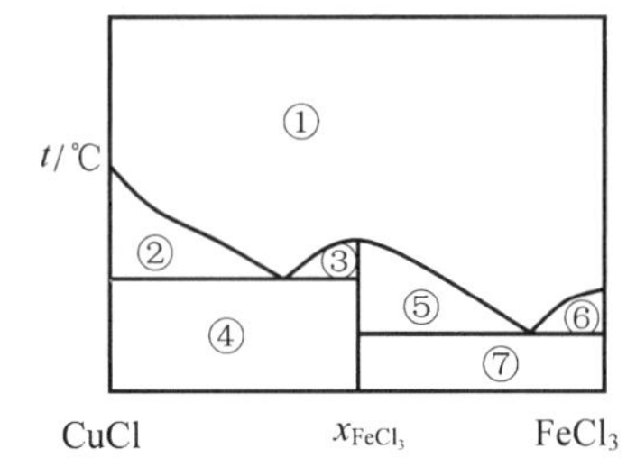

图6-28 CuCl-$FeCl_3$体系的相图

6.9.2 生成不稳定化合物的体系

如果两个纯组分之间形成一不稳定化合物,此化合物在熔点之下发生转熔反应生成一个新固体和一个组成与化合物不同的溶液。如KCl-$CuCl_2$、NaCl-H_2O体系中均有不稳定化合物生成。

图6-29是KCl-$CuCl_2$体系的示意相图。低于226 ℃时,KCl和$CuCl_2$可形成不稳定的化合物$CuCl_2$·2KCl。高于226 ℃时,该化合物分解为KCl晶体与组成为$E(w_{CuCl_2}=0.55)$的溶液。

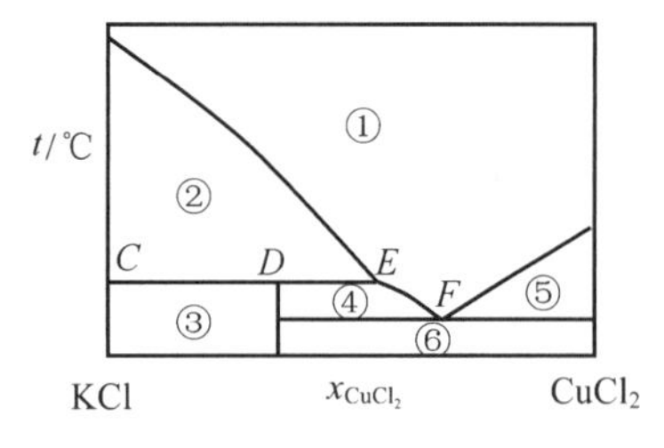

图6-29 KCl-$CuCl_2$体系的相图

例题6-12 H_2O-NaCl体系中,有一低共熔点,其温度为−21.1 ℃,含NaCl为$w_{NaCl}=0.233$。在低共熔点析出的固体为冰和NaCl·$2H_2O$混合物。−9 ℃为NaCl·$2H_2O$的不相合熔点,在−9 ℃时NaCl·$2H_2O$发生转熔反应分解为无水NaCl和组成为$w_{NaCl}=0.27$的NaCl溶液。无水NaCl的溶解度随温度的变化很小,但温度升高时溶解度略有增加。试根据以上知识画出NaCl-H_2O的大致相图。

解 根据冰的熔点(0 ℃)和低共熔点(−21.1 ℃,$w_{NaCl}=0.233$)可大致画出H_2O的熔点曲线$\overset{\frown}{AB}$。由不相合熔点温度−9 ℃和溶液组成$w_{NaCl}=0.27$可大致画出不稳定化合物NaCl·$2H_2O$的熔点曲线$\overset{\frown}{BC}$。无水NaCl的溶解度随温度变化略有增加,因此可以画出NaCl的熔点曲线$\overset{\frown}{CD}$。由低共熔温度可画出低共熔线$\overline{CBH}$。由转熔温度可画出转熔线$\overline{CEF}$。由化合物的组成可画出$\overline{EH}$。

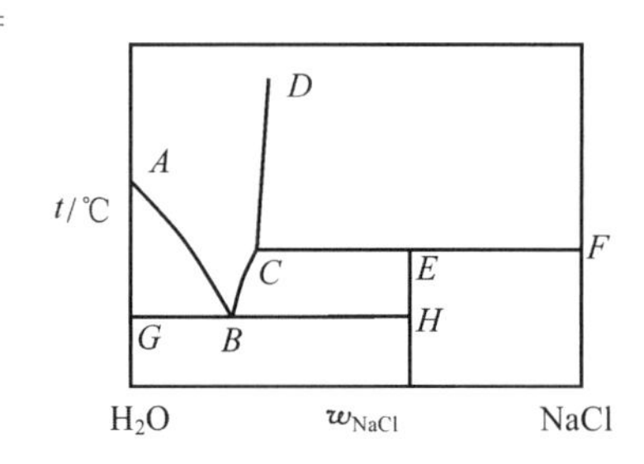

6.10 三组分体系的浓度表示法

如果体系包含三组分,根据相律$f=3-\phi+2=5-\phi$,$\phi\geqslant1$,$f\leqslant4$,这表示要完整地描述三组

分体系的状态，需要四维空间。由于压力对凝聚体系的影响不大，因此可以在三度空间里描述三组分体系；如果温度保持恒定，则用二维平面图就可以了。

为了表示三组分体系的组成，Gibbs 等引进了浓度三角形，最常用的三组分相图是等边三角形相图。三角形的顶点表示纯组分，三角形的每一边表示两个组分构成的二组分体系，三角形内的点表示由三个组分构成的三组分体系。

如图 6－30 所示，可以按下述方法确定三角形内部的任意点 O 的组成。从 O 点分别作三条边的平行线与三边相交于 EF'、$E'D$、$D'F$，其中 $\overline{\mathrm{BF}}$ 表示 O 处 C 的含量 c，$\overline{\mathrm{CF'}}$ 表示 O 处 B 的含量 b，$\overline{FF'}$ 表示 O 处 A 的含量 a。

浓度三角形具有以下特性：

(1) 等含量规则

在等边三角形中，平行于一条边的直线上的所有各点均含有相等的对应顶点的组成。如图 6－31 所示，$\overline{EF}$ 平行于 $\overline{\mathrm{BC}}$，$\overline{EF}$ 上任意点的 A 物质的含量相同。

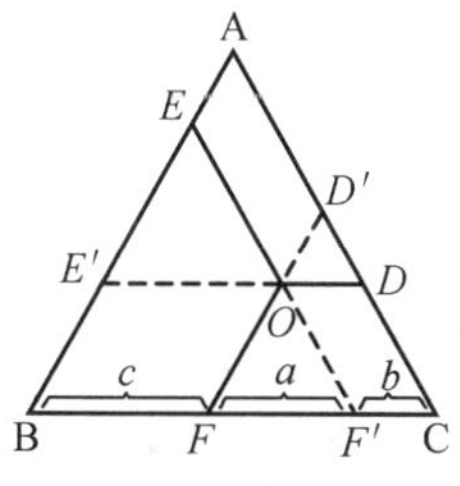

图 6－30　浓度三角形

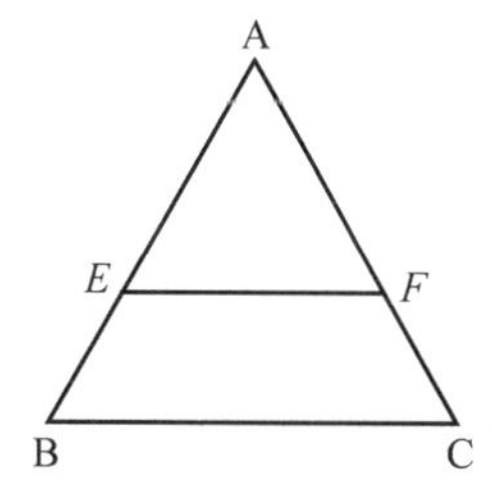

图 6－31　等含量规则

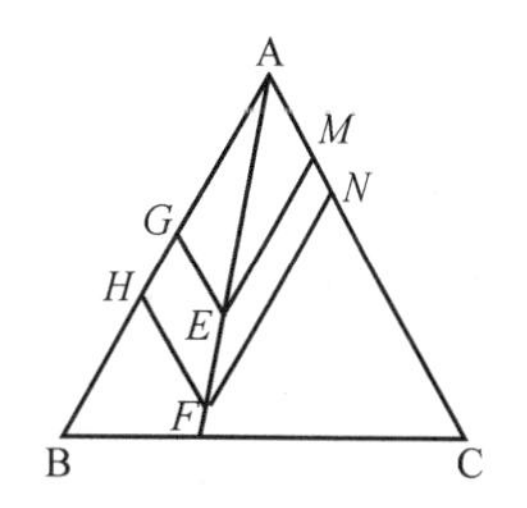

图 6－32　定比例规则

(2) 定比例规则

从等边三角形的某一顶点向对边作一直线，则在线上的任一点表示对边两组分含量之比不变，而顶点组分的含量则随着远离顶点而降低。如图 6－32 所示，E、F 处 B、C 物质的含量之比相同，因为 $\dfrac{\overline{EM}}{\overline{GE}}=\dfrac{\overline{FN}}{\overline{HF}}$。而在 F 处 A 的含量低于 E 处的含量。

(3) 背向规则

如图 6－33 所示，在三角形中任一混合物 M，若从 M 中不断析出某一顶点的成分，则剩余物质的成分 N 也不断改变(相对含量不变)，改变的途径在这个顶点和这个混合物的连线上，改变的方向背向顶点。

(4) 杠杆规则

在三组分体系中，一种混合物分解为两种物质(或两种物质合成为一种混合物)时，它们的组成点在一条直线上，它们的质量比与其至原物质之间的距离成反比。如图 6－34 所示，P、Q 的质量比 $\dfrac{m_P}{m_Q}=\dfrac{\overline{MQ}}{\overline{MP}}$。

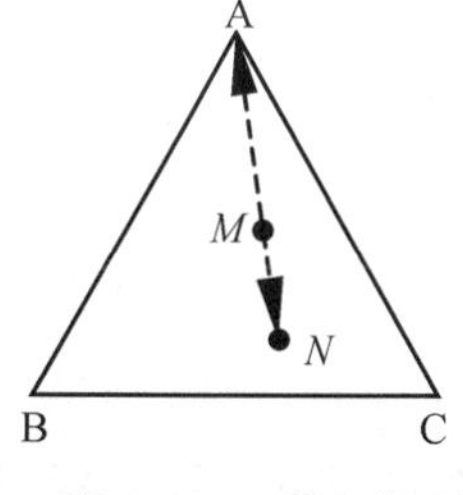

图 6－33　背向规则

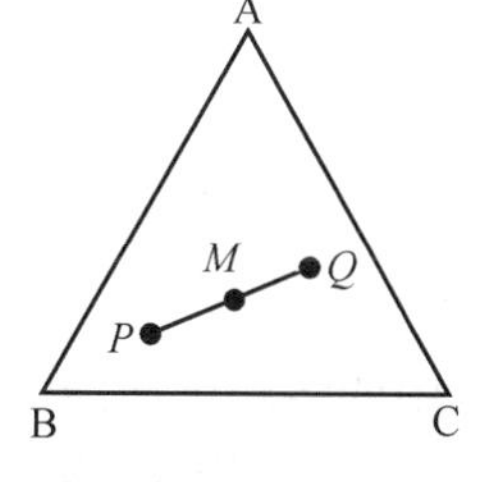

图 6－34　杠杆规则

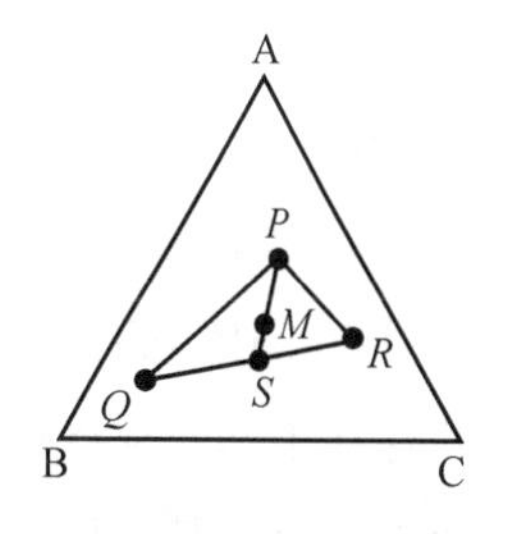

图 6－35　重心规则

(5) 重心规则

在三组分体系中，若有三种物质 P、Q、R 组成混合物 M，则混合物 M 的组成点在 $\triangle PQR$ 的"重心"。如图 6-35 所示，用杠杆规则可以确定 Q、R 的"支点"S，再次用杠杆规则可确定 P、Q、R 的"重心"M。

有时候用等腰直角三角形比用等边三角形表示三组分体系更方便。如图 6-36 所示，三个顶点分别表示纯组分 A、B、C，AB 边为横轴，AC 边为纵轴，顶点 A 为直角坐标的原点，这样三角形内任意三组分体系 G 的组成可以用 G 点的坐标表示。

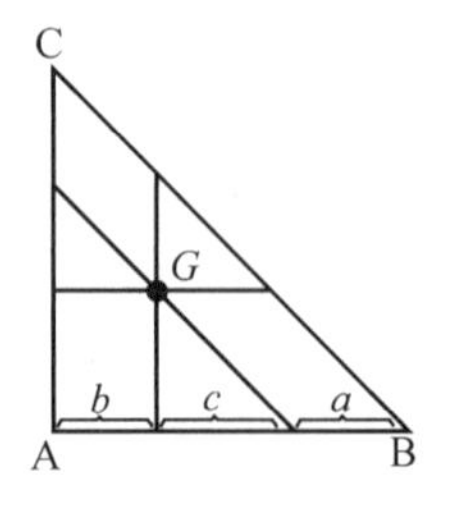

图 6-36 等腰直角浓度三角形

6.11 三组分水-盐体系

6.11.1 固体是纯盐的体系

图 6-37 是 NH_4Cl(B)-NH_4NO_3(C)-H_2O(A)等温相图。D、E 分别代表了该温度下 NH_4Cl 和 NH_4NO_3 在水中的饱和溶解度。F 点表示水同时被 NH_4Cl 和 NH_4NO_3 所饱和。$\widehat{DF}$ 表示 NH_4Cl 在水中的饱和溶解度随 NH_4NO_3 的存在而变化；$\widehat{EF}$ 则表示 NH_4NO_3 在水中的溶解度随 NH_4Cl 的浓度变化而变化。曲边四边形 $ADFE$ 是不饱和溶液区；曲边三角形 DFB 表示饱和 NH_4Cl 溶液与固体 NH_4Cl 的两相平衡；曲边三角形 EFC 表示饱和 NH_4NO_3 溶液与 NH_4NO_3 晶体平衡共存；三角形 BCF 表示组成为 F 的双饱和溶液与 NH_4Cl 晶体及 NH_4NO_3 晶体三相平衡共存。

利用这种相图可以判断盐类提纯的可能性。如果混合盐的组成在 M 点右侧，用 Q 点表示。当向混合物中加入纯水，体系将沿 $\overline{AQ}$ 线向 A 点运动，当 $\overline{AQ}$ 与 $\overline{FC}$ 交于 R 时，固体 NH_4Cl 将从体系中消失，体系呈现晶体 NH_4NO_3 与其饱和溶液平衡状态。将体系过滤，则得到纯 NH_4NO_3 晶体。同理，如果混合盐的组成在 M 点的左侧，用 P 点表示，通过加水只能得到纯 NH_4Cl 晶体。

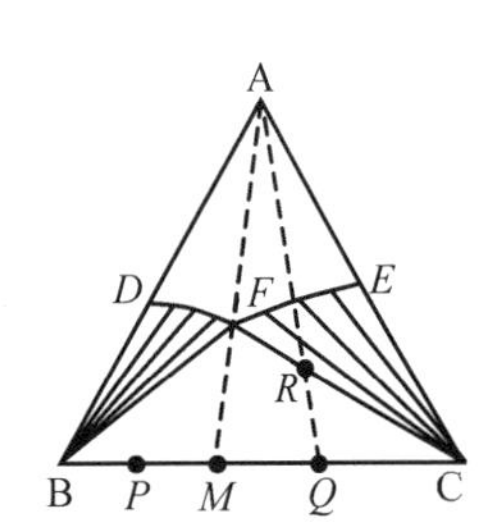

图 6-37 NH_4Cl-NH_4NO_3-H_2O 的相图

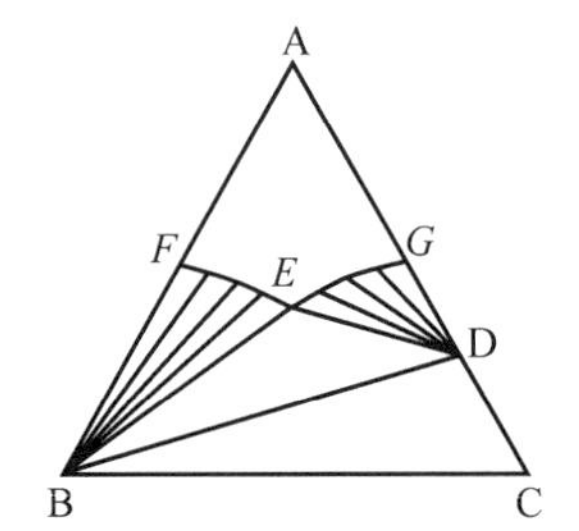

图 6-38 $NaCl$-Na_2SO_4-H_2O 的相图

6.11.2 生成水合物的体系

图 6-38 是 NaCl(B)-Na_2SO_4(C)-H_2O(A)体系的相图。Na_2SO_4 和 H_2O 可以形成水合物 $Na_2SO_4 \cdot 10H_2O$(D)。曲边四边形 AFEG 是不饱和溶液区，曲边三角形 BFE 是 NaCl 晶体与其饱和溶液的平衡共存区，曲边三角形 DEG 是 $Na_2SO_4 \cdot 10H_2O$ 晶体与其饱和溶液共存区，三角形 BED 为溶液(E)与 NaCl 及 $Na_2SO_4 \cdot 10H_2O$ 晶体三相共存区，三角形 DBC 是 NaCl、Na_2SO_4 及 $Na_2SO_4 \cdot 10H_2O$ 晶体共存区。$\widehat{EF}$ 是 $Na_2SO_4 \cdot 10H_2O$ 存在下 NaCl 在水中的饱和溶解度曲线，$\widehat{EG}$ 是 NaCl 存在下 $Na_2SO_4 \cdot 10H_2O$ 在水中的溶解度曲线。三角形 EBD 和三角形 BCD 均是三相平衡区，根据 Gibbs 相律，$f=3-3+0=0$，这表示物系点变化时，这两个区域的浓度不变，变化的只是三相的比例。

6.11.3 生成复盐的体系

图 6－39 是 NH_4NO_3(B)-$AgNO_3$(C)-H_2O(A)体系的相图，NH_4NO_3 和 $AgNO_3$ 之间可以形成复盐 M($NH_4NO_3 \cdot AgNO_3$)。D 点表示 NH_4NO_3 在纯水中的饱和溶解度，E 点表示 $AgNO_3$ 在纯水中的饱和溶解度，F 点表示同时饱和 NH_4NO_3 和复盐 $NH_4NO_3 \cdot AgNO_3$ 的溶液，G 点表示同时饱和 $AgNO_3$ 和复盐 $NH_4NO_3 \cdot AgNO_3$ 的溶液。多边形 $ADFGE$ 是不饱和溶液区域，$\overset{\frown}{DF}$ 表示 NH_4NO_3 的饱和溶解度曲线，$\overset{\frown}{FG}$ 是复盐的饱和溶解度曲线，$\overset{\frown}{GE}$ 是 $AgNO_3$ 的饱和溶解度曲线。三角形 DFB 是 NH_4NO_3 固体与其饱和溶液的平衡共存区，三角形 FGM 是复盐与其饱和溶液共存区，三角形 GEC 是 $AgNO_3$ 与其饱和溶液的共存区。三角形 BFM 是溶液 F 与晶体 NH_4NO_3 和复盐 $NH_4NO_3 \cdot AgNO_3$ 共存区，三角形 CGM 表示溶液 G 与 $AgNO_3$ 晶体及复盐 $NH_4NO_3 \cdot AgNO_3$ 的三相平衡。

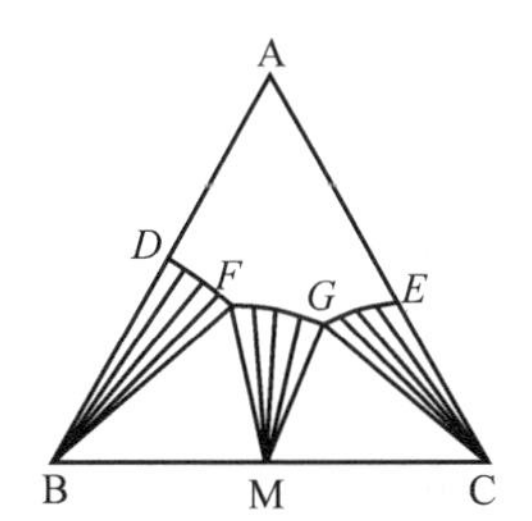

图 6－39　NH_4NO_3-$AgNO_3$-H_2O 的相图

例题 6－13　恒温下有共同离子的两种盐 S_1 与 S_2 和水构成的体系，分析其饱和溶液得到如下数据。数据是以 100 g 溶液和润湿固体重的克数表示的。

溶　液		润湿固体	
w_{S_1}	w_{S_2}	w_{S_1}	w_{S_2}
0.350	0.000	—	—
0.325	0.050	0.450	0.015
0.310	0.100	0.450	0.030
0.300	0.150	0.550	0.030
0.260	0.200	0.750	0.020
0.225	0.250	0.900	0.030
0.200	0.300	0.925	0.025
0.140	0.320	0.500	0.450
0.080	0.350	0.025	0.870
0.040	0.370	0.015	0.885
0.000	0.400	0.010	0.850

S_1 的相对分子质量为 187。将此数据作图，并指出：

① 形成了哪些化合物?

② 在恒温蒸发中，沉积出最大产量的无水 S_1 时，溶液中 S_1 和 S_2 的质量比。

解　① 绘制的相图如下：

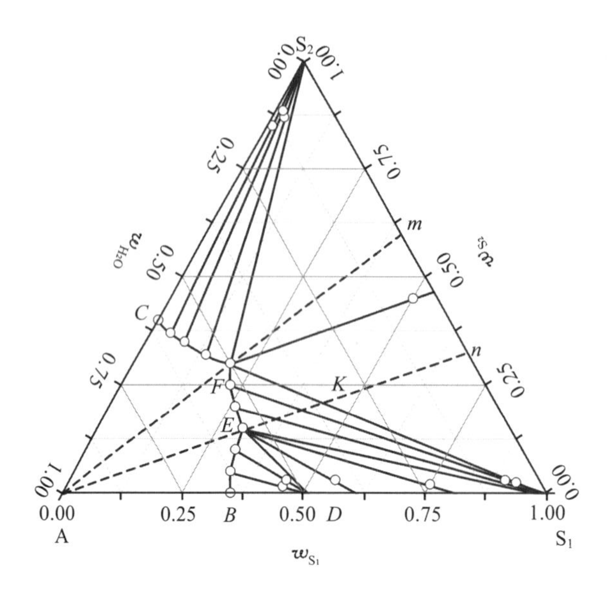

形成的化合物是 S_1 的含水盐，其组成为含水 49%，含 S_1 51%。$\frac{18n}{187+18n}=0.49$，解得 $n\approx10$。所以含水盐的分子式为 $S_1\cdot10H_2O$。

② 若要从溶液中析出无水 S_1，则溶液的组成必须在 $\overline{AF}$ 和 $\overline{AE}$ 之间。当水分被恒温蒸发，物系点落入三角形 EFS_1 时，S_1 和其饱和溶液平衡，过滤可得无水 S_1。当溶液的组成沿 S_1 的饱和溶解度曲线 $\widehat{FE}$ 由 F 向 E 运动时，固相液相比逐渐减小，因此当溶液组成为 F 时，析出无水 S_1 最大，$\frac{m_{S_1}}{m_{S_2}}=\frac{66.7}{33.3}$。

6.12 液态部分互溶三组分体系

图 6-40 是某温度下水-乙醇-苯体系的相图。水-乙醇、苯-乙醇完全互溶，而水-苯部分互溶。因此，图中的阴影部分为两相平衡区，一部分为以水为主体饱和了苯的水层，另一部分为以苯为主体饱和了水的苯层。等边三角形内阴影以外的区域是单相区。

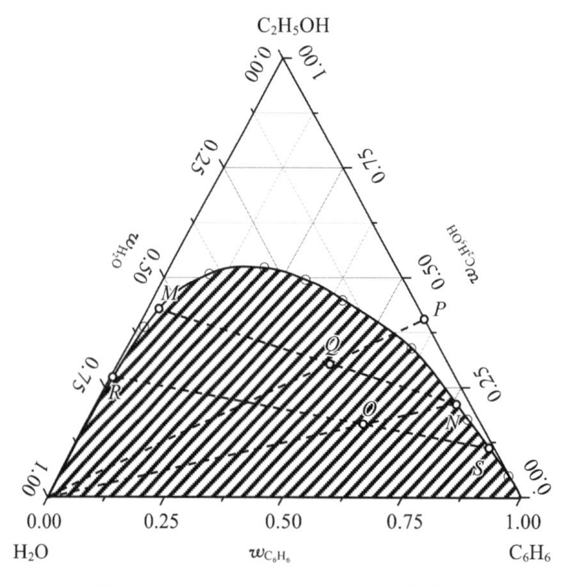

图 6-40 H_2O-C_2H_5OH-C_6H_6 的相图

单相区和两相区的边界是饱和溶解度曲线。无乙醇存在时，水和苯的相互溶解度极低，随着体系中乙醇含量的增加，水和苯的相互溶解度逐渐增加，这种作用称为增溶作用。增溶作用在药学上应用很广。

基于图 6－40 可以简要说明化学、化工、制药等相关专业中应用极广的萃取（extraction）的基本原理。设有乙醇和苯的混合液，其组成由物系点 P 表示，欲从中提取苯。向混合液 P 中加入纯水，物系点 P 将沿 PQ 向纯水方向移动，终点 Q 之所在取决于加入水量的多少，受杠杆规则制约。Q 是新的物系点，通过 Q 的直线 MN 是两相区的结线，M、N 是共轭（conjugate）的两个相点，其具体位置由实验事实决定（此处是示意图）。N 相中苯的含量比 P 中丰富，M 相中则较少，这就是一步萃取法。若 N 相中苯的含量不合乎产品期望，可以重复以上步骤，继续加入纯水，物系点沿 NO 向纯水方向移动，终点为 O（受杠杆规则制约），通过 O 点结线为 RS（由实验决定），S 相中的苯相对于 N 相含量进一步增加。如此反复地加入纯水，$P \rightarrow N \rightarrow S \rightarrow \cdots\cdots$，最终富苯相中苯含量近乎纯苯而达到提纯的目的。

液液萃取和分馏是有相似之处的，但更有不同。萃取是利用不互溶的两相中溶解度不同而进行的。萃取是溶解过程，所耗能量较少。分馏涉及蒸发过程，所耗能量较多。萃取常用于沸点相近、难以用精馏法分离的液态混合物的分离。

习　题

6－1　简要讨论纯水的相平衡情形。（提示：不考虑高压下水的不同晶型）

6－2　常压下，为什么可以说食盐在纯水中的溶解度是温度的函数？

6－3　碘在水和四氯化碳中达到分配平衡，问体系的组分数、相数和自由度数各为多少？

6－4　用反渗透法可以淡化海水。设海水中共溶有 S 种独立电解质，问该体系的组分数、相数和自由度各为多少？（提示：“n”取 3）

6－5　如果将 253 K 的冰放入高压锅内，当冰开始融化时记录温度，并在完全融化时结束记录。下列哪种是近似正确的温度-时间曲线？

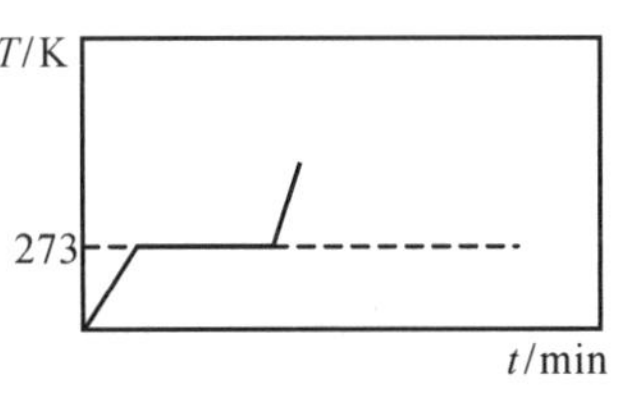

A

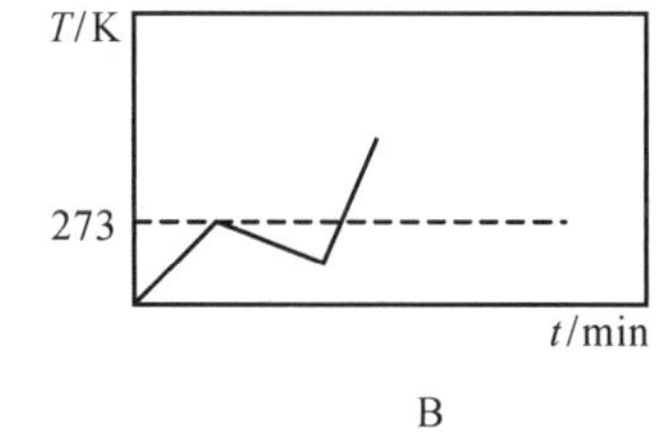

B

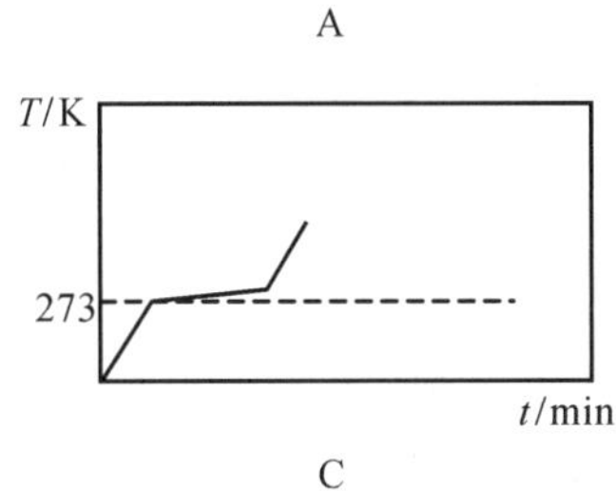

C

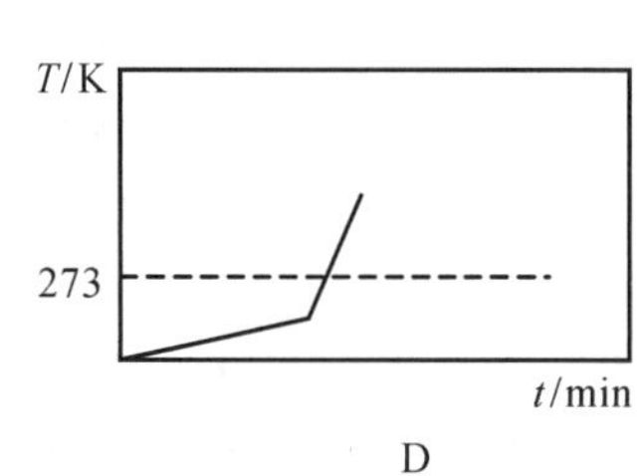

D

6－6　下列哪种体系不能使用 Clapeyron 方程？

A. 273 K 时，冰、水共存　　B. 5 ℃的冰水浴

C. 木炭吸附醋酸达平衡　　D. 恒容反应器中，$CaCO_3$ 分解达到平衡

6－7　水的冰点和三相点不同，下列哪种不是它们不同的原因？

A. 冰点时水中溶解有饱和空气　　B. 冰点的压力为一个标准大气压

C. 冰点时是多组分体系　　D. 冰点时的冰比三相点多

6-8 将安瓿放在高压消毒锅中进行消毒,如果消毒温度要求达到110 ℃,请问高压锅至少要能耐受多大的压力?设水的汽化热为40.67 kJ·mol^{-1}且保持不变。

6-9 今有100 mol总组成$x_B=0.400$的甲苯(A)和苯(B)混合物,在一个标准大气压下加热到370.76 K时,测得气、液两相组成分别为$y_B=0.530$、$x_B=0.325$。求气、液两相的物质的量。

6-10 100 ℃时,某种配比的CCl_4和$SnCl_4$混合物在一个标准大气压下开始沸腾。求:

① 该混合物的组成;

② 该混合物开始沸腾时的第一个气泡的组成。

已知100 ℃时,CCl_4、$SnCl_4$的蒸气压分别为1.933×10^5 Pa、0.666×10^5 Pa。CCl_4和$SnCl_4$形成理想溶液。

6-11 $p^{\ominus}$下CH_3COOH(A)-C_3H_6O(B)体系的气-液平衡数据如下表:

t/℃	118.1	110.0	103.8	93.19	85.8	79.7
x_B	0	0.050	0.100	0.200	0.300	0.400
y_B	0	0.162	0.306	0.557	0.725	0.840
t/℃	74.6	70.2	66.1	62.6	59.2	56.1
x_B	0.500	0.600	0.700	0.800	0.900	1.000
y_B	0.912	0.947	0.969	0.984	0.993	1.000

① 根据上表绘制该体系的t-x相图,并指出各区域的相态;

② 将组成$x_B=0.600$的混合物在一个带活塞的密闭容器中加热到什么温度开始沸腾?产生的第一个气泡组成如何?若只加热到80 ℃,体系是几相平衡?各相组成如何?液相中A的活度系数是多少?已知A的摩尔汽化热为24.390 kJ·mol^{-1}。

6-12 水与异丁醇液相部分互溶,在101.325 kPa下,体系的共沸点为89.7 ℃,这时两个液相与气相中含异丁醇的质量分数如下图所示:

L_1　　　　G　　L_2

0.09　　　　0.70　0.85

今由350 g水和150 g异丁醇形成共轭溶液(即平衡共存的两个饱和溶液相)在101.325 kPa下加热。

① 绘制此体系的大致相图,并指出图中各相区的相态及自由度;

② 温度刚达到共沸点时,体系中存在哪些相?各相的质量各为多少?

③ 温度由共沸点刚上升时,体系又存在哪些相?各相的质量各为多少?

6-13 有人提出,在汞的表面覆盖一层水可以减少汞的挥发。这种方法是否可行?

6-14 某车间需要提取氯苯。已知水-氯苯体系为液态完全不互溶体系,一个标准大气压下共沸温度为90.2 ℃,水、氯苯蒸气压分别为$p^*_{H_2O}=72.39$ kPa,$p^*_{C_6H_5Cl}=28.93$ kPa。若要提纯200 kg氯苯,需要多少水蒸气?

6-15 A、B固态时完全不互溶,A、B的标准熔点分别为30 ℃和50 ℃,A、B具有最低共熔点,共熔点的温度为10 ℃,组成$x_B=0.4$,设A、B的相互溶解度曲线均为直线。

① 画出该体系的熔点-组成图;

② 指出各相区的相态,并根据Gibbs相律说明各相区、三相线、溶解度曲线、熔点及低共熔点的自由度。

6-16 A-B体系固-液相图如下左图所示,请指出各相区的相态及相图中水平线表示的相平衡。

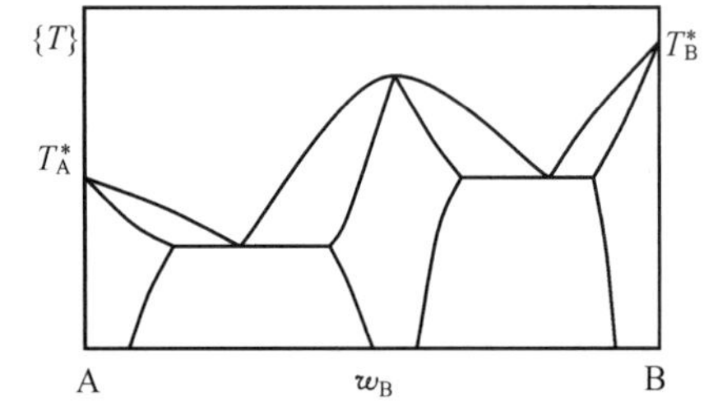

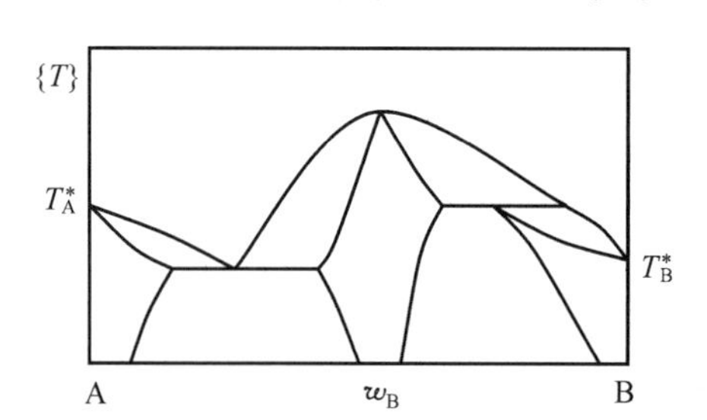

6-17 A-B体系固液相图如上右图所示，请指出各相区的相态及相图中水平线表示的相平衡，并计算图中极大点的自由度。

6-18 已知金属K、Na的熔点分别为62.5 ℃、97.5 ℃，Na和K间可形成化合物Na_2K，7 ℃时，该化合物分解为纯Na与含K约58%的溶液。化合物和K的低共熔温度为−12.5 ℃，低共熔组成含K约78%。试根据以上知识绘制出Na-K的大致相图。

6-19 100 g某溶液中$w_A = 0.25$，$w_B = 0.30$，$w_C = 0.45$，冷却后析出8 g晶体A，若忽略水的蒸发，求结晶后溶液的组成。

6-20 KNO_3-$NaNO_3$-H_2O体系在278 K时仅有一个三相点，在这一点，无水$NaNO_3$与无水KNO_3同时饱和。已知此饱和溶液$w_{KNO_3} = 0.0904$，$w_{NaNO_3} = 0.4101$。

① 试绘制此体系的示意相图，并指出相图中各点、线、区域的物理意义；

② 从100 g KNO_3与$NaNO_3$的混合盐中最多可回收多少纯KNO_3？设混合盐中KNO_3的质量分数$w_{KNO_3} = 0.70$。

6-21 某温度下，水-乙醚-甲醇的三组分体系中，二液层的组成如下：

$w_{甲醇}$	0	0.10	0.20	0.30
$w_{水}^{水}$	0.93	0.82	0.70	0.45
$w_{水}^{醚}$	0.01	0.06	0.15	0.40

根据以上数据绘制相图，并指出图中的线和区域的物理意义。

7 电化学

电化学(electrochemistry)主要是研究化学能与电能之间相互转化及转化过程所遵循规律的学科。它不仅与无机化学、有机化学、化学工程等学科有关,还渗透到环境科学、能源科学、生物学等领域,使电化学获得新的更有意义的生命力,逐步成为独立于化学之外的新学科。

电化学的应用是以统一的理论为基础,因此电化学理论性较强。一般的电化学教材中主要内容有电解质溶液理论、可逆电极过程和不可逆电极过程。本章中以前二者为重点,后者是现代电化学研究的主要方向。

7.1 电解质溶液的导电机理

7.1.1 导体的分类

能够导电的物体称为导体。依据导体时载流子的不同,一般将导体分为两类:第一类导体和第二类导体。

依靠电子在外电场下的定向移动而导电的物体称为电子导体或第一类导体。如金属、石墨、某些金属氧化物(如 PbO_2、Fe_3O_4 等)、金属碳化物(如 WC 等)等都属于第一类导体。第一类导体导电机理一般用早在 1900 年就提出的自由电子理论解释:金属中的价电子是共有的,能在整个金属晶体中自由运动,称为自由电子。在外电场作用下,自由电子定向移动而导电。温度升高时,金属导体中离子振动增强,电子移动阻力增加,电阻增大,导电能力降低。

依靠离子在外电场下的定向移动而导电的物体称为离子导体或第二类导体。电解质溶液是最常见的第二类导体。溶液中正离子和负离子同时存在,虽然在电场中移动方向相反,但导电方向相同。与金属导体不同,温度升高时,离子移动速度加快,导电能力增强。

固态电解质是在电场作用下由于离子移动而具有导电性的固态物质。如 PbI_2 低温时是负离子导电,温度升高时,逐渐转变为负离子与正离子同时导电,最后又转变为纯正离子导电。一般情况下,固态电解质中既有离子导电,又有电子导电,是一种混合型导体。温度不同时,两种导电机制所占比例显著不同。如 γ-CuBr 在 300 K 时为纯电子导体,温度升高,离子导体的成分逐渐增大,663 K 时,有可能变成完全的离子导体。又比如将金属 Na 溶解于液态氨中形成的溶液,既有氨合钠离子的离子导电,也有氨合电子的电子导电。一般教材中电解质导电均是指离子导电,溶液是电子的禁区。

$$Na + (x + y)NH_3 = [Na(NH_3)_x]^+ + [e(NH_3)_y]^-$$

$$导体\begin{cases}电子导体:载流子为电子\\离子导体:载流子为离子\\混合型导体:载流子为电子、离子,两种导电机制所占比例随温度、组成而变化\end{cases}$$

7.1.2 电化学装置

电化学是研究电能和化学能相互转化的规律及其应用的学科。要实现电能和化学能相互转化必须借助电化学装置。电化学装置有两类:一类实现电能转化为化学能,一类实现化学能转化为电能。

前者是电解池(electrolytic cell),后者是原电池(primary cell)。原电池和电解池统称电池(cell),都是由电极(electrode)和电解液构成。根据电势高低的不同,电极分为正、负极。电势高者称为正极,电势低者称为负极。根据电极-溶液界面上发生反应的不同,电极又可分为阴、阳极。发生还原反应(reduction reaction)的是阴极(cathode),发生氧化反应(oxidizing reaction)的是阳极(anode)。要特别注意的是,电化学中氧化反应和还原反应分别是在不同的电极区分别进行的,而通常的氧化反应和还原反应是在同一地点同时进行的,氧化、还原反应不能分开,所以常被称为氧化-还原反应。

$$\text{化学能} \underset{\text{电解池}}{\overset{\text{原电池}}{\rightleftharpoons}} \text{电能}$$

7.1.3 电解质溶液的导电机理

内电路中,电流也是连续的。电解质溶液中,正、负离子在电场作用下向不同的电极定向移动,称为离子的电迁移(electro migration)。无论是原电池还是电解池,电迁移的规律均是阴离子(anion)向阳极移动,阳离子(cation)向阴极移动。阴、阳离子移动到电极-溶液界面后,分别发生氧化反应和还原反应。氧化、还原反应失、得的电子数等于电迁移的总电荷。通过电极-溶液界面上的电化学反应,电流得以连续。在电极-溶液界面上分别进行的氧化反应、还原反应,称为电极反应;电极反应的代数和即电池反应。电池反应未必有电子的净失、得,所以电池反应未必是氧化-还原反应,而电极反应一定是氧化或还原反应。

综上所述,电解质溶液的导电机理包括两个部分:

① 阴、阳离子在电场下的电迁移;

② 阴、阳离子在电极-溶液界面上的氧化、还原反应。

前者是在体相三维空间进行的物理过程,后者是在二维界面进行的电化学反应过程,是化学过程。

7.2 Faraday 定律

当电化学装置通电时,在电极-溶液界面上发生氧化、还原反应,完成电子导电与离子导电的"交接班"工作。1833 年,Faraday(法拉第,英国科学家)总结出了电子导电和离子导电相互转换规律的 Faraday 电解定律:

(1) 在电极-溶液界面上发生化学变化的物质的量与通入的电量成正比;

(2) 若将几个电解池串联,通入一定电量后,在各电解池上发生反应的物质的量等同,析出物质的质量与其摩尔质量成正比。

Faraday 定律的实质就是电子导电与离子导电在电极-溶液界面上发生转换时电子的电量等于离子的电量,即电荷守恒。因此可以将 Faraday 定律表示为

$$Q = \xi z F \tag{7-1}$$

式中,ξ 表示电极-溶液界面上发生的氧化、还原反应的进度,单位为 mol;z 表示反应进度为 1 mol 时,一个(反应进度)基本单元发生反应得、失的电子数,如 Cu^{2+} 被还原为 Cu,$z=2$,Pt | Fe^{3+},Fe^{2+} 电极中,Fe^{3+} 被还原为 Fe^{2+},$z=1$;F 称为 Faraday 常数,其意义是当反应进度为 1 mol,且 $z=1$ 时的电量,其值等于 1 mol 电子所带的电量:

$$\begin{aligned} F &= e \times N_A \\ &= 1.602\,2 \times 10^{-19}\ \text{C} \times 6.022 \times 10^{23}\ \text{mol}^{-1} \\ &= 96\,484.5\ \text{C} \cdot \text{mol}^{-1} \approx 96\,500\ \text{C} \cdot \text{mol}^{-1} \end{aligned}$$

如果电池内部如 Ag(s) | AgBr(s) | Br_2(g) | Pt 中存在电子导电，Faraday 定律将不再成立。[1]

例题 7-1 用电流强度 $I=0.025$ A 的电流通过 $Au(NO_3)_3$ 溶液，当阴极上有 1.20 g Au(s)析出时，试计算：

① 通过了多少电量？

② 需要通电多长时间？

③ 阳极上将放出多少氧气(换算成标准状态 STP，用体积表示)？

解 ① 电解池在阴、阳极上分别发生如下的反应：

阴极 $\frac{1}{3}Au^{3+}+e^- \longrightarrow \frac{1}{3}Au(s)$

阳极 $\frac{1}{2}H_2O-e^- \longrightarrow \frac{1}{4}O_2(g)+H^+$

根据电极反应式，当反应进度 $\xi=1$ mol 时，将有 1 mol $\frac{1}{3}Au^{3+}$ 被还原为 $\frac{1}{3}Au(s)$。因此反应进度

$$\xi=\frac{1.20\ \text{g}}{\dfrac{197.0\ \text{g}\cdot\text{mol}^{-1}}{3}}=1.83\times10^{-2}\ \text{mol}$$

通过溶液的电量为

$$Q=\xi zF=1.83\times10^{-2}\ \text{mol}\times1\times96\ 500\ \text{C}\cdot\text{mol}^{-1}=1.76\times10^{3}\ \text{C}$$

② 通电的时间 $t=\frac{Q}{I}=\frac{1.76\times10^{3}\ \text{C}}{0.025\ \text{A}}=7.04\times10^{4}\ \text{s}=19.6\ \text{h}$。

③ 根据电极反应式，当反应进度 $\xi=1$ mol 时，将有 1 mol $\frac{1}{2}H_2O$ 氧化为$\frac{1}{4}O_2(g)$。因此析出的 $O_2(g)$的物质的量

$$n_{O_2}=\frac{\xi}{4}=\frac{1.83\times10^{-2}\ \text{mol}}{4}=4.58\times10^{-3}\ \text{mol}$$

STP 下的体积

$$V=\frac{nRT}{p}=\frac{4.58\times10^{-3}\ \text{mol}\times8.314\ \text{J}\cdot\text{K}^{-1}\cdot\text{mol}^{-1}\times273\ \text{K}}{101\ 325\ \text{Pa}}=1.02\times10^{-4}\ \text{m}^3$$

7.3 离子的电迁移

在电场作用下，离子必然定向迁移，这种现象称为离子的电迁移现象(electromigration of ions)。电流输运任务由阴、阳离子通过离子电迁移共同承担。由于离子本性不同，承担的电流输运(transport)的份额亦不同。某离子所承担的输运电流的份额称为该离子的迁移数(transference number)，用 t_B 表示。

$$t_B=\frac{Q_B}{\sum_B Q_B}=\frac{j_B}{\sum_B j_B} \tag{7-2}$$

---

[1] Faraday 电解定律是自然科学中最准确的定律之一，揭示了电能与化学能之间的定量关系，其基础实质是电量守恒。Faraday 定律也是有适用条件的，并非有的教科书宣称的任何条件下都成立。

从式(7-2)可以看出,t_B 的量纲为一,SI 单位为 1。不难想到,溶液中所有离子的迁移数的总和应为 1,从式(7-2)可以验证这一点,即

$$\sum_B t_B = 1 \tag{7-3}$$

表 7-1 是某些电解质溶液中阳离子在不同浓度下的迁移数。从表中可见,浓度不同,离子迁移数不同。对于对称电解质(1-1 型等),浓度对迁移数的影响不大,因为浓度变化对阴、阳离子的影响大致相同。对于非对称电解质,如 $CaCl_2$ 溶液,浓度增大时,$t_{Ca^{2+}}$ 减小。因为浓度增大时,Ca^{2+} 受到的牵制比 Cl^- 大,移动缓慢,因而迁移数降低。又如 K_2SO_4 溶液,浓度增大时,K^+ 的迁移数增大。因为浓度升高时,SO_4^{2-} 受到的牵制比 K^+ 大,因而 $t_{SO_4^{2-}}$ 减小,t_{K^+} 增大。迁移数还受到温度的影响。温度升高时,离子水合程度降低,阴、阳离子的迁移数趋于相等。而外加电压一般不影响迁移数,因为阴、阳离子的速率成比例地随外加电压而改变。

表 7-1　298 K 时某些电解质溶液中阳离子的迁移数

电解质	$c/(mol \cdot dm^{-3})$				
	0.01	0.02	0.05	0.10	0.20
HCl	0.825 1	0.826 6	0.829 2	0.831 4	0.833 7
LiCl	0.328 9	0.326 1	0.321 1	0.316 6	0.311 2
NaCl	0.391 8	0.390 2	0.387 6	0.385 4	0.362 1
KCl	0.490 2	0.490 1	0.489 9	0.489 8	0.489 4
KBr	0.483 3	0.483 2	0.483 1	0.483 3	0.484 1
KI	0.488 4	0.488 3	0.488 2	0.488 3	0.488 7
KNO_3	0.508 4	0.508 7	0.509 3	0.510 3	0.512 0
$\frac{1}{2}K_2SO_4$	0.482 9	0.484 8	0.487 0	0.489 0	0.491 0
$\frac{1}{2}CaCl_2$	0.426 4	0.422 0	0.414 0	0.406 0	0.395 3

7.4　电解质溶液的导电能力

7.4.1　电导

电解质溶液用离子导电,金属导体用电子导电,但二者均遵守 Ohm(欧姆,德国物理学家和数学家)定律。电阻大时,溶液导电能力弱;电阻小时,导电能力强。因此定义电阻的倒数为电导(electric conductance):

$$G \overset{\text{def}}{=\!=} \frac{1}{R} \tag{7-4}$$

显然电导的 SI 单位为欧姆$^{-1}$、姆欧(Ω^{-1}、℧,mho),也可以用专用单位西门子(S,Siemens,西门子,德国电气工程师、发明家和实业家)表示。

7.4.2　电导率

对于金属导体,存在电阻定律:

$$R = \rho \frac{l}{A}$$

ρ 是电阻率(resistivity),电阻率与金属材料的几何外形无关。同样,对于电解质溶液,可以定义电导率(electrolytic conductivity)为电阻率的倒数:

$$\kappa \xlongequal{\text{def}} \frac{1}{\rho} = G\frac{l}{A} \tag{7-5}$$

从式(7-5)可以看出电导率的SI单位为 $\mathrm{S \cdot m^{-1}}$。由于测定电导时使用涂有铂黑的电极,因此无法准确测定其 l 和 A,所以用已经精确测定的溶液来确定电极的有效 $\frac{l}{A}$ 值,对于电导池,$\frac{l}{A}$ 是常数,称为电导池常数(cell constant of a conductivity cell),用 K_{cell} 表示。

例题 7-2 298 K 时,测得 0.005 $\mathrm{mol \cdot dm^{-3}}$ K_2SO_4 溶液的电阻为 376 Ω。当电导池中换成 0.010 $\mathrm{mol \cdot dm^{-3}}$ 的 KCl 溶液时,电阻为 163 Ω。求该 K_2SO_4 溶液的电导率。KCl 水溶液的电导率见表 7-2。

表 7-2 298 K 时,不同浓度下 KCl 水溶液的电导率

$c/(\mathrm{mol \cdot dm^{-3}})$	0.01	0.1	1.0
$\kappa/(\mathrm{S \cdot m^{-1}})$	0.141 1	1.288 6	11.173

解 查表 7-2 知,0.010 $\mathrm{mol \cdot dm^{-3}}$ 的 KCl 溶液的电导率为 0.141 1 $\mathrm{S \cdot m^{-1}}$,将有关数据代入式(7-5):

$$0.141\,1\ \mathrm{S \cdot m^{-1}} = \frac{1}{163\ \Omega} \times K_{\text{cell}}$$

解得该电导池的电导池常数 $K_{\text{cell}} = 23.0\ \mathrm{m^{-1}}$。

将电导池常数和有关数据再次代入式(7-5):

$$\kappa = \frac{1}{376\ \Omega} \times 23.0\ \mathrm{m^{-1}}$$

解得 $\kappa = 6.12 \times 10^{-2}\ \mathrm{S \cdot m^{-1}}$。

7.4.3 摩尔电导率

κ 表示两平行电极面积各为 1 $\mathrm{m^2}$,两极间距离为 1 m 时电解质溶液的电导。但是,浓度不同时,溶液中的电解质含量不同,因此定义了摩尔电导率(molar conductivity):

$$\Lambda_{\mathrm{m}} \xlongequal{\text{def}} \frac{\kappa}{c} \tag{7-6}$$

其SI单位为 $\mathrm{S \cdot m^2 \cdot mol^{-1}}$。显然摩尔电导率 Λ_{m} 表示相距 1 m 的两个平行电极间含有 1 mol 电解质的溶液的电导。

例题 7-3 298 K 时,0.010 $\mathrm{mol \cdot dm^{-3}}$ 的待测溶液的电阻为 2 184 Ω,当改用相同浓度的 KCl 溶液填充电导池时,电阻为 112.3 Ω。求此待测液的摩尔电导率。

解 因为 $\kappa = G\frac{l}{A}$,所以 $\frac{\kappa_{\text{待测}}}{\kappa_{\text{标准}}} = \frac{G_{\text{待测}}}{G_{\text{标准}}} = \frac{R_{\text{标准}}}{R_{\text{待测}}}$。

$$\kappa_{\text{待测}} = \frac{R_{\text{标准}}}{R_{\text{待测}}}\kappa_{\text{标准}} = \frac{112.3\ \Omega}{2\,184\ \Omega} \times 0.141\,1\ \mathrm{S \cdot m^{-1}} = 7.26 \times 10^{-3}\ \mathrm{S \cdot m^{-1}}$$

待测液的摩尔电导率为

$$\Lambda_{\mathrm{m}} = \frac{\kappa_{\text{待测}}}{c_{\text{待测}}} = \frac{7.26 \times 10^{-3}\ \mathrm{S \cdot m^{-1}}}{0.010 \times 10^{3}\ \mathrm{mol \cdot m^{-3}}} = 7.26 \times 10^{-4}\ \mathrm{S \cdot m^2 \cdot mol^{-1}}$$

需要注意的是，c 的常用单位不是 $mol \cdot m^{-3}$，而是其倍数单位 $mol \cdot dm^{-3}$，Λ_m 中 c 的单位要改用 $mol \cdot m^{-3}$。

7.4.4 极限摩尔电导率

电解质的本性、温度和溶液的浓度等都对溶液的电导有影响，除电解质的本性外，以浓度对电导的影响最为显著。图 7-1 是溶液的电导和浓度关系示意图。一般情况下，无论是强电解质还是弱电解质其电导率 κ 随浓度 c 变化趋势类似，κ-c 曲线都存在极大值；强电解质和弱电解质的差别在于强电解质的电导率 κ 随浓度变化显著，而弱电解质变化不明显。κ-c 曲线上极大值的产生是两种相反因素共同作用的结果。在极大值之前，电解质浓度增加，溶液中离子数目增多，对电导率增加有利；但是离子数目增多，阴、阳离子的相互吸引亦增强，对电导率增加不利。有利因素占优势时，溶液电导率随浓度增加而增加；当有利因素和不利因素相等时，溶液电导率到达极大值；当不利因素超过有利因素时，溶液电导率随浓度增加而减小。对于弱电解质，由于浓度增加时电离度有所减小，离子数目变化不明显，阴、阳离子间引力变化亦不明显，κ-c 曲线上极大值的存在也不明显。

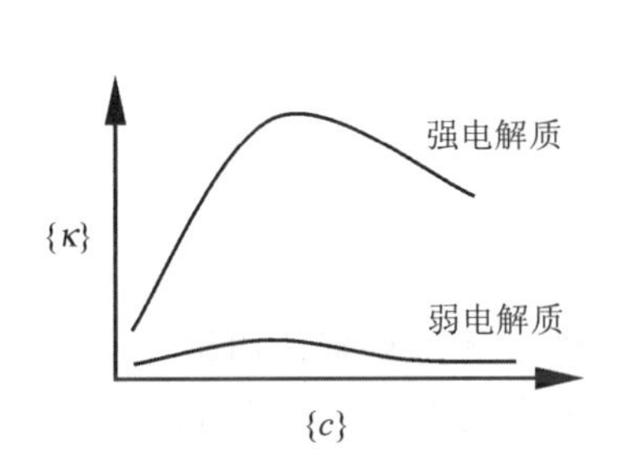

图 7-1 κ-c 曲线示意图

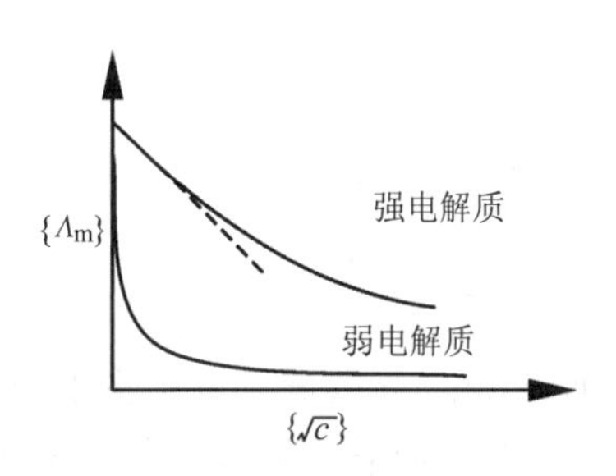

图 7-2 Λ_m-$\sqrt{c}$ 关系示意图

图 7-2 是 Λ_m-$\sqrt{c}$ 曲线的示意图。相对于溶液电导率与浓度的关系，溶液的摩尔电导率和浓度关系则有明显不同，在 Λ_m-$\sqrt{c}$ 曲线上不存在极大值。对强电解质，浓度降低，离子数目并不减少，但是阴、阳离子间的引力减弱，故 Λ_m 增大，Λ_m-$\sqrt{c}$ 在稀溶液中趋于线性关系：

$$\Lambda_m = \Lambda_m^\infty (1 - \beta\sqrt{c}) \tag{7-7}$$

式中：Λ_m^∞ 是无限稀释时的摩尔电导率，Λ_m^∞ 与浓度无关，称为极限摩尔电导率（limiting molar conductivity）；当溶剂、溶质和温度一定时，β 是常数。式(7-7)首先被 Kohlrausch（科尔劳施，德国物理学家）发现，后来 Lars Onsager（昂萨格，美国物理化学家、理论物理学家，1968 年诺贝尔化学奖获得者）从理论上导出了该式，有时候称式(7-7)为 Onsager 关系式，也可称为平方根定律。

对于弱电解质，Λ_m-$\sqrt{c}$ 曲线和强电解质大格局上相同，但也有自身的特点。弱电解质即使是稀溶液，Λ_m-$\sqrt{c}$ 曲线也不存在线性关系。这是因为弱电解质浓度降低时，尽管电解质数目不变，但是电离度增加，离子数目急剧增多，Λ_m-$\sqrt{c}$ 不呈线性关系，不能像强电解质一样，通过少量稀溶液的实验数据用外推法确定极限摩尔电导率 Λ_m^∞。

例题 7-4 298 K 时，测得 HCl 溶液不同浓度时的摩尔电导率如下：

$c/(mol \cdot dm^{-3})$	0.000 5	0.001	0.010	0.100	1.00
$\Lambda_m/(S \cdot m^2 \cdot mol^{-1})$	0.042 274	0.042 136	0.041 200	0.039 132	0.033 28

求溶液无限稀释时的摩尔电导率 Λ_m^∞。

解 绘制Λ_m-$\sqrt{c}$曲线。

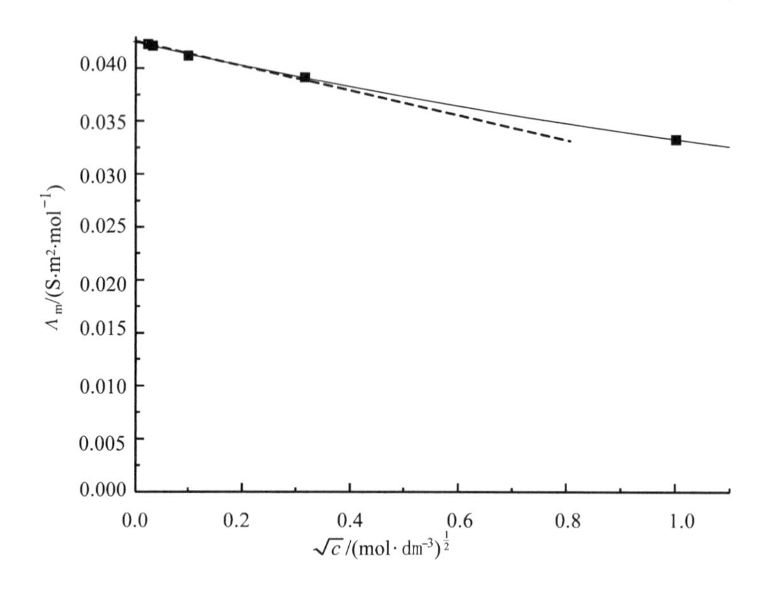

浓度在0.1 mol·dm^{-3}以下时,Λ_m-$\sqrt{c}$为线性关系,将其外推得$\Lambda_m^\infty=0.042\ 616\ \mathrm{S\cdot m^2\cdot mol^{-1}}$。

7.4.5 离子独立移动定律

德国人Kohlrausch根据大量实验数据发现一个规律,即在无限稀释的溶液中,每一种离子都是独立移动的,不受其他离子的影响,每一种离子对Λ_m^∞都有恒定的贡献。因此可以将Λ_m^∞表示为溶液中所有离子λ_m^∞的总和,即

$$\Lambda_m^\infty=\sum_B \nu_B\lambda_m^\infty(B) \tag{7-8}$$

式(7-8)称为Kohlrausch离子独立移动定律(law of independent movement of ions)。它的重要作用就是可以用强电解质的Λ_m^∞求弱电解质的Λ_m^∞,即可以将弱电解质的Λ_m^∞写成强电解质的Λ_m^∞的线性组合:

$$\Lambda_m^\infty=\sum_B \nu_B\Lambda_m^\infty(B) \tag{7-9}$$

HAc是弱电解质,稀溶液中,其Λ_m-$\sqrt{c}$曲线不存在线性关系,无法用外推法确定其Λ_m^∞,但是根据离子独立移动定律,可以将Λ_m^∞表示为若干强电解质的Λ_m^∞的组合,如表示成下式:

$$\begin{aligned}\Lambda_m^\infty(\mathrm{HAc})&=\lambda_m^\infty(\mathrm{H^+})+\lambda_m^\infty(\mathrm{Ac^-})\\&=[\lambda_m^\infty(\mathrm{H^+})+\lambda_m^\infty(\mathrm{Cl^-})]+[\lambda_m^\infty(\mathrm{Na^+})+\lambda_m^\infty(\mathrm{Ac^-})]-[\lambda_m^\infty(\mathrm{Na^+})+\lambda_m^\infty(\mathrm{Cl^-})]\\&=\Lambda_m^\infty(\mathrm{HCl})+\Lambda_m^\infty(\mathrm{NaAc})-\Lambda_m^\infty(\mathrm{NaCl})\end{aligned}$$

而HCl、NaCl和NaCl的Λ_m^∞是可以用外推法通过实验测定的。298 K时,常见离子的极限摩尔电导率见表7-3。

表7-3 298 K时,常见离子的极限摩尔电导率

阳离子	$\lambda_m^\infty/(\mathrm{S\cdot m^2\cdot mol^{-1}})$	阴离子	$\lambda_m^\infty/(\mathrm{S\cdot m^2\cdot mol^{-1}})$
H^+	349.82	OH^-	198.0
Li^+	38.69	F^-	55.4

续表

阳离子	$\lambda_m^\infty/(S\cdot m^2\cdot mol^{-1})$	阴离子	$\lambda_m^\infty/(S\cdot m^2\cdot mol^{-1})$
Na^+	50.11	Cl^-	76.34
K^+	73.52	Br^-	78.4
NH_4^+	73.4	I^-	76.8
Ag^+	61.92	NO_3^-	71.44
$\frac{1}{2}Ca^{2+}$	59.50	Ac^-	40.9
$\frac{1}{2}Cu^{2+}$	54.0	$\frac{1}{2}CO_3^{2-}$	83.0
$\frac{1}{2}Zn^{2+}$	54.0	$\frac{1}{2}SO_4^{2-}$	79.8
$\frac{1}{3}La^{3+}$	69.6	$\frac{1}{3}Fe(CN)_6^{3-}$	99.1

例题 7-5 298 K 时，测得如下数据：

物质	$\frac{1}{2}Ba(NO_3)_2$	$\frac{1}{2}H_2SO_4$	HNO_3
$\Lambda_m^\infty/(S\cdot m^2\cdot mol^{-1})$	1.351×10^{-2}	4.295×10^{-2}	4.211×10^{-2}

求 $BaSO_4$ 的 Λ_m^∞。

解 根据离子独立移动定律得

$$
\begin{aligned}
\Lambda_m^\infty(BaSO_4) &= \lambda_m^\infty(Ba^{2+}) + \lambda_m^\infty(SO_4^{2-}) \\
&= [\lambda_m^\infty(Ba^{2+}) + 2\lambda_m^\infty(NO_3^-)] + [2\lambda_m^\infty(H^+) + \lambda_m^\infty(SO_4^{2-})] - 2[\lambda_m^\infty(H^+) + \lambda_m^\infty(NO_3^-)] \\
&= 2\Lambda_m^\infty[\frac{1}{2}Ba(NO_3)_2] + 2\Lambda_m^\infty(\frac{1}{2}H_2SO_4) - 2\Lambda_m^\infty(HNO_3) \\
&= [2\times(1.351\times10^{-2}) + 2\times(4.295\times10^{-2}) - 2\times(4.211\times10^{-2})]\ S\cdot m^2\cdot mol^{-1} \\
&= 2.87\times10^{-2}\ S\cdot m^2\cdot mol^{-1}
\end{aligned}
$$

7.5 电解质溶液电导测定的应用

7.5.1 水的纯度的检测

纯水的电导率约为 $5.5\times10^{-6}\ S\cdot m^{-1}$。由于水中有其他无机质存在，电导率增大。如自来水的电导率约 $1.0\times10^{-1}\ S\cdot m^{-1}$，普通蒸馏水的电导率约 $1.0\times10^{-3}\ S\cdot m^{-1}$，去离子水(deionized water)的电导率小于 $1.0\times10^{-4}\ S\cdot m^{-1}$。可见，通过测量电导率可以检测水的纯度。

例题 7-6 298 K 时，测得自来水的电导率为 $1.0\times10^{-1}\ S\cdot m^{-1}$，纯水的电导率约为 $5.5\times10^{-6}\ S\cdot m^{-1}$，求自来水中杂质的相对含量。已知 298 K 时，$\lambda_{m,H^+}^\infty=349.82\times10^{-4}\ S\cdot m^2\cdot mol^{-1}$，$\lambda_{m,OH^-}^\infty=198.0\times10^{-4}\ S\cdot m^2\cdot mol^{-1}$。

解 设“水”为强电解质，根据离子独立移动定律，可以计算 298 K 时纯“水”的极限摩尔电导率：

$$\Lambda_m^\infty(H_2O)=\lambda_{m,H^+}^\infty+\lambda_{m,OH^-}^\infty$$

$$=(349.82+198.0)\times 10^{-4}\ \mathrm{S\cdot m^2\cdot mol^{-1}}$$
$$=547.82\times 10^{-4}\ \mathrm{S\cdot m^2\cdot mol^{-1}}$$

纯“水”的电导率为

$$\kappa = c\Lambda_{\mathrm{m}}^{\infty}(\mathrm{H_2O})$$
$$=\frac{\frac{1}{18}}{10^{-6}}\ \mathrm{mol\cdot m^{-3}}\times 547.82\times 10^{-4}\ \mathrm{S\cdot m^2\cdot mol^{-1}}$$
$$=3.043\times 10^{3}\ \mathrm{S\cdot m^{-1}}$$

若杂质均为无机强电解质,则相对含量为

$$\frac{1.0\times 10^{-1}-5.5\times 10^{-6}}{3.043\times 10^{3}+(1.0\times 10^{-1}-5.5\times 10^{-6})}\approx\frac{1.0\times 10^{-1}}{3.043\times 10^{3}}=3.29\times 10^{-5}$$

7.5.2 弱电解质电离度和电离平衡常数的测定

稀溶液中弱电解质的电离度(degree of ionization)较小,离子间的相互作用基本可忽略;无限稀释时,电解质完全电离。因此可以认为溶液 Λ_{m} 和 $\Lambda_{\mathrm{m}}^{\infty}$ 的差别仅仅是离子数目不同所致,和离子间相互作用无关,故电离度可表示为

$$\alpha=\frac{\Lambda_{\mathrm{m}}}{\Lambda_{\mathrm{m}}^{\infty}} \tag{7-10}$$

由电离度可以计算弱电解质的标准电离平衡常数(ionization equilibrium constant)。

设有对称型弱电解质 AB:

$$\mathrm{AB} \rightleftharpoons \mathrm{A^+ + B^-}$$

	AB	A^+	B^-
开始	c	0	0
平衡	$c(1-\alpha)$	$c\alpha$	$c\alpha$

$$K_c^{\ominus}=\frac{\alpha^2}{1-\alpha}\times\frac{c}{c^{\ominus}}=\frac{\Lambda_{\mathrm{m}}^2}{\Lambda_{\mathrm{m}}^{\infty}(\Lambda_{\mathrm{m}}^{\infty}-\Lambda_{\mathrm{m}})}\times\frac{c}{c^{\ominus}} \tag{7-11}$$

如果实验数据较多,还可以作如下处理:

$$\frac{1}{\Lambda_{\mathrm{m}}}=\frac{1}{\Lambda_{\mathrm{m}}^{\infty}}+\frac{\Lambda_{\mathrm{m}}}{K_c^{\ominus}(\Lambda_{\mathrm{m}}^{\infty})^2}\times\frac{c}{c^{\ominus}} \tag{7-12}$$

以 $\frac{1}{\Lambda_{\mathrm{m}}}$ - $\Lambda_{\mathrm{m}}\frac{c}{c^{\ominus}}$ 作图,从直线的斜率和截距可以得出 $K_c^{\ominus}$。式(7-11)、(7-12)称为 Ostwald(奥斯特瓦尔德,1909 年诺贝尔化学奖获得者)稀释定律(Ostwald's dilution law),适用于对称型弱电解质。

例题 7-7 298 K 时,实验测得浓度为 0.073 69 mol·dm^{-3} 的 HAc 溶液的摩尔电导率为 $6.086\times 10^{-4}\ \mathrm{S\cdot m^2\cdot mol^{-1}}$。求该 HAc 溶液的电离度和电离平衡常数。已知 298 K 时 H^+ 和 Ac^- 的极限摩尔电导率分别为 $349.82\times 10^{-4}\ \mathrm{S\cdot m^2\cdot mol^{-1}}$、$40.88\times 10^{-4}\ \mathrm{S\cdot m^2\cdot mol^{-1}}$。

解 根据离子独立移动定律,可以计算 HAc 的极限摩尔电导率:

$$\Lambda_{\mathrm{m}}^{\infty}(\mathrm{HAc})=\lambda_{\mathrm{m,H^+}}^{\infty}+\lambda_{\mathrm{m,Ac^-}}^{\infty}$$
$$=349.82\times 10^{-4}\ \mathrm{S\cdot m^2\cdot mol^{-1}}+40.88\times 10^{-4}\ \mathrm{S\cdot m^2\cdot mol^{-1}}$$
$$=390.7\times 10^{-4}\ \mathrm{S\cdot m^2\cdot mol^{-1}}$$

HAc 在该浓度下的电离度

$$\alpha=\frac{\Lambda_{\mathrm{m}}}{\Lambda_{\mathrm{m}}^{\infty}}=\frac{6.086\times10^{-4}}{390.7\times10^{-4}}=1.56\times10^{-2}$$

电离平衡常数

$$\begin{aligned}K_{c}^{\ominus}&=\frac{\alpha^{2}}{1-\alpha}\times\frac{c}{c^{\ominus}}\\&=\frac{(1.56\times10^{-2})^{2}}{1-1.56\times10^{-2}}\times\frac{0.07369}{1}\\&=1.82\times10^{-5}\end{aligned}$$

7.5.3 难溶盐溶解度的测定

难溶盐一般在水中的溶解度极小，离子间的相互作用可以忽略，因此可以认为其摩尔电导率约等于极限摩尔电导率，根据电导率和摩尔电导率的关系可以计算出难溶盐的溶解度：

$$c=\frac{\kappa-\kappa_{\mathrm{H_2O}}}{\Lambda_{\mathrm{m}}^{\infty}}\tag{7-13}$$

例题 7-8 298 K 时，测得 $BaSO_4$ 饱和溶液及水的电导率分别为 4.20×10^{-4} S·m^{-1}、1.05×10^{-4} S·m^{-1}。求 $BaSO_4$ 在该温度下的 $K_{\mathrm{sp}}^{\ominus}$。已知 298 K 时，$\lambda_{\mathrm{m},\frac{1}{2}\mathrm{Ba^{2+}}}^{\infty}=63.6\times10^{-4}$ S·m^2·mol^{-1}，$\lambda_{\mathrm{m},\frac{1}{2}\mathrm{SO_4^{2-}}}^{\infty}=79.8\times10^{-4}$ S·m^2·mol^{-1}。

解 根据离子独立移动定律，可计算 298 K 时 $\frac{1}{2}BaSO_4$ 的极限摩尔电导率：

$$\begin{aligned}\Lambda_{\mathrm{m}}^{\infty}\left(\frac{1}{2}\mathrm{BaSO_4}\right)&=\lambda_{\mathrm{m},\frac{1}{2}\mathrm{Ba^{2+}}}^{\infty}+\lambda_{\mathrm{m},\frac{1}{2}\mathrm{SO_4^{2-}}}^{\infty}\\&=63.6\times10^{-4}\ \mathrm{S\cdot m^2\cdot mol^{-1}}+79.8\times10^{-4}\ \mathrm{S\cdot m^2\cdot mol^{-1}}\\&=143.4\times10^{-4}\ \mathrm{S\cdot m^2\cdot mol^{-1}}\end{aligned}$$

根据式(7-13)计算 $BaSO_4$ 的溶解度：

$$\begin{aligned}c(\mathrm{BaSO})_4&=\frac{\kappa-\kappa_{\mathrm{H_2O}}}{\Lambda_{\mathrm{m}}^{\infty}(\mathrm{BaSO_4})}=\frac{\kappa-\kappa_{\mathrm{H_2O}}}{2\Lambda_{\mathrm{m}}^{\infty}(\frac{1}{2}\mathrm{BaSO_4})}\\&=\frac{(4.20-1.05)\times10^{-4}\ \mathrm{S\cdot m^{-1}}}{2\times143.4\times10^{-4}\ \mathrm{S\cdot m^2\cdot mol^{-1}}}\\&=1.10\times10^{-2}\ \mathrm{mol\cdot m^{-3}}\\&=1.10\times10^{-5}\ \mathrm{mol\cdot dm^{-3}}\end{aligned}$$

$BaSO_4$ 的 $K_{\mathrm{sp}}^{\ominus}$ 为

$$\begin{aligned}K_{\mathrm{sp}}^{\ominus}&=a_{\mathrm{Ba^{2+}}}\cdot a_{\mathrm{SO_4^{2-}}}\approx\frac{c_{\mathrm{Ba^{2+}}}}{c^{\ominus}}\times\frac{c_{\mathrm{SO_4^{2-}}}}{c^{\ominus}}\\&=(1.10\times10^{-5})^{2}\\&=1.21\times10^{-10}\end{aligned}$$

本例中涉及的物质的量 n 的计算单元分别为 $BaSO_4$、$\frac{1}{2}BaSO_4$，切换时要留意。

7.6 强电解质溶液理论

7.6.1 强电解质的平均活度和平均活度系数

设有强电解质在溶液中按下式电离：

$$M_{\nu_+}A_{\nu_-} \longrightarrow \nu_+ M^{z+} + \nu_- A^{z-}$$

溶液中电解质的化学势

$$\begin{aligned}\mu &= \sum_B \nu_B\mu_B = \nu_+\mu_+ + \nu_-\mu_- \\ &= \nu_+(\mu_+^{\ominus} + RT\ln a_+) + \nu_-(\mu_-^{\ominus} + RT\ln a_-) \\ &= [\nu_+\mu_+^{\ominus} + \nu_-\mu_-^{\ominus}] + RT\ln(a_+^{\nu_+}\cdot a_-^{\nu_-}) \\ &= [\nu_+\mu_+^{\ominus} + \nu_-\mu_-^{\ominus}] + RT\ln a\end{aligned}$$

因此不妨定义

$$a_\pm \overset{\text{def}}{=\!=} (a_+^{\nu_+}\cdot a_-^{\nu_-})^{1/(\nu_++\nu_-)} \tag{7-14}$$

类似地，还可以定义

$$m_\pm \overset{\text{def}}{=\!=} (m_+^{\nu_+}\cdot m_-^{\nu_-})^{1/(\nu_++\nu_-)} \tag{7-15}$$

$$\gamma_\pm \overset{\text{def}}{=\!=} (\gamma_+^{\nu_+}\cdot \gamma_-^{\nu_-})^{1/(\nu_++\nu_-)} \tag{7-16}$$

式中，$a_\pm$、$m_\pm$、$\gamma_\pm$ 分别称为平均活度(mean activity)、平均质量摩尔浓度(mean molality)和平均活度系数(mean activity coefficient)。$a_\pm$ 和 $m_\pm$ 通过公式 $a_\pm \overset{\text{def}}{=\!=} \gamma_\pm \dfrac{m_\pm}{m^{\ominus}}$ 关联，只要测定 $\gamma_\pm$ 即可求得 $a_\pm$。1921 年，Lewis 根据大量实验，总结出影响平均活度系数的因素主要是离子电荷数和离子浓度，而与离子本性无关。并将之用下述经验式表达：

$$\lg\gamma_\pm = -A'\sqrt{I} \tag{7-17}$$

式中，A' 是与温度、溶剂有关的常数；I 是度量溶液中离子形成的静电场强度的物理量，称为离子强度(ionic strength)，即

$$I \overset{\text{def}}{=\!=} \frac{1}{2}\sum_B m_B z_B^2 \tag{7-18}$$

式中，z_B 为离子所带的电荷数；m_B 为离子的浓度。I 与 m_B 单位相同。

例题 7-9 298 K 时，1.000 kg 溶液中含有 5.000×10^{-4} mol $LaCl_3$ 和 5.000×10^{-3} mol NaCl，求溶液中 $LaCl_3$ 的平均质量摩尔浓度和溶液的离子强度。

解
$$\begin{aligned}m_{\pm,LaCl_3} &= (m_+^{\nu_+}\,m_-^{\nu_-})^{1/(\nu_++\nu_-)} \\ &= \{(5.000\times10^{-4})\times[3\times(5.000\times10^{-4})]^3\}^{1/(1+3)}\ \text{mol}\cdot\text{kg}^{-1} \\ &= 1.139\,8\times10^{-3}\ \text{mol}\cdot\text{kg}^{-1}\end{aligned}$$

溶液的离子强度为

$$I=\frac{1}{2}\sum_{B}m_{B}z_{B}^{2}$$
$$=\frac{1}{2}[5.000\times10^{-4}\times3^{2}+3\times(5.000\times10^{-4})\times(-1)^{2}+$$
$$2\times(5.000\times10^{-3})]\ \mathrm{mol\cdot kg^{-1}}$$
$$=8.000\times10^{-3}\ \mathrm{mol\cdot kg^{-1}}$$

7.6.2 强电解质溶液的离子互吸理论

Debye、Hückel(休克尔,德国物理学家和物理化学家)的离子互吸理论(interionic attraction theory)认为:强电解质在稀溶液中完全电离;强电解质溶液与理想溶液的偏差主要是由离子之间的静电引力引起的。统计地看,阳离子为阴离子所包围,阴离子为阳离子所包围。这时,溶液中复杂离子间相互作用可简化为离子核心与周围反离子的相互作用,这种模型称为离子氛(ionic atmosphere)。根据离子氛模型和其他若干必要的假设,Debye、Hückel 推导出了强电解质稀溶液离子活度系数与离子强度的关系式

$$\lg\gamma_{\pm}=-A\ |z_{+}z_{-}|\sqrt{I}\tag{7-19}$$

式中,A 为与温度、溶剂相关的常数,298 K 时,$A=0.509\ \mathrm{kg^{\frac{1}{2}}\cdot mol^{-\frac{1}{2}}}$。溶液越稀,由式(7-19)计算的理论值和实验值吻合得越好,因此称为 Debye-Hückel 极限定律(Debye-Hückel's limiting law)。

例题 7-10 298 K 时,$ZnCl_2$ 溶液的浓度为 0.005 mol·kg^{-1},试用 Debye-Hückel 极限公式计算该溶液中 $ZnCl_2$ 的平均活度系数并求 $ZnCl_2$ 的理论活度。

解 溶液的离子强度为

$$I=\frac{1}{2}\sum_{B}m_{B}z_{B}^{2}$$
$$=\frac{1}{2}[0.005\times2^{2}+2\times0.005\times(-1)^{2}]\ \mathrm{mol\cdot kg^{-1}}$$
$$=0.015\ \mathrm{mol\cdot kg^{-1}}$$

该溶液中 $ZnCl_2$ 的平均活度系数

$$\gamma_{\pm,\mathrm{ZnCl_2}}=10^{-A|z_{+}z_{-}|\sqrt{I}}=10^{-0.509\times2\times\sqrt{0.015}}=0.750$$

该溶液中 $ZnCl_2$ 的平均质量摩尔浓度

$$m_{\pm}=(m_{+}^{\nu_{+}}\ m_{-}^{\nu_{-}})^{1/(\nu_{+}+\nu_{-})}$$
$$=\sqrt[3]{(0.005)\times(2\times0.005)^{2}}\ \mathrm{mol\cdot kg^{-1}}$$
$$=7.94\times10^{-3}\ \mathrm{mol\cdot kg^{-1}}$$

因此 $ZnCl_2$ 的理论活度为

$$a_{\mathrm{ZnCl_2}}=a_{\pm,\mathrm{ZnCl_2}}^{3}=\left(\gamma_{\pm,\mathrm{ZnCl_2}}\frac{m_{\pm,\mathrm{ZnCl_2}}}{m^{\ominus}}\right)^{3}$$
$$=(0.750\times7.94\times10^{-3})^{3}$$
$$=2.11\times10^{-7}$$

7.7 电极与电池

7.7.1 电极的类型

电池是实现化学能与电能转化的电化学装置。电池由若干电极构成。电极又分为可逆电极与不可逆电极。下面重点介绍可逆电极。

(1) 第一类可逆电极

第一类可逆电极又称阳离子可逆电极,包括金属电极、气体电极和汞齐电极。

① 金属电极

把金属插入含有该金属离子的溶液中,即构成金属电极。

电极组成　$M^{z+}(a_{M^{z+}})\mid M(a_M)$

电极反应　$M^{z+}(a_{M^{z+}})+ze^- \rightleftharpoons M(a_M)$

② 气体电极

将吸附某种气体达平衡的惰性金属片置于含有该种气体元素的离子溶液中,即构成气体电极。常见的气体电极有氢电极、氧电极和氯电极等。如氧电极:

电极组成　$OH^-(a_{OH^-})\mid O_2(p_{O_2})\mid Pt$

电极反应　$\frac{1}{2}O_2(p_{O_2})+H_2O+2e^- \rightleftharpoons 2OH^-(a_{OH^-})$

注意酸性环境和碱性环境中电极反应不同。

③ 汞齐电极

金属溶于汞中,形成汞齐(amalgam),然后浸泡入含有该金属离子的溶液中即构成该金属的汞齐电极。常见的有钠汞齐电极、镉汞齐电极等。如钠汞齐电极:

电极组成　$Na^+(a_{Na^+})\mid Na(Hg)(a_{Na(Hg)})$

电极反应　$Na^+(a_{Na^+})+Hg(l)+e^- \rightleftharpoons Na(Hg)(a_{Na(Hg)})$

(2) 第二类可逆电极

第二类可逆电极又称阴离子可逆电极。包括金属-难溶盐电极、金属-难溶氧化物电极。

① 金属-难溶盐电极

在金属表面覆盖一层该金属的难溶盐,然后浸入含有该难溶盐的负离子溶液中,即构成金属-难溶盐电极。常见的有甘汞电极和银-氯化银电极。如甘汞电极:

电极组成　$Cl^-(a_{Cl^-})\mid Hg_2Cl_2(s)\mid Hg(l)$

电极反应　$Hg_2Cl_2(s)+2e^- \rightleftharpoons 2Hg(l)+2Cl^-(a_{Cl^-})$

② 金属-难溶氧化物电极

甘汞电极的优点是容易制备,电极电势稳定。在测量电池电动势时,常用甘汞电极作为参比电极。

将金属覆盖一层该金属的氧化物,然后浸入含有 OH^- 或 H^+ 的溶液中,即构成金属-难溶氧化物电极。如汞-氧化汞电极:

电极组成(碱性溶液中)　$OH^-(a_{OH^-})\mid HgO(s)\mid Hg(l)$

电极反应(碱性溶液中)　$HgO(s)+H_2O+2e^- \rightleftharpoons Hg(l)+2OH^-(a_{OH^-})$

电极组成(酸性溶液中)　$H^+(a_{H^+})\mid HgO(s)\mid Hg(l)$

电极反应(酸性溶液中)　$HgO(s)+2H^++2e^- \rightleftharpoons Hg(l)+H_2O$

第二类可逆电极由于可逆性好,制备简单,常用作参比电极。

(3) 第三类可逆电极

第三类可逆电极又称氧化-还原电极。将惰性电极如铂或金插入含有同一元素两种不同价态离子的溶液中，即构成第三类电极。如醌-氢醌电极：

电极组成　$H^+(a_{H^+}) \mid C_6H_4O_2 \cdot C_6H_4(OH)_2 \mid Pt$

电极反应　$C_6H_4O_2 + 2H^+(a_{H^+}) + 2e^- \rightleftharpoons C_6H_4(OH)_2$

醌-氢醌电极制备简单，操作便利，不易中毒，经常在实验室中使用。

(4) 第四类可逆电极

第四类可逆电极也称离子选择性电极。它是以对某种特定离子敏感的交换膜作为电极材料构成的指示电极。根据离子交换膜的不同，此类电极可以分为玻璃电极、晶体膜电极、非膜电极、液体膜电极、气敏电极和酶电极等。其中玻璃电极中 pH 电极是使用最早、最成功的一种。在一支玻璃管下端焊接一个特殊原料的玻璃球形薄膜，膜内盛有一定 pH 的缓冲溶液，或用 $0.1\ mol \cdot kg^{-1}$ 的 HCl 溶液，溶液内插入一根 Ag-AgCl 电极(内参比电极)即构成 pH 电极。玻璃膜的组成一般是 72% SiO_2、22% Na_2O 和 6% CaO，可在 pH 1～9 范围内使用，改变玻璃膜的组成可使 pH 范围拓展到 1～14。当 pH 电极与另一电极(外参比电极，通常用甘汞电极)组成电池时，就能从测得的电动势 E 求出待测溶液的 pH。

$$Ag(s) \mid AgCl(s) \mid HCl(aq, 0.1\ mol \cdot kg^{-1}) \overset{\text{玻璃膜}}{\vdots} \text{待测液}(pH = x) \mid \text{摩尔甘汞电极}$$

(5) 不可逆电极简介

在实际的电化学体系中，有许多电极并不是可逆电极，这类电极称为不可逆电极。如铝在海水中形成的电极，相当于 Al | NaCl 等。和可逆电极相对应，不可逆电极也有多种类型，如第一类不可逆电极、第二类不可逆电极和第三类不可逆电极等。

① 第一类不可逆电极

当将金属浸入不含有该金属离子的溶液时所形成的电极是第一类不可逆电极，如Zn | HCl、Zn | NaCl 等。在稀盐酸溶液中，将 Zn 插入溶液中，Zn 很快溶解，在电极附近产生了一定浓度的 Zn^{2+}，最终建立起稳定的电势差。

② 第二类不可逆电极

一些活泼性较差的金属(如 Cu、Ag 等)浸入能生成该金属难溶盐或难溶氧化物的溶液中所组成的电极是第二类不可逆电极，如 Cu | NaOH、Ag | NaCl 等。

③ 第三类不可逆电极

金属浸入含有某种氧化剂中所形成的电极，如 Fe | HNO_3、Fe | $K_2Cr_2O_7$ 等是第三类不可逆电极。

7.7.2 可逆电池与不可逆电池

电极分为可逆电极与不可逆电极，电池也有可逆与不可逆之分。从热力学原理来看，能满足热力学可逆过程条件的电池就是可逆电池。从电化学角度看，可逆电池必须具有以下条件：

(1) 反应可逆

电池在放电过程中进行的放电反应和充电过程中进行的充电反应必须是可逆的。例如铅酸蓄电池的充、放电恰好是可逆反应：

$$PbO_2(s) + Pb(s) + 2H_2SO_4(m) \underset{\text{充电}}{\overset{\text{放电}}{\rightleftharpoons}} 2PbSO_4(s) + 2H_2O$$

而将 Zn 和 Cu 一起插入硫酸溶液中构成的电池(见图 7-3)：

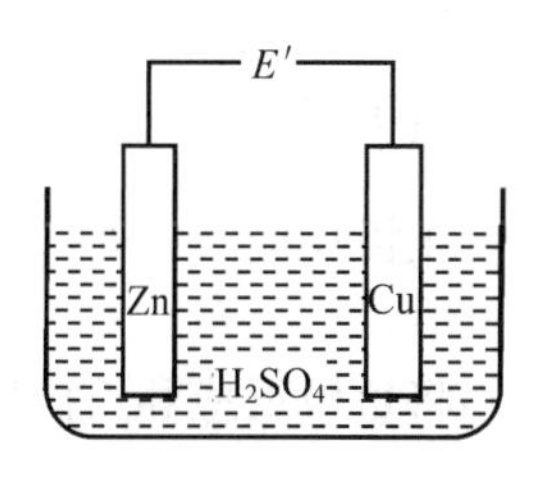

图 7-3　不可逆电池

放电反应：$Zn + 2H^+ \xrightarrow{放电} Zn^{2+} + H_2$

充电反应：$2H^+ + Cu \xrightarrow{充电} Cu^{2+} + H_2$

显然，这种电池不能通过充、放电恢复原状，本质上是不可逆电池。

(2) 能量转换可逆

电能和化学能在转化过程中不转变为其他能量，用电池放电时放出的能量对电池充电，电池体系和环境都能恢复到原来状态。

实际上，电池在放电时，电池两端的电压低于电动势；而在充电时，充电电压必须高于电动势。因此，实际使用的电池都是不可逆的，可逆电池只是一定条件下的特殊状态。

(3) 其他过程可逆

电池中进行的其他过程必须是可逆的。如电池中存在盐桥(salt bridge)，必然存在宏观扩散，因此也是不可逆的。

7.7.3 电池的表达式

IUPAC 规定电池必须用电池图式(cell notation, cell representation)表示，具体规定如下：

(1) 按照电流流动的方向，由左至右排列。负极在左边，正极在右边。

(2) 电极和溶液的相界面用单垂线"|"表示，可混溶的两种用逗号","隔开，盐桥用双垂线"‖"表示。

(3) 注明各物质的形态，用 s、l、g 分别表示固态、液态和气态，aq 表示水溶液，(Hg)表示汞齐；气体要标明压力或逸度，溶液要标明浓度或活度。

(4) 气体和液体不能直接作为电极，必须吸附在惰性电极如 Pt、Au 上，也要标明。

(5) 此外，还要注明外界的温度和压力。默认是 298 K、101 325 Pa。

总之，书写电池的图式除了要写出电池的组成外，还要标明各种影响电池的因素。如可将著名的 Daniell 电池(1886 年英国化学家兼气象学家 John Frederic Daniell 发明)表示如下：

$$Zn(s) \mid ZnCl_2(m_1) \vdots CuSO_4(m_2) \mid Cu(s)$$

这里，$Zn(s) \mid ZnCl_2(m_1)$构成电池的负极；$CuSO_4(m_2) \mid Cu(s)$构成电池的正极；"⋮"表示具有半透膜性质的多孔隔板，它允许离子通过且防止溶液混溶。

7.7.4 电池图式与电池反应式的"互译"

(1) 由电池图式写反应

一般情况只要分别写出电极反应，电极反应的代数和就是电池反应。负极反应为氧化反应，正极反应为还原反应，电池反应可能是氧化-还原反应，也可能不是。

例题 7-11 写出下列电池的电池反应。

① $Pt \mid H_2(g) \mid NaOH(m) \mid O_2(g) \mid Pt$

② $Cd(Hg)(a_1) \mid CdSO_4(m) \mid Cd(Hg)(a_2)$

解 ① 分别写出电池的负极反应和正极反应。

负极反应 $H_2(g) + 2OH^-(m) \longrightarrow 2H_2O(l) + 2e^-$

正极反应 $\frac{1}{2}O_2(g) + H_2O(l) + 2e^- \longrightarrow 2OH^-(m)$

将负极反应和正极反应相加，得电池反应 $H_2(g) + \frac{1}{2}O_2(g) \longrightarrow H_2O(l)$。

电池反应是氧化-还原反应。

② 分别写出电池的负极反应和正极反应。

负极反应　$Cd(Hg)(a_1) - 2e^- \longrightarrow Cd^{2+}(m)$

正极反应　$Cd^{2+}(m) + 2e^- \longrightarrow Cd(Hg)(a_2)$

将负极反应和正极反应相加，得电池反应 $Cd(Hg)(a_1) \longrightarrow Cd(Hg)(a_2)$。

虽然半反应是氧化反应、还原反应，但电池反应实质是物理变化。

(2) 由反应式设计电池

将一个反应设计为电池，实际上是将一个电池反应分解为两个电极反应。一般说来，需要注意以下几个方面的问题：

① 分别确定电池的正极和负极。

② 确定与正、负极对应的电解液。如果有液体接界，使用盐桥。

③ 复核所写的电池图式，确保其电池反应与已知反应完全一致。

电池反应不同，设计电池的难度不同。分三种情况讨论：

① 已知电池反应为氧化-还原反应

氧化反应是电池的负极反应，还原反应是电池的正极反应，根据可逆电极类型即可确定电池图式。

② 已知电池反应为物理变化

反应的实质是气体的压力由高至低，或者溶质从高浓度向低浓度扩散，因此可设计为浓差电池。

③ 已知电池反应为非氧化-还原反应

在已知反应式的产物和反应物中同时添加与反应有关的某一物质，使非氧化-还原反应(电池反应)转变为氧化、还原反应(电极反应)，然后分别确定电池的负极和正极，即可写出电池图式。

例题 7-12　将下列反应设计为电池。

① $Zn(s) + CuSO_4(m_1) \longrightarrow Cu(s) + ZnSO_4(m_2)$

② $H_2(20p^{\ominus}) \longrightarrow H_2(p^{\ominus})$

③ $H^+ + OH^- \longrightarrow H_2O$

解　① 从反应式可以看到 Zn 被氧化为 Zn^{2+}，因此 Zn 可作为电池的负极；Cu^{2+} 被还原为 Cu，所以 Cu 可作为电池的正极。反应式中 $CuSO_4$ 和 $ZnSO_4$ 是两种不同的电解液，要用盐桥隔离。故电池图式为 $Zn(s) \mid ZnSO_4(m_2) \parallel CuSO_4(m_1) \mid Cu(s)$。

② H_2 是还原性气体，压力越高，还原能力越强，因此 $H_2(20p^{\ominus})$ 是电池的负极；压力较小的 $H_2(p^{\ominus})$ 是电池的正极。电池图式为 $Pt \mid H_2(20p^{\ominus}) \mid HCl(m) \mid H_2(p^{\ominus}) \mid Pt$。

③ 向已知反应中同时添加 $H_2(g)$，原反应式改写为

$$H^+ + OH^- + H_2(g) \longrightarrow H_2O + H_2(g)$$

将之分拆为负极反应和正极反应：

负极反应　$H_2(g) + 2OH^- \longrightarrow 2H_2O + 2e^-$

正极反应　$2H^+ + 2e^- \longrightarrow H_2(g)$

因此设计的电池图式为 $Pt \mid H_2(g) \mid OH^-(m_1) \parallel H^+(m_2) \mid H_2(g) \mid Pt$。

7.8 电池电动势产生的机理

7.8.1 电极-溶液界面电势差

电极-溶液界面电势差是相间电势差的一种。相间电势差是指两相接触时，在两相界面层中存在

的电势差。两相间出现电势差的原因是带电粒子或偶极子在界面层中非均匀分布。造成非均匀分布的原因有以下几种(见图7-4):

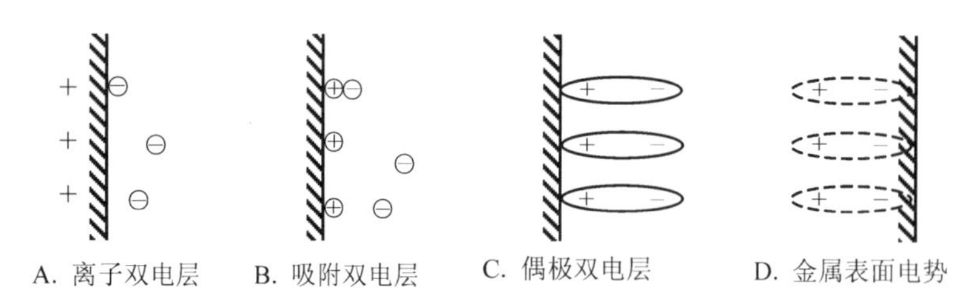

图7-4 引起相间电势差的几种情形

(1) 带电粒子在两相间转移或利用外电源向两侧界面充电,都可以使两相中出现剩余电荷。这些剩余电荷不同程度地集中在界面两侧,形成所谓的"双电层"(electric double layer)。如金属-溶液间的"离子双电层"。

(2) 荷电粒子在界面层的吸附量不同,造成界面层与本体相中出现等值反号的电荷,因而在界面的溶液一侧形成双电层。如溶胶的双电层。

(3) 溶液中的极性分子在界面溶液一侧定向排列,形成偶极层。

(4) 金属表面因各种短程力作用而形成的表面电势差。

严格地讲,只有第一种情形是跨越两相界面的相间电势差,其他几种情形是同一相中的"表面电势"。电池体系中,离子双电层是相间电势差的主要来源。以Zn片插入溶液中为例说明离子双电层的建立过程。

当Zn片浸入溶液中,便打破了金属和溶液各自原有的平衡,极性水分子和金属表面的Zn^{2+}相互吸引而定向排列在金属表面上;同时,Zn^{2+}在水分子的吸引和不停的热运动冲击下,脱离金属晶格的趋势增大了,这就是水分子对金属离子的"水化作用"。这样,在Zn-溶液界面上,存在着两种矛盾的作用:

(1) 金属晶格中自由电子对Zn^{2+}的静电引力。它既能阻碍金属表面的Zn^{2+}脱离晶格而溶解,又能促使界面附近溶液中的水化Zn^{2+}去水化而沉积到金属表面上来。

(2) 极性水分子对Zn^{2+}的水化作用。既能促使金属表面的Zn^{2+}水化浸入溶液,又能阻碍界面附近溶液中水化Zn^{2+}去水化而沉积于金属表面上。

当溶解和沉积的速度相等时,在金属-溶液界面中形成稳定的双电层,称为离子双电层。对于Zn-溶液体系,实验表明金属带负电,溶液带正电。整个体系为电中性。

$$Zn^{2+}\cdot 2e^- + nH_2O \underset{\text{沉积(去水化)}}{\overset{\text{溶解(水化)}}{\rightleftharpoons}} Zn^{2+}(H_2O)_n + 2e^-$$

7.8.2 液体接界电势差

相互接触的两个组成不同或浓度不同的电解质溶液相之间存在的相间电势差叫液体接界电势(liquid junction potential)。形成液体接界电势的原因是:由于两溶液相的组成或浓度不同,一般情况下,溶质粒子将自发地从浓度高的相向浓度低的相迁移,并最终在两液相接界面的两侧形成双电层,产生电势差,用符号ε_j表示。如图7-5,不同浓度的HCl接触时,接触处存在浓度梯度,HCl由浓度高的一侧向浓度低的一侧扩散。H^+由于特殊的迁移模式(Grotthuss质子传导机理),扩散速度比Cl^-快很多,从而在界面上形成左侧有剩余负离子、右侧有剩余正离子的双电层。两侧带电后,静电作用对H^+通过界面产生一定的阻碍作用,结果H^+扩散速度逐渐降低;相反,静电作用使Cl^-扩散速度加大。最后达到稳定状态,H^+和Cl^-的扩散速度相等,界面电势差亦达到稳定。如果两个溶液相的电解质不同，那么问题将更加复杂化，但基本原理仍然相同。

液体接界电势一般不大，在 30 mV 左右。但液体接界电势是一个不稳定、难以计算和测量的数值，所以在电化学体系中包含液体接界电势时，往往使体系的电化学参数的测量值失去热力学意义。因此多数情况下，使用盐桥使之降低到可以忽略的程度。盐桥一般用饱和的 KCl 溶液，加入少量琼脂配制而成。由于使用高浓度的 KCl 溶液，在溶液-盐桥接界处电流几乎全部由 K^+ 和 Cl^- 输运，K^+ 和 Cl^- 的迁移速度几乎相同，因此每个溶液-盐桥的接界电势差 $\varepsilon_{j,左}$、$\varepsilon_{j,右}$ 均很小；另外，两个溶液-盐桥的电势差的方向恰好相反(图 7-6)，又能抵消一部分。因此整体的液体接界电势 $\varepsilon_j=\varepsilon_{j,左}+\varepsilon_{j,右}$ 可降低至几毫伏，基本可忽略。

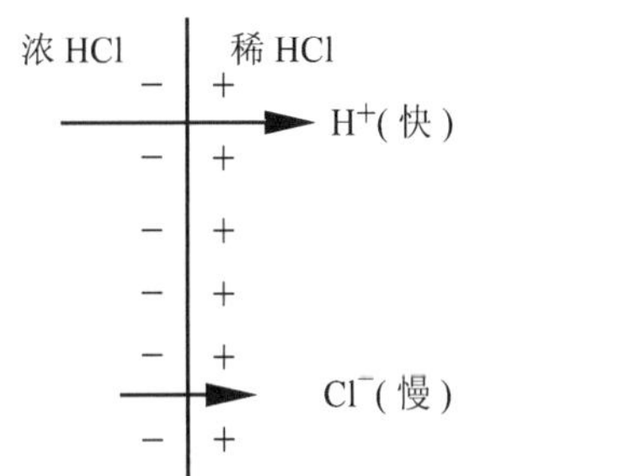

图 7-5　液体接界电势示意图

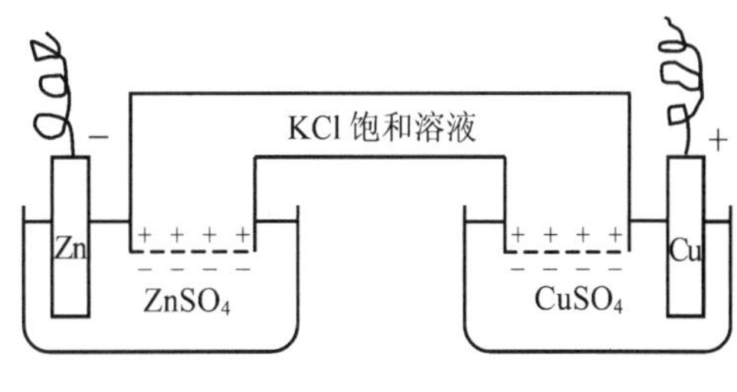

图 7-6　盐桥“消除”接界电势示意图

综合起来，电池的电动势(electromotive force，EMF)是各相界面上电势差的代数和。可表示为

$$E=\sum_{界面}\varepsilon_{界面}=\varepsilon_{+}+\varepsilon_{-}+\varepsilon_{j} \tag{7-20}$$

当使用盐桥后，$E\approx\varepsilon_{+}+\varepsilon_{-}$。如果能测定 ε_{+}、ε_{-}，则可计算电动势 E。

例题 7-13　两个半电池之间使用盐桥测得电动势为 0.059 V。当将盐桥拿走，使两溶液接触，这时测得电动势为 0.048 V，则液体接界电势 ε_j 是多少？

解　根据电动势产生的原理

$$0.048\ \text{V}=0.059\ \text{V}+\varepsilon_j$$

所以液体接界电势 $\varepsilon_j=-0.011$ V。

7.9　可逆电池热力学

7.9.1　Nernst 方程

对于任意反应 $0=\sum_{B}\nu_B B$，有

$$\Delta_r G_m=\Delta_r G_m^{\ominus}+RT\ln\prod_{B}a_B^{\nu_B}$$

等温等压条件下，$\Delta_r G_m=-zFE$，$\Delta_r G_m^{\ominus}=-zFE^{\ominus}$，所以

$$E=E^{\ominus}-\frac{RT}{zF}\ln\prod_{B}a_B^{\nu_B} \tag{7-21}$$

上式被称为 Nernst 方程，它表示了电池电动势与电极活性物质活度间的关系；式中 $E^{\ominus}$ 是标准电动势。电池反应达到平衡时，$E^{\ominus}=\frac{RT}{zF}\ln\prod_{B}(a_B)_{eq}^{\nu_B}=\frac{RT}{zF}\ln K^{\ominus}$，因此 $E^{\ominus}$ 是反应限度的电化学度量。

式(7-19)可视为化学反应等温方程式在电化学领域的表现形式,具有重要的地位。

例题 7-14 计算电池

$$\mathrm{Pt} \mid \mathrm{H_2}(p^{\ominus}) \mid \mathrm{HCl}(m=0.1\ \mathrm{mol\cdot kg^{-1}}, \gamma_{\pm}=0.796) \mid \mathrm{AgCl(s)} \mid \mathrm{Ag(s)}$$

298 K 时的电动势。已知该电池的标准电动势 $E^{\ominus}=0.2224$ V。

解 电池反应为

$$\frac{1}{2}\mathrm{H_2}(p^{\ominus})+\mathrm{AgCl(s)} \longrightarrow \mathrm{HCl}(0.1\ \mathrm{mol\cdot kg^{-1}}, \gamma_{\pm}=0.796)+\mathrm{Ag(s)}$$

电池电动势为

$$E=E^{\ominus}-\frac{RT}{zF}\ln\prod_{\mathrm{B}} a_{\mathrm{B}}^{\nu_{\mathrm{B}}}$$

$$=E^{\ominus}-\frac{RT}{F}\ln\frac{\left(\gamma_{\pm,\mathrm{HCl}}\dfrac{m_{\pm,\mathrm{HCl}}}{m^{\ominus}}\right)^2\times a_{\mathrm{Ag}}}{\sqrt{\dfrac{p_{\mathrm{H_2}}}{p^{\ominus}}}\times a_{\mathrm{AgCl}}}$$

AgCl 和 Ag 都是纯固体,因此 $a_{\mathrm{Ag}}=1, a_{\mathrm{AgCl}}=1$。

$$E=0.2224\ \mathrm{V}-\frac{8.314\ \mathrm{J\cdot K^{-1}\cdot mol^{-1}}\times 298\ \mathrm{K}}{96\,500\ \mathrm{C\cdot mol^{-1}}}\times\ln\frac{(0.796\times 0.1)^2\times 1}{1}$$

$$=0.3524\ \mathrm{V}$$

7.9.2 可逆电池热力学

恒温时,存在所谓的 Gibbs-Helmholtz 公式

$$\Delta_r G_m=\Delta_r H_m-T\Delta_r S_m$$

等式两边对温度 T 求导,得

$$\left(\frac{\partial\Delta_r G_m}{\partial T}\right)_p=\left(\frac{\partial\Delta_r H_m}{\partial T}\right)_p-\left[\left(\frac{\partial(T\Delta_r S_m)}{\partial T}\right)\right]_p$$

$$=\Delta_r C_{p,m}-\left[\Delta_r S_m+T\left(\frac{\partial\Delta_r S_m}{\partial T}\right)_p\right]$$

$$=\Delta_r C_{p,m}-\left(\Delta_r S_m+T\,\frac{\Delta_r C_{p,m}}{T}\right)$$

$$=-\Delta_r S_m$$

而 $\Delta_r G_m=-zFE$,所以

$$\Delta_r S_m=-\left(\frac{\partial\Delta_r G_m}{\partial T}\right)_p=-\left[\frac{\partial(-zFE)}{\partial T}\right]_p=zF\left(\frac{\partial E}{\partial T}\right)_p \tag{7-22}$$

电池的温度系数 $\left(\dfrac{\partial E}{\partial T}\right)_p$ 可由实验测定,若电池可逆放电,则可逆热效应

$$Q_{r,m}=T\Delta_r S_m=zFT\left(\frac{\partial E}{\partial T}\right)_p \tag{7-23}$$

由 E 和 $\left(\frac{\partial E}{\partial T}\right)_p$ 可以计算电池的 $\Delta_r H_m$：

$$\Delta_r H_m = \Delta_r G_m + T\Delta_r S_m = -zFE + zFT\left(\frac{\partial E}{\partial T}\right)_p \tag{7-24}$$

$\Delta_r H_m$ 等于等温、等压下的热效应 $Q_{p,m}$，一般不等于可逆热效应 $Q_{r,m}$，体现了 Q 是途径函数(依赖于过程实现的具体途径)。

例题 7-15 298 K 时，测得电池

$$Ag \mid AgCl(s) \mid HCl(m) \mid Cl_2(g, p^\ominus) \mid Pt$$

的电动势 $E=1.137$ V，电动势温度系数 $\left(\frac{\partial E}{\partial T}\right)_p = -5.95\times10^{-4}\,V\cdot K^{-1}$。求反应的 $\Delta_r G_m$、$\Delta_r H_m$、$\Delta_r S_m$、$Q_{r,m}$ 和 $Q_{p,m}$。

解 电池反应为

$$Ag(s) + \frac{1}{2}Cl_2(g, p^\ominus) \longrightarrow AgCl(s)$$

$$\Delta_r G_m = -zFE = -1\times96\,500\ C\cdot mol^{-1}\times1.137\ V = -109.72\ kJ\cdot mol^{-1}$$

$$\Delta_r S_m = zF\left(\frac{\partial E}{\partial T}\right)_p = 1\times96\,500\ C\cdot mol^{-1}\times(-5.95\times10^{-4}\ V\cdot K^{-1})$$
$$= -57.42\ J\cdot K^{-1}\cdot mol^{-1}$$

$$\Delta_r H_m = \Delta_r G_m + T\Delta_r S_m = -zFE + zFT\left(\frac{\partial E}{\partial T}\right)_p$$
$$= -109.72\ kJ\cdot mol^{-1} + 298\ K\times(-57.42\ J\cdot K^{-1}\cdot mol^{-1})$$
$$= -126.83\ kJ\cdot mol^{-1}$$

$$Q_{p,m} = \Delta_r H_m = -126.83\ kJ\cdot mol^{-1}$$

$$Q_{r,m} = T\Delta_r S_m = 298\ K\times(-57.42\ J\cdot K^{-1}\cdot mol^{-1}) = -17.11\ kJ\cdot mol^{-1}$$

例题 7-16 已知 298 K 时，有下列数据：

	$PbSO_4(s)$	Pb^{2+}	SO_4^{2-}
$\Delta_f H_m^\ominus/(kJ\cdot mol^{-1})$	−918.4	1.63	−907.5
$\Delta_f G_m^\ominus/(kJ\cdot mol^{-1})$	−811.2	−24.3	−742.0

试求 298 K 时，电池

$$Pb \mid PbSO_4(s) \mid SO_4^{2-} \parallel Pb^{2+} \mid Pb(s)$$

的标准电动势 $E^\ominus$ 及其温度系数 $\left(\frac{\partial E^\ominus}{\partial T}\right)_p$。

解 电池反应为

$$Pb^{2+} + SO_4^{2-} \longrightarrow PbSO_4(s)$$

$$\Delta_r G_m^\ominus = \sum_B \nu_B \Delta_f G_m^\ominus(B)$$
$$= \Delta_f G_m^\ominus(PbSO_4) - \Delta_f G_m^\ominus(Pb^{2+}) - \Delta_f G_m^\ominus(SO_4^{2-})$$

$$=[-811.2-(-24.3)-(-742.0)]\ \mathrm{kJ\cdot mol^{-1}}$$
$$=-44.9\ \mathrm{kJ\cdot mol^{-1}}$$

$$\Delta_r H_m^{\ominus}=\sum_B \nu_B \Delta_f H_m^{\ominus}(B)$$
$$=\Delta_f H_m^{\ominus}(PbSO_4)-\Delta_f H_m^{\ominus}(Pb^{2+})-\Delta_f H_m^{\ominus}(SO_4^{2-})$$
$$=[-918.4-1.63-(-907.5)]\ \mathrm{kJ\cdot mol^{-1}}$$
$$=-12.5\ \mathrm{kJ\cdot mol^{-1}}$$

$$\Delta_r S_m^{\ominus}=\frac{\Delta_r H_m^{\ominus}-\Delta_r G_m^{\ominus}}{T}$$
$$=\frac{-12.5\ \mathrm{kJ\cdot mol^{-1}}-(-44.9\ \mathrm{kJ\cdot mol^{-1}})}{298\ \mathrm{K}}$$
$$=109\ \mathrm{J\cdot K^{-1}\cdot mol^{-1}}$$

$$E^{\ominus}=-\frac{\Delta_r G_m^{\ominus}}{zF}=-\frac{-44.9\ \mathrm{kJ\cdot mol^{-1}}}{2\times 96\ 500\ \mathrm{C\cdot mol^{-1}}}=0.233\ \mathrm{V}$$

$$\left(\frac{\partial E^{\ominus}}{\partial T}\right)_p=\frac{\Delta_r S_m^{\ominus}}{zF}=\frac{109\ \mathrm{J\cdot K^{-1}\cdot mol^{-1}}}{2\times 96\ 500\ \mathrm{C\cdot mol^{-1}}}=5.65\times 10^{-4}\ \mathrm{V\cdot K^{-1}}$$

7.10 电池电动势的测量与电极电势的确定

7.10.1 电池电动势的测量

伏特计不能测量电池的电动势,因为:(1) 伏特计和待测电池接通后,电池中将发生电解反应,溶液浓度不断变化,电动势也不断变化;(2) 由于电池有内阻,伏特计测量的只是两极间的电势差,不是电动势。所以电池的电动势的测定要用经过巧妙设计的 Poggendorff(波根多夫,德国物理学家)对消法(compensation method,补偿法),如图 7-7 所示。

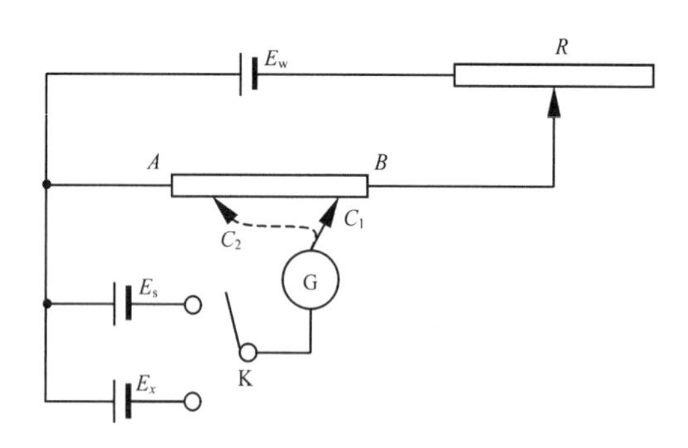

图 7-7 对消法测定电池电动势原理

对消法测定电池电动势分为两个步骤:首先将电键 K 和标准电池(standard cell)E_s 接通,移动滑动接头至 C_1 处,检流计中无电流通过,此时 AC_1 段的电势差正好等于标准电池的电动势,即 $E_s=k\overline{AC_1}$;然后将电键 K 与待测电池 E_x 接通,移动滑动接头使检流计中再次无电流通过,这时 AC_2 上的电势差等于待测电池的电动势,即 $E_x=k\overline{AC_2}$。所以电池的电动势

$$E_x = \frac{\overline{AC_2}}{\overline{AC_1}} E_s$$

7.10.2 电极电势的确定

根据电池电动势产生的机理，“消除”液体接界电势后，电池的电动势 $E \approx \varepsilon_+ + \varepsilon_-$，只要能计算或测定 ε_+、ε_-，则可以得到 E。但实际目前还无法从理论上或实验上测定单个电极的电极电势(electrode potential)，只能测得由两个电极所组成的电池的电动势。

在实际应用中只要知道与任意一个选定作为标准电极的相对电极电势就足够了，如果知道两个电极的相对电极电势，$E = \varphi_+ - \varphi_-$。

IUPAC 建议用标准氢电极作为标准电极。标准氢电极将镀有铂黑的铂片浸入含有氢离子活度为 1 的溶液中，用压力为 101 325 Pa 的纯氢气不断冲击铂片，这就是标准氢电极。可用图式 $H^+ (a_{H^+} = 1) \mid H_2(p^{\ominus}) \mid Pt$ 表示。根据规定，任意温度下标准氢电极的电极电势均为零，即 $\varphi^{\ominus}_{H^+|H_2} = 0$，其他电极与标准氢电极按如下方式组成电池：

$$Pt \mid H_2(p^{\ominus}) \mid H^+ (a_{H^+} = 1) \parallel \text{待测电极}$$

该电池的电动势的符号和数值即为待测电极的符号和数值。电动势 Nernst 方程式(7 - 21)则蜕化为电极电势 Nernst 方程：

$$\varphi = \varphi^{\ominus} - \frac{RT}{zF} \ln \prod_B a_B^{\nu_B} \tag{7-25}$$

$\varphi^{\ominus}$ 是所谓的标准电极电势；φ 是电极电势，因为假定待测电极发生还原反应，因此有时候也称为还原电极电势(reduction potential)。298 K 时，常见电极的标准电极电势见表 7 - 4。

表 7 - 4　298 K 时，常见电极的标准电极电势

电　极	电极反应	$\varphi^{\ominus}$ /V
$Li^+ \mid Li$	$Li^+ + e^- \rightleftharpoons Li$	−3.045
$K^+ \mid K$	$K^+ + e^- \rightleftharpoons K$	−2.924
$Ba^{2+} \mid Ba$	$Ba^{2+} + 2e^- \rightleftharpoons Ba$	−2.906
$Ca^{2+} \mid Ca$	$Ca^{2+} + 2e^- \rightleftharpoons Ca$	−2.866
$Na^+ \mid Na$	$Na^+ + e^- \rightleftharpoons Na$	−2.714
$Mg^{2+} \mid Mg$	$Mg^{2+} + 2e^- \rightleftharpoons Mg$	−2.363
$Mn^{2+} \mid Mn$	$Mn^{2+} + 2e^- \rightleftharpoons Mn$	−1.180
$OH^- \mid H_2 \mid Pt$	$2H_2O + 2e^- \rightleftharpoons H_2 + 2OH^-$	−0.828
$Zn^{2+} \mid Zn$	$Zn^{2+} + 2e^- \rightleftharpoons Zn$	−0.762 8
$Cr^{3+} \mid Cr$	$Cr^{3+} + 3e^- \rightleftharpoons Cr$	−0.744
$SbO_2^- \mid Sb$	$SbO_2^- + 2H_2O + 3e^- \rightleftharpoons Sb + 4OH^-$	−0.67
$Fe^{2+} \mid Fe$	$Fe^{2+} + 2e^- \rightleftharpoons Fe$	−0.440 2
$Cr^{3+}, Cr^{2+} \mid Pt$	$Cr^{3+} + e^- \rightleftharpoons Cr^{2+}$	−0.408
$Cd^{2+} \mid Cd$	$Cd^{2+} + 2e^- \rightleftharpoons Cd$	−0.402 9

续表

电　极	电极反应	$\varphi^{\ominus}$ /V
$Cd^{2+} \mid Cd(Hg)$	$Cd^{2+}+2e^- \rightleftharpoons Cd(Hg)$	−0.352 1
$Co^{2+} \mid Co$	$Co^{2+}+2e^- \rightleftharpoons Co$	−0.277
$Ni^{2+} \mid Ni$	$Ni^{2+}+2e^- \rightleftharpoons Ni$	−0.250
$I^- \mid AgI \mid Ag$	$AgI+e^- \rightleftharpoons Ag+I^-$	−0.152
$Sn^{2+} \mid Sn$	$Sn^{2+}+2e^- \rightleftharpoons Sn$	−0.136
$Pb^{2+} \mid Pb$	$Pb^{2+}+2e^- \rightleftharpoons Pb$	−0.126
$Fe^{3+} \mid Fe$	$Fe^{3+}+3e^- \rightleftharpoons Fe$	−0.036
$H^+ \mid H_2 \mid Pt$	$2H^++2e^- \rightleftharpoons H_2$	±0.000
$Br^- \mid AgBr \mid Ag$	$AgBr+e^- \rightleftharpoons Ag+Br^-$	+0.071 3
$Sn^{4+},Sn^{2+} \mid Pt$	$Sn^{4+}+2e^- \rightleftharpoons Sn^{2+}$	+0.15
$Cu^{2+},Cu^+ \mid Pt$	$Cu^{2+}+e^- \rightleftharpoons Cu^+$	+0.153
$Cl^- \mid AgCl \mid Ag$	$AgCl+e^- \rightleftharpoons Ag+Cl^-$	+0.222 4
$Cl^- \mid Hg_2Cl_2 \mid Hg$	$Hg_2Cl_2+2e^- \rightleftharpoons 2Hg+2Cl^-$	+0.268 2
$Cu^{2+} \mid Cu$	$Cu^{2+}+2e^- \rightleftharpoons Cu$	+0.337
$OH^- \mid Ag_2O \mid Ag$	$Ag_2O+H_2O+2e^- \rightleftharpoons 2Ag+2OH^-$	+0.344
$OH^- \mid O_2 \mid Pt$	$\frac{1}{2}O_2+H_2O+2e^- \rightleftharpoons 2OH^-$	+0.401
$Cu^+ \mid Cu$	$Cu^++e^- \rightleftharpoons Cu$	+0.521
$I^- \mid I_2 \mid Pt$	$I_2+2e^- \rightleftharpoons 2I^-$	+0.535 5
$MnO_4^-,MnO_4^{2-} \mid Pt$	$MnO_4^-+e^- \rightleftharpoons MnO_4^{2-}$	+0.564
H^+,醌,氢醌 $\mid Pt$	$C_6H_4O_2+2H^++2e^- \rightleftharpoons C_6H_4(OH)_2$	+0.699 3
$Fe^{3+},Fe^{2+} \mid Pt$	$Fe^{3+}+e^- \rightleftharpoons Fe^{2+}$	+0.771
$Hg_2^{2+} \mid Hg$	$Hg_2^{2+}+2e^- \rightleftharpoons 2Hg$	+0.788
$Ag^+ \mid Ag$	$Ag^++e^- \rightleftharpoons Ag$	+0.799 1
$Hg^{2+} \mid Hg$	$Hg^{2+}+2e^- \rightleftharpoons Hg$	+0.854
$Hg^{2+},Hg^+ \mid Pt$	$Hg^{2+}+e^- \rightleftharpoons Hg^+$	+0.91
$Pd^{2+} \mid Pd$	$Pd^{2+}+2e^- \rightleftharpoons Pd$	+0.987
$Br^- \mid Br_2 \mid Pt$	$Br_2+2e^- \rightleftharpoons 2Br^-$	+1.065 2
$Pt^{2+} \mid Pt$	$Pt^{2+}+2e^- \rightleftharpoons Pt$	+1.2
$H^+ \mid O_2 \mid Pt$	$O_2+4H^++4e^- \rightleftharpoons 2H_2O$	+1.229
$Mn^{2+},H^+ \mid MnO_2 \mid Pt$	$MnO_2+4H^++2e^- \rightleftharpoons Mn^{2+}+2H_2O$	+1.23
$Cr^{3+},Cr_2O_7^{2-},H^+ \mid Pt$	$Cr_2O_7^{2-}+14H^++6e^- \rightleftharpoons 2Cr^{3+}+7H_2O$	+1.33
$Cl^- \mid Cl_2 \mid Pt$	$Cl_2+2e^- \rightleftharpoons 2Cl^-$	+1.359 5
$Pb^{2+},H^+ \mid PbO_2 \mid Pt$	$PbO_2+4H^++2e^- \rightleftharpoons Pb^{2+}+2H_2O$	+1.455

续表

电　极	电极反应	$\varphi^{\ominus}$ /V
Au^{3+} | Au	$Au^{3+}+3e^- \rightleftharpoons Au$	+1.498
MnO_4^-, H^+ | MnO_2 | Pt	$MnO_4^- + 4H^+ + 3e^- \rightleftharpoons MnO_2 + 2H_2O$	+1.695
Ce^{4+}, Ce^{3+} | Pt	$Ce^{4+}+e^- \rightleftharpoons Ce^{3+}$	+1.61
SO_4^{2-}, H^+ | $PbSO_4 \cdot PbO_2$	$PbO_2 + SO_4^{2-} + 4H^+ + 2e^- \rightleftharpoons PbSO_4 + 2H_2O$	+1.682
Au^+ | Au	$Au^+ + e^- \rightleftharpoons Au$	+1.691
$S_2O_8^{2-}$, SO_4^{2-} | Pt	$S_2O_8^{2-} + 2e^- \rightleftharpoons 2SO_4^{2-}$	+2.05
F^- | F_2 | Pt	$F_2 + 2e^- \rightleftharpoons 2F^-$	+2.87

例题 7－17　已知 298 K 时，$\varphi^{\ominus}_{Cu^{2+}|Cu}=0.337\ V$，$\varphi^{\ominus}_{Cu^{+}|Cu}=0.521\ V$，求 $\varphi^{\ominus}_{Cu^{2+},Cu^{+}|Pt}$ 为多少？

解　Cu^{2+} | Cu 电极、Cu^+ | Cu 和 Cu^{2+}，Cu^+ | Pt 电极的还原电极反应分别为

$$Cu^{2+} + 2e^- \rightleftharpoons Cu \qquad ①$$

$$Cu^{+} + e^- \rightleftharpoons Cu \qquad ②$$

$$Cu^{2+} + e^- \rightleftharpoons Cu^{+} \qquad ③$$

因为电极反应间存在关系式 ③＝①－②，所以根据广义 Hess 定律，Cu^{2+}，Cu^+ | Pt 电极的摩尔 Gibbs 能变化为

$$\Delta_r G^{\ominus}_{m,③} = -F\varphi^{\ominus}_{Cu^{2+},Cu^{+}|Pt} = \Delta_r G^{\ominus}_{m,①} - \Delta_r G^{\ominus}_{m,②} = -2F\varphi^{\ominus}_{Cu^{2+}|Cu} - (-F\varphi^{\ominus}_{Cu^{+}|Cu})$$

所以 $\varphi^{\ominus}_{Cu^{2+},Cu^{+}|Pt} = 2\times 0.337\ V - 0.521\ V = 0.153\ V$。

例题 7－18　已知标准氢电极 $\varphi^{\ominus}_{H^+|H_2}=0$，求 298 K 时 $\varphi^{\ominus}_{OH^-|H_2}$ 为多少。

解　电极反应为 $2H^+ + 2e^- \longrightarrow H_2(p^{\ominus})$，根据电极电势 Nernst 方程有

$$\varphi^{\ominus}_{OH^-|H_2} = \varphi^{\ominus} - \frac{RT}{zF}\ln\prod_B a_B^{\nu_B} = \varphi^{\ominus}_{H^+|H_2} - \frac{RT}{zF}\ln\frac{a_{H_2}}{a_{H^+}^2}$$

$$= 0 - \frac{8.314\ J\cdot K^{-1}\cdot mol^{-1}\times 298\ K}{2\times 96\ 500\ C\cdot mol^{-1}}\times\ln\frac{1}{(1.0\times 10^{-14})^2}$$

$$= -0.828\ V$$

7.11　电池的类型

根据电池反应的类型可分为化学电池(chemical cell)和浓差电池(concentration cell)。

7.11.1　化学电池

(1) 单液化学电池

这类电池很多，如

$$Pt\mid H_2(p_1)\mid HCl(a_{\pm})\mid Cl_2(p_2)\mid Pt$$

电池反应为

$$\frac{1}{2}H_2(p_1)+\frac{1}{2}Cl_2(p_2)\longrightarrow HCl(a_\pm)$$

电动势的 Nernst 方程为

$$E=E^{\ominus}-\frac{RT}{F}\ln\frac{\gamma_{\pm,HCl}^2\left(\frac{m_{HCl}}{m^{\ominus}}\right)^2}{\sqrt{\frac{p_1}{p^{\ominus}}}\sqrt{\frac{p_2}{p^{\ominus}}}}$$

这类电池是热力学意义上的可逆电池,电池电动势 Nernst 方程中只出现单一电解质的活度或活度系数,具有热力学意义,是可以精确测量的。

(2) 双液化学电池

双液化学电池具有两种电解质溶液,电解质溶液间用盐桥连接。如

$$Zn \mid ZnCl_2(a_1) \parallel CdSO_4(a_2) \mid Cd$$

电池反应为

$$Zn+Cd^{2+}\longrightarrow Zn^{2+}+Cd$$

Nernst 方程为

$$E=E^{\ominus}-\frac{RT}{2F}\ln\frac{\gamma_{Cd^{2+}}\,m_{Cd^{2+}}}{\gamma_{Zn^{2+}}\,m_{Zn^{2+}}}$$

这类电池是热力学不可逆电池,Nernst 方程中出现单一离子的活度或活度系数,不具有热力学意义,只能作近似处理。

7.11.2 浓差电池

(1) 单液浓差电池

单液浓差电池又称电极浓差电池。如

$$Pt \mid H_2(p_1) \mid HCl(m) \mid H_2(p_2) \mid Pt$$

电池反应为

$$H_2(p_1)\longrightarrow H_2(p_2)$$

Nernst 方程为

$$E=\frac{RT}{2F}\ln\frac{p_1}{p_2}$$

这类电池是热力学可逆电池,电动势与电解质溶液的浓度无关,亦与标准电极电势无关,只与反应物质在电极上的浓度或压力有关。

(2) 双液浓差电池

双液浓差电池又称溶液浓差电池。如

$$Ag \mid AgNO_3(a_1) \parallel AgNO_3(a_2) \mid Ag$$

电池反应为

$$Ag^+(a_2)\longrightarrow Ag^+(a_1)$$

Nernst 方程为

$$E=\frac{RT}{F}\ln\frac{\gamma_2 m_2}{\gamma_1 m_1}$$

这类电池是热力学不可逆电池，Nernst 方程中出现单一离子的活度或活度系数，不具有明确的热力学意义，只可作近似处理。

(3) 双联浓差电池

将两个相同的电极串接在一起，代替双液浓差电池中的盐桥，即构成双联浓差电池。如

$$\mathrm{Pt}\mid \mathrm{H_2}(p^{\ominus})\mid \mathrm{HCl}(a_1)\mid \mathrm{AgCl}\mid \mathrm{Ag}——\mathrm{Ag}\mid \mathrm{AgCl}\mid \mathrm{HCl}(a_2)\mid \mathrm{H_2}(p^{\ominus})\mid \mathrm{Pt}$$

电池反应为

$$\mathrm{HCl}(a_2)\longrightarrow \mathrm{HCl}(a_1)$$

Nernst 方程为

$$E=\frac{2RT}{F}\ln\frac{\gamma_{\pm,2} m_2}{\gamma_{\pm,1} m_1}$$

这类电池是热力学可逆电池，Nernst 方程中出现的平均活度或平均活度系数具有热力学意义，可以精确测定。

7.12 电动势测定的应用

7.12.1 判断反应的方向

对于任意化学反应 $0=\sum_{\mathrm{B}}\nu_{\mathrm{B}}\mathrm{B}$，$\Delta_r G_m$、$\Delta_r G_m^{\ominus}$ 分别是反应方向和限度的度量，由于 $\Delta_r G_m=-zFE$，$\Delta_r G_m^{\ominus}=-zFE^{\ominus}$，故电动势 E 和标准电动势 $E^{\ominus}$ 分别是反应方向和限度的电化学度量。特殊条件下，可以用 $\Delta_r G_m^{\ominus}$ 判断反应的方向，所以 $E^{\ominus}$ 有时候也可以“客串”一下，用来判断反应的方向。

例题 7-19 用电化学方法判断下列反应在 298 K 时能否自发进行。

$$\mathrm{H_2}(\mathrm{g},p^{\ominus})+\frac{1}{2}\mathrm{O_2}(\mathrm{g},p^{\ominus})\longrightarrow \mathrm{H_2O(l)}$$

解 设计如下电池实现反应：

$$\mathrm{Pt}\mid \mathrm{H_2}(\mathrm{g},p^{\ominus})\mid \mathrm{OH^-}\mid \mathrm{O_2}(\mathrm{g},p^{\ominus})\mid \mathrm{Pt}$$

查表知 $\varphi^{\ominus}_{\mathrm{O_2|OH^-}}=0.401\ \mathrm{V}$，$\varphi^{\ominus}_{\mathrm{H_2|OH^-}}=-0.828\ \mathrm{V}$。标准电动势

$$E^{\ominus}=\varphi^{\ominus}_{\mathrm{O_2|OH^-}}-\varphi^{\ominus}_{\mathrm{H_2|OH^-}}=0.401\ \mathrm{V}-(-0.828\ \mathrm{V})=1.229\ \mathrm{V}$$

$E^{\ominus}=1.229\ \mathrm{V}\gg 0$，反应能自发进行。

7.12.2 测定反应的平衡常数

$\Delta_r G_m^{\ominus}=-zFE^{\ominus}=-RT\ln K^{\ominus}$，则 $K^{\ominus}=\exp\dfrac{zFE^{\ominus}}{RT}$。所以只要求出电池的标准电动势 $E^{\ominus}$，就可以求得标准平衡常数 $K^{\ominus}$。

例题 7-20 试求 298 K 时，下述反应 $\mathrm{Zn}+\mathrm{Cu^{2+}}\longrightarrow \mathrm{Zn^{2+}}+\mathrm{Cu}$ 达平衡时 $\mathrm{Cu^{2+}}$ 与 $\mathrm{Zn^{2+}}$ 的浓度比。

解　查表知，$\varphi^{\ominus}_{Cu^{2+}|Cu}=0.337\ V$，$\varphi^{\ominus}_{Zn^{2+}|Zn}=-0.763\ 1\ V$。反应达到平衡时 Cu^{2+} 与 Zn^{2+} 的浓度比：

$$\frac{c_{Cu^{2+}}}{c_{Zn^{2+}}}=\frac{1}{K_c^{\ominus}}=\frac{1}{\exp\dfrac{zFE^{\ominus}}{RT}}=\frac{1}{\exp\dfrac{2\times 96\ 500\times[0.337-(-0.763)]}{8.314\times 298}}=6.11\times 10^{-38}$$

7.12.3　求难溶盐的溶度积

难溶盐的溶度积(solubility product)也是平衡常数的一种，只要将难溶盐溶解反应设计成电池实现，即可求出 $K_{sp}^{\ominus}$。

例题 7-21　试用 $\varphi^{\ominus}$ 数据计算 298 K 时 AgCl 的 $K_{sp}^{\ominus}$。

解法一　查表知 $\varphi^{\ominus}_{Ag^{+}|Ag}=0.799\ 1\ V$，$\varphi^{\ominus}_{Cl^{-}|AgCl|Ag}=0.222\ 4\ V$。根据 Nernst 方程有

$$\varphi^{\ominus}_{Cl^{-}|AgCl|Ag}=\varphi^{\ominus}_{Ag^{+}|Ag}+\frac{RT}{F}\ln a_{Ag^{+}}=\varphi^{\ominus}_{Ag^{+}|Ag}+\frac{RT}{F}\ln\frac{K_{sp}^{\ominus}}{a_{Cl^{-}}}$$

$$0.222\ 4\ V=0.799\ 1\ V+\frac{8.314\ J\cdot K^{-1}\cdot mol^{-1}\times 298\ K}{96\ 500\ C\cdot mol^{-1}}\ln\frac{K_{sp}^{\ominus}}{1}$$

解得 $K_{sp}^{\ominus}=1.76\times 10^{-10}$。

解法二　设计电池以实现溶解平衡反应：$AgCl\longrightarrow Ag^{+}+Cl^{-}$。

$$Ag\mid AgNO_3(a_1)\parallel KCl(a_2)\mid AgCl\mid Ag$$

电池的标准电动势

$$E^{\ominus}=\varphi^{\ominus}_{Cl^{-}|AgCl|Ag}-\varphi^{\ominus}_{Ag^{+}|Ag}=0.222\ 4\ V-0.799\ 1\ V=-0.576\ 7\ V$$

$$K_{sp}^{\ominus}=\exp\frac{zFE^{\ominus}}{RT}=\exp\frac{1\times 96\ 500\ C\cdot mol^{-1}\times(-0.576\ 7\ V)}{8.314\ J\cdot K^{-1}\cdot mol^{-1}\times 298\ K}=1.76\times 10^{-10}$$

7.12.4　测定溶液的 pH

电动势法测定 pH 的原理是用氢离子指示电极(indicator electrode)和参比电极(reference electrode)组成电池，测定电池的电动势，根据电动势与 pH 的关系计算出待测液的 pH。参比电极一般用 Ag-AgCl 或甘汞电极，指示电极一般有玻璃电极、氢电极和醌-氢醌电极等，其中玻璃电极是使用最普遍的氢离子指示电极，在 pH 计上一般使用的就是玻璃电极。

$$Ag\mid AgCl\mid HCl(0.1\ mol\cdot kg^{-1})\mid 玻璃膜\mid 待测液(pH_x)\parallel 甘汞电极$$

电池的电动势可表示为

$$E=\varphi_{甘汞}-\left(\varphi^{\ominus}_{玻璃}-\frac{2.303RT}{F}pH\right)$$

不同的玻璃电极，玻璃的组成、玻璃膜的厚度不同，$\varphi^{\ominus}_{玻璃}$ 不同，因此在实际测量时，首先用已知 pH 的标准缓冲液对玻璃电极标定。待测液的 pH 按下式计算：

$$pH_x=pH_s+\frac{(E_x-E_s)F}{2.303RT}\tag{7-26}$$

pH_s、pH_x 分别为缓冲溶液(buffer solution)和待测液的 pH。

例题 7－22 298 K 时，用醌-氢醌电极为指示电极，饱和甘汞电极为参比电极。当溶液的 pH＝3.71 时，测得电池电动势为 0.233 3 V。

① 当测得电动势为 0.100 0 V 时，酸性溶液的 pH 为多大？

② 若溶液的 pH＝8，测得的电动势为多少？

解 ① 当 pH＜7.74 时，电池图式为

饱和甘汞电极 ‖ 醌-氢醌电极 | Pt

电池电动势表达式为

$$E=\varphi^{\ominus}_{醌\text{-}氢醌}-\frac{2.303RT}{F}\mathrm{pH}-\varphi_{甘汞}$$

所以

$$\begin{aligned}\mathrm{pH}_x&=\mathrm{pH}_s+\frac{(E_x-E_s)F}{2.303RT}\\&=3.71+\frac{(0.1000-0.2333)\ \mathrm{V}\times 96\,500\ \mathrm{C\cdot mol^{-1}}}{2.303\times 8.314\ \mathrm{J\cdot K^{-1}\cdot mol^{-1}}\times 298\ \mathrm{K}}\\&=1.46\end{aligned}$$

② 若溶液的 pH＞7.74 时，电池图式为

Pt | 醌-氢醌 ‖ 饱和甘汞电极

电池表达式为

$$E=\varphi_{甘汞}-\left(\varphi^{\ominus}_{醌\text{-}氢醌}-\frac{2.303RT}{F}\mathrm{pH}\right)$$

所以

$$\begin{aligned}E_x&=\frac{2.303(\mathrm{pH}_x-\mathrm{pH}_s)RT}{F}+E_s\\&=\frac{2.303\times(8-3.71)\times 8.314\ \mathrm{J\cdot K^{-1}\cdot mol^{-1}}\times 298\ \mathrm{K}}{96\,500\ \mathrm{C\cdot mol^{-1}}}+0.2333\ \mathrm{V}\\&=0.4817\ \mathrm{V}\end{aligned}$$

7.12.5 电池的标准电动势的测定及电解质平均活度系数

电池的标准电动势 $E^{\ominus}$ 一般不能直接测定，因为很难保证各反应物的活度都是 1。通常的做法是测定不同浓度时电池的电动势，然后用外推法求得电池的标准电动势。如果已知电动势 E 和标准电动势 $E^{\ominus}$，用 Nernst 方程即可求得平均活度系数。

例题 7－23 298 K 时，电池 Pt | $H_2(p^{\ominus})$ | HBr(m) | AgBr(s) | Ag(s) 的电动势在不同浓度时的数据如下表：

$m\times10^4/(\mathrm{mol\cdot kg^{-1}})$	1.262	4.172 1	10.99 4	37.19
E/V	0.533 0	0.472 2	0.422 8	0.361 7

试求该电池的标准电动势。

解 该电池的电池反应为

$$\frac{1}{2}H_2(p^\ominus)+AgBr(s)\longrightarrow Ag(s)+HBr(m)$$

电池电动势 Nernst 方程为

$$E=E^\ominus-\frac{RT}{F}\ln\frac{(\gamma_{\pm,HBr}m_{HBr}/m^\ominus)^2\times a_{Ag}}{\sqrt{p_{H_2}/p^\ominus}\times a_{AgBr}}$$

将 Debye-Hückel 公式代入，得

$$E+\frac{2RT}{F}\ln\frac{m_{HBr}}{m^\ominus}=E^\ominus-\frac{2RT}{F}\ln\gamma_{\pm,HBr}=E^\ominus+\frac{2\times2.303RT}{F}A\sqrt{\frac{m_{HBr}}{m^\ominus}}$$

298 K 时，方程具体化为

$$E+0.118\ 3\ V\times\lg\frac{m_{HBr}}{m^\ominus}=E^\ominus+\frac{2\times2.303RT}{F}A\sqrt{\frac{m_{HBr}}{m^\ominus}}$$

因此将题设的表格处理如下：

$\sqrt{\frac{m_{HBr}}{m^\ominus}}$	0.011 23	0.020 43	0.033 16	0.060 98
$E+0.118\ 3\ V\times\lg\frac{m_{HBr}}{m^\ominus}$	0.071 8	0.072 4	0.072 8	0.074 3

以 $\left(E+0.118\ 3\ V\times\lg\frac{m_{HBr}}{m^\ominus}\right)$-$\sqrt{\frac{m_{HBr}}{m^\ominus}}$ 线性拟合，得方程

$$E+0.118\ 3\ V\times\lg\frac{m_{HBr}}{m^\ominus}=0.071\ 25\ V+0.049\ 36\ V\times\sqrt{\frac{m_{HBr}}{m^\ominus}}$$

$$(r=0.995\ 18, n=4)$$

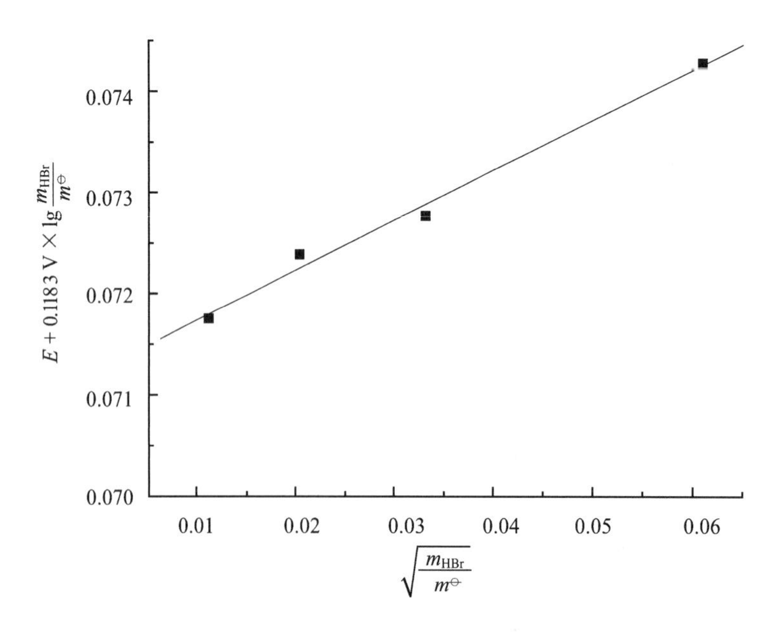

从拟合方程的截距知该电池的标准电动势 $E^\ominus=0.071\ 25\ V$。

7.13 化学电源

7.13.1 化学电源的基础知识

(1) 化学电源的分类

利用物质的化学变化或物理变化，并把这些变化所释放出来的能量转变成电能的装置，叫作电源(power source)。把化学反应产生的能量转换成电能的装置叫作化学电源，把物理反应产生的能量转换成电能的装置叫作物理电源(见表 7-5)。

表 7-5 电池的分类

<table>
<tr><td rowspan="3">物理电源</td><td>太阳能电池</td><td>通过光电效应或者光化学效应直接把光能转化成电能的装置。以光电效应工作的薄膜式太阳能电池为主流，而以光化学效应工作的湿式太阳能电池则还处于萌芽阶段。太阳光照在半导体 p-n 结上，形成新的空穴-电子对，在 p-n 结电场的作用下，空穴由 n 区流向 p 区，电子由 p 区流向 n 区，接通电路后就形成电流</td></tr>
<tr><td>原子能电池</td><td>即核电池，它是将原子核放射能直接转变为电能的装置</td></tr>
<tr><td>热电发生器</td><td>即利用“热电偶效应”发电，将两种不同的材料连接起来构成一个闭合回路时，如果两个连接点的温度不一样，就能产生微小的电压</td></tr>
<tr><td rowspan="4">化学电源</td><td>一次电池</td><td>活性物质仅能使用一次的电池叫作一次电池</td></tr>
<tr><td>二次电池</td><td>放电后可充电继续使用的电池叫作二次电池</td></tr>
<tr><td>储备电池</td><td>又叫激活电池。电池正、负极活性物质和电解质在储备期间不直接接触，使用时借助动力源作用于电解质，使电池激活</td></tr>
<tr><td>燃料电池</td><td>活性物质由外部不断地供给电极的电池叫作燃料电池</td></tr>
</table>

化学电源按其工作性质和储存方式可分为一次电池(primary battery，原电池)、二次电池(secondary cell，蓄电池)、储备电池(reserve battery，激活电池)和燃料电池(fuel cell)。电池中参与电极反应的物质称为活性物质。活性物质仅能使用一次的电池叫作一次电池；放电后，可充电恢复原状而继续使用的电池叫作二次电池；活性物质由外部连续不断供给的电池是燃料电池；激活电池是储存期间活性物质和电解液不直接接触，使用时借助动力源作用于电解质使之激活的电池。按激活方式有气体激活、液体激活和热激活。激活电池在使用前处于惰性状态，因此能储备几年甚至几十年。如炮弹的引爆电源及导弹、核武器的工作主电源等。

(2) 化学电源性能的度量

电池一般由电极活性物质、电解液和隔膜等组成，活性物质、电解液不同，电池性能不同。

① 电动势、开路电压、工作电压、额定电压、中点电压及截止电压

电动势又称理论电压，其大小为 $E=-\frac{\Delta_r G_m}{zF}$。开路电压是在无负荷情况下的电池电压，一般电池的开路电压小于电池电动势。工作电压是电池有电流通过时的端电压。端电压随输出电流的大小、放电深度(depth of discharge，DOD)、温度等而变化。额定电压是电池工作时公认的标准电压。中点电压是电池放电期间的平均电压。截止电压是电池放电终止时的电压值，一般由电池制造商规定。

② 电流与反应速率

电流的大小反映电化学反应速率的快慢。流过电池的电流越大，由于内阻的存在，电池的放电电压下降，电极活性物质来不及反应，导致电池容量下降。因此电池能承受的充、放电电流的大小反映

了电池的可逆性,是重要的参数。

(3) 电池的容量

电池容量(capacity)是指在一定放电条件下,电池放电到终止时所放出的电量,单位为C或A·h、mA·h等。显然,电池容量与活性物质的多少、放电速度和截止电压等有关。实际容量可通过以下公式计算:

恒电流放电 $C=\int_0^t i(t)\mathrm{d}t=it$

变电流放电 $C=\int_0^t i(t)\mathrm{d}t$

恒电阻放电 $C=\int_0^t i(t)\mathrm{d}t=\frac{1}{R}\int_0^t U(t)\mathrm{d}t$

实际放出的能量只是理论容量的一部分,常用活性物质的利用率表示:

$$\eta=\frac{\text{电池实际容量}}{\text{电池理论容量}}\times 100\%=\frac{\int_0^t i(t)\mathrm{d}t}{mzF/M}$$

实际生产中常用比容量(specific capacity)来反映电池的容量。比容量是指单位质量或单位体积电池所输出的电量,单位是 $\mathrm{A\cdot h\cdot kg^{-1}}$ 或 $\mathrm{A\cdot h\cdot dm^{-3}}$ 等。质量比容量反映了活性物质的利用率,而体积比容量反映了电池的结构特征。

放电深度对电池的容量和性能亦有影响。放电深度是放电量占额定容量的百分数。多数电池只有在较低的放电深度时才保持电池的工作电压,一般情况下,放电深度只为额定容量的20%~40%,这对二次电池尤为重要。

(4) 比能量与比功率

电池的比能量(specific energy density,能量密度)以单位质量或单位体积所输出的能量表示,单位为 $\mathrm{W\cdot h\cdot kg^{-1}}$ 或 $\mathrm{W\cdot h\cdot dm^{-3}}$。电池的比功率(功率密度)以单位质量或单位体积所输出的功率表示,单位是 $\mathrm{W\cdot kg^{-1}}$ 或 $\mathrm{W\cdot dm^{-3}}$。

7.13.2 一次电池

一次电池是放电后不能用充电的方法复原的一类电池。一次电池使用方便、简单、维修工作量极少、成本低。常用的一次电池有锌锰干电池、碱性锌锰电池等。

(1) 锌锰干电池

锌锰干电池结构大体分为圆形和方形两种。表7-6是常用干电池的编号与规格。

表7-6 常用干电池的编号与规格

市售民用	型号		最大电池规格	
编号	IEC	ANSI	直径/mm	高/mm
8#	R1	N	12.0	30.2
7#	R03	AAA	10.5	50.5
5#	R6	AA	14.5	50.5
2#	R14	C	26.2	50.5
1#	R20	D	34.2	61.5
甲电池	R40	6	67.0	72.0

(IEC:国际电工委员会;ANSI:美国国家标准学会)

锌锰干电池以 MnO_2 为正极，锌为负极，NH_4Cl 水溶液为主电解液，用纸、棉或淀粉等电解质凝胶化，所以称为干电池(dry cell)。电池可表示为

$$Zn \mid NH_4Cl, ZnCl_2 \mid MnO_2 \mid C$$

该电池的反应机理复杂，一般认为电池反应为

$$Zn + 2MnO_2 + 2NH_4Cl \longrightarrow 2MnOOH + Zn(NH_3)_2Cl_2$$

锌锰干电池由于 MnO_2 电极能进行反应 $2MnOOH + 2H^+ \longrightarrow MnO_2 + Mn^{2+} + 2H_2O$ 而具有电压可恢复的特点(见图 7-8)，因此特别适合间歇性放电场合，如手电筒、收音机等。

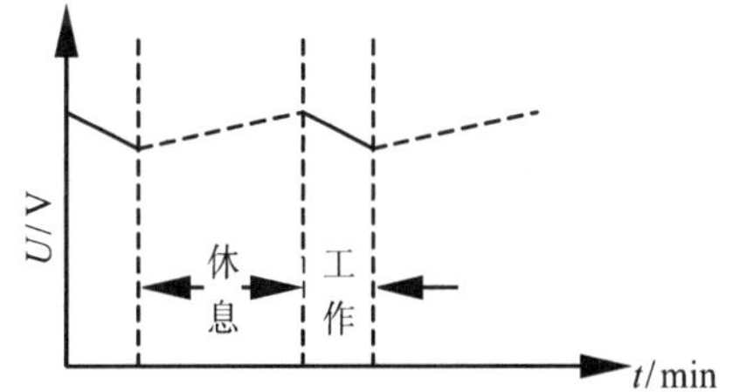

图 7-8　锌锰干电池的电压恢复特性

(2) 碱性锌锰电池

碱性锌锰电池是在锌锰干电池基础上改进而成的，即将原来的盐类电解质改成浓 KOH 溶液，因此具有内阻小、放电电压高且比较平坦的放电特性，高放电速率及连续放电条件下性能是干电池的 5 倍或更高，特别适合高负荷放电。电池图式如下：

$$Zn \mid 浓\ KOH \mid MnO_2 \mid C$$

电池反应为

$$Zn + MnO_2 + 2H_2O + 2OH^- \longrightarrow Mn(OH)_2 + [Zn(OH)_4]^{2-}$$

考虑到 Zn 与碱性溶液接触时具有热力学不稳定性，早期的 Zn 负极是汞齐化的，以降低 H_2 的析出，现在多数代之以适量的表面活性剂。为了降低 Zn 负极在碱性溶液中的自放电，电解液常用 ZnO 预先饱和。

7.13.3　二次电池

二次电池是充电后可以重复使用的一类电池。二次电池充电方式有恒电流充电、变电流充电和恒电压充电。变电流充电是在充电开始阶段以较大电流充电，后阶段以较小电流充电，这种方式有助于充电安全和电池寿命的延长。二次电池要注意避免过放电和过充电，因为二次电池的反应可逆性是相对的、有条件的，过充和过放可能会导致电池容量不可逆地降低，直至电池报废。

(1) 铅酸蓄电池

铅酸蓄电池是 1859 年开发成功的，该电池具有价廉、可靠、安全、电压高且稳定等优点，是目前使用最广泛的一种二次电池。电池图式为

$$Pb \mid H_2SO_4 \mid PbO_2 \mid Pb$$

电池充、放电反应为

$$Pb + PbO_2 + 2H_2SO_4 \underset{充电}{\overset{放电}{\rightleftharpoons}} 2PbSO_4 + 2H_2O$$

铅酸蓄电池可分为开放式、密闭式和免维护式几种。开放式是传统的老式电池，目前在我国仍然有很大的市场占有率。由于水的电解及蒸发等原因，电解液会减少，因此必须经常检查、加水、加酸，使用寿命短，性能差。免维护式及密闭式电池采用高析氢过电势的铅合金作为板栅，在电池的充电过程中几乎没有水的电解，因此不需要加水、加酸等维护。

(2) 碱性镍镉电池

Ni/Cd 电池是 1909 年开始研制的。碱性 Ni/Cd 电池以金属镉为负极，羟基氧化镍为正极，浓碱

为电解液。该电池具有寿命长、自放电少、低温性能好、耐过充、过放能力强的优点。电池图式为

$$Cd \mid KOH \mid NiOOH$$

电池反应为

$$Cd + 2NiOOH + 2H_2O \underset{充电}{\overset{放电}{\rightleftharpoons}} Cd(OH)_2 + 2Ni(OH)_2$$

Ni/Cd 电池具有对环境造成 Cd 污染的致命缺点,有记忆效应(memory effect,是在镍镉可充电电池中观察到的一种效应,使它们保持更少的电量。镍镉电池在部分放电后,反复充电,逐渐失去最大能量容量,电池似乎记得较小的容量),维护不当易报废,有被淘汰的趋势。

(3) 镍氢电池

镍氢(Ni/MH)电池是 20 世纪 80 年代新开发的新型二次电池。Ni/MH 电池比容量比 Ni/Cd 电池大,对环境没有污染,耐过充、过放能力强,没有记忆效应。Ni/MH 电池正极为羟基氧化镍,负极是贮氢合金,电解液为 KOH 溶液。电池图式为

$$MH_x \mid KOH \mid NiOOH$$

电池反应为

$$MH_x + xNiOOH \underset{充电}{\overset{放电}{\rightleftharpoons}} xNi(OH)_2 + M$$

Ni/MH 电池有自放电速率大、MH 合金易氧化的缺点。

(4) 锂离子电池

锂离子电池是 20 世纪 90 年代初在锂二次电池(未开发成功)的基础上开发成功的全新概念的二次电池。锂离子电池正、负极均为 Li^+ 嵌入化合物,正极是 Li_xCoO_2、Li_xNiO_2 或 $LiMnO_2$,负极是 Li_xC_6,电解液为溶解有 $LiPF_6$、$LiAsF_6$ 等有机溶液。电池图式为

$$C \mid LiClO_4 - EC + DEC \mid LiMO_2$$

电池反应为

$$Li_{1-x}MO_2 + Li_xC_6 \underset{充电}{\overset{放电}{\rightleftharpoons}} LiMO_2 + 6C$$

与锂电池[1]不同,锂离子电池实际上是一个锂离子浓差电池。充电时,Li^+ 从正极脱嵌经过电解液嵌入负极,负极处于富锂态,正极处于贫锂态。放电时,Li^+ 从负极脱嵌,经过电解液嵌入正极,正极处于富锂态。

锂离子电池具有许多优点。如:自放电小,不到 Ni/Cd、Ni/MH 的一半;没有 Ni/Cd 电池的记忆效应,循环性能优越;可快速充电;使用寿命长,80% DOD(放电深度)充放电可达 1 200 次以上,没有环境污染,可称为绿色电池。锂离子电池也有一些不足。如:成本高;与普通电池的相容性差;充放电过程特别是充电过程必须有特殊的保护电路,因为过放电时,集流体铜发生溶解,破坏电池,过充电时,负极发生锂沉积,溶剂发生分解,将引起爆炸或火灾。所以锂离子应当浅深度充、放电,这样不但安全可靠,而且可以提高电池循环寿命。锂离子电池不是俗称的锂电池,锂电池是一次电池,强行给锂电池充电大概率会导致爆炸。锂电池(常用 IEC 型号 CR2032)一般用作电脑 CMOS 电池,汽车、电视、机顶盒的遥控器电池,与锌锰干电池相比,寿命更长,价格稍贵。

---

[1] 所谓锂电池是指以金属锂作为负极活性物质的电池。锂电池是化学电池,商品化的有 $Li-I_2$、$Li-Ag_2CrO_4$、$Li-MnO_2$、$Li-SOCl_2$ 等。常见的锂电池如电脑主板的 CMOS CR2032,将锂离子电池称为锂电池是不妥当的。

7.13.4 燃料电池

第一只燃料电池是 1839 年由 W. R. Grove(格罗夭，威尔士法官和物理学家)制成的。燃料电池不同于一般的电池，电极活性物质由外部连续供给。燃料电池的负极称为“燃料电极”，燃料可以是气态 H_2、NH_3、CO、CH_3OH 等；正极称“氧化剂电极”，氧化剂一般用空气中的氧气；电解质可以是液态或固态；电极为多孔结构，可由具有催化活性的材料制成。1959 年，Bacon 制成了第一只实用型燃料电池；1969 年，石棉膜燃料电池在阿波罗 11 号飞船中成功应用。目前，燃料电池正朝民用化方向发展。燃料电池一般按电解质分为磷酸型(PAFC)、熔融碳酸盐型(MCFC)、固体电解质型(SOFC)、碱性氢氧型(AFC)和质子交换膜型(PEMFC)五类。如培根(Francis Thomas Bacon，英国工程师)型氢氧燃料电池可表示为

$$Ni \mid H_2 \mid KOH(或\ NaOH) \mid O_2 \mid Ni$$

电池反应为 $H_2 + \frac{1}{2}O_2 \longrightarrow H_2O$。产物为无污染的 H_2O 并放出大量的热，因此应及时排水、排热。1960 年，NASA(美国国家航空和宇宙航行局)将燃料电池用于阿波罗号(Apollo)宇宙飞船中，燃料电池大规模进入民用比想象的困难。

7.14 电极的极化

7.14.1 分解电压

当外加直流电作用在电池上时，逐渐增加电压至某一最低值后，电极-溶液界面将发生明显的氧化、还原反应，这就是所谓的电解。理论上讲，外加电压的最低值就是该电池的电动势，但实际上要有明显的电解现象，所加电压必须大于电池的电动势。通过实验测定电解过程的外加电压和相应的电流强度关系，绘制电流强度随电压的变化曲线，将曲线反向外推至 $I=0$ 时所对应的电压就是分解电压(decomposition voltage)，以 $E_{分解}$ 表示(见图 7-9)。

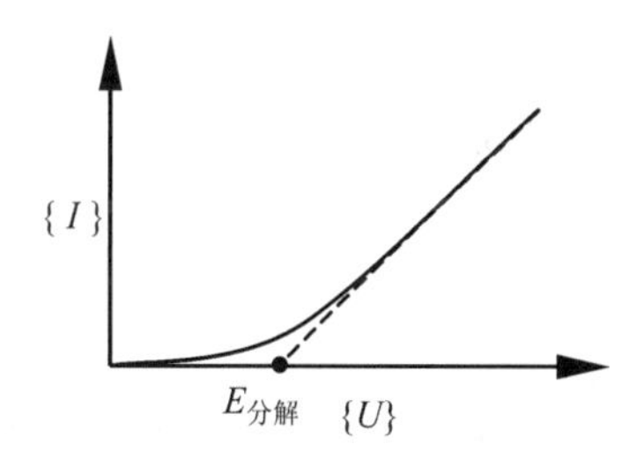

图 7-9 从 I-U 曲线测定分解电压

表 7-7 是某些电解质溶液用惰性电极 Pt 为电极时的分解电压。从表中可以看到，$E_{分解}$ 普遍大于 $E_{理论}$，这是因为电解不但要受热力学因素的影响，而且还受动力学因素的影响。

表 7-7 几种电解质溶液($1/z$ mol·dm^{-3})的分解电压(Pt 电极)

电解质溶液	分解电压 $E_{分解}$ /V	电解产物	理论分解电压 $E_{理论}$ /V	$(E_{分解}-E_{理论})$/V
HNO_3	1.69	H_2+O_2	1.23	0.46
H_2SO_4	1.67	H_2+O_2	1.23	0.44
H_3PO_4	1.70	H_2+O_2	1.23	0.47
NaOH	1.69	H_2+O_2	1.23	0.46
KOH	1.67	H_2+O_2	1.23	0.44
NH_4OH	1.74	H_2+O_2	1.23	0.51
$CdSO_4$	2.03	$Cd+O_2$	1.26	0.77
$Cd(NO_3)_2$	1.96	$Cd+O_2$	1.25	0.71

续表

电解质溶液	分解电压 $E_{分解}$ /V	电解产物	理论分解电压 $E_{理论}$ /V	($E_{分解}-E_{理论}$)/V
$CoCl_2$	1.78	$Co+Cl_2$	1.69	0.09
$CuSO_4$	1.49	$Cu+O_2$	0.51	0.98
$NiSO_4$	2.09	$Ni+O_2$	1.10	0.99
$AgNO_3$	0.70	$Ag+O_2$	0.04	0.66

7.14.2 电极的极化

表7-7的数据表明,当电解池中有电流通过时,$E_{分解}>E_{理论}$。因此,有电流通过时,电极电势偏离平衡值,这种现象称为电极的极化(polarization)。极化的后果是,阴极发生还原反应时,外加阴极电势必须比阴极可逆电极电势更低;阳极发生氧化反应时,外加阳极电势必须比阳极可逆电极电势更高。极化的程度可以用外加电极电势与可逆电极电势的差值来度量,称为超电势(over potential),用符号 η 表示。

$$\eta \overset{\text{def}}{=\!=\!=} |\varphi_{不可逆}-\varphi_{可逆}| \tag{7-27}$$

式(7-27)不但对电解池适用,对原电池也适用。如果是阳极反应,则

$$\eta_{阳}=\varphi_{不可逆}-\varphi_{可逆} \tag{7-28}$$

如果是阴极反应,则

$$\eta_{阴}=\varphi_{可逆}-\varphi_{不可逆} \tag{7-29}$$

总之,超电势 η 恒大于零[1]。如果将极化电极电势与静止电极电势的差值 $\Delta\varphi$ 定义为极化值,则极化值有正有负。

$$\Delta\varphi=\varphi-\varphi_{静止}$$

$\varphi_{静止}$表示电流为零时的电极电势,称为静止电极电势。对于可逆电极,静止电极电势就是可逆电极电势。

除了可以用超电势描述极化外,还可以用图形更形象更完整地描述,这就是所谓的极化曲线,它是电极上的电流密度与电极电势的关系曲线,如图7-10所示。对于电解池,阳极电势高,是正极,阴极电势低,是负极;对于原电池,负极进行氧化反应,是阳极,正极进行还原反应,是阴极。无论是原电池还是电解池,正极曲线在右侧,负极曲线在左侧;阳极电势随电流密度增大而升高,阴极电势随电流密度增大而降低。

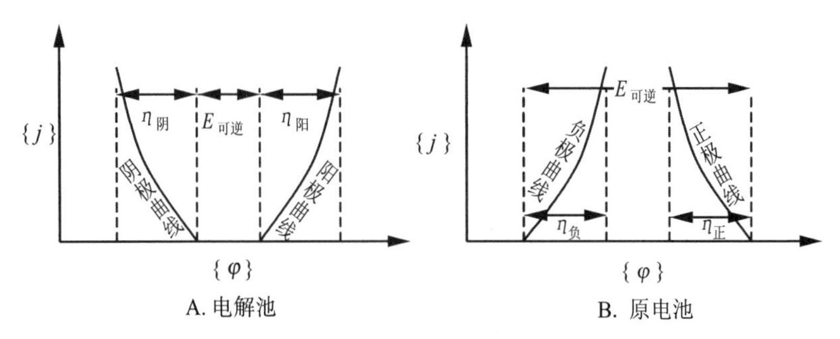

图7-10 原电池及电解池的极化图

[1] 部分教材中,η 有正有负,因为其定义不同。

例题 7-24 298 K 时，用 Pb 电极电解 H_2SO_4 溶液（0.10 $mol \cdot kg^{-1}$，$\gamma_{\pm}=0.265$）。若在电解过程中，将甘汞电极（$c_{KCl}=1\ mol \cdot dm^{-3}$）和 Pb 电极组成原电池，测得该电池电动势为 1.068 5 V。试求 $H_2(g,p^{\ominus})$ 在铅电极上的超电势。已知 $\varphi^{\ominus}_{Hg_2Cl_2}=0.280\ 2\ V$，且考虑 H_2SO_4 一级电离。

解 题设所述为经典恒电流法测极化曲线。对于原电池，$E=\varphi_{正}-\varphi_{负}=\varphi^{\ominus}_{甘汞}-\varphi_{H^+|H_2}$，所以

$$\begin{aligned}\varphi_{H^+|H_2}&=\varphi^{\ominus}_{甘汞}-E\\&=0.280\ 2\ V-1.068\ 5\ V\\&=-0.788\ 3\ V\end{aligned}$$

对于电解池，H_2 在 Pb 电极上被还原：

$$H^+\ (m=0.10\ mol \cdot kg^{-1},\gamma_{\pm}=0.265)+e^- \longrightarrow \frac{1}{2}H_2(g,p^{\ominus})$$

H_2 的可逆电极电势可以用 Nernst 方程计算：

$$\begin{aligned}\varphi_{H^+|H_2,可逆}&=\varphi^{\ominus}_{H^+|H_2}-\frac{RT}{F}\ln\frac{\sqrt{p_{H_2}/p^{\ominus}}}{a_{H^+}}\\&=0-\frac{8.314\ J \cdot K^{-1} \cdot mol^{-1}\times 298\ K}{96\ 500\ C \cdot mol^{-1}}\ln\frac{1}{0.265\times 0.1}\\&=-0.093\ 28\ V\end{aligned}$$

H_2 在阴极 Pb 上的超电势：

$$\begin{aligned}\eta_{H^+|H_2}&=\varphi_{H^+|H_2,可逆}-\varphi_{H^+|H_2,不可逆}\\&=-0.093\ 28\ V-(-0.788\ 3\ V)\\&=0.695\ 1\ V\end{aligned}$$

7.14.3 极化的类型

根据极化现象产生的机理，一般将极化分为浓差极化（concentration polarization）和电化学极化（electrochemical polarization）。

（1）浓差极化

在一定电流密度下，因离子扩散速度慢而导致电极表面附近的离子浓度与溶液本体中不同从而引起的极化现象，叫作浓差极化。

以 Ag 电极插入 $AgNO_3$ 溶液进行电解为例。当有电流通过电极时，阴极发生还原反应，$Ag^++e^- \longrightarrow Ag$。本体溶液中 Ag^+ 扩散缓慢，来不及及时地补充，造成阴极附近 Ag^+ 浓度 m'_{Ag^+} 小于本体溶液中 Ag^+ 的浓度 m_{Ag^+}，其结果如同将 Ag 电极插入一 Ag^+ 浓度较小的溶液中。

$$Ag^++e^- \longrightarrow Ag$$

根据 Nernst 方程，$\varphi_{Ag^+|Ag}=\varphi^{\ominus}_{Ag^+|Ag}-\frac{RT}{F}\ln\frac{1}{a_{Ag^+}}$，$m'_{Ag^+}<m_{Ag^+}$，$\varphi'_{Ag^+|Ag}<\varphi_{Ag^+|Ag}$。即阴极电势比阴极可逆电极电势低。同理，阳极进行氧化反应，$Ag-e^- \longrightarrow Ag^+$，反应的产物 Ag^+ 来不及转移，导致有 Ag^+ 的积压，$m'_{Ag^+}>m_{Ag^+}$，阳极电势大于阳极可逆电极电势，$\varphi'_{Ag^+|Ag}>\varphi_{Ag^+|Ag}$。

一般升高温度或加强搅拌可以减弱浓差极化。

(2) 电化学极化

电解过程中,由于电极反应的迟缓而导致电极电势偏离可逆电极电势的现象称为电化学极化或活化极化。仍然以 Ag 电极电解 $AgNO_3$ 溶液为例。当 Ag^+ 还原为 Ag 缓慢时,不能及时消耗阴极上的电子而导致电子在阴极上的积累,从而电极电势低于阴极可逆电极电势;若 Ag 失去电子氧化成 Ag^+ 速度缓慢,不能及时输出电子,可导致阳极电势高于阳极可逆电极电势。

一般而言,金属的活化过电势较小,气体的活化过电势较大。除此之外,活化过电势与电流密度相关。电流密度很小时,过电势与电流密度呈线性关系:

$$\eta = wj \tag{7-30}$$

式中,w 为常数,其大小与电极材料性质及其表面状态、溶液组成、温度等有关。当电流密度较大时,过电势和电流密度的关系符合 Tafel(塔菲尔,瑞士化学家)1905 年提出的经验公式:

$$\eta = a + b\lg(j/[j]) \tag{7-31}$$

式中,a 的大小与电极材料的性质及其表面状态、溶液组成及温度等因素有关;b 为主要与温度有关的常数,对多数金属而言,常温下 b 为 0.12 V 左右。之后,Tafel 公式被证明有理论依据,是 Butler-Volmer(巴特勒-沃尔默)方程在 $\eta > 0.1$ V 下的近似。

低电流密度下,H_2、O_2 在某些电极上的活化过电势见表 7-8。

表 7-8 低电流密度下,H_2、O_2 在某些电极上的活化过电势

电极	η_{H_2}/V	η_{O_2}/V	电极	η_{H_2}/V	η_{O_2}/V
铂黑	0.000	0.3	Ni	0.2~0.4	0.05
Pt	0.000	0.4	Cu	0.4~0.6	—
Au	0.02~0.1	0.5	Cd	0.5~0.7	0.4
Fe	0.1~0.2	0.3	Zn	0.6~0.8	—
光亮铂	0.2~0.4	0.5	Hg	0.8~1.0	—
Ag	0.2~0.4	0.4	Pb	0.9~1.0	0.3

综上所述,一个具体的电极过程,可能是浓差极化,也可能是电化学极化。一般情况下,电化学极化与浓差极化并存,即电极过程为电子转移步骤和扩散步骤混合控制,不过是一个为主,一个为辅而已。

例题 7-25❶ 293 K 时,测得 Pt 电极在 1 mol·dm^{-3} KOH 溶液中阴极极化实验数据如下表:

$-\varphi$/V	1.000	1.055	1.080	1.122	1.171	1.220	1.266	1.310
j_c/(A·cm^{-2})	0.000 0	0.000 5	0.001 0	0.003 0	0.010 0	0.030 0	0.100 0	0.300 0

求该 φ-j_c 对曲线 Tafel 区的 a、b 值。

解 将题设数据按 Tafel 公式处理,得下表:

$-\varphi$/V	1.000	1.055	1.080	1.122	1.171	1.220	1.266	1.310
lg[j_c/(A·cm^{-2})]	—	−3.301 0	−3	−2.522 9	−2	−1.522 9	−1	−0.522 9

用 $-\varphi$/V 对 lg[j_c/(A·cm^{-2})]作图:

❶ 例题可以结合化学动力学讲解。部分习题不作要求。

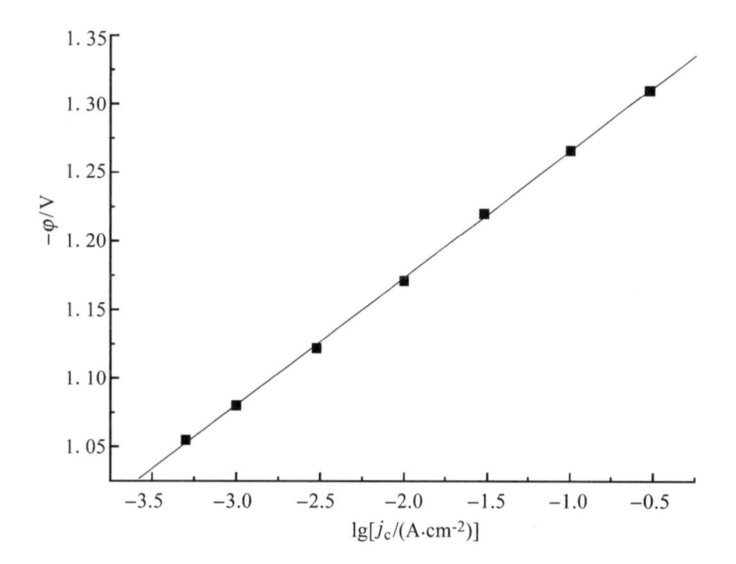

从直线的截距和斜率分别得 $a=1.359$ V,$b=0.093$ V。

例题 7-26 298 K 时,电极反应 $O+e^- \longrightarrow R$ 的反应速率为 0.1 A·cm^{-2}。根据各单元步骤活化能计算出电子转移步骤速率为 1.04×10^{-2} mol·m^{-2}·s^{-1},扩散步骤速率为 0.1 mol·m^{-2}·s^{-1}。试判断该温度下的控制步骤。

解 电流密度可以表示电极反应速率,所以对于电子转移步骤,其反应速率为

$$
\begin{aligned}
j_{电子} &= zFv_{电子} \\
&= 1\times 96\,500\ \mathrm{C\cdot mol^{-1}} \times (1.04\times10^{-2}\ \mathrm{mol\cdot m^{-2}\cdot s^{-1}}) \\
&= 0.1\ \mathrm{A\cdot cm^{-2}}
\end{aligned}
$$

同理,扩散步骤的速率

$$
\begin{aligned}
j_{扩散} &= zFv_{扩散} \\
&= 1\times 96\,500\ \mathrm{C\cdot mol^{-1}} \times (0.1\ \mathrm{mol\cdot m^{-2}\cdot s^{-1}}) \\
&= 0.965\ \mathrm{A\cdot cm^{-2}}
\end{aligned}
$$

$j=j_{电子}<j_{扩散}$,所以反应的控制步骤是电子转移步骤。

例题 7-27 298 K 时,扩散控制的某电极反应速率为 3×10^{-2} mol·m^{-2}·s^{-1},通过强烈搅拌后扩散速率提高 1 000 倍,扩散步骤成为非控制步骤。试估计扩散活化能降低了多少。

解 扩散过程亦遵守 Arrhenius 方程,扩散速度与温度的关系为

$$
v = Ac\exp\left(-\frac{E_{a,扩散}}{RT}\right)
$$

根据题设,有

$$
\frac{v}{v'} = \frac{Ac\ \exp\left(-\frac{E_{a,扩散}}{RT}\right)}{Ac\ \exp\left(-\frac{E'_{a,扩散}}{RT}\right)} = \exp\left(\frac{\Delta E_{a,扩散}}{8.314\ \mathrm{J\cdot K^{-1}\cdot mol^{-1}}\times 298\ \mathrm{K}}\right) = \frac{1}{1\,000}
$$

解得 $\Delta E_{a,扩散}=-17.11\ \mathrm{kJ\cdot mol^{-1}}$。

7.15 电化学势与膜电势

恒温、恒压下，将1 mol带电离子i由无穷远引入α相内，该过程既有静电作用，又有化学作用。可以证明

$$\bar{\mu}_i^{\alpha}=z_iF\varphi^{\alpha}+\mu_i^{\alpha} \tag{7-32}$$

式中，$\bar{\mu}_i^{\alpha}$是离子i在α相内的电化学势(electrochemical potential)。

恒温、恒压下，设有不同浓度的MX溶液，用一个只允许离子M^+透过而X^-不能透过的半透膜(semi-permeable membrane)隔开，平衡后，M^+在半透膜的两侧产生膜电势(membrance potential)。

$$M^+(\alpha) \vdots M^+(\beta)$$

平衡时，M^+在膜两侧的电化学势相等：

$$\bar{\mu}_{M^+}^{\alpha}=\bar{\mu}_{M^+}^{\beta}$$

$$z_{M^+}F\varphi^{\alpha}+\mu_{M^+}^{\alpha}=z_{M^+}F\varphi^{\beta}+\mu_{M^+}^{\beta}$$

$$z_{M^+}F\varphi^{\alpha}+\mu_{M^+}^{\ominus,\alpha}+RT\ln a_{M^+}^{\alpha}=z_{M^+}F\varphi^{\beta}+\mu_{M^+}^{\ominus,\beta}+RT\ln a_{M^+}^{\beta}$$

$\mu_{M^+}^{\ominus,\alpha}=\mu_{M^+}^{\ominus,\beta}$，因此

$$\Delta\varphi(\alpha,\beta)=\varphi^{\alpha}-\varphi^{\beta}=\frac{RT}{F}\ln\frac{a_{M^+}^{\beta}}{a_{M^+}^{\alpha}} \tag{7-33}$$

式(7-33)的结果与应用Nernst方程所得结果一致，无冲突。电化学势及膜电势的概念在生物电化学及唐南平衡(Donnan equilibrium)中均有应用。

例题7-28 298 K时，细胞膜内K^+是细胞膜外部K^+浓度的35倍。试估计由于K^+引起的膜电势。

解 根据膜电势公式，有

$$\Delta\varphi(\text{内},\text{外})=\frac{RT}{F}\ln\frac{a_{M^+}^{\text{外}}}{a_{M^+}^{\text{内}}}=\frac{8.314\ \text{J}\cdot\text{K}^{-1}\cdot\text{mol}^{-1}\times298\ \text{K}}{96\ 500\ \text{C}\cdot\text{mol}^{-1}}\times\ln\frac{1}{35}=-9.13\times10^{-2}\ \text{V}$$

习　题

7-1 举例说明正、负电荷如何分别在电解池和原电池中定向移动。

7-2 分别写出电解HCl溶液和H_2-Cl_2电池的电极反应和电池反应。

7-3 当$CuSO_4$溶液中通电1 930 C后，在阴极上有0.009 mol的Cu沉积出来。试求在阴极上还析出了$H_2(g)$的体积(STP)为多少?

7-4 当用直流电电解稀H_2SO_4溶液时，写出两电极上进行的电极反应及电池反应，两电极上析出的气体体积有何比例关系?

7-5 根据表7-1的数据在同一坐标系中画出$t_{Ca^{2+}}$-c、t_{Cl^-}-c草图。

7-6 溶液中带有相同浓度、相同电荷数的Li^+、Na^+、K^+、……，随着离子半径的增大，迁移数如何变化？为什么?

7-7 298 K时，某稀溶液的离子摩尔电导率如下表：

离子	Li^+	Na^+	NO_3^-
$\lambda_m^\infty/(S \cdot m^2 \cdot mol^{-1})$	4.0×10^{-3}	5.0×10^{-3}	7.0×10^{-3}

若溶液中 $LiNO_3$、$NaNO_3$ 的浓度分别为 0.1 mol·dm^{-3}、0.2 mol·dm^{-3}，求该溶液的电导率。(提示：设离子电导率值不随浓度而变化，溶液的电导率是各离子电导率的总和，$\kappa = \sum_B \kappa_B$)

7-8 298 K 时，用某电导池测得不同浓度的 KCl 溶液的电阻如下：

$c/(mol \cdot dm^{-3})$	0.000 5	0.001 0	0.002 0	0.005 0
R/Ω	10 910	5 494	2 772	1 128.9

求 KCl 的 Λ_m^∞。已知该电导池的电导池常数 $K_{cell} = 68.244\ m^{-1}$。

7-9 298 K 时，KCl 和 NaCl 的极限摩尔电导率分别为 129.65×10^{-4} S·m^2·mol^{-1}、108.60×10^{-4} S·m^2·mol^{-1}，求 Na^+ 的极限摩尔电导率 λ_{m,Na^+}^∞ 和极限迁移数 $t_{Na^+}^\infty$。已知 KCl 溶液中 $t_{K^+}^\infty = 0.496$。$\left(提示：t_B^\infty = \dfrac{\lambda_{m,B}^\infty}{\Lambda_m^\infty}\right)$

7-10 298 K 时，测得某药用去离子水的电导率为 0.9×10^{-4} S·m^{-1}，试估算水中杂质的相对含量。已知 298 K 时，H^+ 和 OH^- 的极限摩尔电导率分别为 349.82×10^{-4} S·m^2·mol^{-1}、198.0×10^{-4} S·m^2·mol^{-1}。

7-11 298 K 时，测得 0.010 mol·dm^{-3} 磺胺水溶液的电导率 $\kappa_{SN} = 1.103\times10^{-3}$ S·m^{-1}，磺胺钠盐的极限摩尔电导率 $\Lambda_{m,SN\text{-}Na}^\infty = 10.3\times10^{-3}$ S·m^2·mol^{-1}。求该磺胺水溶液的电离度及电离平衡常数。已知 HCl 和 NaCl 水溶液 298 K 的极限摩尔电导率分别为 42.62×10^{-3} S·m^2·mol^{-1}、12.65×10^{-3} S·m^2·mol^{-1}。

7-12 298 K 时，测得 AgCl 饱和溶液的电导率为 3.41×10^{-4} S·m^{-1}，所用水的电导率为 1.52×10^{-4} S·m^{-1}。试求该温度下 AgCl 的溶解度和 $K_{sp}^\ominus$。已知该温度下，AgCl 的 $\Lambda_{m,AgCl}^\infty = 138.3\times10^{-4}$ S·m^2·mol^{-1}。

7-13 质量摩尔浓度为 m 的 H_2SO_4 水溶液，H_2SO_4 的平均活度 $a_\pm$ 与平均活度系数 $\gamma_\pm$ 及浓度 m 之间的关系是下面哪一个？

A. $a_\pm = \gamma_\pm \dfrac{m}{m^\ominus}$　　B. $a_\pm = \sqrt[3]{4}\gamma_\pm \dfrac{m}{m^\ominus}$　　C. $a_\pm = \sqrt[4]{27}\gamma_\pm \dfrac{m}{m^\ominus}$　　D. $a_\pm = 4\gamma_\pm^3 \left(\dfrac{m}{m^\ominus}\right)^3$

7-14 298 K 时，$CaCl_2$ 水溶液的浓度为 0.001 mol·kg^{-1}，计算溶液的离子强度及 $CaCl_2$ 的平均活度系数和平均活度。

7-15 分别写出下列电池的电极反应和电池反应。

① Pt | H_2(g) | H_2SO_4(m) | Hg_2SO_4(s) | Hg(l)

② Pt | Sn^{4+}, Sn^{2+} ‖ Tl^{3+}, Tl^+ | Pt

③ Pt | H_2(g) | NaOH(m) | O_2(g) | Pt

7-16 将下列反应设计为电池。

① Pb(s) + HgO(s) ⟶ Hg(l) + PbO(s)

② $Ag^+ + Cl^-$ ⟶ AgCl(s)

③ AgCl(s) + I^- ⟶ AgI(s) + Cl^-

7-17 下列电池中，哪一组是热力学意义上的可逆电池？

A. Ag | $AgNO_3(a_1)$ ‖ $AgNO_3(a_2)$ | Ag

B. Pt | $H_2(p^\ominus)$ | HCl(a_1) | AgCl-Ag－Ag-AgCl | HCl(a_2) | $H_2(p^\ominus)$ | Pt

C. Hg | Hg_2Cl_2 | KCl(a_1) ‖ $AgNO_3(a_2)$ | Ag

D. Pt | $H_2(p^\ominus)$ | OH^- (a_1) ‖ H^+ (a_2) | $H_2(p^\ominus)$ | Pt

7-18 298 K 时，实验测得某体系当盐桥中 KCl 的浓度为 0.2 mol·dm^{-3} 时，液体接界电势为 19.95 mV，当 KCl 的浓度更换为 3.5 mol·dm^{-3} 时，液体接界电势将为多少？（　）

A. > 19.95 mV　　B. < 19.95 mV　　C. = 19.95 mV　　D. 无法确定

7-19 298 K 时，两个不同液-液体系的液体接界电势如下：

$$HCl(0.1\ mol \cdot kg^{-1}) \mid HCl(0.01\ mol \cdot kg^{-1}) \qquad \varepsilon_1$$

$$KCl(0.1\ mol \cdot kg^{-1}) \mid KCl(0.01\ mol \cdot kg^{-1}) \qquad \varepsilon_2$$

则二者的大小关系怎样？　　（　　）

A. $\varepsilon_1 > \varepsilon_2$　　B. $\varepsilon_1 < \varepsilon_2$　　C. $\varepsilon_1 = \varepsilon_2$　　D. $\varepsilon_1 \ll \varepsilon_2$

7-20　298 K时，电池 $Zn \mid Zn^{2+}(a=0.0004) \parallel Cd^{2+}(a=0.2) \mid Cd$ 的标准电动势 $E^{\ominus}=0.360$ V。试求电池的电动势 E 和反应的标准平衡常数 $K^{\ominus}$。$\left(\text{提示：}K^{\ominus}=\exp\dfrac{zFE^{\ominus}}{RT}\right)$

7-21　298 K时，测得电池 $Pt \mid H_2(p^{\ominus}) \mid H_2SO_4(0.01\ mol/kg) \mid O_2(p^{\ominus}) \mid Pt$ 的电动势 $E=1.228$ V，电动势温度系数 $\left(\dfrac{\partial E}{\partial T}\right)_p=-8.53\times10^{-4}\ V\cdot K^{-1}$。求：

① 298 K时反应的 $\Delta_r S_m$、$\Delta_r G_m$、$\Delta_r H_m$ 和 $Q_{r,m}$。

② 设反应的 $\Delta_r C_{p,m}=0$，求273 K时电池的电动势。（提示：设温度系数不随温度而变化）

7-22　298 K时，已知电极 $Fe \mid Fe^{2+}$ 和 $Pt \mid Fe^{2+}, Fe^{3+}$ 的标准电极电势分别为 -0.440 V 和 0.771 V。试求电极 $Fe \mid Fe^{3+}$ 的标准电极电势。

7-23　25 ℃时，将Ag-AgCl电极分别浸泡于AgCl溶液（$m_1=10^{-5}\ mol\cdot kg^{-1}$）及NaCl溶液（$m_2=0.01\ mol\cdot kg^{-1}$，$\gamma_{\pm}=0.889$）中，试问两种溶液中Ag-AgCl电极的电极电势相差多少？

7-24　下述电池中，电动势与 Cl^- 活度无关的是哪一组？

A. $Zn \mid ZnCl_2(aq) \mid Cl_2(p) \mid Pt$　　B. $Zn \mid ZnCl_2(aq) \parallel KCl(aq) \mid AgCl \mid Ag$

C. $Ag \mid AgCl \mid KCl(aq) \mid Cl_2(p) \mid Pt$　　D. $Pt \mid H_2(p_1) \mid HCl(aq) \mid Cl_2(p_2) \mid Pt$

7-25　298 K时，测得电池

$$Pt \mid H_2\left(\frac{p}{p^{\ominus}}=0.1\right) \left| HCl\begin{pmatrix} m=0.001\ mol\cdot kg^{-1} \\ \gamma_{\pm}=? \end{pmatrix} \right| Cl_2\left(\frac{p}{p^{\ominus}}=0.2\right) \mid Pt$$

的电动势 $E=1.66$ V，已知电池标准电动势 $E^{\ominus}=1.36$ V。求 $\gamma_{\pm}$ 是多少。

7-26　298 K时，已知下列电极的电极电势：

电　极	甘汞电极，$c_{KCl}/(mol\cdot dm^{-3})$		醌-氢醌电极，$c_{H^+}/(mol\cdot dm^{-3})$	
	0.1	1.0	饱和	1.0
电极电势	0.3338 V	0.2802 V	0.2415 V	0.6995 V

当用不同的甘汞电极和标准醌-氢醌电极组成测电池电动势时，计算pH的公式有何不同？请给出各种不同条件下的计算公式。

7-27　298 K时，电池 $Ag \mid AgI \left| KI\begin{pmatrix} m_{KI}=1\ mol\cdot kg^{-1} \\ \gamma_{\pm,KI}=0.65 \end{pmatrix} \right\| AgNO_3\begin{pmatrix} m_{AgNO_3}=0.001\ mol\cdot kg^{-1} \\ \gamma_{\pm,AgNO_3}=0.95 \end{pmatrix} \Bigg| Ag$

的电动势为 $E=0.720$ V。试求AgI的标准溶度积。

7-28　298 K时，测得电池 $Pt \mid H_2(p^{\ominus}) \mid HBr(m) \mid AgBr(s) \mid Ag(s)$ 的电动势 E 与HBr浓度 m 关系如下表：

$m/(mol\cdot kg^{-1})$	0.01	0.02	0.05	0.10
E/V	0.3127	0.2786	0.2340	0.2005

试求 $0.1\ mol\cdot kg^{-1}$ HBr溶液中HBr的平均活度系数。（提示：首先用作图法求出标准电动势 $E^{\ominus}$，然后用Nernst方程求出 $\gamma_{\pm,HBr}$）

7-29　下列关于电池的说法正确的是哪一个？

A. 电池不受热力学第一定律限制　　B. 电池不受热力学第二定律限制

C. 电池不受Carnot循环限制　　D. 电池效率不可能超过100%

7-30 下列电池中,电动势最高的是哪一种?

A. 锌锰干电池 B. 碱性锌锰电池 C. Ni/MH 电池 D. 锂离子电池

7-31 下列电池中,耐过充、过放的是哪一种?

A. 锌锰干电池 B. 锂电池 C. Ni/MH 电池 D. 锂离子电池

7-32 下列电池中,属于浓差电池的是哪一种?

A. 锂电池 B. 碱性锌锰电池 C. Ni/MH 电池 D. 锂离子电池

7-33 当有电流通过电化学体系时(包括原电池和电解池),下列说法正确的是 ( )

A. 正离子向负极移动,负离子向正极移动 B. 正极电势升高,负极电势降低

C. 阳离子被还原,阴离子被氧化 D. 阳极电势升高,阴极电势降低

7-34 298 K时,用0.01 A电流电解 $CuSO_4$($m=0.1\ mol\cdot dm^{-3}$,$\gamma_{\pm}=0.15$)和 H_2SO_4($m=1.0\ mol\cdot dm^{-3}$,$\gamma_{\pm}=0.13$)的混合水溶液,测得电解槽电压为1.86 V,阳极上氧析出过电势为0.42 V,已知两电极间溶液电阻为50 Ω。试求阴极上析出的过电势(假定阴极上只有铜析出)。

7-35 298 K时,电极反应 $Cu^{2+}+2e^{-}\longrightarrow Cu$ 的速率为 $193\ A\cdot m^{-2}$。已知扩散步骤反应速率为 $1\times10^{-3}\ mol\cdot m^{-2}\cdot s^{-1}$,电子转移步骤的反应速率为 $0.25\ mol\cdot m^{-2}\cdot s^{-1}$。试问该电极过程属于浓差极化还是电化学极化?

7-36 测得锌在 $ZnCl_2$ 溶液中阴极稳态极化曲线如下图所示。试判断该阴极过程属于何种极化。

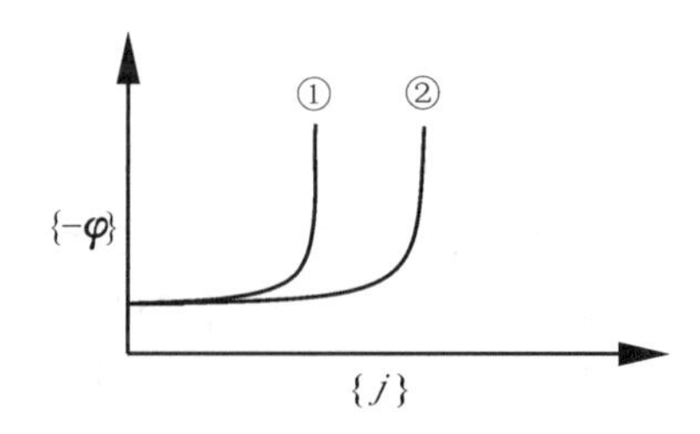

① $0.1\ mol\cdot dm^{-3}$ $ZnCl_2$ 溶液,不搅拌;

② $0.1\ mol\cdot dm^{-3}$ $ZnCl_2$ 溶液,搅拌。

7-37 298 K、$p^{\ominus}$时,电解一含有 Zn^{2+} 的溶液,当 Zn^{2+} 浓度降低至 $1\times10^{-4}\ mol\cdot kg^{-1}$ 时,仍然没有 H_2 析出,试计算溶液的 pH 如何控制。已知 H_2 在 Zn 上的超电势为0.72 V。(提示:用 Nernst 方程计算 $1\times10^{-4}\ mol\cdot kg^{-1}$ 时 Zn 的电极电势,并以此电极电势值用 Nernst 方程计算出溶液的 pH)

8 表面化学

界面与胶体化学(colloid chemistry)从它的创始人 Thomas Graham(托马斯·格雷汉姆,英国化学家)1861 年系统地研究物质的扩散速度算起至今已有一百多年的历史。表面现象是自然界普遍存在的现象,涉及众多学科。表面科学(表面物理化学和表面化学物理)是各学科之间相互交叉渗透而形成的一门重要的边缘科学,是通向当代新技术革命中三大前沿科学领域(材料科学、信息科学和生命科学)的主要桥梁,在国民经济生活中起着重要的作用。

8.1 比表面 Gibbs 自由能与表面张力

8.1.1 比表面 Gibbs 自由能和表面张力

一般说来,相(phase)是体系中化学组成和物理状态都完全均一的、可机械地分离的一部分。相与相之间有明显的相界面,当越过相界面时,体系的某些性质将发生突变。即是说从任一相到与之相邻的相是没有过渡区域的,相与相间的界面是几何面,没有厚度。实际上相界面是一个物理面,它是一个准三维区域,其广度是无限的,厚度一般有几个原子或分子层厚,在这个区域中,体系的性质是渐变的,因此称紧密接触的相与相之间这种过渡区域为界面相。

β 体相(均匀)

σ(α、β)界面相(不均匀)

α 体相(均匀)

当两相中有一相是气相的时候(s－g 或 l－g),常称这种界面(interface)为表面(surface)。一般情况下,界面和表面混用,并不刻意地加以区分。

一般地说,从 α 相到与之相邻的 β 相,体系的性质不是突变,而是渐变的,并且与体相中的不同。那么,到底有什么不同呢?我们不妨考察 α 相中的分子在体相和界面相中的受力情况。首先假设 α 相是液相,β 相是气相,这对我们所讨论问题的一般性并无损害。当我们所关注的分子在 α 相的内部 A 处的时候,从统计的角度看,分子受到四周相邻的分子的作用力是对称的,因而合力为零,这相当于分子不受到任何作用力。因此,分子可以在液相内部任意移动而不需要外力作功。当我们所考察的分子处在界面相 B 处时,情况就有所不同了。气相中,分子间的距离远较液相分子间距离大,因而在 β 相中分子间的作用力远小于 α 相中分子间的作用力。处在 α 相和 β 相过渡区域 B 的分子必然同时受到 α 相和 β 相中其他分子对它的作用力,α 相中分子对分子的作用力的合力为 F_B^α,β 相中分子对分子的作用力的合力为 F_B^β。这两个合力的方向相反而大小不等,它们的总合力($F_B = F_B^\alpha - F_B^\beta$)指向 α 相,通常称为净吸力。因此当将相中的分子从体相移动到表面相时需要克服净吸力作表面功,处于表面相的分子因而比体相的分子具有更高的能量。

在一定温度、压力和组成不变条件下,扩展表面积所做的功

$$\delta W' = -\sigma dA$$

若表面扩展过程是可逆过程,则 $\delta W' = -dG$,所以有

$$\mathrm{d}G=\sigma\,\mathrm{d}A$$

把上式变形，可以得到比表面 Gibbs 函数 σ(specific surface Gibbs energy)的定义

$$\sigma \xlongequal{\text{def}} \left(\frac{\partial G}{\partial A}\right)_{T,p,n_{\mathrm{B}}} \tag{8-1}$$

从式(8-1)可以看出，σ 的物理意义是：在恒温、恒压和组成不变的情况下，增加单位表面积所引起系统 Gibbs 自由能的增量。比表面 Gibbs 自由能有时简称比表面能或表面能。

若从力学的角度分析，将分子自液相内部移至表面时，为反抗表面积的增大而在单位长度表面直线上必存在一种表面紧缩力，可称之为表面张力 σ(surface tension)。对于平液面，表面张力与液面平行；对于弯曲液面，表面张力与液面相切。表面张力并非指向液相内部，但表面张力的确源自表面分子受到的指向液相内部的净吸力。这种净吸力之所以产生，是因为表面分子处在两个不同相 α 和 β 的过渡区域，它的环境不对称而造成的(见图 8-1)。

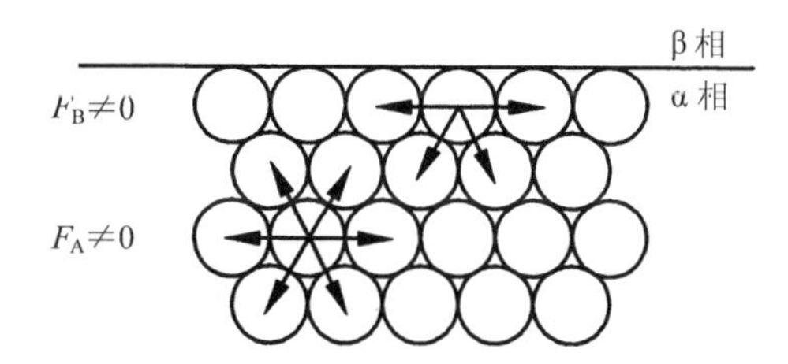

图 8-1　体相分子和表面分子受力情况不同

表面张力和比表面能是分别从力学、热力学角度描述表面现象的两个不同物理量[1]，但它们的单位均可用 $\mathrm{N\cdot m^{-1}}$、$\mathrm{J\cdot m^{-2}}$，常用单位有 $\mathrm{mN\cdot m^{-1}}$、$\mathrm{mJ\cdot m^{-2}}$。习惯上，对两个术语不加区分，但并非在任何场合它们都通用，在有些场合一个概念可能比另一个概念更合适。一般情况下，它们的数值相等。

8.1.2　表面热力学

由于 Gibbs 热力学基本方程没有考虑比表面能的影响，因此对高分散体系要作适当的拓展。

$$\mathrm{d}U=T\mathrm{d}S-p\mathrm{d}V+\sum_{\mathrm{B}}\mu_{\mathrm{B}}\mathrm{d}n_{\mathrm{B}}+\sigma\mathrm{d}A \tag{8-2}$$

$$\mathrm{d}H=T\mathrm{d}S+V\mathrm{d}p+\sum_{\mathrm{B}}\mu_{\mathrm{B}}\mathrm{d}n_{\mathrm{B}}+\sigma\mathrm{d}A \tag{8-3}$$

$$\mathrm{d}F=-S\mathrm{d}T-p\mathrm{d}V+\sum_{\mathrm{B}}\mu_{\mathrm{B}}\mathrm{d}n_{\mathrm{B}}+\sigma\mathrm{d}A \tag{8-4}$$

$$\mathrm{d}G=-S\mathrm{d}T+V\mathrm{d}p+\sum_{\mathrm{B}}\mu_{\mathrm{B}}\mathrm{d}n_{\mathrm{B}}+\sigma\mathrm{d}A \tag{8-5}$$

从上面的公式不难得到比表面能的其他定义。

$$\sigma=\left(\frac{\partial G}{\partial A}\right)_{T,p,n_{\mathrm{B}}}=\left(\frac{\partial F}{\partial A}\right)_{T,V,n_{\mathrm{B}}}=\left(\frac{\partial H}{\partial A}\right)_{S,p,n_{\mathrm{B}}}=\left(\frac{\partial U}{\partial A}\right)_{S,V,n_{\mathrm{B}}}$$

对式(8-5)，组成不变、恒压且只作表面功时，则

$$\mathrm{d}G=-S\mathrm{d}T+\sigma\mathrm{d}A \tag{8-6}$$

---

[1] 对于固态物质，表面张力和比表面能一般不同；对于液态物质，表面张力和比表面能一般数值相同。

根据 Euler 关系,得 Maxwell 关系式

$$-\left(\frac{\partial S}{\partial A}\right)_{T,p,n_B}=\left(\frac{\partial \sigma}{\partial T}\right)_{A,p,n_B} \tag{8-7}$$

将式(8-7)及 Gibbs-Helmholtz 公式 $dG = dH - TdS$ 代入式(8-1)得

$$\begin{aligned}\sigma &= \left(\frac{\partial G}{\partial A}\right)_{T,p,n_B}=\left(\frac{\partial H - T\partial S}{\partial A}\right)_{T,p,n_B}\\ &=\left(\frac{\partial H}{\partial A}\right)_{T,p,n_B}-T\left(\frac{\partial S}{\partial A}\right)_{T,p,n_B}\\ &=\left(\frac{\partial H}{\partial A}\right)_{T,p,n_B}+T\left(\frac{\partial \sigma}{\partial T}\right)_{A,p,n_B}\end{aligned}$$

或者

$$\left(\frac{\partial H}{\partial A}\right)_{T,p,n_B}=\sigma - T\left(\frac{\partial \sigma}{\partial T}\right)_{A,p,n_B} \tag{8-8}$$

对凝聚体系,体积功 $p\mathrm{d}V$ 可以忽略不计,所以

$$\left(\frac{\partial U}{\partial A}\right)_{T,V,n_B}=\sigma - T\left(\frac{\partial \sigma}{\partial T}\right)_{A,V,n_B} \tag{8-9}$$

式(8-8)和式(8-9)称为表面 Gibbs-Helmholtz 公式。$\left(\frac{\partial H}{\partial A}\right)_{T,p,n_B}$ 及 $\left(\frac{\partial U}{\partial A}\right)_{T,V,n_B}$ 分别表示恒温恒压、恒温恒容及组成不变条件下,单位表面积变化时体系表面焓及表面内能的变化值,分别称为比表面焓和比表面(内)能或表面焓、表面内能。

8.1.3 影响表面张力的因素

表面张力或比表面能其数值和物质的种类、共存的另一相的性质以及温度、压力等有关。对于纯液体来说,若没有特别说明,共存的另一相就是标准压力时的空气或饱和蒸汽。如果另一相不是空气或饱和蒸汽,表面张力的数值可能有相当大的变化,因此必须注明共存相,这时的表面张力就是指界面张力。

表 8-1 和 8-2 分别是液体的表面张力及某些液体间的界面张力,从表 8-1 和表 8-2 中可以看出,常温下的液态物质中,汞的表面张力最大,水紧随其后。这是因为汞原子之间的作用是金属键,水分子之间存在氢键作用,它们比一般的分子间相互作用要大。这说明表面张力是分子间相互作用强弱的一种度量。同时还可以发现,对于界面张力,当两相的差异性较大时,界面张力较大;差异性较小时,界面张力较小。以汞与其他物质的界面张力为例,共存相为汞的蒸气时,两相的差异最大,界面张力也最大,达到了 $0.471\,6\ \mathrm{N\cdot m^{-1}}$。当共存相是水时,因为水分子间的氢键作用,两相间的力场差异小,界面张力为 $0.375\ \mathrm{N\cdot m^{-1}}$。因为界面张力的产生在于界面相两侧两相的力场不对称,因此界面张力与共存相的这种规律不难理解。Antonoff(安东诺夫)就曾指出两个液相之间的界面张力是两个已相互饱和的液相的表面张力之差,即

$$\sigma_{1,2}=|\sigma_1-\sigma_2|$$

式中,σ_1、σ_2 分别是已相互饱和的两液相的表面张力。应当指出,Antonoff 规则只是经验规则,并未得到普遍认可。

固体物质的表面分子与液体的表面分子一样,与体相分子相比有比表面能存在。由于固体表面不能任意移动,目前还没有较好的方法直接测定其表面张力。据间接推算,固体的表面张力比一般液体的表面张力大得多。因为固体物质的分子间间距要小些,固体的分子间作用力要大很多。

表 8-1 20 ℃ 时一些液体的表面张力

物 质	$\sigma/(\text{N}\cdot\text{m}^{-1})$	物 质	$\sigma/(\text{N}\cdot\text{m}^{-1})$
汞	0.476	甲 苯	0.028 4
水	0.072	四氯化碳	0.026 9
硝基苯	0.071 8	丙 酮	0.023 7
甘 油	0.063	甲 醇	0.022 6
二硫化碳	0.033 5	乙 醇	0.022 3
苯	0.028 9	乙 醚	0.016 9

表 8-2 20 ℃时,汞或水与一些物质相接触时的界面张力

第一相	第二相	$\sigma/(\text{N}\cdot\text{m}^{-1})$	第一相	第二相	$\sigma/(\text{N}\cdot\text{m}^{-1})$
汞	汞蒸气	0.471 6	水	水蒸气	0.072 8
汞	乙 醇	0.364 3	水	异戊烷	0.023 7
汞	苯	0.362 0	水	苯	0.032 6
汞	水	0.375	水	乙 醇	0.001 76

当温度不同,分子间的间距将不同。因而,一般情况下,升高温度时,表面张力将降低。而且,大致呈线性关系。当温度达到临界温度附近时,表面张力变得很小。Ramsay(拉姆齐)和 Shields(希尔兹)曾提出温度和表面张力的经验公式:

$$\sigma\left(\frac{Mx}{\rho}\right)^{\frac{2}{3}}=k(T_c-T-6\ \text{K}) \tag{8-10}$$

式中,M 是液体的摩尔质量;ρ 为液体的密度;x 为液体的缔合度;T_c 表示临界温度;k 为常数。也有一些特殊的物质,如液态铁、铜及其合金以及硅酸盐,当温度升高时,表面张力反而升高,目前对这种现象无统一的解释。

由式(8-10)可知,一般情况下,表面张力的温度系数 $\left(\frac{\partial\sigma}{\partial T}\right)_{A,n_B}$ 为负值,所以从式(8-7)、(8-8)中可以得出结论:恒温恒压及组成不变时,表面积增加时,体系的熵和焓一般均增加。

压力的影响主要是对两种液体互溶性的影响。一般是界面张力随压力的增加而降低。当压力从 100 kPa 增加到 20 MPa 时,水和烃类的界面张力大约只下降 1 mN · m^{-1},这说明压力对表面张力的影响是微不足道的,一般不予考虑。

8.1.4 比表面积

表面现象发生在高分散的体系中,要研究表面现象得确定如何描述体系的分散程度。常用来衡量体系分散程度的物理量是比表面积(specific surface area),它被定义为单位体积的物质所具有的表面积,记作 A_s。

$$A_s \stackrel{\text{def}}{=\!=} \frac{A}{V} \tag{8-11}$$

对多孔性物质,其比表面积常用单位质量的物质所具有的表面积来表示,即

$$A_m \stackrel{\text{def}}{=\!=} \frac{A}{m} \tag{8-12}$$

对于一定量的物质,颗粒分割得愈小,总的表面积愈大,比表面积愈大。因此说,比表面积越大,体系

的分散程度愈高,表面效应越显著。

例题 8-1 已知 298 K 时,水的表面张力为 $\sigma=71.9\times10^{-3}\ \text{N}\cdot\text{m}^{-1}$,其表面张力温度系数为 $\left(\frac{\partial\sigma}{\partial T}\right)_{A,p,n_B}=-1.57\times10^{-4}\ \text{N}\cdot\text{m}^{-1}\cdot\text{K}^{-1}$,试计算 298 K、标准压力 $p^\ominus$ 下,可逆地增大 $1\times10^{-4}\ \text{m}^2$ 的表面积时,体系所做的功(只考虑表面功),体系的 ΔG、ΔH、ΔS 和体系所吸收的热 Q_r。

解 在温度、压力和组成恒定的情况下

$$\begin{aligned}W'&=-\sigma\Delta A\\&=-0.0719\ \text{J}\cdot\text{m}^{-2}\times(1\times10^{-4}\ \text{m}^2)\\&=-7.19\times10^{-6}\ \text{J}\end{aligned}$$

表面功的负值等于体系 Gibbs 自由能增量

$$\Delta G=-W'=7.19\times10^{-6}\ \text{J}$$

根据 Maxwell 公式

$$\left(\frac{\partial S}{\partial A}\right)_{T,p,n_B}=-\left(\frac{\partial\sigma}{\partial T}\right)_{A,p,n_B}$$

可得

$$\begin{aligned}\Delta S&=\int-\left(\frac{\partial\sigma}{\partial T}\right)_{A,p,n_B}\text{d}A\\&=-(-1.57\times10^{-4}\ \text{J}\cdot\text{m}^{-2}\cdot\text{K}^{-1})\times(1\times10^{-4}\ \text{m}^2)\\&=1.57\times10^{-8}\ \text{J}\cdot\text{K}^{-1}\end{aligned}$$

又由表面 Gibbs-Helmholtz 公式

$$\left(\frac{\partial H}{\partial A}\right)_{T,p}=\sigma-T\left(\frac{\partial\sigma}{\partial T}\right)_{p,A}$$

可得

$$\begin{aligned}\Delta H&=\int\left[\sigma-T\left(\frac{\partial\sigma}{\partial T}\right)_{p,A}\right]\text{d}A\\&=\{[0.0719-298\times(-1.57\times10^{-4})]\times(1\times10^{-4})\}\ \text{J}\\&=1.187\times10^{-5}\ \text{J}\end{aligned}$$

而可逆热效应

$$\begin{aligned}Q_r&=T\Delta S=T\int-\left(\frac{\partial\sigma}{\partial T}\right)_{A,p,n_B}\text{d}A\\&=\{298\times[1.57\times10^{-4}\times(1\times10^{-4})]\}\ \text{J}\\&=(298\times1.57\times10^{-8})\ \text{J}\\&=4.68\times10^{-6}\ \text{J}\end{aligned}$$

例题 8-2 在 $p^\ominus$ 和不同温度下测得的表面张力如下表所示:

T/K	293	295	298	301	303
σ/(mN·m^{-1})	72.75	72.44	71.97	71.50	71.18

① 计算 298 K 时的表面焓;

② 表面覆盖着均匀薄水层的固体粉末放入同温度的水中，热量就会释放出来，若有 10 g 这样的粉末，其比表面积为 200 $m^2 \cdot g^{-1}$，当将其放入水中时有多少热量会放出来？

解 ① 表面张力一般随温度升高而线性下降，将 σ 对 T 作线性拟合得：

$$\sigma/(\mathrm{N \cdot m^{-1}}) = 0.118\ 69 - 1.569\ 12 \times 10^{-4}\, T/\mathrm{K}$$

$$(r = -0.992\ 55, n = 5)$$

所以表面张力的温度系数：

$$\left(\frac{\partial \sigma}{\partial T}\right)_{A,p,n_\mathrm{B}} = -1.569\ 12 \times 10^{-4}\,\mathrm{N \cdot m^{-1} \cdot K^{-1}}$$

298 K 时的表面焓：

$$\begin{aligned}\left(\frac{\partial H}{\partial A}\right)_{T,p,n_\mathrm{B}} &= \sigma - T\left(\frac{\partial \sigma}{\partial T}\right)_{A,p,n_\mathrm{B}} \\ &= [0.071\ 97 - 298 \times (-1.569\ 12 \times 10^{-4})]\ \mathrm{J \cdot m^{-2}} \\ &= 0.118\ 73\ \mathrm{J \cdot m^{-2}}\end{aligned}$$

② 释放的热量：

$$\begin{aligned}\Delta H &= \int \left(\frac{\partial H}{\partial A}\right)_{T,p,n_\mathrm{B}} \mathrm{d}A = \left(\frac{\partial H}{\partial A}\right)_{T,p,n_\mathrm{B}} \Delta A \\ &= [0.118\ 73 \times (200 \times 10)]\ \mathrm{J} \\ &= 237.46\ \mathrm{J}\end{aligned}$$

8.2 弯曲液面的附加压力

8.2.1 附加压力

当液面是平面的时候，表面张力平行于表面；当液面是曲面的时候，表面张力和曲面相切，其合力指向曲面中心，因而对液体产生所谓的附加压力（excess pressure）Δp（见图 8-2）。对凸液面，附加压力为正值；对凹液面，附加压力为负值；对平液面，附加压力为零（但附加压力为零未必是平液面）。

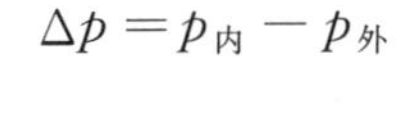

$$\Delta p = p_{内} - p_{外}$$

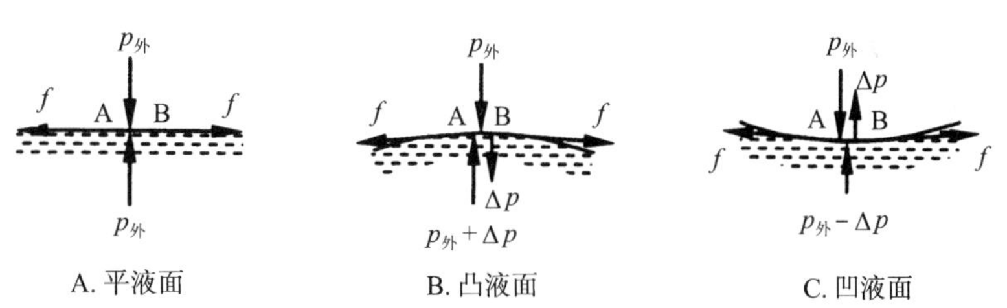

图 8-2 弯曲液面的附加压力

8.2.2 附加压力的 Laplace 方程

弯曲液面的附加压力与液面的曲率半径有关。对于半径为 r 的球形液滴，在恒温可逆条件下，使水的体积增加 $\mathrm{d}V$，则水滴的表面积增加 $\mathrm{d}A$，环境对体系作体积功。

$$-\delta W = (p_{内} - p_{外})\mathrm{d}V$$

而液滴所作的表面功为

$$-\delta W' = \sigma \mathrm{d}A$$

平衡时,两者相等

$$(p_{内} - p_{外})\mathrm{d}V = \sigma \mathrm{d}A$$

由于假定液滴为球形

$$\mathrm{d}V = 4\pi r^2 \mathrm{d}r$$

$$\mathrm{d}A = 8\pi r \mathrm{d}r$$

因此

$$\Delta p = \frac{2\sigma}{r} \tag{8-13}$$

可见,曲率半径越小,附加压力越大。对于凹液面,曲率半径取负值,附加压力为负值,即液体内的压力比液体外的压力要小。

可以证明,对任意曲面,存在附加压力的一般公式

$$\Delta p = \sigma\left(\frac{1}{r_1} + \frac{1}{r_2}\right) \tag{8-14}$$

该式是由 Young(托马斯·杨,英国博学家)和 Laplace 分别独立推导出来的,称为 Young-Laplace 方程或 Laplace 方程。r_1 和 r_2 分别为曲面上任意一点的两个曲率半径。对球形液面,$r_1 = r_2$,式(8-14)还原为式(8-13);对圆柱体 $r_1 = \infty$,$\Delta p = \frac{\sigma}{r}$;对于平面液体,$r_1 = r_2 = \infty$,$\Delta p = 0$。要注意的是,对于球形气泡,因为存在内、外两个液-气界面,其曲率半径近似相等,所以 $\Delta p = \frac{4\sigma}{r}$。

8.3 曲率对液体饱和蒸气压的影响

8.3.1 Kelvin 公式

附加压力随曲率半径的变化而变化,因此不同曲率半径下的液体所处的实际物理状态是不同的。不难想象,液体的性质将随液体的形状而变化。可以考察一下曲率半径对液体饱和蒸气压的影响。在通常情况下,当体系的蒸气压等于外压时,体系达到相平衡。由于曲率半径的影响,凸液面下的液体受到较平面液体更大的压力,因此必须提高蒸气压才能在新的条件下达到相平衡。同样分析得知,对凹液面,液体的蒸气压较平面液体为小。其实,我们可设计下面的过程以得到液体饱和蒸气压随曲率半径变化的解析方程:

$$\begin{array}{ccc}
\boxed{\mathrm{B}(\mathrm{g}, p_0)} & \xrightarrow[④]{\Delta G_4} & \boxed{\mathrm{B}(\mathrm{g}, p_r)} \\
①\big\downarrow \Delta G_1 & & ③\big\uparrow \Delta G_3 \\
\boxed{\mathrm{B}(\mathrm{l}, p_0)} & \xrightarrow[②]{\Delta G_2} & \boxed{\mathrm{B}(\mathrm{l}, p_r)}
\end{array}$$

设体系的物质的量为 1 mol,过程①和过程③是可逆相平衡过程;过程②是液体恒温变压过程,可以忽略液体摩尔体积随压力的变化,故

$$\Delta G_2=\int_{p_0}^{p_r}V_l\mathrm{d}p\approx V_l\Delta p=\frac{2\sigma M}{r\rho}$$

对于过程④，视蒸气为理想气体，则 $\Delta G_4=RT\ln\frac{p_r}{p_0}$。$\Delta G_4=\Delta G_1+\Delta G_2+\Delta G_3=\Delta G_2$，

所以

$$RT\ln\frac{p_r}{p_0}=\frac{2\sigma M}{r\rho} \tag{8-15}$$

这就是 Kelvin 公式。p_r 和 p_0 分别代表小液滴和平面液体的饱和蒸气压；M 是液体的相对分子质量；ρ 是该液体的密度。关于 Kelvin 公式适用的液滴半径范围，Fisher（费歇尔）等证明曲率半径在几十至几纳米时，$\ln\frac{p_r}{p_0}$ 对曲率半径 $1/r$ 的线性关系依然成立。尽管 Kelvin 公式是针对两种流体界面导出的，但对固体-流体界面也适用。Kelvin 公式可以解释溶液中的成核问题、过饱和现象、结晶陈化、过饱和蒸气现象、过热液体、过冷液体、毛细凝结和等温蒸馏等，是表面与胶体化学中的重要公式。

8.3.2 微小晶体的溶解度

Kelvin 公式也可应用于固体在溶液中的溶解度问题。根据 Henry 定律，溶质的蒸气压与其在溶液中的活度成正比：

$$p_B=k_B a_B=k_B\gamma_B\frac{c_B}{c^{\ominus}}$$

将之代入 Kelvin 公式(8-15)，有

$$RT\ln\frac{a_r}{a_0}=\frac{2\sigma_{s,l}M}{r\rho}$$

当溶液足够稀时，可认为活度系数约等于 1，因此

$$RT\ln\frac{c_r}{c_0}=\frac{2\sigma_{s,l}M}{r\rho} \tag{8-16}$$

从式(8-16)中可以看到，对于微小晶体，$r>0$，因此 $c_r>c_0$，即微小晶体的溶解度大于大块晶体的溶解度。实验室中的陈化(ripening)操作，使小晶体逐渐溶解，较大的晶体不断长大，就是利用这个原理。

8.4 毛细现象与毛细凝聚现象

8.4.1 毛细现象

表面张力的存在引起毛细现象(capillary phenomena)。毛细管现象是指在毛细力（附加压力）作用下，流体发生宏观流动的现象。毛细现象的实质是液面曲率差导致液体内部压力差，按照流体力学的规律从压力高处向压力低处的流动。常见的毛细现象有毛细上升(capillary rise)（见图 8-3）和毛细下降(capillary depression)。

在液体和固体连接处，液体的表面张力 σ 作为收缩表面的力作用于固体。固体将对液体施加一个大小相等、方向相反的反作用力 f，f 的合力使液体上升至液柱的重力和它相等。因此可以得到毛细上升高度公式

$$h=\frac{2\sigma}{(\rho_{液}-\rho_{气})gr} \tag{8-17}$$

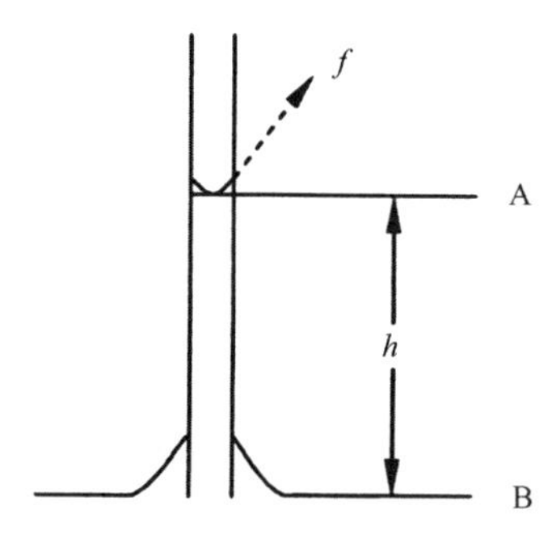

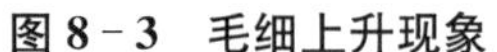
图8-3　毛细上升现象

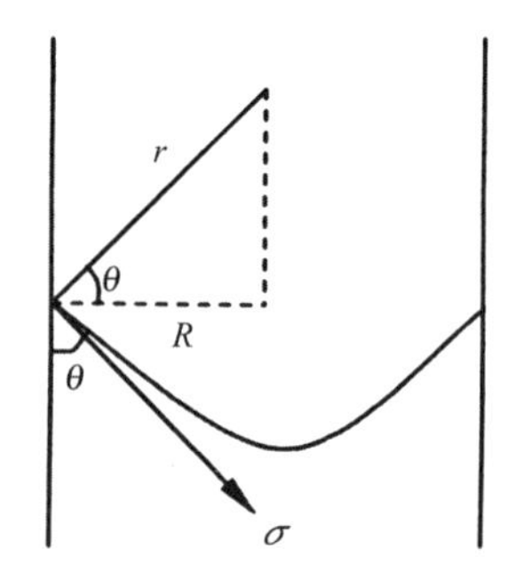

图8-4　曲率半径和毛细管半径的关系

$\rho_{液}-\rho_{气}$是液、气两相的密度差，r为管内弯曲液面的曲率半径。曲率半径r和毛细管半径R间的关系(见图8-4)可以通过接触角θ联系起来

$$R=r\cos\theta \tag{8-18}$$

故毛细高度和毛细管半径间的关系为

$$h=\frac{2\sigma\cos\theta}{(\rho_{液}-\rho_{气})gR} \tag{8-19}$$

若液体对毛细管不润湿，如水银对玻璃，液面是凸的，$\theta>90°$，$h<0$，毛细管内液面下降；若液体润湿毛细管，如水对玻璃，液面是凹的，$\theta<90°$，$h>0$，毛细管内液面上升。

毛细现象的关键在于连续流体具有不同曲率的液面，如液体在不同孔径的毛细管中流动。如图8-5所示，当重力可以忽略不计时，在管径不均匀情况下驱使液体流动的力是两部分液面的毛细压差

$$\Delta p=2\sigma\left(\frac{1}{r_{左}}-\frac{1}{r_{右}}\right)$$

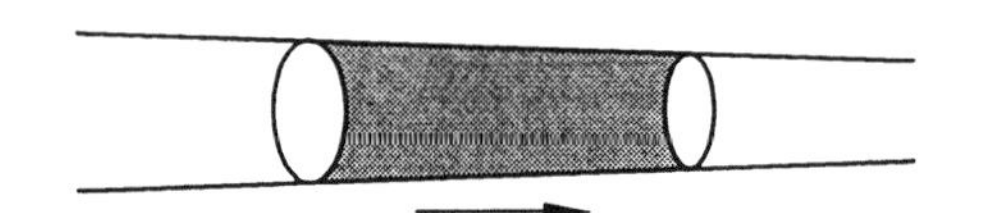
图8-5　液体在孔径不均的毛细管内流动

此式表明，如果液体对毛细管润湿，则液体自动自粗管流向细管；反之，液体不润湿毛细管，液体自动自细管流向粗管。通常要改变流动方向，需施加克服毛细压差的力。采用表面化学的方法改变界面张力和液面曲率，也可以实现所要求的流动。

毛细现象存在于形形色色的自然和人工过程中。天旱时，农民锄地保墒(土壤的湿度)，其原理就是切断地表的毛细管，防止土壤中水分的毛细上升现象。

8.4.2　毛细凝聚现象

对多孔性物质，当其中充有液体时，若液体对固体物质浸润，液体在固体的毛细管中形成凹液面。根据Kelvin公式可知，当曲率半径$r<0$时，液体的蒸气压低于平面液体的蒸气压。故在蒸气压低于正常饱和蒸气压的时候即有可能在毛细管中发生凝结，此即毛细管凝聚(capillary condensation)现象。毛细凝聚现象很常见，早起的人们常常发现即使没有下雨，地面也很湿润，其实这就是毛细管凝聚的结果。

例题8-3　白天温度为35 ℃(饱和蒸气压为5.62×10^{3} Pa)，相对湿度仅为56%。试求空气中

的水分夜间(温度为 25 ℃,饱和蒸气压为 3.17×10^3 Pa)能否凝结成露珠?在直径为 0.1 μm 的土壤毛细管中是否会凝结?设水对土壤完全润湿,25 ℃时水的表面张力 $\sigma=0.0715\ \mathrm{N\cdot m^{-1}}$,水的密度为 $\sigma=1\ \mathrm{g\cdot cm^{-3}}$。

解 只有当相对湿度大于等于 100%时,才会形成露珠。夜间的相对湿度为

$$\frac{(5.62\times10^3)\times0.56}{3.17\times10^3}=0.99<1.0$$

所以不能形成露珠。

根据 Kelvin 公式,可以计算 0.1 μm 的土壤毛细管中水的饱和蒸气压:

$$8.314\times298\times\ln\frac{p_r}{3.17\times10^3\ \mathrm{Pa}}=\frac{2\times0.0715\times0.018}{-\dfrac{0.1\times10^{-6}}{2}\times(1\times10^3)}$$

解得 $p_r=3.10\times10^3$ Pa。

土壤毛细管内的相对湿度为

$$\frac{(5.62\times10^3)\times0.56}{3.10\times10^3}=1.015>1.0$$

因此可以在毛细管内发生毛细凝聚现象。

8.5 几种亚稳状态

8.5.1 过饱和蒸气

根据 Kelvin 公式,液滴半径越小,其饱和蒸气压越大。当气体冷凝时,虽说蒸气压对于平面液体来说已是过饱和了,但对于将要形成的小液滴来说尚未达到饱和,因此小液滴难以形成。只有在更低的温度下蒸气才能凝结。这种蒸气就是过饱和蒸气(supersaturated vapor)。当气相中存在曲率不太小的核心时,可以加快蒸气的冷凝。如人工降雨就是为过饱和的水蒸气提供凝结核心(AgI)使之凝结成雨滴而降落。

例题 8-4 当温度为 T_0 时,平面液体的蒸气压为 p_0,半径为 r 的小液滴的蒸气压为 p_r。当平面液体的蒸气压为 p_r 时,其平衡温度为 T_r。请证明公式

$$\ln\frac{T_r}{T_0}=\frac{2\sigma V_\mathrm{m}^*}{r\Delta_\mathrm{vap}H_\mathrm{m}} \tag{8-20}$$

式中,σ 为液体的表面张力(视为常数);V_m^* 为纯液体的摩尔体积;$\Delta_\mathrm{vap}H_\mathrm{m}$ 为摩尔蒸发焓。

证明 当达到相平衡时,小液滴的化学势和蒸气的化学势相等:

$$\mu(\mathrm{l})=\mu(\mathrm{g})=\mu^\ominus(T)+RT\ln(p/p^\ominus)$$

所以

$$\left(\frac{\partial\mu}{\partial p}\right)_T=V_\mathrm{m}^*(\mathrm{l})=RT\left[\frac{\partial\ln(p/p^\ominus)}{\partial p}\right]_T$$

积分得

$$V_\mathrm{m}^*(\mathrm{l})\Delta p=RT\ln\frac{p_r}{p_0}$$

其中附加压力 $\Delta p=\frac{2\sigma}{r}$，根据 Clausius - Clapeyron 方程，$RT\ln\frac{p_r}{p_0}=\Delta_{vap}H_m\ln\frac{T_r}{T_0}$，故

$$\ln\frac{T_r}{T_0}=\frac{2\sigma V_m^*}{r\Delta_{vap}H_m}$$

8.5.2 过热液体

液体的沸腾现象是在液体内部形成气泡，大量上升至液-气表面破裂的剧烈汽化现象。气泡存在于液体中，曲率半径取负值，根据 Kelvin 公式，气泡半径越小，泡内液体的饱和蒸气压越小。因而只有在更高的温度下，液体的饱和蒸气压才能反抗外压（大气压＋附加压力＋水的静压力）而使液体沸腾。这种现象称为过热现象(superheating phenomenon)。这种液体称为过热液体(superheated liquid)。液体过热时，容易暴沸。常在其中加入沸石，因为沸石多孔，其中有曲率半径较大的气泡存在，这样到达沸点时易于沸腾而不致过热。

例题 8-5 在 373 K 的水中若只有直径为 1 μm 的气泡，要使这样的水开始沸腾需过热多少度？已知 373 K 时水的表面张力为 $\sigma=58.9\ \mathrm{mN\cdot m^{-1}}$，水在标准压力下的摩尔汽化热为 $\Delta_{vap}H_m^\ominus=40.65\ \mathrm{kJ\cdot mol^{-1}}$。

解 水中气泡内、外压力差可根据 Laplace 公式计算：

$$\Delta p=\frac{2\sigma}{r}=\frac{2\times(58.9\times10^{-3})}{0.5\times10^{-6}}\ \mathrm{Pa}=2.36\times10^5\ \mathrm{Pa}$$

忽略气泡内空气的分压和水的静压力，沸腾时泡内水蒸气的压力为

$$p_r=(2.36\times10^5+1.01\times10^5)\ \mathrm{Pa}=3.37\times10^5\ \mathrm{Pa}$$

若将水的蒸发潜热看作常数，应用 Clausius-Clapeyron 方程，有

$$\ln\frac{3.37\times10^5}{1.01\times10^5}=\frac{40.65\times10^3}{8.314}\ \mathrm{K}\times\left(\frac{1}{373\ \mathrm{K}}-\frac{1}{T_r}\right)$$

通过计算可得 $T_r=411$ K，过热温度 $\Delta T=T_r-T_0=(411-373)\ \mathrm{K}=38\ \mathrm{K}=38$ ℃。

8.5.3 过冷液体

低于凝固点而不析出晶体的液体称为过冷液体(supercooling liquid)。当温度低于凝固点时，液体的蒸气压大于或等于大块晶体的蒸气压，根据相平衡规律，此时液体中应该析出晶体。但是新生晶体是微小颗粒，根据 Kelvin 公式可知，微小晶体的蒸气压较大，此时的蒸气压可能小于微小晶体的饱和蒸气压，因此不能析出晶体。

8.5.4 过饱和溶液

浓度大于饱和溶解度的溶液称为过饱和溶液(supersaturated solution)。当溶液浓度大于饱和溶解度时，应该析出晶体，可是新析出的晶体是微小晶体，根据 Kelvin 公式，微小晶体有较大的溶解度，因此对微小晶体而言，溶液并非过饱和溶液，故不能析出晶体。

按照热力学观点，过热、过冷等现象都不是处于真正的热力学平衡状态，它们是偏离平衡而处于能量较高的状态，但往往又能维持相当长一段时间，这种状态常被称为亚稳态(metastable state)。亚稳态的存在与新相种子的难以形成有关。采取各种有利于新相种子形成的措施可以促进体系由亚稳态到平衡态的转变。

8.6 润湿与铺展

润湿(wetting)是指在固体表面上一种液体取代另一种与之不相混溶的流体的过程。润湿过程涉及三个相,其中两相是流体。常见的润湿现象是固体表面上的气体被液体取代的过程。

润湿可以分为三类:沾湿、浸湿和铺展。下面分别讨论这些过程的实质及自动进行的条件。

8.6.1 沾湿

沾湿(adhesion)是指固体与液体从不接触到接触,变液-气界面和固-气界面为固-液界面的过程。

设形成的接触面积为单位值,此过程 Gibbs 自由能变化为

$$-\Delta G=\sigma_{s,g}-\sigma_{s,l}+\sigma_{l,g}=W_a \tag{8-21}$$

根据热力学第二定律,$\Delta G<0$,则过程能自发进行,$W_a>0$。W_a 数值的大小表明固体和液体结合的牢固程度及固-液分子间的作用力强弱,被称作粘附功(work of adhesion)。

8.6.2 浸湿

浸湿(immersion)是指固体浸入液体中的过程。实质就是固-气界面被固-液界面代替的过程。在浸湿面积为单位值时,过程的 Gibbs 自由能降低:

$$-\Delta G=\sigma_{s,g}-\sigma_{s,l}=W_i \tag{8-22}$$

W_i 称为浸润功(work of immersion),它反映液体在固体表面取代气体(或另一种与之不相混溶的液体)的能力。当 $W_i>0$,浸湿过程自发进行。

8.6.3 铺展

铺展(spreading)是以固-液界面代替气-固界面的同时还扩展气-液界面的过程。该过程 Gibbs 自由能降低被定义为铺展系数 S(spreading coefficient):

$$-\Delta G=\sigma_{s,g}-\sigma_{s,l}-\sigma_{l,g}=S \tag{8-23}$$

对照式(8-21)、(8-22)和(8-23),它们均包含了 $\sigma_{s,g}-\sigma_{s,l}$ 项,它体现的是固体和液体间粘附的能力,称为粘附功,用符号 A 表示,式(8-21)、(8-22)和(8-23)可以用 A 改写为

$$W_a=A+\sigma_{l,g} \tag{8-24}$$

$$W_i=A \tag{8-25}$$

$$S=A-\sigma_{l,g} \tag{8-26}$$

对于同一体系,$W_a>W_i>S$,故凡能自发铺展的体系,其他的润湿过程均可以自动进行。铺展是润湿的最高标准,因此常以铺展系数作为体系润湿性指标。

将液体滴于固体表面,液体或铺展而覆盖固体表面或形成一液滴停于其上,随体系的性质而变。当达到平衡时,可以用 Young 方程来描述三个界面张力间的关系。图 8-6 是滴于固体表面液滴的

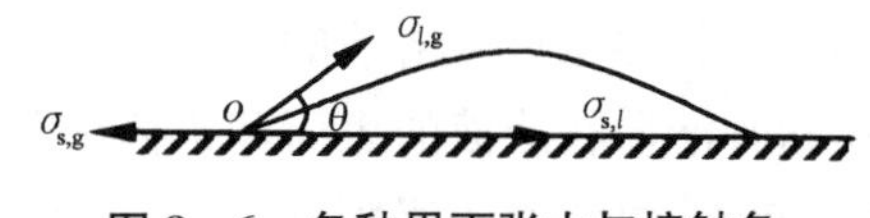

图 8-6 各种界面张力与接触角

常见形状之一。

在固体、液体和气相的三相交点处 O，$\sigma_{s,g}$、$\sigma_{l,g}$ 和 $\sigma_{s,l}$ 趋于缩小各自的表面积，平衡时，在水平方向的合力为零，因而有下面的方程

$$\sigma_{s,g}-\sigma_{s,l}-\sigma_{l,g}\cos\theta=0 \tag{8-27}$$

该式就是 Young 方程，它是润湿的基本公式，亦称为润湿方程。θ 为固-液和液-气界面张力间的夹角，称为接触角(contact angle)或润湿角。若将式(8-27)和式(8-21)、(8-22)、(8-23)结合，则

$$W_a=\sigma_{l,g}(\cos\theta+1) \tag{8-28}$$

$$W_i=\sigma_{l,g}\cos\theta \tag{8-29}$$

$$S=\sigma_{l,g}(\cos\theta-1) \tag{8-30}$$

从中不难看出，接触角的大小是很好的润湿标准。习惯上将 $\theta=90^\circ$ 定为润湿与否的标准，$\theta>90^\circ$ 为不润湿，$\theta<90^\circ$ 为润湿；$\theta=0^\circ$ 为完全润湿或铺展，$\theta=180^\circ$ 为完全不润湿。

若能被某种液体润湿，则这种固体称为该液体的亲液性固体，反之，则称为憎液性固体。固体的润湿性能和其结构有关：极性固体皆为亲水性，非极性固体多为憎水性。从式(8-23)中可以看出，当固体的表面张力 $\sigma_{s,g}$ 大于或等于固-液和液-气界面张力之和 $\sigma_{l,g}+\sigma_{s,l}$ 时，固体就能被液体润湿。当固体的表面张力远大于液-气界面张力时，固体被润湿的可能性比较大。考虑到一般常用液体的表面张力都在 100 mN·m^{-1} 以下，故将固体以此为界分为两类：凡表面能高于 100 mN·m^{-1} 者，称为高能固体；低于 100 mN·m^{-1} 者，称为低能固体。一般无机固体如金属及其氧化物、卤化物及各种无机盐的表面能均在 500～5 000 mN·m^{-1} 之间，它们与一般液体接触后，可为这些液体所润湿。但也有一些低表面张力的液体在高表面能的金属、氧化物表面上不能自动铺展，而形成具有大接触角的液滴。究其原因，可能是这些低表面张力液体在高能固体表面上形成定向排列的分子膜，变高能固体面为低能固体面，铺展自然不能进行，这叫自憎现象。

例题 8-6 一滴油酸 20 ℃时，落在洁净的水面上。已知，水的表面张力为 $\sigma_{水}=73$ mN·m^{-1}，油酸的表面张力为 $\sigma_{油酸}=32$ mN·m^{-1}，而油酸和水的界面张力为 $\sigma_{水,油酸}=12$ mN·m^{-1}，当油酸和水相互饱和后，$\sigma'_{油酸}=\sigma_{油酸}$，$\sigma'_{水}=40$ mN·m^{-1}。根据这些数据推测油酸在水面上开始和终了时的形状。

解 油酸在水面铺展时的铺展系数

$$S_{油酸,水}=(73-32-12)\ \text{mN}\cdot\text{m}^{-1}=29\ \text{mN}\cdot\text{m}^{-1}>0$$

开始时油酸在水面上自动铺展成膜。当油酸与水相互饱和后的铺展系数

$$S'_{油酸,水}=(40-32-12)\ \text{mN}\cdot\text{m}^{-1}=-4\ \text{mN}\cdot\text{m}^{-1}<0$$

终了时，已经在水面上铺展的油酸又缩合形成“透镜”(lens)状油滴。

8.7 溶液的表面吸附

8.7.1 溶液的表面张力等温线

溶液中至少有两种组分，为了降低溶液的表面张力，表面张力较溶剂弱的溶质分子将尽量聚集于表面。若溶质表面张力较溶剂强，则它将尽量进入溶液的内部，少与气体接触。这样，溶质在溶液本体和溶液表面的浓度将是不同的，这种溶质在溶液的表面和本体中分布不均的现象称为溶液的表面吸附。若溶质在表面层的浓度相对较高，可称为正吸附(positive adsorption)；反之，表面层的浓度相

对较低,可称为负吸附(negative adsorption)。

溶质不同时,溶质的表面吸附类型不同。溶质对溶液表面张力的影响大致可分为以下三种类型(见图 8-7):

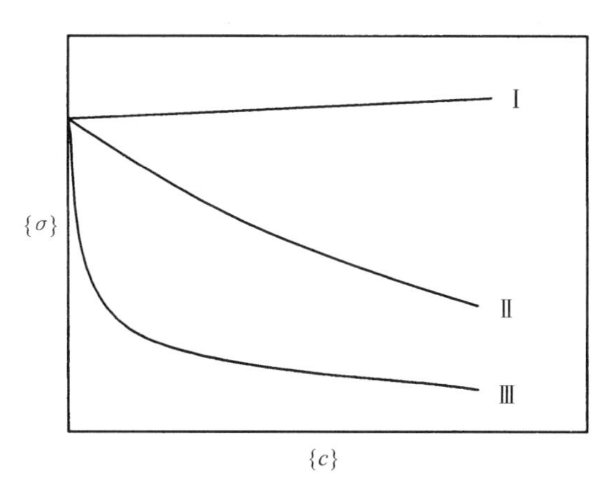

图 8-7　溶液表面张力等温线的三种类型

(1) 第一类(曲线Ⅰ),溶液的表面张力随浓度的增加而缓慢升高,大致呈线性关系,溶液表面层的浓度小于溶液本体浓度。如多数的无机盐、不挥发的无机酸、无机碱以及蔗糖、甘油等多羟基有机化合物属于这种类型。无机盐本身的表面张力越大,则使水溶液的张力升得越多。

(2) 第二类(曲线Ⅱ),溶液的表面张力随溶质浓度的增加而逐步降低,溶液表面层的浓度高于溶液本体浓度,发生正吸附。一般相对分子质量低的极性有机物,如醇、醛、酸、酯、胺及其衍生物属于此类。此类溶液的等温线(表面张力-溶液浓度曲线)的特点是一级微商和二级微商皆为负值。一般采用浓度趋于零时负微商 $-\left(\frac{\partial\sigma}{\partial c}\right)_{c\to 0}$ 表示该溶质的表面活性(surface activity)。对于有机物同系物,碳原子数不同,表面活性亦不同。碳原子数越多,$-\left(\frac{\partial\sigma}{\partial c}\right)_{c\to 0}$ 越大。大约每增加一个 CH_2,$-\left(\frac{\partial\sigma}{\partial c}\right)_{c\to 0}$ 增加 3 倍,即所谓 Traube(特劳布)规则。

(3) 第三类(曲线Ⅲ),溶液的表面张力随着浓度的增加急剧下降,很快达到极小值,此后,表面张力变化基本不随浓度而变化,表面层的浓度比本体相大,发生正吸附。高碳的羧酸盐、硫酸盐、烷基苯磺酸盐、季铵盐等便是此类,也遵循 Traube 规则。这类物质可称为表面活性剂(surfactant),它们在结构上具有双亲性特点,即一个分子同时具有亲水性的极性基团(如—OH、—COOH 等)和憎水性的非极性基团(如烷基、苯基)。这种结构上的不对称性,自然导致分子易于在溶液界面上定向排列,发生溶液表面吸附变成很自然的现象。为了有足够逃逸水溶液而进入气相的趋势,非极性基一般要有 8 个以上的碳原子。

8.7.2　溶液的表面吸附

没有化学反应的界面体系的热力学基本方程为

$$dG = -SdT + Vdp + \sigma dA + \sum_{B}\mu_B dn_B$$

对于恒温、恒压的二组分体系,表面相 σ 的 Gibbs 自由能变化为

$$dG^{\sigma} = \sigma dA + \mu_A^{\sigma} dn_A^{\sigma} + \mu_B^{\sigma} dn_B^{\sigma} \tag{8-31}$$

恒温、恒压时,Gibbs 自由能是表面张力 σ、表面积 A 及物质的量 n 的函数,即 $G^{\sigma} = G[\sigma, A, n_A^{\sigma}, n_B^{\sigma}]$,其全微分为

$$dG^{\sigma}=\sigma dA+Ad\sigma+\mu_A^{\sigma}dn_A^{\sigma}+\mu_B^{\sigma}dn_B^{\sigma}+n_A^{\sigma}d\mu_A^{\sigma}+n_B^{\sigma}d\mu_B^{\sigma}$$

将它与式(8-31)比较,得

$$Ad\sigma+n_A^{\sigma}d\mu_A^{\sigma}+n_B^{\sigma}d\mu_B^{\sigma}=0 \tag{8-32}$$

此式就是二组分体系等温等压下的 Gibbs-Duhem 公式,它表示等温等压下表面组成发生变化时所服从的关系。

对于体相,Gibbs-Duhem 公式为

$$n_A^{sln}d\mu_A+n_B^{sln}d\mu_B=0$$

即

$$d\mu_A=-\frac{n_B^{sln}}{n_A^{sln}}d\mu_B \tag{8-33}$$

吸附平衡时,同一组分在体相(bulk phase)和表面相的化学势相等,所以可将式(8-33)代入式(8-32),得

$$Ad\sigma+n_A^{\sigma}\left[-\frac{n_B^{sln}}{n_A^{sln}}\right]d\mu_B+n_B^{\sigma}d\mu_B^{\sigma}=0$$

$$d\sigma=-\frac{\left[n_B^{\sigma}-n_A^{\sigma}\dfrac{n_B^{sln}}{n_A^{sln}}\right]}{A}d\mu_B$$

其中 $n_A^{\sigma}\dfrac{n_B^{sln}}{n_A^{sln}}$ 代表了体相中物质的量为 n_A^{σ} 的溶剂溶解的溶质的量,故若定义表面超量(surface excess)为 $\Gamma_B \overset{\text{def}}{=\!=} \left(\dfrac{n_B^{\sigma}-n_B^{b}}{A}\right)_{\Gamma_A=0}$,则 $\dfrac{\left[n_B^{\sigma}-n_A^{\sigma}\dfrac{n_B^{sln}}{n_A^{sln}}\right]}{A}$ 表示了溶液的表面吸附量,即

$$\Gamma_B=\frac{\left[n_B^{\sigma}-n_A^{\sigma}\dfrac{n_B^{sln}}{n_A^{sln}}\right]}{A} \tag{8-34}$$

所以, $d\sigma=-\Gamma_B d\mu_B$, 即

$$\Gamma_B=-\left(\frac{\partial\sigma}{\partial\mu_B}\right)_{T,p} \tag{8-35}$$

等温下,化学势的表达式为 $\mu_B=\mu_B^{\ominus}+RT\ln a_B$,所以

$$d\mu_B=RTd(\ln a_B)=\left(\frac{RT}{a_B}\right)da_B \tag{8-36}$$

将式(8-36)代入式(8-35),有

$$\Gamma_B=-\frac{a_B}{RT}\left(\frac{\partial\sigma}{\partial a_B}\right)_{T,p} \tag{8-37}$$

此式即为 Gibbs 溶液表面吸附公式。稀溶液时,用浓度代替活度,则

$$\Gamma_B=-\frac{c_B}{RT}\left(\frac{\partial\sigma}{\partial c_B}\right)_{T,p} \tag{8-38}$$

这就是著名的 Gibbs 溶液表面吸附式,它描述了等温等压下表面吸附量、表面张力和溶液浓度三者间的关系。若 $\left(\dfrac{\partial\sigma}{\partial c_B}\right)_{T,p,\Gamma_A}<0$,发生正吸附;若$\left(\dfrac{\partial\sigma}{\partial c_B}\right)_{T,p,\Gamma_A}>0$,发生负吸附。

8.7.3 表面活性剂溶液的表面结构

根据实验，一般绘得的 Γ_B-c_B 曲线如图 8-8 所示。

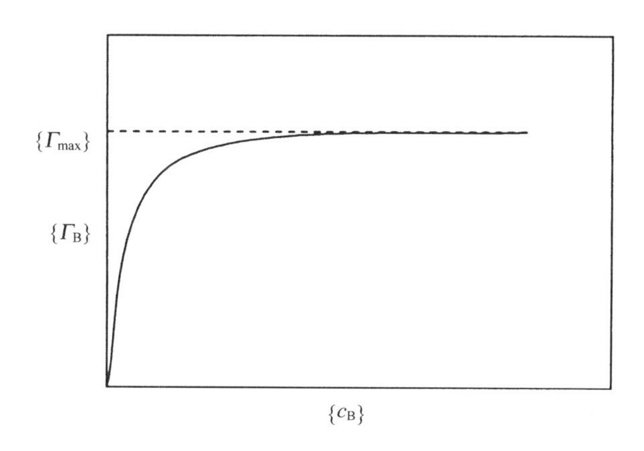

图 8-8 溶液表面吸附等温线

图 8-8 所示溶液的表面吸附一般可用下面的经验式来描述：

$$\Gamma_B = \frac{\Gamma_{max} K c_B}{1 + K c_B}$$

(1) 对于稀溶液，$Kc_B \ll 1$，吸附量 Γ_B 和溶液浓度 c_B 呈线性关系。

(2) 当浓度足够大时，$Kc_B \gg 1$，吸附量保持不变，说明吸附达到饱和。此时的吸附量称为饱和吸附量 Γ_{max}，又叫极限吸附量。

达到极限吸附量时，表面吸附量远远大于本底量，将本底量忽略不计，可以计算出每个吸附分子平均占有的极限面积

$$\sigma_{max} = \frac{1}{N_A \Gamma_{max}} \tag{8-39}$$

通过计算，发现一个规律：同系物的极限吸附量及极限面积相当接近。如丁酸、戊酸和己酸的极限吸附量均为 $3.31 \times 10^{-10}\ \mathrm{mol \cdot cm^{-2}}$，极限面积为 $0.302\ \mathrm{nm^2}$。这个事实表明：吸附分子在溶液的表面上成单层定向排列，处于接近直立的状态。溶质分子以亲水基插入水中、以憎水基指向空气，在溶液-空气界面上形成可溶性单分子表面膜(见图 8-9)。

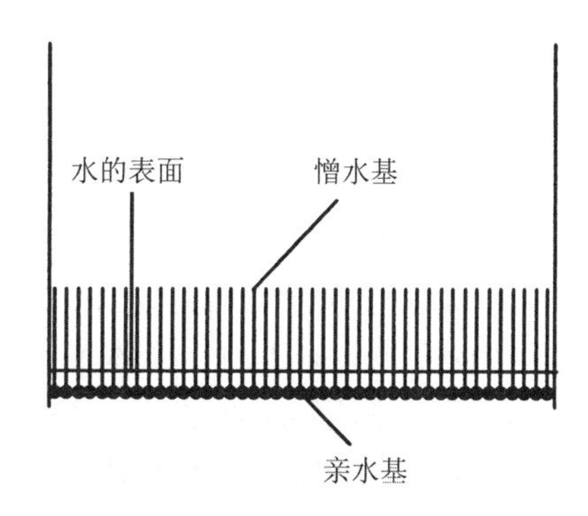

图 8-9 表面活性剂分子在水溶液表面饱和吸附时的定向排列

例题 8-7 292 K 时，丁酸水溶液的表面张力和丁酸浓度的关系可表示为

$$\sigma = \sigma_{水} - a\ln(1 + b c_{丁酸} / c^{\ominus})$$

其中 $\sigma_{水}$ 是纯水的表面张力;a、b 是常数。

① 试求丁酸的表面吸附量与丁酸浓度的关系;

② 若 a、b 分别为 $0.0131\ \mathrm{N\cdot m^{-1}}$、$0.01962$,求饱和吸附量;

③ 若此时表面层的丁酸分子成单分子吸附,试计算丁酸分子饱和吸附时的截面积。

解 ①等温等压下的表面张力等温式为 $\sigma=\sigma_{水}-a\ln(1+bc_{丁酸}/c^{\ominus})$,所以

$$\left(\frac{\partial\sigma}{\partial c_{丁酸}}\right)_{T,p}=-\frac{ab/c^{\ominus}}{1+bc_{丁酸}/c^{\ominus}}$$

将之代入 Gibbs 吸附公式,有

$$\Gamma_{丁酸}=-\frac{c_{丁酸}}{RT}\left(\frac{\partial\sigma}{\partial c_{丁酸}}\right)_{T,p}=\frac{abc_{丁酸}/c^{\ominus}}{RT(1+bc_{丁酸}/c^{\ominus})}$$

② 当丁酸的浓度足够大时,丁酸在溶液表面达到饱和吸附,即 $bc_{丁酸}/c^{\ominus}\gg1$ 时,$1+bc_{丁酸}/c^{\ominus}\approx bc_{丁酸}$,所以饱和吸附量

$$\begin{aligned}\Gamma_{\max}&=\frac{abc_{丁酸}/c^{\ominus}}{RT(1+bc_{丁酸}/c^{\ominus})}=\frac{a}{RT}\\&=\frac{0.0131}{8.314\times292}\ \mathrm{mol\cdot m^{-2}}\\&=5.39\times10^{-6}\ \mathrm{mol\cdot m^{-2}}\end{aligned}$$

③ 当达到饱和吸附时,可以认为表面的溶剂量和溶质量相比可以忽略,此时的饱和吸附量即为单位表面上的溶质的物质的量,所以单个丁酸分子的截面积为

$$\frac{1}{(5.39\times10^{-6})(6.023\times10^{23})}\mathrm{m^2}=3.08\times10^{-19}\ \mathrm{m^2}=0.308\ \mathrm{nm^2}$$

8.8 表面活性剂

8.8.1 表面活性剂的分类

一般说来,表面活性剂(surfactant)是能够显著降低溶液表面张力的一类物质。它们具有不对称的结构,由具有亲水性的极性基团和具有憎水性的非极性基团构成。

从表面活性剂的用途出发,可将其分为乳化剂、洗涤剂、起泡剂、润湿剂、分散剂、铺展剂、渗透剂、加溶剂等。根据表面活性剂溶于水后是否电离又分为离子型的和非离子型的。离子型的表面活性剂又按其活性成分分为阳离子型、阴离子型及两性型。近年来,又发展起来既有离子型的亲水基又有非离子型亲水基的混合型表面活性剂。

(1) 阳离子型

阳离子型表面活性剂主要有季铵盐、烷基吡啶盐、胺盐等。由于阳离子表面活性剂在水中电离后带正电,通常水中的固体表面带负电,因此它很容易吸附在固体表面上形成一层表面膜,使固体表面改性。根据阳离子表面活性剂的种类,这一吸附层可起到疏水、柔软、抗静电、防腐蚀、沉淀蛋白质、杀菌等作用。如著名的阳离子杀菌剂十二烷基二甲基苄基氯化铵

$$\left[\begin{array}{c}\qquad\quad CH_3\\ \qquad\quad |\\ C_{12}H_{25}-N-CH_2-C_6H_5\\ \qquad\quad |\\ \qquad\quad CH_3\end{array}\right]^+Cl^-$$

它首先使蛋白质沉淀，然后杀死微生物。然而，只有短烷基链才有足够的杀菌作用，因为这些阳离子表面活性剂才能穿过微生物的外壳，在细胞内发挥作用。在窄的烃链范围内，其杀菌作用可达最大值。如烷基二甲基苄基氯化铵约在 $C_{12}\sim C_{14}$ 时达到最大杀菌作用。

(2) 阴离子型

常见的阴离子型表面活性剂有羧酸盐、磺酸盐、硫酸盐、磷酸盐等。阴离子表面活性剂是目前产量最大、最常用的表面活性剂。肥皂作为最古老的表面活性剂，其成分是长链脂肪酸盐，它的抗硬水能力差。民用洗涤剂的主要成分是十二烷基苯磺酸钠，是良好的洗涤剂和泡沫剂，但它的脱脂能力较强，对皮肤有刺激性。

(3) 两性型

表面活性剂分子中有两个亲水性基团，一个带正电，一个带负电。当 $pH < pI$（等电点）时，呈现阳离子表面活性剂的性质；当 $pH > pI$ 时，呈现阴离子表面活性剂的性质。与单一型的表面活性剂比较，它具有下列优点：毒性低，对皮肤刺激性小，良好的生物降解性，耐硬水性好，对金属有缓蚀、防腐等性能。

(4) 非离子型

非离子型表面活性剂的极性基团不带电，主要是聚氧乙烯类化合物、亚砜类化合物、氮氧类化合物及多元醇类化合物。非离子表面活性剂是使用数量上仅次于阴离子表面活性剂的产品。非离子表面活性剂在水中不电离，亲水基主要是羟基和醚基，故亲水性弱。另外，由于它在溶液中以分子状态存在，所以稳定性高，不易受强电解质存在的影响，也不易受酸、碱的影响，在固体表面难以发生强烈吸附。此外，和两性型表面活性剂类似，与其他类型的表面活性剂能很好地混合使用。

(5) 混合型

表面活性剂分子中带有两种亲水性基团，一个带电，一个不带电。如醇醚硫酸盐。

常见表面活性剂的分类见表 8-3。

表 8-3　常见表面活性剂的分类

类别		例子
离子型	阳离子型	季铵盐、烷基吡啶盐、胺盐等
	阴离子型	羧酸盐、磺酸盐、硫酸盐、磷酸盐等
	两性型	氨基丙酸、咪唑啉、甜菜碱、牛磺酸
非离子型		聚氧乙烯类化合物、亚砜类化合物、氮氧类化合物及多元醇类化合物
混合型		醇醚硫酸盐

(6) 高分子表面活性剂

一般相对分子质量在数千以上、具有表面活性的物质称为高分子表面活性剂。它可分成天然、半合成和合成三类（见表 8-4）。高分子表面活性剂与低分子表面活性剂相比，具有以下特点：表面（界面）张力降低能力小；由于相对分子质量大，渗透能力弱；起泡能力弱，一旦发泡，能形成稳定的泡沫；有乳化能力，多能形成稳定乳状液；有良好的分散力和絮凝力；多数毒性小。高分子表面活性剂有如下的一些用途：可提高溶液的黏度，适合作增黏剂、胶凝剂；可用以改变颜料的流变学特性，作为油墨等的黏弹性调节剂；有黏着性和强度，可用作黏结剂、结合剂或纸张增强剂；能吸附在胶粒表面上，在低的浓度下产生搭桥效应，起絮凝剂的作用，而在高浓度下产生空间斥力效应，起到分散剂作用；乳化稳定性好，用作各种乳化剂；还可用作保湿剂、抗静电剂、消沫剂及润滑剂等。

表 8-4　高分子表面活性剂的分类

	天　然	半　合　成	合　　成
阴离子型	海藻酸钠 果胶酸钠 咕吨树酸	羧甲基纤维素(CMC) 羧甲基淀粉(CMS) 甲基丙烯酸接枝淀粉	甲基丙烯酸共聚物 马来酸共聚物
阳离子型	壳聚酸	阳离子淀粉	乙烯吡啶共聚物 聚乙烯吡咯烷酮 聚乙烯亚胺
非离子型	玉米淀粉 各种淀粉	甲基纤维素(MC) 乙基纤维素(EC) 羟乙基纤维素(HEC)	聚氧乙烯、聚氧丙烯 聚乙烯醇(PVA) 聚乙烯醚 聚丙烯酰胺 烷基酚-甲醛缩合物的环氧乙烷加成物

(7) 氟系表面活性剂

表面活性剂中的氢全部被氟取代后,称为全氟表面活性剂。氟表面活性剂具有以下一些特点:由于碳氟键键能大,故其耐热性、耐药性好,化学稳定性强,毒性小;由于分子间力小,表面活性大,故能把水的表面张力降低到 15 $\mathrm{mN \cdot m^{-1}}$,使润湿性、渗透性提高;由于分子间力小,故氟系表面活性剂具有良好的防水性和防油性,不但在低浓度水溶液中显示高的表面活性,而且在有机溶剂中也具有良好的表面活性;折射率小;电绝缘性好;氟系表面活性剂和烃系表面活性剂混合及氟系阴离子型与阳离子型表面活性剂混合,产生协同效应,使水溶液表面张力比各自单独使用时还低。

8.8.2　表面活性剂的特征

(1) 表面活性剂的双亲结构

表面活性剂之所以具有表面活性,是因为它具有特殊的双亲性结构。任何一种表面活性剂都是由两种不同性质的基团构成:一种是非极性的亲油基团,一种是极性的亲水性基团。这两种性质不同的基团连接在一起,形成矛盾的统一体,使表面活性剂既具有亲水性又具有亲油性。当表面活性剂在溶液中的浓度较高时,它们在溶液的表面(界面)上吸附且定向排列,从而起到降低表面(界面)张力的作用。

常见的亲水基团和亲油基团如表 8-5 所示,它们之间结合起来形成双亲性的分子结构。但是亲水基团和亲油基团结合起来未必就是表面活性剂,只有当亲水性和亲油性达到合适的比例才是表面活性剂。

表 8-5　常见的表面活性剂的亲水基和亲油基

亲　水　基　团		亲　油　基　团	
羧酸基	$-\mathrm{COONa}$	烃基	$\mathrm{R}-$
羟基	$-\mathrm{OH}$	烷基苯基	$\mathrm{R}-\mathrm{C_6H_4}-$
磺酸基	$-\mathrm{SO_3Na}$	烷基苯酚基	$\mathrm{R}-\mathrm{C_6H_4}-\mathrm{O}-$
硫酸酯基	$-\mathrm{OSO_3Na}$	脂肪酸基	$\mathrm{R}-\mathrm{COO}-$
磷酸基	$-\mathrm{P}(=\mathrm{O})(\mathrm{ONa})-\mathrm{ONa}$	脂肪酸酰胺基	$\mathrm{R}-\mathrm{CONH}-$

续表

亲水基团		亲油基团	
氨基	$-N<$	脂肪族醇基	R—O—
腈基	—CN	脂肪族氨基	R—NH—
硫代基	—SH	烷基马来酸酯基	R—OOC—CH— R—OOC—CH_2
卤基	—Cl、—Br 等	烷基酮基	R—CO—CH_2—
氧乙烯基	—CH_2—CH_2—O—	聚氧丙烯基	$-O\!\left(CH_2-CH(CH_3)-O\right)_n$

(2) 表面活性剂的亲水-亲油平衡值

一个良好的表面活性剂,不但具有亲油性和亲水性,同时它们的亲水性和亲油性强度必须匹配。亲水性太强,表面活性剂会进入水相;亲油性太强,表面活性剂会进入油相。它们都不会像表面活性剂那样由于有一定的亲水亲油性而聚集在油水界面上并定向排列,从而改变界面性质。亲油基的强弱除了受基团种类、结构影响外,还受烃链长短影响;而亲水基的强弱主要受其种类和数量的影响。为了定量地描述表面活性剂的亲水-亲油性,Griffin 提出了亲水亲油平衡值(HLB 值,hydrophile - lipophile balance number):以完全疏水的碳氢化合物石蜡 HLB=0,完全亲水的聚乙二醇 HLB=20,按亲水性强弱确定其 HLB 值。后来,又将这一方法扩展至离子型表面活性剂,十二烷基硫酸钠 HLB=40。HLB 值越小,疏水性越强;HLB 值越大,亲水性越强;HLB 在 10 附近,亲水、亲油能力基本均衡。HLB 值是表征表面活性剂的重要参量,不同 HLB 值的表面活性剂的性能和用途不同。HLB 值在 8~16 之间的表面活性剂可以形成 O/W 型乳状液;相反,HLB 值在 3~8 之间的表面活性剂可以形成 W/O 型乳状液。表 8-6 中列举不同应用时需要的 HLB 值范围。

表 8-6 表面活性剂不同用途时需要的 HLB 值范围

名称	化学组成	HLB 值	应用
石蜡	碳氢化合物	0	HLB 1~3 消沫剂
油酸	直链脂肪酸	1	
Span 85	失水山梨醇三油酸酯	1.8	
Span 65	失水山梨醇三硬脂酸酯	2.1	
Span 80	失水山梨醇单油酸酯	4.3	
Span 60	失水山梨醇单硬脂酸酯	4.7	HLB 3~8 W/O 型乳化剂
LAE-2	聚氧乙烯月桂酸酯-2	6.1	
Span 40	失水山梨醇单棕榈酸酯	6.7	HLB 7~11 润湿剂、铺展剂
OE-4	聚氧乙烯油酸酯-4	7.7	
Span 20	失水山梨醇单月桂酸酯	8.6	HLB 8~16 O/W 型乳化剂
阿拉伯胶	阿拉伯胶	8.0	
MOA-4	聚氧乙烯十二醇醚-4	9.5	
明胶	明胶	9.8	
甲基纤维素	甲基纤维素	10.5	
PEG 400 mono oleate	聚乙二醇 400 单油酸酯	11.4	

续表

名　　称	化 学 组 成	HLB值	应　　用
ABS	十四烷基苯磺酸钠	11.7	HLB 12～15 去污剂
西黄蓍胶	西黄蓍胶	13.2	
Tween 60	聚氧乙烯失水山梨醇单硬脂酸酯	14.9	
Tween 80	聚氧乙烯失水山梨醇油酸单酯	15.0	
Tween 40	聚氧乙烯失水山梨醇棕榈酸单酯	15.6	
Tween 20	聚氧乙烯失水山梨醇月桂酸单酯	16.7	HLB 16 以上 增溶剂
op 30	辛基苯酚聚氧乙烯 30 醚	17.0	
钠皂	油酸钠	18.0	
聚乙二醇	聚乙二醇	20.0	
钾皂	油酸钾	20.0	
十二烷基硫酸钠	十二烷基硫酸钠	40.0	

当单一的表面活性剂不能满足要求时，常需要配置 HLB 合适的混合表面活性剂。当忽略表面活性剂之间的相互影响时，混合表面活性剂的 HLB 是单一表面活性剂 HLB 的算术平均值，即

$$(\mathrm{HLB})_{\mathrm{A+B+\cdots}} = (\mathrm{HLB})_{\mathrm{A}} \times \mathrm{A}\% + (\mathrm{HLB})_{\mathrm{B}} \times \mathrm{B}\% + \cdots \tag{8-40}$$

式中$(\mathrm{HLB})_{\mathrm{A}}$、$(\mathrm{HLB})_{\mathrm{B}}$、…分别为单一表面活性剂 A、B、…的 HLB 值，$(\mathrm{HLB})_{\mathrm{A+B+\cdots}}$为混合表面活性剂的 HLB 值；A%、B%、…分别为单一表面活性剂 A、B、…在混合物中的质量百分数。计算示例见表 8-7。

表 8-7　混合表面活性剂 HLB 计算示例

表面活性剂的配比		混合表面活性剂的 HLB
Tween 60	Span 60	
0%	100%	14.9×0%+4.7×100% = 4.7
20%	80%	14.9×20%+4.7×80% = 6.7
40%	60%	14.9×40%+4.7×60% = 8.8
60%	40%	14.9×60%+4.7×40% = 10.8
80%	20%	14.9×80%+4.7×20% = 12.9
100%	0%	14.9×100%+4.7×0% = 14.9

8.8.3 胶束

(1) 胶束的形成

当将表面活性剂加入纯水中，即构成二组分体系。由于表面活性剂的表面活性，表面活性剂基本上分布于溶液和空气的界面即溶液的表面上。稀溶液时，表面活性剂分子稀疏地分布于表面上。溶液浓度增大时，增加的表面活性剂基本上都分布在表面上，同时表面上表面活性剂的排列愈加规整。当达到饱和吸附浓度时，表面活性剂在表面上定向排列，形成可溶性的表面膜。若继续增加表面活性剂浓度，由于表面上空位已被表面活性剂分子所占领，表面活性剂分子只能分布在溶液内部。为了降低体系的 Gibbs 能，表面活性剂分子的非极性基聚集在一起，而极性基团朝向水相，这种存在于溶液

内部的表面活性剂分子的聚集体称为胶束或胶团(micelle)。若溶剂是非极性溶剂，则形成的胶束极性基团朝内，非极性基团朝向溶剂相，这种胶束称为逆胶束或反胶束(reverse micelle)。

低浓度下，表面活性剂分子主要以单体存在，但不排除有少量的二聚体、三聚体存在的可能，这种二聚体、三聚体可称为简单胶束或预胶束。当超过饱和吸附浓度时，胶束开始大量生成，初始时基本上可认为形成的是球形胶束。当浓度增大或更高时，胶束的不对称性增强，开始有棒状、椭球状、层状胶束生成，甚至在浓度高时可以形成液晶(liquid crystal)，这种液晶即所谓的溶致液晶(lyotropic liquid crystal)。反胶束的尺寸较小，一般都是球形或椭球形(见图 8-10)。

纯溶剂　溶液　胶束　液晶　纯表面活性剂

浓度增加

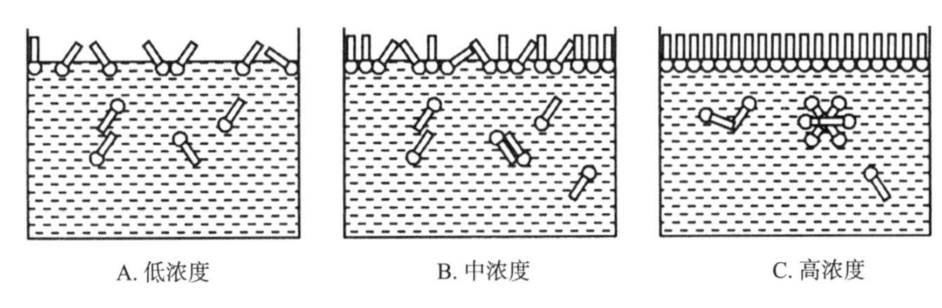

图 8-10　表面活性剂在不同浓度溶液中的分布

胶束开始形成的最低浓度称为临界胶束浓度(critical micelle concentration, CMC)。胶束的生成和饱和吸附密切相关，临界胶束浓度约为饱和吸附浓度的$\frac{4}{3}$。胶束形成后，溶液的电导、渗透压、蒸气压等发生明显变化，因此实验上可以利用这些性质测量临界胶束浓度(见图 8-11)。在水溶液中，通常碳原子数增加，CMC 降低。烃链的碳原子数 n 与 CMC 的关系可用下面的经验公式描述：

$$\lg\{\mathrm{CMC}\} = A - Bn \qquad (8-41)$$

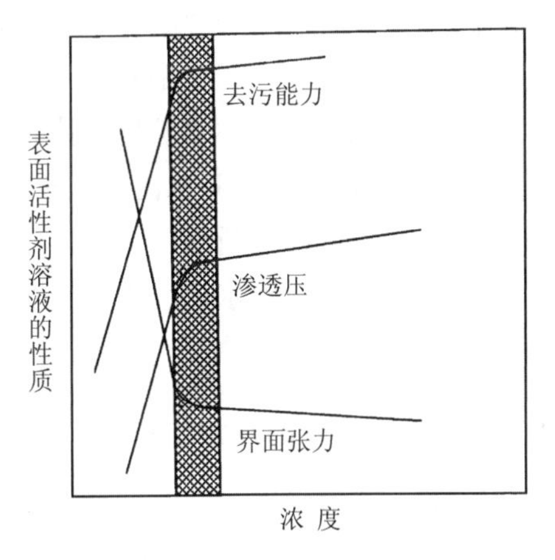

图 8-11　表面活性剂溶液性质与浓度的关系

一定温度下，对一定的表面活性剂来说，A、B 是常数。A 无一定规律；对 1-1 价离子型表面活性剂，B 值在 0.3 附近，非离子型表面活性剂则在 0.5 左右(见表 8-8)。形成反胶束的浓度范围很宽，甚至没有明显的数值。而且，此数值可因溶剂不同而不同。

表 8-8　一些表面活性剂的 *A*、*B* 值

表面活性剂	温度/℃	A	B
$C_nH_{2n+1}COONa$	20	1.85	0.30
$C_nH_{2n+1}COOK$	25	1.92	0.29
$C_nH_{2n+1}SO_3Na$	40	1.59	0.29
$C_nH_{2n+1}SO_3Na$	55	1.15	0.26
$C_nH_{2n+1}SO_3Na$	60	1.42	0.28
$C_nH_{2n+1}SO_4Na$	45	1.42	0.30
$C_nH_{2n+1}SO_4Na$	60	1.35	0.28
$C_nH_{2n+1}N(CH_3)_3Br$	25	1.72	0.30

续表

表面活性剂	温度/℃	A	B
$C_nH_{2n+1}N(CH_3)_3Br$	60	1.77	0.29
$C_nH_{2n+1}(C_2H_4O)_6OH$	25	1.82	0.49
$C_nH_{2n+1}N(CH_3)_2OH$	27	3.3	0.50
$C_nH_{2n+1}N(C_2H_4O)_3OH$	25	2.32	0.55

(2) 胶束的增溶作用

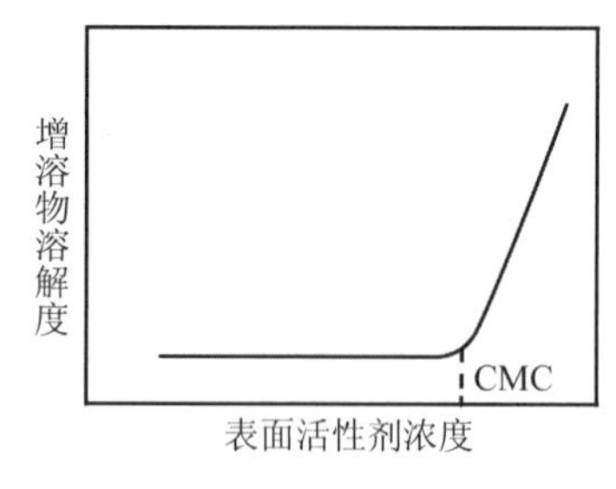

图 8-12 表面活性剂溶液浓度和增溶物溶解度关系示意图

表面活性剂的胶束溶液具有增溶作用[1]。所谓增溶作用,是指在溶剂中完全不溶或者微溶的物质(固体、液体或气体)借助于表面活性剂而得到溶解,形成热力学上稳定、各向同性的均一溶液(见图8-12)。起到增溶作用的表面活性剂称为增溶剂(solubilizer),被增溶的物质称为增溶质(solubilizate)或增溶物。一定增溶剂中,增溶质的饱和浓度称为增溶量。因此可以用单位增溶剂浓度下的增溶量表征表面活性剂的增溶能力。

增溶作用和普通的溶解是有区别的。由于胶束的内部类似于液态烃,所以难溶于水的有机物可以溶解于其中。增溶后溶液的依数性无明显的变化,表明增溶质并不是以单分子形式分散在溶剂中,而是"整团"进入了胶束中。因此,低于 CMC 时基本无增溶作用,只有高于 CMC 以后增溶作用才明显地表现出来。

增溶作用和乳化作用也是不同的。增溶形成的是均相的热力学稳定的溶液,乳化是两种互不相溶的液体形成的多相热力学不稳定体系。

此外,要将增溶现象和水溶助长现象区别开来。有些物质,如 Orange OT 染料在水中几乎不溶解,但是,当加入的丙酮量超过 75%时,染料的溶解度增加到 0.6 $g \cdot mol^{-1}$。水溶助长现象的发生是因为大量加入丙酮导致水的性质改变所致;而在增溶现象中,所加的表面活性的量很少,溶剂的性质并无明显改变。

8.8.4 表面活性剂的几种作用

(1) 润湿作用

在工农业生产中,常常需要改变某种液体对固体的润湿程度。通过加入表面活性剂可以改变体系的润湿性质以满足实际需要。

液体润湿固体的能力取决于表面活性剂的表面张力。表面张力越低,润湿能力越强。因为水中存在氢键,所以水的表面张力较大,在水与一些低能固体构成的体系中,水不容易在固体表面上铺展。向水中加入表面活性剂可以有效地降低水的表面张力,故表面活性剂常作为润湿剂加到水中以改善其润湿能力。如喷洒农药杀灭害虫时,如果药液对植物茎叶表面的润湿性不好,则杀虫效果不可能好。若在药液中加入些许表面活性剂,提高药液对茎叶的润湿性,药液可在茎叶表面铺展而大幅提高农药的利用率和杀虫效果。非极性的固体可以通过吸附表面活性剂形成亲水基向外的吸附层而改善其润湿性能。将聚四氟乙烯、石蜡等典型的低能表面固体浸入氢氧化铁或氢氧化锡溶胶中,经过一段时间,水和金属氧化物在低能表面上发生牢固吸附。干燥后可使固体润湿性发生永久性改变,由原来疏水性固体变成亲水性固体。

矿物浮选是这方面应用十分广泛的例子。有些矿物因为其中所含的有效成分较少,在冶炼前需

[1] 有的学者翻译为加溶作用。

要进行富集。一般是将矿石粉碎，投入水中。因为矿物和矿渣均是亲水性的，它们均沉入水底。若在水中加入某种表面活性剂，其极性基团仅能和矿物发生选择性吸附，非极性基团伸向水中，当向水中鼓入空气时，矿物粉末就附着在气泡上逃离水相而上升至水面。这就是浮选法(flotation process)富集矿物的基本原理。

有时则需要降低液体对固体的润湿性。例如，采用表面活性剂处理棉布，使其极性基与棉纤维的醇羟基结合，而非极性基伸向空气，使得与水的接触角加大，变原来的润湿为不润湿，制成了既能防水又能透气的雨布。用甲基氯硅烷处理玻璃、硅胶或其他带有表面羟基的固体表面，甲基氯硅烷与固体表面的羟基作用，放出氯化氢，形成化学键(Si—O)。使原来亲水的固体表面被甲基覆盖而具有亲油性和长期有效的特点。这实际上是通过表面活性剂的吸附作用改变固体表面的组成和结构的表面改性(surface modification)过程。

(2) 增溶作用

一般地，非极性有机化合物在水中的溶解度是很小的，但当向水中加入一定数量的表面活性剂后，这些有机物却能"溶解"于其中形成完全透明、外观和真溶液相似的体系。表面活性剂的这种使微溶或不溶于水的有机物溶解度显著增加的现象，称为表面活性剂的增溶作用(solubilization)。

表面活性剂的增溶作用是由于有机物进入胶束的结果。增溶作用的基本原理是：由于胶束的特殊结构，从它的内核到水相提供了从非极性到极性的全过渡。物质的溶解性要求溶剂具有适宜的极性。因此各类极性和非极性的有机溶质在胶束溶液中都可以找到适合的溶解环境存身其中。显然，只有在临界胶束浓度以上，胶束大量生成后，表面活性剂的增溶作用才能明显表现出来。

有机物溶于表面活性剂溶液后形成稳定的体系，实验证明这种体系并非真正的溶液，比如此种溶液依数性比真溶液要小得多，这说明有机物溶质是被胶束作为分子集团被整体增溶的，而不像真溶液那样是分子水平上均匀分散的。

表面活性剂的增溶作用首先受到自身组成的影响，具有相同的疏水基时，非离子型的表面活性剂增溶能力最强，阳离子型的其次，阴离子型的最差。从溶质方面看，它的大小、形状、极性等状况都对增溶作用有影响。温度对增溶作用也有影响，一般说来，若温度改变能促使临界胶束浓度降低或使聚集数增加将促进增溶作用。

增溶作用的应用十分广泛，在微乳制备、乳液聚合、三次采油(tertiary recovery, enhanced oil recovery)、洗涤、胶团催化等过程中起重要作用。一些生理现象也与增溶作用有关，例如脂肪类食物只有靠胆汁的增溶作用溶解后才能被人体有效吸收。

(3) 乳化作用

一种液体以小液滴的形式分散到另一种与之不相溶的液体中形成具有一定稳定性的体系，称为乳状液(emulsion)。在这两种液体中，极性大的常是水，另一种一般是极性较小的有机物，统称为油。根据分散形式的不同，常常分为两种类型：水包油型和油包水型。若有机物的小液滴分散在溶剂水中，称为水包油型，记作 O/W(oil in water)。此处，水为分散介质，是外相(outer phase)，油分布在水中，油为内相(inner phase)。若是水的小液滴分散在油中，称为油包水型，记作 W/O(water in oil)。油为分散介质，是外相，水是内相。

为了制备稳定的乳状液，一般需要向体系中加入某种物质，这种物质称为乳化剂。它们定向吸附在液液界面上，一方面降低体系的界面张力，另一方面在液滴周围形成具有一定机械强度的单分子保护膜或者形成具有静电斥力的双电层，使乳状液稳定。可供选择的乳化剂有表面活性剂、固体粉末、高分子化合物以及某些天然有机物。若要制备 O/W 型的乳状液，则应该选择水溶性乳化剂；若要制备 W/O 型乳状液，则应该选择油溶性乳化剂。

有时，人们破坏乳状液的稳定性，使分散的小液滴聚结，这称为去乳化和破乳(demulsion)。例如，以某种负离子表面活性剂乳化的 O/W 型乳状液中加入另一种正离子表面活性剂，使得两种表面活性剂中的极性基相互结合,于是伸向水中的就是非极性基,原来较稳定的体系就变成不稳定的体系。

(4) 去污作用

许多油类对衣物等的润湿性良好,在衣物上能自动地铺展开来,却难溶于水。加入肥皂或洗涤剂则有明显的去污效果。表面活性剂的去污作用(detergent action)是一个比较复杂的过程,它涉及润湿、起泡、增溶和乳化等。早期用作洗涤剂的是肥皂,它是利用皂化反应,用动植物的油脂和强碱氢氧化钠或氢氧化钾生成的。尽管肥皂是良好的洗涤剂,但在酸性溶液中会形成不溶性脂肪酸,在硬水中会与 Ca^{2+}、Mg^{2+} 等离子生成不溶性的脂肪酸盐。近年来合成洗涤剂发展迅速,去污能力比肥皂强,而且克服了肥皂的上述缺点。常用的合成洗涤剂有烷基磺酸盐,因为与天然油脂中的憎水基类似,故具有良好的生化降解性能。

去污过程可以看作是带有污垢(D)的衣物(S)浸入水(W)中,在洗涤剂的作用下,降低污垢与衣物表面的粘附功 W_a,从而使污垢脱落达到去污的目的。

$$W_a = \gamma_{D\text{-}W} + \gamma_{S\text{-}W} - \gamma_{S\text{-}D}$$

要达到最好的洗涤效果,应该使污垢增溶在表面活性剂的胶束中,因此,加入的表面活性的量应该在临界胶束浓度以上。

(5) 分散与絮凝作用

固体粉末均匀地分散在某一种液体中的现象,称为分散。固体粉末往往会沉降,加入表面活性剂可以使固体颗粒稳定地悬浮在液体中,这种作用称为表面活性剂的分散作用。如表面活性剂能使颜料分散在油中而成为油漆,使黏土分散在水中成为泥浆。

另一方面,有时需要使悬浮在液体中的颗粒相互聚集。使用表面活性剂可以达到这一目的,这称为表面活性剂的絮凝作用(flocculation)。

(6) 起泡与消沫作用

气体分散在液体中构成的分散体系称为泡沫(foam)。由于泡沫体系具有巨大的表面能,因而不稳定。为了使泡沫相对稳定,需要加入一定量的表面活性剂,这种表面活性剂称为起泡剂(foaming agent)。除此之外还要加入所谓的稳泡剂。稳泡剂的作用是提高液体的黏度,增加泡沫的厚度和强度。

有时候恰恰相反,需要消除生产过程中产生的泡沫,这叫消沫。加入的表面活性剂可以起到消沫作用,这种表面活性剂称为消沫剂。消沫剂一般表面活性很强,容易顶走原来的起泡剂,但本身碳链短,不能在气-液界面形成坚固的吸附膜,泡沫易破裂,从而起到消沫作用。

(7) 杀菌作用

阳离子表面活性剂特别是季铵盐类的杀菌作用较强,阴离子表面活性剂其次,非离子型表面活性剂最弱。

8.9 气体在固体表面上的吸附

8.9.1 气-固吸附的基本知识

由于液态物质可以自由流动,因此它可以尽量减少表面积以降低表面能。但是固体物质由于分子间作用力很大,难以任意改变形状以降低表面能。但由于固体表面存在剩余力场,它能使碰撞到表面的气体分子发生相对富集,从而降低体系的表面能。这种气体分子在固体表面相对聚集的现象称为气体在固体表面的吸附(adsorption)。吸附气体的物质称为吸附剂(adsorbent),被吸附的物质称为吸附质(adsorbate)。当气体分子进入固体内部,即气体分子在固体中溶解,如 H_2 溶于 Pd,这叫吸收(absorption)。吸附和吸收的区别在于吸附发生在界面相,吸收发生于体相。实际上,吸附和吸收常常同时发生,这可称为吸着(sorption)或吸混作用(persorption)。

$$\text{气体和固体的相互作用}\begin{cases}\text{吸附}\\\text{吸收}\\\text{吸着}=\text{吸附}+\text{吸收}\end{cases}$$

(1) 吸附的类型

按照吸附剂和吸附质间作用力性质的不同,将吸附分为物理吸附(physical adsorption,physisorption)和化学吸附(chemical adsorption,chemisorption)两种基本类型。

所谓的物理吸附,即吸附剂和吸附质间的作用力是 van der waals。气体在固体表面的吸附相当于在固体表面发生液化。而化学吸附中,吸附剂和吸附质间发生作用的是化学键,有电子的转移、原子的重排等。化学吸附类似于发生化学反应。

物理吸附通常是很快的,并且是可逆的,被吸附的气体在一定条件下可以定量脱附而不改变气体和固体表面的性质。物理吸附是放热过程,由于和气体的液化类似,故只有在低于临界温度下才可以发生。通常在较低的温度如吸附质气体的沸点时即可显著进行。一般情况下,物理吸附没有选择性,除非吸附剂的孔径限制某些分子的进入。由于吸附力是 van der waals,因而吸附可以是单层(monolayer)的,也可以是多层(multilayer)的。

化学吸附因为需要活化能,通常要在较高的温度下进行,而且吸附通常是不可逆的,脱附(desorption)困难。化学吸附因为和化学反应类似,吸附热较大,通常是放热过程。化学吸附有选择性,总是单层吸附。

表 8-9 是物理吸附和化学吸附的基本区别。许多体系往往同时发生物理吸附和化学吸附。如氧在钨表面上的吸附,有的是分子态(物理吸附),有的是原子态(化学吸附)。有些体系,在低温时发生物理吸附,在高温时发生化学吸附。甚至有的体系两类吸附交替进行,如先发生化学吸附,后在化学吸附的单层上再进行物理吸附。在紫外线、可见光及红外线光谱区,若出现新的特征吸收峰,表明有化学吸附。因为物理吸附只能使吸附分子的特征吸收峰发生某些位移,或使吸收峰的强度有所变化。要了解一个吸附过程的性质,常要根据多种性质进行综合判断。

表 8-9　物理吸附和化学吸附的基本差别

性　质	物理吸附	化学吸附
吸附力	van der Waals 力	化学键力
吸附热	较小,近似于液化热($<40\ kJ\cdot mol^{-1}$)	较大,近似于反应热($80\sim400\ kJ\cdot mol^{-1}$)
吸附温度	较低(低于临界温度)	相当高(远高于沸点)
吸附速度	快,速度少受温度影响	有时很慢,升高温度速度加快
选择性	无,愈易液化的气体愈易被吸附	有,指定吸附剂只吸附某些气体
吸附层数	单层或多层	单层
脱附性质	完全脱附	脱附困难,常伴有化学变化

(2) 吸附平衡和吸附量

气相中的分子可以吸附到固体表面上,已吸附的分子可以解吸而返回气相。在温度和气相压力一定的条件下,吸附和脱附的速率达到相等,吸附在固体表面上的气体的量不随时间变化而达到吸附平衡。吸附平衡和化学平衡一样,是动态平衡。单位质量吸附剂所能吸附的气体的物质的量或这些气体在标准状态(STP)下所占的体积,称为吸附量,用 a 表示。

$$a \xlongequal{\text{def}} \frac{n}{m}$$

$$a \xlongequal{\text{def}} \frac{V}{m}$$

式中,n 为吸附平衡时被吸附气体的物质的量;m 为吸附平衡时吸附剂的质量;V 为吸附平衡时被吸附气体在标准状况下的体积;a 为平衡吸附量。

(3) 吸附曲线

对于一定的吸附剂和吸附质来说,吸附量 a 由吸附温度 T 及吸附剂的分压 p 决定。在 a、T、p 这三个因素中,固定其中一个而反映另外两个关系的曲线,称为吸附曲线。因此吸附曲线又有吸附等压线、吸附等量线和吸附等温线之分。

① 吸附等压线

当吸附质分压保持不变,反映吸附温度和吸附量之间关系的曲线称为吸附等压线(adsorption isobar)。一般情况下,无论是物理吸附还是化学吸附,都是放热的,因此升高温度,两类吸附的吸附量均应下降。由于物理吸附的活化能较小,吸附速率快,较易达到吸附平衡,在实验中确实表现出吸附量随温度升高而下降的规律。但是化学吸附的活化能较大,吸附速率慢,在温度较低时,难以达到吸附平衡,升高温度加快吸附速率,此时出现吸附量随温度升高而增大的情况,有人称此吸附为活化吸附(activated adsorption)。达到真正平衡后,吸附量随温度的升高而减小。因此,在吸附等压线上,若在较低温度范围内出现吸附量随温度升高而升高,随后又出现随温度升高而降低的现象,则可判定存在化学吸附(见图 8-13)。

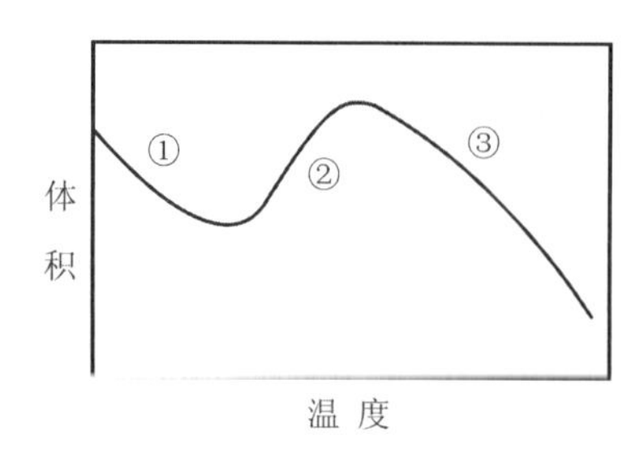

图 8-13　CO 在 Pt 上的吸附等压线

① 物理吸附
② 化学吸附(未达平衡)
③ 化学吸附

② 吸附等量线

当吸附量保持不变时,反映吸附温度和吸附质平衡分压间关系的曲线称为吸附等量线(adsorption isochore)。在吸附等量线中,吸附温度和吸附分压间有类似于 Clausius-Clapeyron 方程的关系

$$\left(\frac{\partial \ln\{p\}}{\partial T}\right)_a = -\frac{Q_m}{RT^2} \tag{8-42}$$

Q_m 一般是负值,其大小常被看作吸附强度的度量,称为等量吸附热。等量吸附热可认为是微分吸附热的一种,一般情况下可视二者相等。

③ 吸附等温线

当温度一定时,反映吸附质平衡分压和吸附量间关系的曲线,称为吸附等温线(adsorption

isotherm)。常见的吸附等温线有图 8－14 所示的五种类型。其中Ⅰ型为单分子层吸附，称为 Langmuir 型。一些物理吸附和化学吸附表现为这种类型。Ⅱ型是常见的物理吸附等温线。其特点是低压下单分子层吸附，饱和后随压力的增加发生多分子层吸附，高压下吸附量急剧上升，表明吸附质已开始凝结为液相。Ⅲ、Ⅳ、Ⅴ和Ⅱ一样，都是多分子层吸附，但各有特点。吸附等温线的不同类型反映了吸附剂与吸附质之间的相互作用及吸附剂的有关信息。

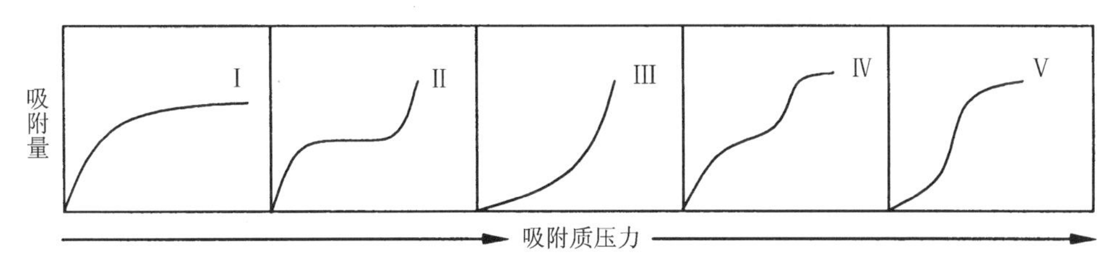

图 8－14　五种类型吸附等温线

例题 8－8　N_2(g)在活性炭上的吸附数据如下：

标准状况下吸附气体体积/mL	0.145	0.895	3.468	12.042
194 K 平衡压力/$p^{\ominus}$	1.5	4.6	12.5	66.4
273 K 平衡压力/$p^{\ominus}$	5.6	35.4	150	694

计算 N_2(g)在活性炭上的吸附热。

解　当吸附量为 0.145 mL(标准状况)时，194 K 和 273 K 的平衡压力分别为 1.5 $p^{\ominus}$ 和 5.6 $p^{\ominus}$，代入 Clausius-Clapeyron 方程：

$$\ln\frac{1.5}{5.6}=\frac{-Q_{\mathrm{m}}}{8.314\ \mathrm{J\cdot K^{-1}\cdot mol^{-1}}}\times\left(\frac{1}{273\ \mathrm{K}}-\frac{1}{194\ \mathrm{K}}\right)$$

解得 $Q_{\mathrm{m}}=-7.342\times10^{3}\ \mathrm{J\cdot mol^{-1}}$。

类似地，将吸附量为 0.895 mL、3.468 mL 和 12.042 mL 的相关数据代入 Clausius-Clapeyron 方程，可解得相应的吸附热分别为 $-11.374\times10^{3}\ \mathrm{J\cdot mol^{-1}}$、$-13.850\times10^{3}\ \mathrm{J\cdot mol^{-1}}$ 和 $-13.080\times10^{3}\ \mathrm{J\cdot mol^{-1}}$。

8.9.2　Langmuir 吸附等温式

在所有的吸附曲线中，吸附等温线是人们研究得最多的类型。用来描述吸附等温线的解析方程称为吸附等温式。1916 年，Langmuir(朗缪尔，1932 年诺贝尔化学奖获得者)提出了第一个气-固吸附理论，这个理论的基本观点是认为气体在固体上的吸附是气体分子在吸附剂表面吸附与脱附两种相反过程达到动态平衡的结果，并提出了几点重要假设，在此基础上导出了 Langmuir 单分子层吸附等温式。

Langmuir 吸附理论的基本假设是：

(1) 吸附热与表面无关，即吸附热是一个常数，这意味着固体表面是均匀的，吸附分子间没有相互作用。故已吸附的分子对吸附过程和解吸过程无影响。

(2) 吸附是单分子层的。因此只有当气体分子碰撞到固体的空白表面上才有可能被吸附，如果碰撞到已经吸附气体分子的表面则是无效的。

当吸附平衡时吸附质的分压为 p，固体表面的覆盖度(coverage)为 θ，吸附速率和脱附速率分别为

$$r_{\mathrm{a}}=k_{\mathrm{a}}(1-\theta)p$$

$$r_d = k_d\theta$$

吸附平衡时，$r_a = r_d$，于是

$$\theta = \frac{bp}{1+bp} \tag{8-43}$$

$b = \frac{k_a}{k_d}$，称为吸附常数，和温度、吸附热有关。气体在固体表面上的吸附量 a 可以写为

$$a = k\theta = \frac{kbp}{1+bp} \tag{8-44}$$

简单分析一下，不难发现 Langmuir 吸附等温式有以下几个特点：

(1) 当气体压力很小或吸附很弱时，$bp \ll 1$，式(8-44)化为

$$a = bkp$$

即吸附量和气体平衡分压成正比，吸附量和吸附压力间存在线性关系，满足 Henry 定律。

(2) 当气体压力很大或吸附很强时，$bp \gg 1$，式(8-44)化为

$$a = k$$

吸附量不随气体压力而变化，表明固体表面已被气体所覆盖而达到饱和吸附。

(3) 当压力不大也不小或吸附处于中等水平，吸附表现为分数级

$$a = k'p^n (0 < n < 1)$$

若以 V 表示压力为 p 时的吸附量，V_{max} 为单层饱和吸附量，则可以将覆盖度表示为

$$\theta \xlongequal{\text{def}} \frac{V}{V_{max}}$$

将之代入式(8-43)后，得到

$$\frac{p}{V} = \frac{1}{bV_{max}} + \frac{p}{V_{max}} \tag{8-45}$$

以 p/V 对 p 作图，可得一直线，从直线的斜率和截距可以分别求出饱和吸附量 V_{max} 和吸附常数 b。

不少吸附在中等压力范围内和 Langmuir 吸附符合得很好。在低压时吸附量实验值常偏高，可能的原因是实际表面是不均匀的，随着吸附量的增加吸附位置(site)的活性越来越低，吸附热降低。当吸附温度较低时可能发生多层吸附，这与 Langmuir 吸附的前提不相符。对于微孔类吸附，其吸附结果常可以用 Langmuir 等温式处理，但其不是单分子层吸附。尽管如此，由于 Langmuir 吸附对气-固吸附的机理作了形象的描述，为其后的一些吸附等温式的建立起到了奠基作用。

如果存在 A、B 两种气体，吸附平衡时它们的表面覆盖度分别为 θ_A 和 θ_B，则

$$\theta_A = \frac{b_A p_A}{1 + b_A p_A + b_B p_B} \tag{8-46}$$

$$\theta_B = \frac{b_B p_B}{1 + b_A p_A + b_B p_B} \tag{8-47}$$

从式(8-46)和式(8-47)可以看出，在混合气体吸附时一种气体吸附的增加能减少另一种气体的吸附。另外，当两种气体在同种固体上的吸附强度相差很大时，吸附弱(b 值小)的气体的存在对吸附强(b 值大)的气体的吸附的影响不大；反之，强吸附气体的存在却使弱吸附的气体的吸附量大为下降。

对于两种以上气体的混合吸附，可以仿照式(8－46)与式(8－47)写出类似的吸附等温式。

如果一个吸附质分子在吸附时离解成两个原子，而且各占一个吸附中心，则

$$\theta = \frac{\sqrt{bp}}{1+\sqrt{bp}} \tag{8-48}$$

在低压下可简化为

$$\theta = \sqrt{bp}$$

因此当 $\theta \propto \sqrt{p}$ 时，可以认为双原子分子在吸附时发生了解离。

例题 8－9 273 K 时，1 g 活性炭在不同压力下吸附的 N_2(g)的体积(标准状况)如下表：

p/Pa	57.2	161	523	1 728	3 053	4 527	7 484	10 310
$V/(\mathrm{mL \cdot g^{-1}})$	0.111	0.298	0.987	3.043	5.082	7.047	10.31	13.05

试用 Langmuir 等温式表示结果。

解 将 Langmuir 等温式改写为线性式：

$$p/V = 1/(bV_{\max}) + p/V_{\max}$$

将题中已知数据换算为：

p/Pa	57.2	161	523	1 728	3 053	4 527	7 484	10 310
$\dfrac{p/V}{\mathrm{Pa \cdot g \cdot mL^{-1}}}$	515	540	530	568	601	642	726	790

用 p/V 对 p 进行线性拟合，得方程：

$$\{p/V\} = 522.176\ 27 + 0.026\ 38\{p\}$$

$$(r = 0.997\ 41, n = 8)$$

所以 p/V-p 图的截距和斜率分别为

$$\begin{cases} \dfrac{1}{bV_{\max}} = 522.176\ 47\ \mathrm{Pa \cdot g \cdot mL^{-1}} \\ 1/V_{\max} = 0.026\ 38\ \mathrm{g \cdot mL^{-1}} \end{cases}$$

解得 $\begin{cases} b = 5.05 \times 10^{-5}\ \mathrm{Pa^{-1}} \\ V_{\max} = 37.91\ \mathrm{mL \cdot g^{-1}} \end{cases}$。所以，本题体系服从的规律可用下面的 Langmuir 方程

$$V = \frac{bV_{\max}p}{1+bp} = \frac{1.92 \times 10^{-3}\ \mathrm{Pa^{-1} \cdot g^{-1} \cdot mL} \times p}{1 + 5.05 \times 10^{-5}\ \mathrm{Pa^{-1}} \times p}$$

描述。

例题 8－10 已知 NO(g)在 BaF_2 上吸附的数据如下表(体积已换算为标准状况)：

23.7 ℃		0 ℃		−13 ℃		−32.65 ℃		−40 ℃	
$\frac{p}{\mathrm{mmHg}}$	$\frac{V}{\mathrm{mL}}$	$\frac{p}{\mathrm{mmHg}}$	$\frac{V}{\mathrm{mL}}$	$\frac{p}{\mathrm{mmHg}}$	$\frac{V}{\mathrm{mL}}$	$\frac{p}{\mathrm{mmHg}}$	$\frac{V}{\mathrm{mL}}$	$\frac{p}{\mathrm{mmHg}}$	$\frac{V}{\mathrm{mL}}$
52.0	0.82	56.3	1.81	37.5	1.98	33.1	2.83	26.6	3.17

续表

23.7 ℃		0 ℃		−13 ℃		−32.65 ℃		−40 ℃	
$\frac{p}{\text{mmHg}}$	$\frac{V}{\text{mL}}$	$\frac{p}{\text{mmHg}}$	$\frac{V}{\text{mL}}$	$\frac{p}{\text{mmHg}}$	$\frac{V}{\text{mL}}$	$\frac{p}{\text{mmHg}}$	$\frac{V}{\text{mL}}$	$\frac{p}{\text{mmHg}}$	$\frac{V}{\text{mL}}$
74.6	1.09	83.9	2.40	78.7	3.07	81.9	4.45	35.9	3.70
130	1.62	131	3.01	99.1	3.51	85.7	4.56	50.6	4.49
148	1.79	182	3.73	139	4.17	186	6.43	64.5	5.09
226	2.35	234	4.24	176	4.74	250	7.35	94.9	6.14
305	2.93	331	5.30	216	5.23	322	7.99	120	6.70

设吸附符合 Langmuir 公式,求吸附热。

解 将题中所给数据转化为 SI 制:

296.7 K		273 K		260 K		240.35 K		233 K	
$\frac{p}{\text{Pa}}$	$\frac{V}{10^{-6}\ \text{m}^3}$	$\frac{p}{\text{Pa}}$	$\frac{V}{10^{-6}\ \text{m}^3}$	$\frac{p}{\text{Pa}}$	$\frac{V}{10^{-6}\ \text{m}^3}$	$\frac{p}{\text{Pa}}$	$\frac{V}{10^{-6}\ \text{m}^3}$	$\frac{p}{\text{Pa}}$	$\frac{V}{10^{-6}\ \text{m}^3}$
6 932.8	0.82	7 506.0	1.81	4 999.6	1.98	4 413.0	2.83	3 546.4	3.17
9 945.8	1.09	11 185.7	2.40	10 492.5	3.07	10 919.1	4.45	4 786.3	3.70
17 331.9	1.62	17 465.2	3.01	13 212.2	3.51	11 425.7	4.56	6 746.1	4.49
19 731.7	1.79	24 264.7	3.73	18 531.8	4.17	24 798.0	6.43	8 599.3	5.09
30 130.9	2.35	31 197.4	4.24	23 464.7	4.74	33 330.6	7.35	12 652.3	6.14
40 663.3	2.93	44 129.7	5.30	28 797.6	5.23	42 929.8	7.99	15 998.7	6.70

将不同温度下的数据分别用 Langmuir 线性式拟合,得

296.7 K	$\left\{\frac{p}{V}\right\}=7.620\,7\times10^{9}+162\,558.307\,37\{p\}(r=0.990\,26, n=6)$
273 K	$\left\{\frac{p}{V}\right\}=3.518\,87\times10^{9}+115\,554.539\,65\{p\}(r=0.987\,15, n=6)$
260 K	$\left\{\frac{p}{V}\right\}=2.056\,24\times10^{9}+123\,320.358\,29\{p\}(r=0.995\,45, n=6)$
240.35 K	$\left\{\frac{p}{V}\right\}=1.324\,05\times10^{9}+96\,534.986\,02\{p\}(r=0.996\,33, n=6)$
233 K	$\left\{\frac{p}{V}\right\}=8.061\,31\times10^{8}+99\,676.054\{p\}(r=0.998\,58, n=6)$

因此可以分别计算出不同温度下的 b 值:

温度/K	296.7	273	260	240.35	233
b/Pa^{-1}	2.13×10^{-5}	3.28×10^{-5}	6.00×10^{-5}	7.29×10^{-5}	1.24×10^{-4}

b 可看作吸附、脱附达到平衡时的平衡常数,因此可用 van't Hoff 方程。故对 $1/T$ 进行线性拟合,得

$$\ln\{b\}=-16.845\,51+1\,805.442\,77/\{T\}(r=0.976\,39, n=5)$$

截距 $-\left\{\frac{\Delta_{\text{st}}H_{\text{m}}}{R}\right\}=1\,805.442\,77$,所以吸附热 $\Delta_{\text{st}}H_{\text{m}}=-15.010\times10^{3}\ \text{J}\cdot\text{mol}^{-1}$。

8.9.3 Freundlich 吸附等温式

若吸附热 Q 和覆盖度 θ 之间存在对数关系

$$Q = Q_0 - a\ln\theta$$

则可以导出

$$\theta = Ap^{\frac{1}{n}}$$

A 和 n 均为常数，通常 $1 < n < 10$。此式称为 Freundlich（弗罗因德利希，德国化学家）等温式，适用于物理吸附、化学吸附以及固体自溶液吸附。压力太大时，该公式不适用。

8.9.4 BET 多分子层吸附等温式

1938 年，Brunauer（布鲁诺尔）、Emmett（埃米特）和 Teller（泰勒）三人在 Langmuir 单分子层理论的基础上提出了关于多分子层吸附的 BET 理论。它与 Langmuir 理论不同之处在于分子吸附为多分子层，第一层吸附作用力是固体吸附剂和气体吸附质之间的相互作用，其余各层吸附作用力来自吸附质分子之间的相互作用力，并认为在第一层吸附饱和之前，也可能发生多分子层吸附。在此基础上，他们导出 BET 二常数公式

$$\frac{p}{V(p_0 - p)} = \frac{1}{V_{max} \cdot C} + \frac{C-1}{V_{max} \cdot C}\left(\frac{p}{p_0}\right)$$

式中，V_{max} 和 C 是常数（C 与吸附热有关）；V_{max} 是第一层饱和时吸附剂在标准状况下所占有的体积；V 为吸附质平衡分压为 p 时在标准状况下的体积；p_0 为吸附质在指定温度下的饱和蒸气压；p 为吸附质的平衡分压。

用 $\frac{p}{V(p_0 - p)}$ 对 $\frac{p}{p_0}$ 作图，可得一直线。用直线的斜率和截距可分别求得二常数 V_{max} 和 C。

BET 公式可以描述Ⅰ、Ⅱ和Ⅲ型吸附等温线，甚至可以给有毛细凝聚作用的Ⅳ和Ⅴ型吸附等温线以定性或半定量的描述。但 BET 公式也是有局限性的，在低压时其计算结果偏低，而高压时又偏高。这是因为 BET 理论没有考虑表面的不均匀性及吸附质之间的横向相互作用。尽管如此，BET 公式仍是物理吸附研究中应用最多的公式，如测定固体比表面 BET 法依旧是这项工作的标准方法（进入国家药典）。

例题 8-11 77.2 K 时，用 $N_2(g)$ 吸附测量微球硅酸铝催化剂的比表面积，得如下数据：

p/kPa	8.698	13.637	22.108	29.919	38.904
V(STP)/($cm^3 \cdot g^{-1}$)	111.58	126.3	150.69	166.38	184.42

试用 BET 公式计算该催化剂的比表面积。已知 77.2 K 时，$N_2(g)$ 的饱和蒸气压为 99.11 kPa，$N_2(g)$ 的截面积为 $\sigma = 16.2 \times 10^{-20}$ m^2。

解 根据 BET 线性式的要求，整理原始数据如下：

$\frac{p}{V(p_0 - p)}$/($g \cdot m^{-3}$)	862.2	1 263.2	1 905.3	2 600.0	3 504.0
p/p_0	0.088	0.138	0.223	0.302	0.393

以 $\frac{p}{V(p_0 - p)}$ 对 p/p_0 进行线性拟合，得：

$$\left\{\frac{p}{V(p_0-p)}\right\}=63.449\ 32+8\ 581.690\ 02\left\{\frac{p}{p_0}\right\}$$

$$(r=0.998\ 32, n=5)$$

直线 $\frac{p}{V(p_0-p)}$-p/p_0 的斜率和截距分别为

$$\begin{cases}\dfrac{C-1}{V_{\max}C}=8\ 581.690\ 02\ \text{g}\cdot\text{cm}^{-3}\\ \dfrac{1}{V_{\max}C}=63.449\ 32\ \text{g}\cdot\text{cm}^{-3}\end{cases}$$

解得 $\begin{cases}C=136.25\\ V_{\max}=1.16\times10^{-4}\ \text{m}^3(\text{STP})\cdot\text{g}^{-1}\end{cases}$。所以比表面积

$$\begin{aligned}A_{\text{m}}&=\frac{V_{\max}(\text{STP})}{22.4\times10^{-3}\ \text{m}^3\cdot\text{mol}^{-1}}\times N_{\text{A}}\times\sigma\\&=\left[\frac{1.16\times10^{-4}}{22.4\times10^{-3}}\times(6.023\times10^{23})\times(16.2\times10^{-20})\right]\ \text{m}^2\cdot\text{g}^{-1}\\&=504\ \text{m}^2\cdot\text{g}^{-1}\end{aligned}$$

例题 8-12 在 239.4 K 时,活性炭吸附 CO(g)的数据如下:

p/Pa	13 463	25 060	42 656	57 319	71 982	89 311
$V/(\text{mL}\cdot\text{g}^{-1})$	8.54	13.1	18.2	21.0	23.8	26.3

问 Langmuir 等温式和 Freundlich 等温式哪一个更合适?

解 Langmuir 吸附的线性式为 $\frac{p}{V}=\frac{1}{bV_{\max}}+\frac{p}{V_{\max}}$,如果以 $\frac{p}{V}$-p 拟合,相关系数 $|r|>r_{\text{c}}$(临界相关系数可查询相关手册),则可认为吸附符合 Langmuir 等温式。类似地,Freundlich 吸附式的线性式为 $\ln\theta=\ln\{A\}+\frac{1}{n}\ln\{p\}$,若以 $\ln\theta$-$\ln\{p\}$ 拟合,相关系数 $|r|>r_{\text{c}}$,则可认为吸附符合 Freundlich 式。$|r|$ 越接近于 1,线性越好,符合程度越高。

按照 Langmuir 线性式的要求处理,得数据如下:

p/Pa	13 463	25 060	42 656	57 319	71 982	89 311
$\frac{p}{V}/(\text{Pa}\cdot\text{mL}^{-1}\cdot\text{g})$	1 576.463 7	1 912.977 1	2 343.736 3	2 729.476 2	3 024.453 8	3 395.855 5

以 $\frac{p}{V}$-p 拟合,得线性方程:

$$\left\{\frac{p}{V}\right\}=1\ 301.373\ 88+0.023\ 93\{p\}$$

$$(r=0.998\ 33, n=6)$$

由于 $\theta=\frac{V}{V_{\max}}$,因此计算 $\ln\{p\}$ 和 $\ln\{V\}$ 的数值亦可:

$\ln\{p\}$	9.507 7	10.129 03	10.660 92	10.956 39	11.184 17	11.399 88
$\ln\{V\}$	2.144 76	2.572 61	2.901 42	3.044 52	3.169 69	3.269 57

以 $\ln\{V\}$-$\ln\{p\}$ 拟合，得线性方程：

$$\ln[V/(\text{mL}\cdot\text{g}^{-1})]=-3.471\,34+0.594\,17\ln(p/\text{Pa})$$

$$(r=0.997\,57, n=6)$$

从相关系数判断，Langmuir 吸附等温式更合适。

习　　题

8-1　常温 $p^{\ominus}$ 下，水的表面张力和温度的关系式为

$$\sigma/(\text{J}\cdot\text{m}^{-2})=7.564\times10^{-2}-1.4\times10^{-4}t/℃$$

若在 283 K 时，保持水的总体积而改变其表面积，试求：

① 使水的表面积可逆地增大 1.00 cm^2，必须做多少功？

② 上述过程中水的 ΔU、ΔH、ΔF、ΔG 以及吸收的热各为多少？

8-2　在图中画出下列各体系中固-液界面处液体表面张力的方向。

图中▨表示固相，⬬表示液相。

8-3　500 ℃时，$CaCO_3$ 的分解压力为 $1\times10^{-3}p^{\ominus}$，表面张力为 1.210 $\text{N}\cdot\text{m}^{-1}$，密度为 $\rho=3.9\times10^3\ \text{kg}\cdot\text{m}^{-3}$。若将 $CaCO_3$ 研磨成半径为 30×10^{-9} m 的粉末，求其在 500 ℃时的分解压力为多大？

8-4　某温度下，封闭玻璃箱内有许多大小不一的球形水银滴，问随着时间的延长可以观察到什么现象？为什么？

8-5　已知汞对玻璃表面完全不润湿，汞的密度为 13.5 $\text{g}\cdot\text{cm}^{-3}$，表面张力为 520 $\text{mN}\cdot\text{m}^{-1}$，重力加速度为 9.8 $\text{m}\cdot\text{s}^{-2}$。若将直径为 5×10^{-3} m 的玻璃毛细管插入大量汞中，试求毛细管内汞的毛细高度。

8-6　293 K 时，硅胶在不同压力下达到吸附平衡时的数据如下：

p_r/p_0	0.125	0.250	0.500	0.617	0.750	0.859

试根据 Kelvin 公式计算硅胶的平均孔半径(Kelvin 半径)。

8-7　已知 291 K 时，水的表面张力为 78 $\text{mN}\cdot\text{m}^{-1}$，水的摩尔体积为 $1.8016\times10^{-5}\ \text{m}^3\cdot\text{mol}^{-1}$。当相对湿度为 1.011 时，欲施行人工降雨，问发射的 AgI 晶体的半径至少为多少米？

8-8　298 K 时，大颗粒 $CaSO_4$ 在水中的溶解度为 $15.33\times10^{-3}\ \text{mol}\cdot\text{dm}^{-3}$，半径 $r=3.0\times10^{-7}$ m 的 $CaSO_4$ 细晶的溶解度为 $18.2\times10^{-3}\ \text{mol}\cdot\text{dm}^{-3}$，$CaSO_4$ 固体的密度 $\rho=2.96\times10^3\ \text{kg}\cdot\text{m}^{-3}$。试根据 Kelvin 公式计算 $CaSO_4$-H_2O 的界面张力。

8-9　实验测得某反复煮沸的纯水的沸腾温度为 123 ℃，试求沸腾时水中气泡的平均半径为多大。100 ℃以上时，水的表面张力和摩尔蒸发焓均视为常数，分别为 58.9 $\text{mN}\cdot\text{m}^{-1}$、40.7 $\text{kJ}\cdot\text{mol}^{-1}$。

8-10　试在 p-T 图上分别解释过饱和蒸气和过冷液体产生的原因。

8-11　293 K 时，水、汞的表面张力分别为 0.072 88 $\text{N}\cdot\text{m}^{-1}$、0.483 $\text{N}\cdot\text{m}^{-1}$，水、汞间的界面张力为 0.375 $\text{N}\cdot\text{m}^{-1}$。试判断水能否在汞面上铺展。

8-12　1 273 K 时，固体 Al_2O_3 的表面张力为 1.0 $\text{N}\cdot\text{m}^{-1}$，液态银的表面张力为 0.88 $\text{N}\cdot\text{m}^{-1}$，液态银和固体 Al_2O_3 间的界面张力为 1.77 $\text{N}\cdot\text{m}^{-1}$。试用 Young 方程判断液态银能否润湿氧化铝瓷件表面。

8-13 已知 293 K 时，苯、水的表面张力分别为 28.9 $mN\cdot m^{-1}$、72.8 $mN\cdot m^{-1}$，苯、水间界面张力为 35.0 $mN\cdot m^{-1}$。问开始时苯能否在水面上铺展？当苯、水达到相互饱和后，只有水的表面张力降为 62.2 $mN\cdot m^{-1}$，问苯在水面上的最终形状如何？

8-14 298 K 时，乙醇水溶液的表面张力与乙醇活度间的关系为

$$\sigma=\sigma_{H_2O}-Aa_{C_2H_5OH}+Ba^2_{C_2H_5OH}$$

常数 A、B 分别为 $5\times10^{-4}\ N\cdot m^{-1}$、$2\times10^{-4}\ N\cdot m^{-1}$。求乙醇活度 $a_{C_2H_5OH}=1$ 时乙醇溶液的表面吸附量 $\Gamma_{C_2H_5OH}$。

8-15 298 K 时，用特制的刀片在 310 cm^2 的浓度为 4.00 $g\cdot kg^{-1}$ 的苯基丙酸的表面上刮下 2.3 g 溶液，测得其浓度为 4.013 $g\cdot kg^{-1}$。

① 试根据实验数据，计算表面吸附量；

② 已知不同浓度下，苯基丙酸溶液的表面张力如下表：

$c/(g\cdot kg^{-1})$	3.5	4.0	4.5
$\sigma/(N\cdot m^{-1})$	0.056	0.054	0.052

试用 Gibbs 吸附公式计算表面吸附量，并比较两者的结果。

8-16 等温等压下，Szyszkowski 对有机物稀溶液表面张力的实验方程为

$$\gamma=\gamma_{H_2O}[1-0.411\times\lg(1+x/a)]$$

式中，$\gamma_{H_2O}(=0.0728\ N\cdot m^{-1})$ 为纯水的表面张力；x 为有机物的摩尔分数；a 为有机物的特征常数，对正戊酸 $[CH_3(CH_2)_3COOH]$，$a=1.7\times10^{-4}$。试求 298 K 下，当正戊酸的摩尔分数 $x=0.01$ 时，正戊酸在溶液表面的截面积 γ，并将之和饱和吸附时的极限截面积 γ_{max} 相比较。

8-17 实验测得某矿物的 O/W 型乳状液用 HLB=10.5 的表面活性剂乳化时生存时间最长，若使用 Span 80 和 Tween 20 为乳化剂，已知 Span 80 和 Tween 20 的 HLB 分别为 4.3、16.7，试问 Span 80 和 Tween 20 如何配比才能达到要求？

8-18 当表面活性剂加入纯水后，形成表面活性剂和水的二组分体系。对表面相和体相中的表面活性剂，等温下其化学势可表示为

$$\mu_B(\sigma)=\mu_B^\ominus(\sigma)+RT\ln a_B(\sigma)$$

$$\mu_B(sln)=\mu_B^\ominus(sln)+RT\ln a_B(sln)$$

请问 $\mu_B^\ominus(\sigma)$、$\mu_B^\ominus(sln)$ 是否相等？如果不相等，其大小关系如何？

8-19 293 K 时，十二烷基硫酸钠水溶液的表面张力与浓度的关系如下表：

$c/(mmol\cdot dm^{-3})$	0	2.0	4.0	5.0	6.0	7.0	8.0	9.0	10.0	12.0
$\sigma/(mN\cdot m^{-1})$	72.0	62.3	52.4	48.5	45.2	42.0	40.0	39.8	39.6	39.5

求该表面活性剂的临界胶束浓度。

8-20 用电导法测得不同浓度的十二烷基硫酸钠的电导率如下：

$c/(mmol\cdot dm^{-3})$	2.17	4.23	5.42	6.50	7.58	8.46	10.8	15.2	19.5	27.1
$\kappa/(10^{-4}S\cdot cm^{-1})$	1.85	3.35	4.15	4.81	5.43	6.01	7.16	9.24	11.1	14.4

求该表面活性剂的临界胶束浓度。

8-21 当表面活性剂的浓度超过 CMC 时，表面活性剂在溶液内部形成胶束：

$$nS\rightleftharpoons M$$

其中 S 为非离子表面活性剂分子，M 为胶束。试证明该过程的标准摩尔 Gibbs 自由能和 CMC 间存在以下关系：

$$\Delta_r G_m^{\ominus} = RT\ln x_{CMC}$$

8-22 少量电解质加入离子型表面活性溶液中可增加烃类的增溶量，减少极性有机物的增溶量，试给出一个合理的解释。

8-23 已知在碳上吸附 0.145 mL N_2(g)(标准状况)的温度与压力的对应值如下：

温度/K	195	244	273
压力/$p^{\ominus}$	1.52	3.79	5.67

计算吸附热。

8-24 NH_3(g)在木炭上吸附量为 10 mL(标准状况)·g^{-1} 时，平衡压力与温度的关系如下：

T/K	300	350	380	400
p_{NH_3}/Pa	2 662	15 970	39 930	53 240

试计算等量吸附热。

8-25 293 K 时，1 g 活性炭在不同乙醇蒸气的相对压力下的吸附量如下：

p/p_0	0.03	0.12	0.15	0.21	0.40	0.61	0.68	0.80
m/g	0.139	0.194	0.204	0.209	0.224	0.237	0.237	0.237

若吸附为单分子层吸附，且服从 Langmuir 方程，计算单层饱和吸附量 a_{max} 和吸附常数 b。已知 293 K 时乙醇的饱和蒸气压为 5 595 Pa。

8-26 已知 239.4 K 时，CO(g)在活性炭上的吸附数据如下：

p/kPa	1.35	2.51	4.27	5.73	7.20	8.93
V(STP)/($cm^3 \cdot g^{-1}$)	8.54	13.1	18.2	21.0	23.8	26.3

检验 Langmuir 公式是否适用于该吸附体系。如果适用，请计算公式中的各种常数的数值。

8-27 若 CO_2(g)在活性炭上的吸附遵守 Freundlich 经验方程，根据 291 K 时的数据计算 Freundlich 公式中的常数。

$\frac{p}{10^2\,Pa}$	10.0	44.8	100.0	144.0	250.0	452.0
$\frac{a}{10^3}$/(kg·kg^{-1})	32.3	66.7	96.2	117.2	148.0	177.0

8-28 下列数据是 77 K 时，N_2(g)和 Ar(g)在非孔性硅上的吸附结果：

p/p_0		0.05	0.10	0.15	0.20	0.25	0.30	0.35	0.40
V/(mL·g^{-1})	N_2(g)	34	38	43	46	48	51	54	58
	Ar(g)	23	29	32	38	41	43	45	50

已知 N_2(g)分子的截面积为 0.162 nm^2，用 BET 公式计算比表面积。Ar(g)分子的截面积为何值时可得到相同的比表面？

8-29 298 K 时，在不同浓度的乙酸水溶液 100 mL 中各加入 2.00 g 活性炭，各溶液的初始浓度和吸附平衡后的浓度列于下表中：

$c_0/(mol \cdot L^{-1})$	0.177	0.239	0.330	0.496	0.785	1.1511	1.709
$c/(mol \cdot L^{-1})$	0.018	0.031	0.062	0.126	0.268	0.471	0.882

问 Langmuir 等温式和 Freundlich 等温式哪一个更合适？并讨论之。

8-30 碳从溶液中吸附某溶质的结果符合 Langmuir 公式，已知极限吸附量为 4.2 $mmol \cdot g^{-1}$，吸附常数 $b = 2.8\ mL \cdot mmol^{-1}$。求将 5 g 碳加入 0.2 $mol \cdot L^{-1}$ 的 200 mL 溶液中达到吸附平衡时的溶液浓度。

9 胶体化学

9.1 分散体系

9.1.1 分散体系的分类

一种或几种物质分散在另一种物质中构成的体系称为分散体系(disperse system)。其中,被分散的物质称为分散相(disperse phase),而分散其他物质的物质称为分散介质(disperse medium)。

根据分散相和分散介质的相态,可以将分散体系分为如表 9-1 所列的八种类型。但这种分类法不足以表达分散体系的特征,常用的分类是根据分散相粒子的大小进行分类。

表 9-1 多相分散体系的八种类型

分散相	分散介质	名　称	实　例
固体	液体	溶胶、悬浮液	$Fe(OH)_3$、泥浆
液体	液体	乳状液	牛奶
气体	液体	泡沫	肥皂水泡沫
固体	固体	固溶胶	有色玻璃
液体	固体	凝胶	珍珠
气体	固体	固体泡沫	馒头、泡沫塑料
固体	气体	气溶胶	烟、尘
液体	气体	气溶胶	云、雾

(1) 分子分散体系　分散粒子的尺寸大小小于 10^{-9} m,相当于单个分子或离子的大小。分散相和分散介质形成均一的一相,称为(真)溶液,是热力学稳定体系。分子分散系可以通过滤纸和半透膜,扩散快。

(2) 胶体分散体系　分散粒子的尺寸大小在 $10^{-9}\sim10^{-7}$ m 之间,是众多分子或离子的聚合体。在分散相和分散介质间存在相界面,因而具有很大的界面能,粒子之间有自发聚结的趋势,是热力学不稳定体系。虽然分散相粒子是众多分子的聚合体,用肉眼或普通显微镜来观察与真溶液几乎没有区别,能透过滤纸但不能透过半透膜,扩散速度慢。

(3) 粗分散体系　分散粒子尺寸大小在 $10^{-7}\sim10^{-5}$ m 之间,用普通显微镜可以直接观察到多相系统,比胶体分散体系更不稳定。常见的牛奶、豆浆等属于粗分散体系,既不能透过半透膜也不能透过滤纸,无扩散能力。

分散体系还可以按分散相和分散介质间的亲和性分为憎液溶胶(lyophobic sol)和亲液溶胶(lyophilic sol)。如常见的 $Fe(OH)_3$ 等无机胶体就是憎液溶胶,$Fe(OH)_3$ 不溶于水,和溶剂水间存在相界面,是热力学不稳定体系。高分子物质溶解于溶剂后,高分子和溶剂间没有相界面,是热力学稳定体系,属于亲液溶胶。目前,不再使用亲液溶胶这个术语,而用高分子溶液代替。

以上的分类方法虽然反映出各种分散系的一些关键特点,但也忽略了其他的一些特点。如高分子溶液,高分子的尺寸大小属于胶体分散系范围,它有胶体分散系的一些特点如电泳等,也具有与胶体不同的特性,高分子溶液是真溶液,在热力学上和真溶液一样是稳定的。学习胶体化学时要明白各种分类方法的分类标准和该种分类法的局限性。

9.1.2 胶体分散系的基本特点

胶体分散系的分散度居于粗分散系和分子分散系之间,和它们相比,胶体分散系具有其独有的特点。

(1) 独特的分散性　胶体的特殊的分散性是胶体分散系的重要特征,胶体的许多性质均与它有关。

(2) 微多相性　典型的胶体分散系分散相不溶解于分散介质中,分散相和分散介质间存在巨大的相界面,这就决定了胶体分散系的热力学不稳定性,同时也决定了胶体分散系的光学不均匀性等特性。

(3) 聚结不稳定性　胶体分散系的热力学不稳定性决定了胶体有自发聚结以减少其相界面的趋势,这就是所谓的聚结不稳定性。聚结不稳定性并不意味着胶体分散系不能稳定存在,事实上许多胶体分散系能稳定存在相当长的时间,有的可达几十年甚至更长的时间,这就是所谓的动力学稳定性。但这种稳定性毕竟是暂时的、相对的,最终胶体分散系将聚沉,失去动力学稳定性。

考察胶体分散性的特性时,要综合考虑以上三个基本特点,不能只考虑其中一点而不计其余。

9.2 溶胶的制备与净化

9.2.1 溶胶的制备

Thomas Graham(英国化学家,胶体化学的创立者)曾经将物质分为两类:能通过半透膜的晶体和不能透过半透膜的胶体。后来发现这种分类是不科学的,因为任何一种物质既可以制成晶体,也可以制成胶体。如 NaCl 在水中是无法制成胶体的,但在酒精中却可以制成胶体,关键在于分散相在分散介质中溶解度不能太大。所以胶体的制备涉及分散相、合适的分散介质、恰当的分散方法和稳定胶体分散系的稳定剂。

胶体分散系的线度为 $10^{-7} \sim 10^{-9}$ m,分散度介于粗分散系和分子分散系之间,所以胶体的制备有两类方法:

$$\boxed{粗分散系} \xrightarrow{分散法} \boxed{胶体分散系} \xleftarrow{凝聚法} \boxed{分子分散系}$$

$$>10^{-7}\ \text{m} \qquad 10^{-7} \sim 10^{-9}\ \text{m} \qquad <10^{-9}\ \text{m}$$

粗分散系的粒度大于 10^{-7} m,用分散法将粒度变小可以制得胶体;分子分散系的粒度小于 10^{-9} m,将小的粒子聚结在一起使粒度变大,也可制得胶体。

(1) 分散法

将较大的固体通过物理或化学方法分散成胶体颗粒的方法称为分散法。由于具体方法的不同,又有以下的一些方法。

① 胶体磨法

常用的胶体磨(emulsifier)是由两片贴近的磨盘和磨刀组成。当两盘反向高速旋转时,物料在磨盘间不断受到冲击而被碾细。为使新制成的溶胶稳定,需要加入明胶或单宁之类的化合物作为稳定剂。使用胶体磨法获得的胶粒直径在 10^{-8} m 左右。工业上用的胶体石墨、颜料以及医药用硫溶胶等都是用胶体磨制成的。

② 超声波粉碎法

新型超声波粉碎机是由晶体管超声波发生器和换能器组成。其原理就是通过换能器将超声波发生器产生的超声波转变为机械振动能，使分散介质发生空化作用，将分散于其中的物料进一步粉碎。使用该法制得的颗粒直径在 10^{-6} m 左右。和胶体磨法一样，在制备过程中也要加入少量的表面活性剂作为稳定剂以防止颗粒聚结。超声波粉碎法的优点是高效、迅速。

③ 冷冻干燥法

冷冻干燥机是由深度冷冻机、高真空泵、加热器与干燥箱等组成。操作时，根据水的相图，将含水物料放入干燥箱内，先开启冷冻机，使物料迅速冷冻至冰点以下。待所有水都结成冰以后，开启真空泵降压到低于水三相点。再逐渐升温，将冰全部升华为水汽逸出，结果使物料分散成微粒。该法对热敏物料尤其适用。

④ 胶溶法

实验室常用胶溶法(peptization，deflocculation)将固体分散而制备溶胶。新生成的固体沉淀物在适当条件下能重新分散而达到胶体分散程度的现象，称为胶溶作用(peptization)。一般胶溶剂(peptizer)能减少沉淀粒子间的相互吸引作用，在分散介质中使胶粒彼此重新分开，形成溶胶。例如 $Fe(OH)_3$ 沉淀中加入少量与沉淀具有相同离子的电解质，如 $FeCl_3$ 溶液，进行搅拌后，可形成较稳定的 $Fe(OH)_3$ 溶胶。

$$FeCl_3 + 3NH_3 \cdot H_2O \longrightarrow Fe(OH)_3 \downarrow + 3NH_4Cl$$

$$2Fe(OH)_3 + FeCl_3 \longrightarrow 3FeOCl + 3H_2O$$

$$n FeOCl \longrightarrow n FeO^+ + n Cl^-$$

$$m Fe(OH)_3 + n FeO^+ + n Cl^- \longrightarrow \{[Fe(OH)_3]_m \cdot n FeO^+ \cdot (n-x)Cl^-\}^{x+} \cdot x Cl^-$$

国内年需量在 2 000 t 以上的 MMH(mixed metal hydroxide)或 MMLHC(mixed metal layered hydroxide compound)溶胶就是在一定比例的 $AlCl_3$ 和 $MgCl_2$ 混合溶液中，加入稀氨水，形成混合金属氢氧化物沉淀(半透明凝胶状)，经过多次洗涤后(控制其中氯离子浓度)，置该沉淀于 80 ℃下恒温，逐渐形成带正电的溶胶。

胶溶作用对那些疏松、新鲜的沉淀效果较好，而对陈化沉淀效果较差。

(2) 凝聚法

使分散的原子、分子或离子相互凝聚而成胶粒的方法称为凝聚法。基本分为两大类：化学凝聚法和物理凝聚法。

① 化学凝聚法

利用化学反应，控制反应条件，使析出产物控制在胶粒范围。按化学反应的不同类型可以分为：

A. 还原法

$$2HAuCl_4 + 5K_2CO_3 = 2KAuO_2 + 5CO_2 + 8KCl + H_2O$$

$$2KAuO_2 + 3HCHO + K_2CO_3 = 2Au(\text{溶胶}) + 3HCOOK + KHCO_3 + H_2O$$

B. 氧化法

$$2H_2S + O_2 = 2H_2O + 2S(\text{溶胶})$$

C. 水解法

$$FeCl_3 + 3H_2O \xrightarrow{\triangle} Fe(OH)_3(\text{溶胶}) + 3HCl$$

D. 复分解法

$$AgNO_3 + KI \xlongequal{} KNO_3 + AgI(溶胶)$$

② 物理凝聚法

A. 蒸气冷凝法

将形成分散相及分散介质的物质在真空中汽化,并且将这些物质的蒸气在适当介质中突然冷却。所得的混合物熔化后,即形成溶胶。如钠在苯中的溶胶就是用这种方法制备的。

B. 电弧法

将需要分散的金属材料做成两电极,浸入盛有水溶液的容器内。加入微量酸或碱作为稳定剂,将容器置于冰浴内。接上电源,在电压 30～60 V、电流 5～10 A 条件下通电后,两电极间产生电弧,使金属变成蒸气冲出弧口,遇到周围的水溶液,冷凝为溶胶。该法适用于难溶性贵金属溶胶的制备。

C. 包膜法

采用适当的包膜材料如卵磷脂、明胶、合成高分子化合物等,在适当的条件下,将水溶性或脂溶性的物料进行包裹,形成胶粒大小的毫微囊,将其分离纯化,再分散在液体介质中。例如用卵磷脂与胆固醇等在水溶液中形成双分子层膜,能将水溶性或脂溶性药物包裹在膜内,形成微囊,经过分离后,将这种卵磷脂微囊重新分散在水溶液中,所形成的特殊分散体系称为脂质体。

D. 更换溶剂法

向饱和了硫的乙醇溶液中注入部分水,由于硫难溶于水,于是在水-乙醇溶液中过饱和的硫原子相互聚集,形成硫溶胶;将松香的乙醇溶液注入水中,也可制得松香水溶胶。餐饮业中常用的固体酒精(solidified alcohol)也是用更换溶剂法制得的。将硬脂酸与氢氧化钠混合:

$$C_{17}H_{35}COOH + NaOH \xlongequal{} C_{17}H_{35}COONa + H_2O$$

生成硬脂酸钠。温度较高时,硬脂酸钠溶解于酒精中形成溶液,降低体系温度,硬脂酸钠在酒精中因溶解度降低而析出形成凝胶(gel),酒精分子被束缚在相互连接的硬脂酸钠之间,呈不流动的固体状态,此即固体酒精。

(3) 均匀胶体的制备

如果以半径 r 表征溶胶粒子的大小,一般的胶体分散系存在如下的分布,如图 9-1 所示。

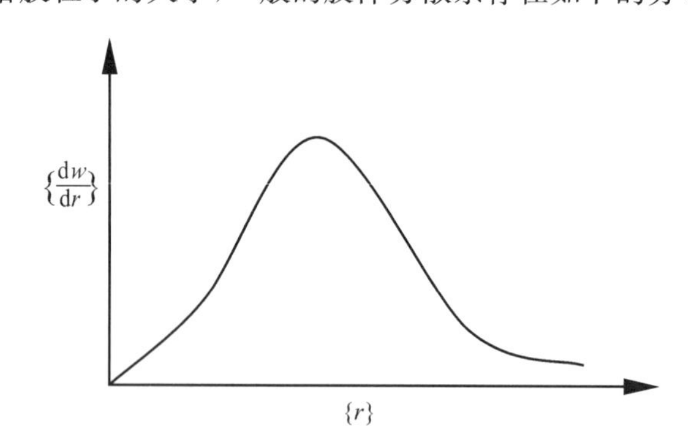

图 9-1 胶体粒子大小分布微分曲线

胶体粒子的半径分布较宽、大小不一,因此是多分散的。如果粒子的半径分布很窄,这就是所谓的均匀胶体。均匀胶体是近年来胶体化学的一个新兴领域,在理论和实际中都很重要。如将 10^{-3}～10^{-4} mol·dm^{-3} 的 $AgNO_3$ 溶液加到 10^{-3}～10^{-4} mol·dm^{-3} 的 KI 溶液中,制得的是多分散的 AgI 溶胶。用如下的方法制备的却是单分散的 AgI 溶胶:先制出一种 AgI 浓度为 3×10^{-5} mol·dm^{-3}、KI 的浓度为 0.1 mol·dm^{-3} 的络合物溶液。在 150 mL 的络合物溶液中加入 500 mL 的蒸馏水稀释,约 1 分钟后形成单分散的 AgI 溶胶,再用渗析法或离子交换树脂处理净化即可,此种溶胶粒子半径在 19～20 nm 之间，形状接近球形。

9.2.2 溶胶的净化

制备胶体过程中往往加入较多的电解质，过量的电解质往往对胶体的稳定有不利的影响，必须进行净化处理。

（1）渗析法

将溶胶放入半透膜袋内，然后将半透膜袋浸入盛有大量蒸馏水的容器内。溶胶内的电解质浓度由于大于纯水中的浓度，将通过半透膜浸入蒸馏水内，连续更换容器内的水，使溶胶纯化，称为渗析（dialysis）。使用的半透膜有天然膜和人工膜之分。天然膜一般用动物膀胱膜，人工膜最早用的是火棉胶膜。有时为了加快渗析的进行，在渗析器的两侧加上电场，使电解质离子迅速透过半透膜向两极移动，这种渗析法称为电渗析（electrodialysis）。

医院用于治疗肾病患者所采用的人工肾就是利用渗析在体外除出血液中的代谢废物（如尿素、尿酸或其他有害小分子），从而部分替代病变肾的排泄功能。

（2）超滤法

用半透膜粘贴在布氏漏斗或其他密封漏斗内，通过加压或抽滤等操作，将溶胶与分散介质分离，称为超过滤（ultrafiltration）。经超滤所得的胶粒重新分散在合适的分散介质中，成为净化的溶胶。

9.3 溶胶的光学性质

9.3.1 Tyndall 现象

1857 年，Faraday 发现，当一束光线通过一个玫瑰红色的金溶胶，从侧面可以观察到此溶胶呈现一条光路。后来英国物理学家 Tyndall（丁达尔，爱尔兰物理学家）对此现象进行了广泛的研究，人们将此现象称为 Tyndall 现象（Tyndall phenomena）。

9.3.2 Tyndall 现象的本质

Tyndall 现象是 Rayleigh（瑞利，英国数学和物理学家）散射的必然反映。当溶胶受到入射光照射时，入射光使溶胶粒子中的电子作与入射光同频强迫振动，致使粒子本身像一个新的光源从各个方向发出与入射光同频率的光。对于球形无色非金属稀溶胶粒子，存在 Rayleigh 公式：

$$I=\frac{24\pi^2A^2\nu V^2}{\lambda^4}\left(\frac{n_1^2-n_2^2}{n_1^2+2n_2^2}\right)^2I_0 \tag{9-1}$$

式中，A 是入射光的振幅；λ 是入射光的波长；ν 是单位体积内粒子数；V 是每个粒子的体积；n_1 和 n_2 分别是分散相和分散介质的折射率；I 和 I_0 分别是散射光和入射光的强度。从公式（9-1）可知，多种因素对散射光的强度有影响。

（1）入射光的波长：散射光的强度和入射光波长的四次方成反比。波长越短，散射越强烈。当入射光为白光时，蓝色光因为波长较短而被强烈散射，所以当从入射光的侧面观察硫溶胶时，看到的是被散射的蓝色光，从正面观察到的是波长较长的红色透射光。

（2）粒子的粒度：单位体积内的粒子数目越多，散射越强。

（3）粒子的分散度：散射的强弱和粒子的体积的平方成正比。分子分散系中溶质的分子体积很小，故散射很弱。

（4）分散相和分散介质的折射率：分散相和分散介质的折射率差值越大，散射越强。大分子溶液中,大分子由于强烈的溶剂化作用,分散相和分散介质间的折射率差别很小,所以大分子溶液的 Tyndall 现象不明显。

9.4 溶胶的动力性质

9.4.1 Brown 运动

1827年,英国植物学家 Brown(布朗)在显微镜下观察到悬浮在水中的花粉颗粒作永不停息的无规则折线运动(zigzag movement),这种运动称为 Brown 运动(Brown motion)。Brown 运动是分散体系中分子热运动的体现。

实验表明,粒子越小,温度越高,介质黏度越小,Brown 运动越剧烈。Einstein 根据分子运动论,对 Brown 运动提出了理论解释,并导出 Einstein-Brown 运动方程:

$$\bar{x}=\sqrt{\frac{RT}{N_{\mathrm{A}}}\frac{t}{3\pi\eta r}} \tag{9-2}$$

式中,$\bar{x}$ 是在观察时间内 x 轴上的平均投影位移;r 是粒子半径;η 是分散介质黏度;N_{A} 为阿伏加德罗常数。

9.4.2 扩散与渗透现象

(1) 扩散

与真溶液一样,在有浓度差存在的情况下,溶胶也会发生由高浓度向低浓度的扩散(diffusion),并遵守 Fick(菲克,德国物理和生理学家)定律:

$$\frac{\mathrm{d}m}{\mathrm{d}t}=DA\frac{\mathrm{d}c}{\mathrm{d}x} \tag{9-3}$$

式中,D 为扩散系数(diffusion coefficient,diffusivity),表示了胶体粒子在介质中的扩散能力,Einstein(爱因斯坦,美国理论物理学家)曾导出了它的公式:

$$D=\frac{RT}{N_{\mathrm{A}}}\cdot\frac{1}{6\pi\eta r} \tag{9-4}$$

若能测得扩散系数 D,则可以计算粒子“摩尔质量”。

$$M=\frac{4}{3}\pi r^{3}\rho N_{\mathrm{A}}=\frac{\rho}{162(N_{\mathrm{A}}\pi)^{2}}\left(\frac{RT}{\eta D}\right)^{3} \tag{9-5}$$

(2) 渗透

用半透膜将分散体系和纯溶剂分隔开来,溶剂分子会透过半透膜向分散体系扩散,引起分散体系液面升高,这种现象称为渗透(osmosis)。达到渗透平衡时,半透膜两侧的压力称为渗透压(osmosis pressure),常用符号 π 表示。荷兰科学家 van't Hoff 通过研究发现,稀溶液(或溶胶)的渗透压服从理想气体类似规律:

$$\pi=c_{\mathrm{B}}RT \tag{9-6}$$

并因此及化学动力学方面的成就而获得首届(1901年)诺贝尔化学奖。式中 c_{B} 为溶质 B 的浓度。若 B 是电解质或存在多种溶质,则需要对式(9-6)作相应的修正。

例题 9-1 金溶胶浓度为 0.2%,介质黏度为 0.001 Pa·s 的溶胶,胶粒的平均直径为 2.6 nm,

金的密度为 $19.3\times10^3\ \text{kg}\cdot\text{m}^{-3}$。计算：

① 此溶胶在 298 K 时的扩散系数；

② 胶粒在 Brown 运动中沿 x 轴方向每秒平均位移；

③ 渗透压 π。

解 ①

$$D=\frac{RT}{N_A}\frac{1}{6\pi\eta r}$$

$$=\left(\frac{8.314\times298}{6.023\times10^{23}}\times\frac{1}{6\times3.1416\times0.001\times\frac{2.6\times10^{-9}}{2}}\right)\ \text{m}^2\cdot\text{s}^{-1}$$

$$=1.68\times10^{-10}\ \text{m}^2\cdot\text{s}^{-1}$$

② $\bar{x}=\sqrt{\frac{RT}{N_A}\frac{t}{3\pi\eta r}}=\sqrt{\frac{8.314\times298}{6.023\times10^{23}}\times\frac{1}{3\times3.1416\times0.001\times\frac{2.6\times10^{-9}}{2}}}\ \text{m}$

$=1.83\times10^{-5}\ \text{m}$

③ 设每立方米中金溶胶颗粒的质量为 y，溶剂水的密度为 $1\times10^3\ \text{kg}\cdot\text{m}^{-3}$，则

$$\frac{0.2}{y/(\text{kg}\cdot\text{m}^{-3})}=\frac{100}{1\ 000}$$

解得 $y=2\ \text{kg}\cdot\text{m}^{-3}$，所以每立方米金溶胶中溶胶颗粒数为

$$\frac{2}{\frac{4}{3}\times3.1416\times(1.3\times10^{-9})^3\times(19.3\times10^3)}\ \text{m}^{-3}=1.12\times10^{22}\ \text{m}^{-3}$$

故溶胶颗粒的体积摩尔浓度为

$$c_{\text{Au}}=\frac{(1.12\times10^{22})/(6.023\times10^{23})}{1}\ \text{mol}\cdot\text{m}^{-3}=1.86\times10^{-2}\ \text{mol}\cdot\text{m}^{-3}$$

根据 van't Hoff 稀溶液渗透压公式，该金溶胶的渗透压为

$$\pi=c_{\text{Au}}RT=[(1.86\times10^{-2})\times8.314\times298]\ \text{Pa}=46.08\ \text{Pa}$$

9.4.3 沉降与沉降平衡

如果溶胶粒子的密度比分散介质的密度大，那么在重力作用下粒子就有向下沉降(sedimentation)的趋势。沉降的后果是使底部粒子浓度大于上部，造成上下浓度差，而扩散将使浓度趋于均一。可见，重力作用下的沉降和浓度差作用下的扩散的效果是相反的。当这两种效果相反的作用相等时，粒子随高度的分布达到稳定状态，这种状态称为沉降平衡(sedimentation equilibrium)。

$$\ln\frac{n_1}{n_2}=\frac{N_AV}{RT}(\rho-\rho_0)(h_2-h_1)g \tag{9-7}$$

式中，n_1、n_2 分别是高度为 h_1、h_2 处粒子的浓度(数密度)；ρ 和 ρ_0 分别是分散相和分散介质的密度；V 是单个粒子的体积；g 是重力加速度。

不仅溶胶体系有所谓的沉降平衡，真溶液中的质点也会在重力作用下沉降，只不过因为质点很小，沉降不明显罢了。如对大气压而言有所谓的高度分布定律，其实就是扩散和下沉达到平衡的

结果。

$$p_h = p_0 \mathrm{e}^{-Mgh/RT} \tag{9-8}$$

式中,p_0 为地面大气压;p_h 为高度 h 处大气压;M 为空气平均相对分子质量;g 为重力加速度;R 和 T 分别是气体普适常数和绝对温度。

例题 9-2 气压分布服从高度分布定律,计算海拔 2 213 m 高的山顶上水的沸腾温度为多少。假设空气的体积组成为 80% N_2 和 20% O_2,气体从海平面到山顶都保持 293.2 K,水的正常汽化热为 2.278 $\mathrm{kJ \cdot g^{-1}}$。

解 根据高度分布定律,可分别计算高山上 N_2 和 O_2 的分压:

$$\begin{aligned} p_{N_2} &= p_{0,N_2} \mathrm{e}^{-M_{N_2} gh/RT} \\ &= (80\% p^{\ominus}) \exp\left(-\frac{0.028 \times 9.8 \times 2\,213}{8.314 \times 293.2}\right) \\ &= (80\% p^{\ominus}) \exp\left(-\frac{0.028 \times 9.8 \times 2\,213}{8.314 \times 293.2}\right) \\ &= 0.624 p^{\ominus} \end{aligned}$$

$$\begin{aligned} p_{O_2} &= p_{0,O_2} \mathrm{e}^{-M_{O_2} gh/RT} = (20\% p^{\ominus}) \exp\left(-\frac{0.032 \times 9.8 \times 2\,213}{8.314 \times 293.2}\right) \\ &= 0.150 p^{\ominus} \end{aligned}$$

海拔 2 213 m 的高山上的大气压为

$$\begin{aligned} p_{大气} &= p_{N_2} + p_{O_2} \\ &= 0.624 p^{\ominus} + 0.150 p^{\ominus} \\ &= 0.774 p^{\ominus} \end{aligned}$$

根据 Clausius-Clapeyron 方程,可计算山顶上的沸腾温度:

$$\ln \frac{0.774 p^{\ominus}}{p^{\ominus}} = \frac{2.278 \times 18 \times 10^3}{8.314} \mathrm{K} \left(\frac{1}{373\ \mathrm{K}} - \frac{1}{T}\right)$$

解得 $T = 366$ K。

9.5 溶胶的电学性质

从热力学的角度看,溶胶具有很大的界面能,有自发聚结的趋势,因此在热力学上是不稳定的。但事实上溶胶可以在相当长的时间内稳定存在而不聚结,说明在动力学上是稳定的。其主要原因是溶胶粒子带电。

9.5.1 电动现象

电动现象(electrokinetic phenomena)是指溶胶粒子的运动与电性质之间的关系。电动现象有电泳(electrophonesis)、电渗(electroosmosis)、流动电势(streaming potential)和沉降电势(sedimentation potential)。

(1) 电泳

在外电场作用下,溶胶中的分散相粒子在分散介质中作定向移动,称为电泳。

溶胶粒子的电泳速度与粒子所带电量及外加电势梯度成正比,与介质黏度及粒子大小成反比。

溶胶粒子比离子大很多,但实验表明溶胶电泳速度与离子电迁移速度数量级大体相当,表明溶胶粒子所带电荷的数量是相当大的。

研究电泳的实验方法很多,经常采用的是具有刻度的U形电泳仪。对电泳的研究,有助于了解溶胶粒子的结构及电性质,在生产和科学实验中也有许多应用。

(2) 电渗

与电泳现象相反,使胶粒不动而液体介质在电场中发生定向移动的现象,称为电渗。把溶胶充满在具有多孔性物质如棉花或凝胶中,使溶胶粒子被吸附而固定,在多孔性物质两侧施加电场后,可以观察到电渗现象。在同一电场下,电渗和电泳往往同时发生。

电渗现象有许多实际应用。例如在电沉积法涂漆操作中使漆膜内所含水分排到膜外以形成致密的漆膜、工业及工程中泥土或泥炭脱水等,都可以借助电渗法实现。

(3) 流动电势

在外力作用下,液体沿着固体表面流动时产生的电势称为流动电势,它是电渗的反过程。在生产实践中要考虑到流动电势的存在。例如,当用油箱或输油管道运送液体燃料时,燃料沿管壁流动会产生很大的流动电势,这常常是引起火灾或发生爆炸的原因。为此常使油箱或输油管道接地以消除之。加入少量合适的油溶性离子表面活性剂可以增加非极性燃料的电导率,也可以达到此目的。

(4) 沉降电势

在外力作用下,带电粒子相对于液体介质运动时产生的电势称为沉降电势,它是电泳现象的反过程。沉降电势是大气中雷雨放电的重要原因。

9.5.2 溶胶粒子表面电荷的来源

溶胶粒子带电的原因有多种。

(1) 选择性吸附

胶体分散系比表面大,表面能高,所以很容易吸附杂质。如果溶液中有少量电解质,溶胶粒子会选择性地吸附离子。吸附的选择性规则有两条:一是水化能力弱的离子易优先吸附,二是与溶胶粒子有相同化学元素的离子能优先吸附。由于阴离子的水化能力比阳离子弱,因而阴离子往往被优先吸附,这也是大多数溶胶粒子带负电的原因。至于第二条规则也称为Fanjans(法扬斯,波兰裔美国物理化学家)规则。若用胶溶法制备$Fe(OH)_3$溶胶,$FeCl_3$为稳定剂时,溶胶将优先吸附Fe^{3+}而带正电。

(2) 电离

有些溶胶粒子本身可以电离。例如,蛋白质分子在水中可以发生酸式电离或碱式电离从而带负电或正电。当介质的pH较低时,蛋白质发生碱式电离,带正电;当介质pH较高时,蛋白质发生酸式电离,带负电。当pH处于某个合适的数值,蛋白质所带净电量为零,此时的pH称为蛋白质的等电点(isoelectric point)。

典型的溶胶粒子如硅胶,它由许多SiO_2分子聚集而成。粒子表面的SiO_2分子与介质水作用生成H_2SiO_3,它是一个弱电解质,根据介质pH的不同,电离后硅胶粒子可以带正电或带负电。

(3) 摩擦带电

在非水介质中,古老的说法是溶胶粒子电荷来源于离子与介质间的摩擦。一般说来,由两种非导体构成的分散体系中,介电常数ε较大的一相带正电,另一相带负电。这个规则称为Coehn(科恩)规则。例如,玻璃($\varepsilon_r=5\sim6$)在水($\varepsilon_r=81$)中带负电,而在苯($\varepsilon_r=2$)中带正电。

(4) 晶格取代

晶格取代是黏土带电的原因。黏土由铝氧八面体和硅氧四面体晶格构成。天然黏土中的Al^{3+}或Si^{4+}往往被部分低价Mg^{2+}和Ca^{2+}所取代,致使黏土晶格带负电。

对于离子性固体物质,如AgI形成溶胶时,由于正、负离子的溶解量不同,也可能使胶粒表面带电。AgI 的 $K_{sp}^{\ominus}=10^{-16}$，但表面零电荷点却不是 pAg=8，而是 pAg=5.5、pI=10.5 处，这是因为 Ag^+ 较小，活动能力较强，比 I^- 容易脱离晶格而进入溶液。当溶液中 Ag^+ 的活度大于 3.162×10^{-6}（即 $10^{-5.5}$）时，溶胶才吸附 Ag^+ 而带正电荷，当 I^- 的活度大于 3.162×10^{-11}（$10^{-10.5}$），胶粒就吸附 I^- 而带负电荷。

9.5.3 溶胶粒子的双电层理论

(1) Helmholtz 平行双电层理论

1879 年，为解释溶胶的电动现象，Helmholtz 提出了双电层假说，他认为双电层是在固、液界面上形成的，正、负离子分别平行地排列在固、液两相的界面上，与平行板电容器相似，两层间的距离约与粒子的大小相等(见图 9-2)。根据这种简单的假定，Helmholtz 导出在电场作用下电泳速度 u 与电势梯度 E 有以下关系：

$$u=\frac{DE\zeta}{4\pi\eta}$$

式中，η 为液体黏度；D 为液体的介电常数；ζ 因为只有在胶粒和分散介质作反向运动时才能表现出来，故称为电动电势。

但是以下一些问题是平行板双电层理论不能解释的：

① 按液体在管内的运动情况，紧靠管壁的液层并不会流动，只有离管壁较远的液层才是流动的。因此用平行板双电层的概念解释电动现象是不能令人满意的。

② 电动电势和电极电势有何区别？为何电动电势的绝对值一般小于电极电势的绝对值？

③ 电解质为何能影响电动电势的大小？

④ 金属浸入任何一不含该金属正离子的液体中，必定带负电。而电动电势的符号不但与固相(或分散相)接触的液体种类有关，也与溶液中含有某种过剩离子有关。

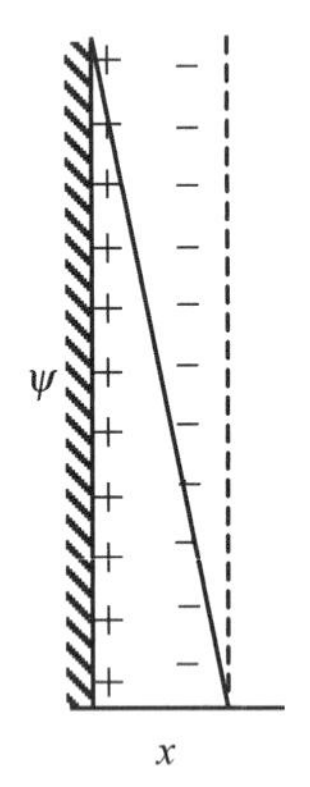

图 9-2 Helmholtz 平板双电层模型

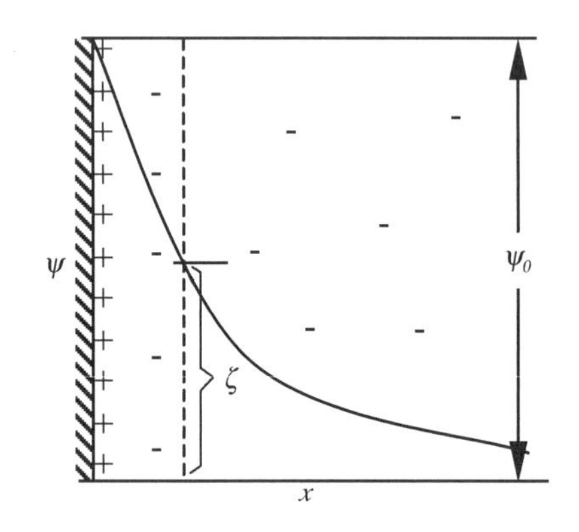

图 9-3 Gouy-Chapman 扩散双电层模型

(2) Gouy-Chapman 扩散双电层理论

Gouy(古伊，法国物理学家)、Chapman(查普曼，英国物理化学家)等人建立了扩散双电层理论，比较好地解决了上述几个问题。他们认为与固体表面离子带相反电荷的离子(反号离子，counter-ion)，由于热运动，并不是全部整齐地排列在一个面上，而是随距界面的远近，有一定的浓度分布，如图 9-3。根据他们的观点，双电层分为两部分：一部分为紧靠固体表面的不流动层，称为紧密层；另一部分与固体表面的距离可以从紧密层一直分散到本体溶液之中，此层是可以流动的。由于紧密层外界面与溶液本体之间的电势差决定溶胶粒子在电场中的运动速度，故称之为电动电势(electrokinetic potential)或 ζ 电势(zeta potential)；而热力学电势(thermodynamic potential) Ψ_0 是固体表面与溶液本体之间的电势差，它只与被吸附或电离下去的离子在溶液中的活度有关，而与其他粒子的存在与否及浓度大小无关。电动电势值是热力学电势的一部分，而且对其他粒子十分敏感，外加电解质浓度的变化会引起电动电势的显著变化。因为外加电解质浓度加大，进入紧密层的反号离子增加，从而使分散层变薄，电动电势下降。

(3) Stern 吸附扩散双电层理论

按照 Gouy-Chapman 的理论，电动电势是热力学电势的一部分，因此电动电势和热力学电势始终符号相同，且热力学电势的绝对值大于电动电势的绝对值。实际上，有时候电动电势和热力学电势的符号相反，电动电势的绝对值大于热力学电势的绝对值。因此，Stern（斯特恩，德裔美国物理学家，诺贝尔奖获得者）在 Gouy-Chapman 理论的基础上提出了吸附扩散双电层模型，初步解释了以上两个问题。Stern 认为，有时候某些离子或分子和固体间可能存在不同于电性作用的强烈吸引力，这种作用可称为特性吸附（specific absorption）。当发生特性吸附时，若被吸附的是同号离子（co-ion），可能造成电动电势的绝对值大于热力学电势的绝对值；反之，若吸附的是反号离子，则可能造成电动电势和热力学电势的符号不同（见图 9－4）。

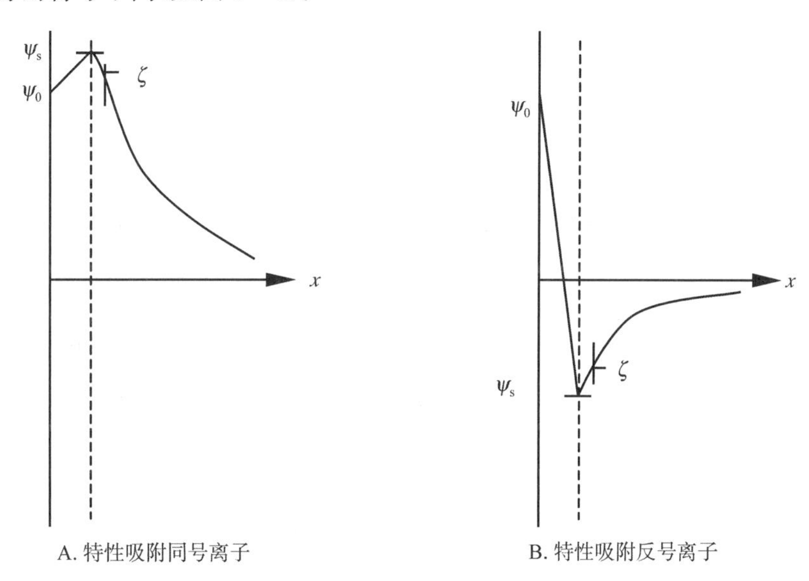

图 9－4 特性吸附时的电势变化

9.5.4 溶胶粒子的结构

依据溶胶粒子的带电原因及双电层知识，可以推测溶胶粒子的结构。以 $AgNO_3$ 和 KI 制备 AgI 溶胶为例，AgI 构成胶体粒子的中心，称为胶核（colloidal nucleus）。若 KI 过量，则胶核吸附 I^- 而带负电，反号离子 K^+ 一部分进入紧密层，一部分在分散层。若制备时 $AgNO_3$ 过量，则胶核吸附 Ag^+ 而带正电，反号离子 NO_3^- 一部分进入紧密层，另一部分在分散层。胶核、被吸附的离子以及在电场中能被带着一起移动的紧密层共同组成胶粒（colloidal particle），而胶粒与分散层一起组成胶团（micelle），整个胶团保持电中性。

$$\underbrace{\underbrace{[\underbrace{(AgI)_m}_{\text{胶核}}\cdot\overbrace{\underbrace{nI^-}_{\text{电位离子}}\cdot\underbrace{(n-x)K^+}_{\text{紧密层}}}^{\text{吸附层}}]^{x+}}_{\text{胶粒}}\cdot\underbrace{xK^+}_{\text{扩散层}}}_{\text{胶团}}$$

书写胶团结构式时，要注意电位离子的形式，如 $Fe(OH)_3$ 溶胶，由于 Fe^{3+} 水解作用，因此电位离子是 FeO^+；制备 As_2S_3 溶胶时，若 H_2S 过量，由于 S^{2-} 的强烈水解，所以电位离子是 HS^-。

9.6 电泳实验

9.6.1 电泳速度公式

当球形胶粒在电场中运动时,它同时受到电场施加的电场力 $F=qE$ 和介质对胶粒运动的阻滞力 $f=K\pi\eta rv$,当两力相等时,$qE=K\pi\eta rv$,胶粒做匀速运动。而由静电学原理可知球形胶粒表面电荷 q 与电动电势 ζ 间的关系为 $\zeta=\dfrac{q}{4\pi\varepsilon_0\varepsilon_r r}$,故有

$$\zeta=\frac{K\eta v}{4\varepsilon_0\varepsilon_r E}$$

式中,η 为介质黏度,SI 单位为 Pa·s,常用单位为 P(泊)或 cP(厘泊),1 Pa·s=10 P;v 为粒子运动速度,单位为 $m \cdot s^{-1}$;E 为电势梯度,单位为 $V \cdot m^{-1}$;ε_0 为真空绝对介电常数,$\varepsilon_0=8.85\times10^{-12}\ F \cdot m^{-1}$;$\varepsilon_r$ 为介质的相对介电常数,水的 $\varepsilon_r=81$;K 为常数,球形粒子 $K=6$,棒状粒子 $K=4$。

9.6.2 电泳测定

电泳实验方法分为宏观法和微观法。对于高分散的溶胶,如 As_2S_3 溶胶、$Fe(OH)_3$ 溶胶或过浓的溶胶,不易直接观测个别粒子的运动,适宜采用宏观法测定;对于粗颗粒的悬浮体、乳状液则适宜用微观法测定。

(1) 界面移动电泳

界面移动电泳又称为自由电泳。最简单的仪器如图 9-5 所示。U 形管中装有溶胶和超过滤液,测定时接通直流电源,观察溶胶和超过滤液的移动方向和移动的距离,代入式(9-9)中即可计算出溶胶的电动电势。

$$\zeta=\frac{\eta v}{\varepsilon_0\varepsilon_r E} \tag{9-9}$$

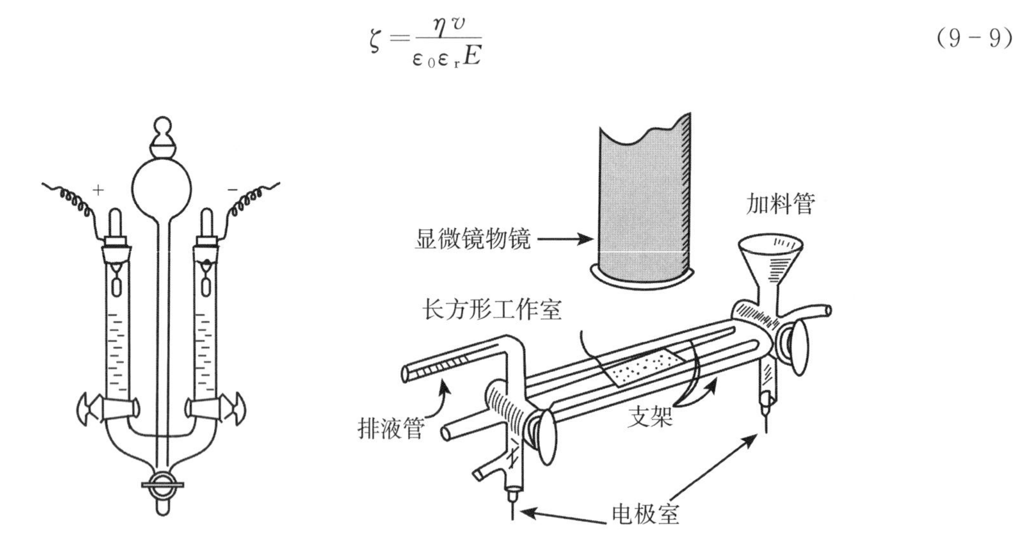

图 9-5 界面移动电泳装置　　图 9-6 显微电泳装置

(2) 显微电泳

显微电泳(microelectrophoresis)也叫微量电泳,它是借助显微镜直接观察单个粒子在电场的移动的速度和方向,以确定电动电势的大小和胶粒带电符号,所以这种方法适用于分散相质点较大体系的研究。显微电泳的优点是实验中粒子所处的介质环境未发生变化,从而避免了界面带来的麻烦和

困难;另外需要的溶胶量也较少。缺点是测定时需要考虑同时发生的电渗的影响。图 9-6 是显微电泳仪的示意图。它由显微镜、毛细电泳管、直流电源等部分组成。测定时,把溶胶置于水平毛细管内,管的两端装上可逆电极。接通电源后在显微镜下观察粒子的速度和方向,从而可求得溶胶的电动电势。

(3) 区带电泳

区带电泳(zone electrophoresis,regional electrophoresis)原理上与界面移动电泳和显微电泳略有差异,需要某些惰性物质或者凝胶作支持物,泳动物质在支持物的间隙中移动,从而避免了对流的干扰。待分离物质在支持介质上分离成若干区带。

按固相支持物的物理性状可分为滤纸及其他纤维薄膜电泳、粉末电泳、凝胶电泳及线电泳。按固相支持物装置形式可分为平板式电泳、垂直板式电泳、垂直柱式电泳(盘状电泳)及连续移动电泳。按 pH 的连续性可分为连续 pH 电泳和非连续 pH 电泳。

区带电泳是一种应用比较广泛的电泳方法,其中凝胶电泳用于蛋白质的分离,尤其适用于生物化学研究和临床诊断。

例题 9-3 在 KI 过量时制备 AgI 溶胶。用 U 形管电泳仪测定的数据如下:

电极间的距离 L/cm	时间 t/min	移动距离 s/mm	电压 U/V	黏度 η/(Pa·s)
35	30	19.1	200	0.001

试求该溶胶的 ζ 电势值。

解 因为制备 AgI 溶胶时,KI 过量,所以电位粒子为 I^-,故电动电势为负值。将有关数据代入 U 形管电泳仪测定 ζ 的公式,可得

$$\zeta = -\frac{\eta v}{\varepsilon_0 \varepsilon_r E} = -\frac{0.001 \times \dfrac{19.1 \times 10^{-3}}{30 \times 60}}{(8.85 \times 10^{-12}) \times 81 \times \dfrac{200}{35 \times 10^{-2}}}\ \text{V} = -0.025\,9\ \text{V}$$

9.7 溶胶的稳定性

溶胶的稳定性可用三个方面的稳定性来表征:热力学稳定性、动力学稳定性和聚集稳定性。

溶胶是多相体系,有巨大的界面能,热力学上是不稳定的。动力学稳定性指由于溶胶粒子强烈的 Brown 运动阻止了因重力作用而造成的下沉。动力学稳定性是相对的,因为胶粒的下沉只是迟早的问题。而聚集稳定性是指体系的分散度是否会随时间而变化。若胶粒由于某种原因而相互团聚在一起就失去聚集稳定性。LaMer 建议:当使用无机电解质使溶胶沉淀叫聚沉(coagulation);用高分子化合物使溶胶沉淀叫絮凝(flocculation);而不知使用何种试剂使溶胶沉淀时,可笼统地称为聚集(aggregation)。

溶胶稳定的原因可以归纳为以下几个方面:

(1) 动力稳定作用

溶胶粒子因为颗粒很小,Brown 运动明显,能够克服重力作用不下沉,从而保持均匀分散。影响动力学稳定性的原因显然和分散度直接相关:分散度大,胶粒愈小,Brown 运动愈剧烈,扩散能力则愈强,动力学稳定性愈大。分散介质的黏度也影响动力稳定性,黏度愈小,Brown 运动愈剧烈,胶粒沉降的黏度愈大。

(2) 胶粒带电的稳定作用

从胶团的结构可知,每一胶团都带有符号相反、大小相等的电荷。当分散介质和分散质相对运动

时，胶粒和分散层分别向相反的方向移动。胶粒和分散层带相反的电荷。当不同胶粒之间的距离较远时，胶粒之间无静电力作用，只有胶粒间的引力。虽然胶粒间的引力属于 van der Waals 引力，但与分子间的 van der Waals 引力有所不同。由于胶粒是许多分子的集合体，胶粒间的引力是这些分子引力的总和。具体的计算表明，胶粒间的引力与距离的平方成反比，而一般分子间的引力与距离的 6 次方成反比，这说明胶粒间的引力作用范围比分子间引力的作用范围要大很多，称为远程 van der Waals 力。当胶粒相互靠近至静电力作用范围后，胶粒之间因为电性相同，发生静电斥力。随着胶粒之间的距离的减小，胶粒间静电斥力将增加。胶粒间的静电斥力大于两胶粒间的吸引力，两个胶粒相碰后又将分开，从而保持溶胶的稳定。当胶粒间的距离缩短到一定程度后，胶粒间的吸引力又可以重新占优势。可以看到，从分散的胶粒到胶粒聚集到一起的过程中，存在一个胶粒间静电斥力的能垒(见图 9-7)。能垒的存在正是溶胶聚集稳定的原因，因为尽管 Brown 运动使胶粒相碰，但当离子靠近到双电层重叠时随即又发生排斥作用而使其分离。如果加入电解质使能垒降低，则 Brown 运动将足以克服能垒，此时分散相从分散介质中变为沉淀析出，称为聚沉。

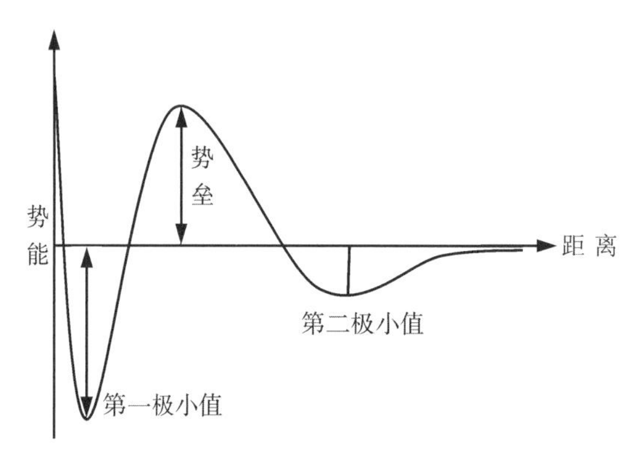

图 9-7　胶粒间相互作用势能与距离曲线的一般形状

(3) 溶剂化的稳定作用

溶胶的胶核都是憎水的，但由于它大量吸附的离子却是水化的，这降低了表面能，提高了溶胶的稳定性。另外，在胶粒周围的水化层，具有定向排列结构，当胶粒靠近时，水化层被挤压，因有力图恢复原有定向排列结构的趋势，从而使水化层具有弹性，成为胶粒相互接近进而聚沉的机械阻力。水化层较体系中的“自由水”有较高的黏度，这也构成胶粒相互接近的机械阻力。

溶剂化层和双电层的厚度相当(1～10 nm)。电动电势越大，胶粒带电越多，溶剂化层越厚，溶胶越稳定。因此电动电势的大小是衡量溶胶稳定性的重要尺度。

9.8　溶胶的聚沉

9.8.1　溶胶的聚沉

溶胶因为带电和溶剂化作用而在相当长的时间里保持稳定。但由于溶胶的高分散性，其热力学不稳定性始终存在，只要能克服双带电层的斥力，就能使溶胶聚沉。能使溶胶聚沉的方法有很多，主要的方法有外加电解质和溶胶的相互作用。

(1) 外加电解质使溶胶聚沉

外加电解质对溶胶稳定性的影响具有双重性。当电解质的浓度较小，它有助于胶粒带电而使溶胶稳定。当其浓度足够大时，由于异号电解质离子压缩双电层使电动电势降低，溶胶离子相互接近的能垒降低，因而引起溶胶的聚沉。

外加电解质使溶胶发生明显聚沉的最低浓度称为聚沉值(coagulation value)。显然聚沉值越小,电解质的聚沉能力越强。可以想见,要使溶胶聚沉,并不需要将电动电势降低为零,因为在电动电势较小时,Brown 运动就可以克服小的能垒。一般在电动电势为 20～30 mV 时,就可以发生聚沉。当电动电势 ζ 降低至零,溶胶聚沉速度最大。

反离子的价数不同,聚沉能力不同。随着离子价数的增加,聚沉能力迅速增加,大致和离子价数的六次方成正比。这个规则称为 Schulze-Hardy(舒尔茨-哈迪)规则。应当指出,这个规则是很粗略的,不能适用的例子很多。如 H^+ 虽为一价,却有很高的聚沉能力,又如有机化合物离子不论价数如何,聚沉能力都很强。

价数相同的反离子,其聚沉能力也是有差别的。实验表明,离子的水化能力越弱,聚沉能力越强。如一价阳离子的聚沉能力大小顺序为

$$H^+ > Cs^+ > Rb^+ > NH_4^+ > K^+ > Na^+ > Li^+$$

而一价阴离子的聚沉能力顺序为

$$F^- > H_2PO_4^- > Cl^- > Br^- > NO_3^- > I^- > CNS^-$$

这种同价离子按聚沉能力大小排成的序列称为感胶离子序(lyotropic series)。

与胶粒带相同电荷的同离子对溶胶的聚沉也略有影响。同离子价数越高,聚沉能力越弱。

利用电解质使溶胶聚沉的实例很多。在江海接界处,常有清水和浑水的分界面。这实际上是海水中的电解质对江河中荷负电的土壤溶胶聚沉的结果,三角洲就是这样形成的。

(2) 溶胶的相互聚沉

将带相反电荷的溶胶相互混合,也将发生聚沉。与外加电解质促使溶胶聚沉不同,只有一种溶胶的总电量恰能中和另一种溶胶的总电量时才能发生完全聚沉,否则只能发生部分聚沉,甚至不聚沉。溶胶相互聚沉的例子很多,如生活常识告诉我们,纯蓝墨水和蓝墨水是不能混用的。这是因为纯蓝墨水是酸性染料制作的溶胶,和蓝墨水的电性不同,蓝墨水是由碱性染料制作的,当它们混合时,就会发生相互聚沉。医院里用血液能否相互聚结来判断血型,也是利用这一点。

(3) 溶胶的不规则聚沉

多价反离子和大的反离子的加入可引起溶胶质点表面的重带电,从而可能导致体系的稳定和不稳定交替出现的现象称为不规则聚沉(见图 9－8)。

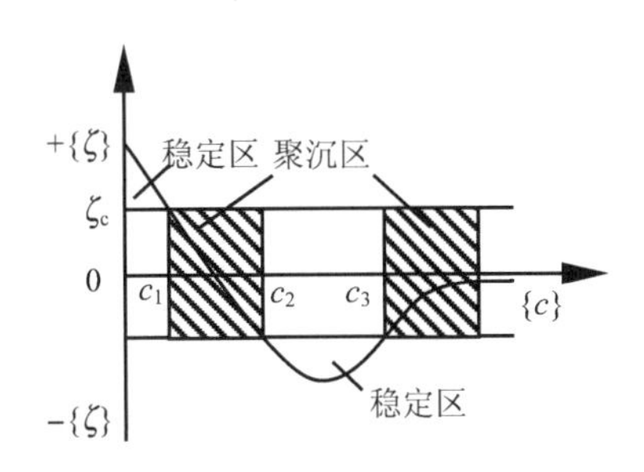

图 9－8　不规则聚沉示意图

溶胶聚沉时常存在一临界电动电势 ζ_c,当质点电动电势 $|\zeta| < |\zeta_c|$ 时将发生聚沉。多数溶胶的 $|\zeta_c| \approx 30$ mV。

9.8.2 高分子化合物对溶胶的保护作用

(1) 高分子溶液对溶胶的保护作用

当高分子化合物浓度很高时,分散相粒子被高分子所包裹,从而稳定性增加,高分子的这种作用

称为保护作用(protective action)。

(2) 高分子溶液对溶胶的絮凝作用

和电解质一样,加入高分子对溶胶的稳定性的影响也是具有两重性的。若加入的高分子化合物的量不够,有时会降低溶胶的稳定性,甚至发生聚沉,这种现象称为敏化作用(sensitization)。产生这种现象的原因,可能是因为高分子化合物吸附于溶胶粒子的表面,通过架桥方式将两个或更多个溶胶粒子连在一起,由于大分子化合物的痉挛作用而导致聚沉。LaMer(莱姆)称大分子对溶胶的这种敏化作用为架桥效应。

由于水是最常用的分散介质,因此具有亲水性的明胶、蛋白质、淀粉等大分子化合物都是良好的溶胶保护剂,应用非常广泛。如氧化铝球磨料在酸洗除铁杂质时,防止 Al_2O_3 细颗粒成胶体流失,就加入 0.21%～0.23%的阿拉伯树胶,促使 Al_2O_3 粒子快速聚沉;而在注浆成型时,又加入 1.0%～1.5%的阿拉伯树胶,以提高料浆的流动性和稳定性。又如工业上一些贵金属催化剂,如 Pt 溶胶、Cd 溶胶等,加入大分子溶液进行保护后,可以烘干以便于运输,使用时只要加入溶剂,就可以稀释成溶胶。不但在工业生成中大分子化合物对溶胶的保护作用有用武之地,血液中的难溶盐类,如 $CaCO_3$、$Ca_3(PO_4)_2$ 等就是依靠血液中蛋白质的保护而存在的。

大分子用作絮凝剂,与无机聚沉剂相比有不少优点,如效率高,一般只需加入质量比值约为 10^{-6} 的絮凝剂即可有明显的絮凝作用;絮凝物沉淀迅速,常可在数分钟内完成;沉淀物块大而疏松,便于过滤;此外在合适的条件下还可以有选择地絮凝,这对有用矿泥的回收特别有利。

9.9 乳状液

9.9.1 乳状液的基本概念

乳状液(emulsion)是一定条件下一种液体分散到另一种与之不相溶的液体中形成具有一定稳定性的液-液分散体系。被分散的物质称为分散相或分散质,分散其他物质的物质称为分散介质或分散剂。由于液-液分散体系具有巨大界面,因此分散体系热力学上是不稳定的。为了稳定乳状液必须加入(或自然形成)的第三种物质,称为乳化剂(emulsifier)。

当极性小的有机物(称为油)分散到极性大(通常为水)的液相中形成的分散体系,通常称为水包油型,记作 O/W。反之,极性大的水分散到极性小的油中形成的分散体系属于油包水型,记作 W/O。除此之外,还有所谓的多重乳液,如 O/W/O 型和 W/O/W 型。

9.9.2 乳状液稳定的基本原理

当加入表面活性剂后,它将吸附于液-液界面上,使体系的稳定性大为增加。其主要机理是:① 降低界面张力;② 在分散相液滴表面吸附形成机械的、空间的或电性的障碍,减慢分散相液滴之间的聚结。不同的体系中,各种机理的重要性可能不同。如有些高分子表面活性剂不带电,且无显著地降低表面张力的能力,但可形成稳定的强度好的界面膜,在乳化作用中占重要地位。

9.9.3 影响乳状液类型的因素

乳状液的基本类型有水包油型和油包水型。决定和影响乳状液类型的因素很多,以乳化剂的性质和结构最为重要。

(1) 能量因素与 Bancroft(班克罗夫)规则

在构成乳状液的油、水两相中,乳化剂溶解度大的一相为乳状液的外相(连续相),形成相应类型的乳状液。因此,水溶性好的乳化剂易形成 O/W 型乳状液,油溶性乳化剂易形成 W/O 型乳状液。

要注意的是，带有支链的乳化剂大多只能形成 W/O 型乳状液。

(2) 几何因素与定向楔理论

当亲水基和疏水基相差较大时，几何因素将产生主要影响。实验表明，脂肪酸的碱金属皂形成 O/W 型乳状液，而二价、三价金属皂形成 W/O 型乳状液。显然，表面活性剂如同一"定向楔"，截面积较大的一端朝向连续相(外相)，截面积较小的一端朝向非连续相(内相)。

几何因素对乳状液类型的影响只有在高浓度时才表现充分。

由表 9－2 中结果可知，同一表面活性剂在浓度低时都得到 O/W 型乳液，浓度高时得到 W/O 型乳液。

表 9－2　浓度对乳状液类型的影响

乳化剂	水相中的浓度/($mol \cdot L^{-1}$)	乳状液类型
$C_{16}H_{33}N(C_8H_{17})_2C_3H_7I$	0.033	O/W
	0.05	W/O
	0.10	W/O
$(C_{18}H_{37})_2N(CH_3)_2Cl$	0.005	O/W
	0.01	O/W
	0.091	W/O

(3) 液滴聚集动力学因素

在乳化剂存在下，将油水混合一同搅拌，聚集速度快的将形成连续相，聚集速度慢的则形成非连续相。当两相液滴聚集速度相近时，体积大的相将成为连续相。

(4) 物理因素

乳状液的制备方法和制备时所用容器有时也可影响乳状液的类型。容器器壁的影响比较有意思。一般说来，疏水性强的器壁易形成 W/O 型乳液，亲水性强的器壁易形成 O/W 型乳液。有时随着表面活性剂浓度的增加，使得原来不能润湿的器壁亲水性增强，形成的乳液也可由 W/O 型转变为 O/W 型。

9.9.4　破乳

有时候需要稳定的乳液，有时需要破乳。乳液的破坏一般要经过分层(creaming)、转相和破乳等不同阶段。能够使相对稳定的乳液破坏的外加试剂称为破乳剂。破乳剂的选择有以下基本原则：

(1) 有良好的表面活性，能够将乳化剂从界面上顶替下来。

(2) 破乳剂在油-水界面上的吸附膜不牢固，容易破裂发生聚集。

(3) 离子型乳化剂可使乳液液滴带电，相反电荷的破乳剂可使液滴表面电荷中和。

(4) 高分子破乳剂可因架桥效应使乳液聚集、分层和破乳。

(5) 固体粉末稳定的乳液，可选用固体粉末良好的润湿剂作为破乳剂，使粉末完全润湿进入水相或油相。

9.10　微乳液

9.10.1　微乳液的基本概念

微乳液(microemulsion)是在较大量的一种或两种以上两亲化合物存在下，不相混溶的液体自发形成的各向同性的透明的胶体分散系。形成微乳液时，除了油、水、表面活性剂外，通常需加入一些中等链长的极性有机物，称为助表面活性剂(cosurfactant)。如果乳化剂为非离子型，常不需要加入助表面活性剂。微乳液液滴大小一般在 10～100 nm 之间，大致介于表面活性剂胶束和溶胶之间，远小于乳状液液滴大小。一般认为微乳液是热力学稳定体系。

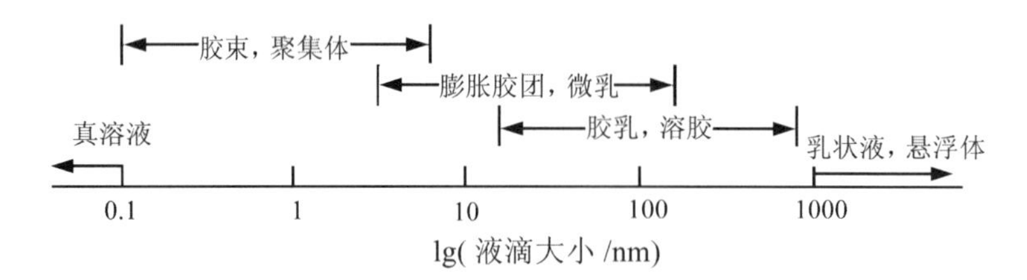

乳状液有两种基本类型，即水包油型和油包水型。微乳液除了有水包油型和油包水型外，还有第三种类型——微乳双连续相(bicontinuous phase)，也称微乳中相。微乳中相的特点是水相和油相都是连续的。

9.10.2 微乳液的性质

微乳液的分散相介于胶束(或称胶团)与溶胶之间，所以有的性质与胶团相近，有的与乳状液接近。

(1) 微乳液是透明的。微乳液的这种光学特性是它的分散相粒子很小的结果。一般认为它的粒度在 8～80 nm 之间。

(2) 微乳液有极大的界面面积。

(3) 微乳液具有极低的界面张力。微乳液可以与过量的油相或水相形成界面；微乳中相既可以与油相又可以与水相形成界面。微乳中相与油相、水相构成三相平衡体系，三相中微乳中相与油相、水相的两界面张力很小，可达到超低界面张力的水平(10^{-3} mN・N^{-1} 以下的界面张力称为超低界面张力)。

9.10.3 微乳液的应用

微乳液的应用范围很广。如十二烷基聚氧乙烯醇乳化剂可使标准内燃机油形成 W/O 型微乳液中增溶入 30%的水。这种掺水燃料可改善排出废气的质量，并且工作状况良好。微乳液上光剂所含蜡粒子小于可见光波长，使用后无须抛光。

由于微乳液对水或油均有高增溶能力，因此 W/O 型微乳液干洗液对油溶性污垢有强烈的溶解能力，对水溶性污垢有良好的增溶能力。此类干洗液较之仅能去除油溶性污垢的干洗液有更大的使用价值。

石油是重要的战略资源。油田建成后靠一次采油、二次采油仅能采出约 30%。采用三次采油技术可将采收率提高到 80%～85%。三次采油技术包括碱水驱、表面活性剂驱等，微乳液驱是其中的一种。为了提高采收率，常加入润湿剂，这种表面活性剂水溶液被称为活性水。当岩石孔壁上吸附了原油中活性物质后，孔壁被非极性链形成的膜覆盖，孔壁由高能面改性成为低能面，于是残油在其上形成小于 90°的接触角，油在壁上附着力强，不易被水所带走。当加入活性水后，其中的润湿剂可被吸附在油-水界面上，使界面由亲油的改变为亲水的，于是易被水流带走，提高水驱油效率(见图 9-9)。

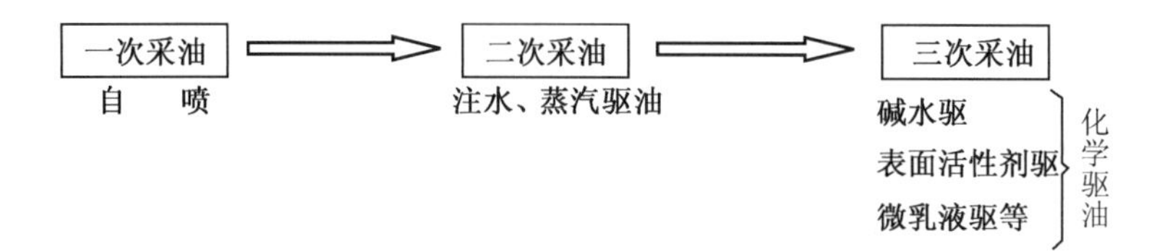

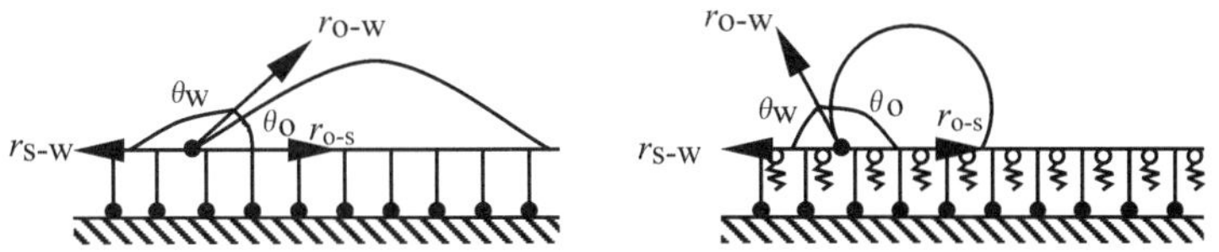

图 9-9 活性水驱油原理

●—— 原油中的活性物 ~~ 润湿剂

但是,润湿剂易被岩石孔壁吸附,使其在水中浓度大大降低,驱油效果不理想。采用微乳液驱油可以有效地提高采收率。因为中相微乳可以与油相和水相分别形成张力很低的界面,又具有同时与水和油混溶的能力,故可携带滞留于地层孔隙中的原油顺利地通过地层毛细孔流向生产井。

9.11 高分子溶液

9.11.1 高分子化合物的结构特点

一般有机化合物的相对分子质量约在 500 以下,可是有些有机物如蛋白质、纤维素等很大。通常将相对分子质量为 10^4~10^6 的物质称为高分子化合物或高聚物(macromolecule,polymer)。

高聚物根据来源的不同,可分为天然高分子化合物和合成高分子化合物。无论来源如何,高分子化合物都是由一种或几种简单化合物通过共价键连接而成,前者就是所谓的均聚物,后者即共聚物。高聚物结构上的重复单元称为链节,重复的次数 n 称为聚合度。

根据高分子化合物的分子链长度以及结构单元之间结合方式的不同,高分子化合物的结构分为三种类型:线型、支链型和体型。线型或支链型高分子彼此以物理力聚集在一起,因此可以溶解在适当的溶剂中;体型高分子可以看作许多线型或支链型的高分子由化学键连接,适当溶剂可使之溶胀,但不溶解。如果高分子主链与溶剂结构相似,溶剂和高分子化合物间的吸引力大于链间的内聚力,则高分子线团充分松弛,这种溶剂称为良溶剂(good solvent);反之,二者结构差异很大,链间内聚力大于溶剂与高分子间的黏附力,高分子就紧缩成线团,则很难施展其动态的柔顺性,这种溶剂称为不良溶剂(poor solvent)。

高分子溶液中高分子化合物通常呈卷曲状态,分子链越柔顺,分子卷曲得越厉害。高分子的柔顺性(flexibility)与单键可以绕固定键角不停地内旋转有关。当主链上一个链节的单键发生内旋转时,会影响相邻的链节,这些受到相互影响的链节的聚合体可以作为主链上能独立运动的单元,称为链段(segment)。这样,高分子化合物的运动既有高分子本身整体性的运动,又有各个链段的独立单元运动,形成了高分子化合物特有的运动单元的多重性。高分子特殊的结构决定了其运动单元的多重性,运动单元的多重性是高分子溶液不同于低分子溶液的某些特殊物理、化学性质的内在原因。

高分子溶液与溶胶、小分子溶液的比较见表 9-3。

表 9-3 高分子溶液与溶胶、小分子溶液的比较

	溶　胶	高分子溶液	小分子溶液
分散相大小	1~100 nm	1~100 nm	<1 nm
分散相存在的单元	多小分子组成的胶粒	众多小分子聚合的大单分子	小单分子
能否通过半透膜	不能	不能	能
扩散速度	慢	慢	快
热力学稳定体系	不稳定	稳定	稳定

续表

	溶　　胶	高分子溶液	小分子溶液
Tyndall效应	强	微弱	微弱
黏度大小	小	大	小
对外加电解质的敏感性	敏感	不敏感,大量电解质会盐析	不敏感
聚沉的可逆性	不可逆	可逆	可逆

9.11.2　高分子溶液的基本特性

一般高分子很难溶解在溶剂中。当高分子物质和溶剂接触时,由于它们性质相差悬殊,溶剂分子渗透到高分子之间的速度远大于链状高分子扩散到溶剂的速度。随着溶剂的不断渗透,高分子的体积将不断膨胀,这种现象可称为溶胀(swelling)现象。若溶剂是良溶剂,溶胀将一直进行到无限溶胀(unlimited swelling)状态,溶剂在高分子间的渗透达到平衡,形成高分子溶液。可见,高分子溶液的形成分成两个阶段进行:第一阶段是溶剂在高分子间的溶胀;第二阶段是溶胀的继续,称为无限溶胀。要注意的是,有的物质不能无限溶胀,只停留在溶胀阶段,所以就不能形成溶液。

溶　胀 ⟹ 无限溶胀
第一阶段　　第二阶段

由于高分子溶液和溶胶粒子线度范围相同,因此它们有很多相同点,如扩散慢,都不能通过半透膜等,但它们之间的差别却是本质的。当高分子物质和溶剂之间的扩散达到动态平衡时,高分子物质和溶剂形成热力学稳定的溶液,这种溶液遵守相律和化学平衡准则,可用热力学方法处理。但是高分子溶液和小分子溶液不完全相同,高分子溶液在热力学性质上有一些“反常”的现象。如小分子稀溶液接近理想溶液,服从Raoult定律,$\frac{p-p^*}{p^*}=x_{小}$。但高分子稀溶液不服从Raoult定律,$\frac{p-p^*}{p^*}>x_{高}$。小分子稀溶液服从van't Hoff渗透压定律,$\pi_{小}=\frac{RTC_{小}}{M}$,但高分子稀溶液不服从,$\pi_{高}>\frac{RTC_{高}}{M}$。高分子溶液的这些依数性增大的现象,主要是高分子链段可作为运动单元所致。高分子无热溶液的混合熵变

$$\Delta S_{\mathrm{mix}}=-R\left(n_1\ln\frac{n_1V_{\mathrm{m},1}}{n_1V_{\mathrm{m},1}+n_2V_{\mathrm{m},2}}+n_2\ln\frac{n_2V_{\mathrm{m},2}}{n_1V_{\mathrm{m},1}+n_2V_{\mathrm{m},2}}\right)$$

也比小分子稀溶液的混合熵变$\Delta S_{\mathrm{mix}}=-R(n_1\ln x_1+n_2\ln x_2)$大很多,其原因还是可以归结到高分子长链的柔顺性及其构象运动上去,因此测定高分子溶液的混合熵变ΔS_{mix}可以估计高分子的柔顺性。

9.12　高分子相对分子质量及其分布

正如溶胶粒子一样,粒子线度不同,粒子的分散度不同,高分子的聚合度不同,相对分子质量不同。因此高分子与小分子不同,一般并非单分散的,存在相对分子质量的分布问题。因此高分子的相对分子质量的含义与小分子也不同,高分子的相对分子质量只具有统计意义。统计方法不同,相对分子质量亦不同。

9.12.1　高分子的几种相对分子质量表示方法

(1) 数均相对分子质量(number average molecular weight, $\overline{M}_n$)

数均相对分子质量,就是相对分子质量的数学平均值。

$$\overline{M}_n=\frac{n_1M_1+n_2M_2+\cdots+n_iM_i}{n_1+n_2+\cdots+n_i}=\frac{\sum n_iM_i}{\sum n_i}=\sum x_iM_i \tag{9-10}$$

式中，n_i 表示组分 i 物质的量；M_i 为组分 i 的相对分子质量；x_i 为组分 i 的物质的量分数。用冰点降低法、沸点升高法、渗透压法、端基分析法测定的相对分子质量为数均相对分子质量。数均相对分子质量对相对分子质量较小的高分子特别敏感。

(2) 质均相对分子质量(weight average molecular weight, $\overline{M}_m$)

质均相对分子质量就是质量平均值，所以其统计公式可表示如下：

$$\overline{M}_m=\frac{m_1M_1+m_2M_2+\cdots+m_iM_i}{m_1+m_2+\cdots+m_i}=\frac{\sum m_iM_i}{\sum m_i}=\sum w_iM_i \tag{9-11}$$

式中，m_i 表示组分 i 的质量；M_i 为组分 i 的相对分子质量；w_i 为组分 i 的质量分数。质均相对分子质量对相对分子质量大的高分子较为敏感。用光散射法测得的是质均相对分子质量。

(3) Z 均相对分子质量(Z-average molecular weight, $\overline{M}_Z$)

Z 均相对分子质量用下式统计：

$$\overline{M}_Z=\frac{Z_1M_1+Z_2M_2+\cdots+Z_iM_i}{Z_1+Z_2+\cdots+Z_i}=\frac{\sum Z_iM_i}{\sum Z_i}=\frac{\sum n_iM_i^3}{\sum n_iM_i^2} \tag{9-12}$$

Z 均相对分子质量对相对分子质量大的高分子特别敏感。用超离心沉降法测得的是 Z 均相对分子质量。

(4) 黏均相对分子质量(viscosity-average molecular weight, $\overline{M}_\eta$)

用黏度法测得的是黏均相对分子质量，可用如下公式表示：

$$\overline{M}_\eta=\left[\sum w_iM_i^\alpha\right]^{\frac{1}{\alpha}}=\left[\frac{\sum m_iM_i^\alpha}{\sum m_i}\right]^{\frac{1}{\alpha}}=\left[\frac{\sum n_iM_i^{(\alpha+1)}}{\sum n_iM_i}\right]^{\frac{1}{\alpha}} \tag{9-13}$$

α 是主要与高分子化合物在溶剂中的形态有关的常数。在良溶剂中，α 趋于 1；在不良溶剂中，α 趋于 0.5。因此一般情况下，$\overline{M}_n<\overline{M}_\eta<\overline{M}_m$。

高分子相对分子质量的各种统计方法见表 9-4。

表 9-4 高分子相对分子质量的各种统计方法

相对分子质量的种类	数学表达式	测定方法
数均相对分子质量 $\overline{M}_n$	$\overline{M}_n=\frac{n_1M_1+n_2M_2+\cdots+n_iM_i}{n_1+n_2+\cdots+n_i}=\frac{\sum n_iM_i}{\sum n_i}=\sum x_iM_i$	冰点降低法、渗透压法、沸点升高法、端基分析法
质均相对分子质量 $\overline{M}_m$	$\overline{M}_m=\frac{m_1M_1+m_2M_2+\cdots+m_iM_i}{m_1+m_2+\cdots+m_i}=\frac{\sum m_iM_i}{\sum m_i}=\sum w_iM_i$	光散射法
Z 均相对分子质量 $\overline{M}_Z$	$\overline{M}_Z=\frac{Z_1M_1+Z_2M_2+\cdots+Z_iM_i}{Z_1+Z_2+\cdots+Z_i}=\frac{\sum Z_iM_i}{\sum Z_i}=\frac{\sum n_iM_i^3}{\sum n_iM_i^2}$	超离心沉降法
黏均相对分子质量 $\overline{M}_\eta$	$\overline{M}_\eta=\left[\sum w_iM_i^\alpha\right]^{\frac{1}{\alpha}}=\left[\frac{\sum m_iM_i^\alpha}{\sum m_i}\right]^{\frac{1}{\alpha}}=\left[\frac{\sum n_iM_i^{(\alpha+1)}}{\sum n_iM_i}\right]^{\frac{1}{\alpha}}$	黏度法

例题 9-4 设有一聚合物样品，其中相对摩尔质量为 10^4 g·mol^{-1} 的分子有 10 mol，相对摩尔质量为 10^5 g·mol^{-1} 的分子有 5 mol，$\alpha=0.6$，分别求 $\overline{M}_n$、$\overline{M}_m$、$\overline{M}_Z$、$\overline{M}_\eta$。

解 $\overline{M}_n=\dfrac{\sum n_iM_i}{\sum n_i}=\dfrac{10\ \text{mol}\times10^4\ \text{g}\cdot\text{mol}^{-1}+5\ \text{mol}\times10^5\ \text{g}\cdot\text{mol}^{-1}}{10\ \text{mol}+5\ \text{mol}}=4\times10^4\ \text{g}\cdot\text{mol}^{-1}$

$$\overline{M}_m=\frac{\sum n_iM_i^2}{\sum n_iM_i}=\frac{10\ \text{mol}\times(10^4\ \text{g}\cdot\text{mol}^{-1})^2+5\ \text{mol}\times(10^5\ \text{g}\cdot\text{mol}^{-1})^2}{10\ \text{mol}\times10^4\ \text{g}\cdot\text{mol}^{-1}+5\ \text{mol}\times10^5\ \text{g}\cdot\text{mol}^{-1}}=8.5\times10^4\ \text{g}\cdot\text{mol}^{-1}$$

$$\overline{M}_Z=\frac{\sum n_iM_i^3}{\sum n_iM_i^2}=\frac{10\ \text{mol}\times(10^4\ \text{g}\cdot\text{mol}^{-1})^3+5\ \text{mol}\times(10^5\ \text{g}\cdot\text{mol}^{-1})^3}{10\ \text{mol}\times(10^4\ \text{g}\cdot\text{mol}^{-1})^2+5\ \text{mol}\times(10^5\ \text{g}\cdot\text{mol}^{-1})^2}=9.8\times10^4\ \text{g}\cdot\text{mol}^{-1}$$

$$\overline{M}_\eta=\left[\frac{\sum n_iM_i^{(\alpha+1)}}{\sum n_iM_i}\right]^{\frac{1}{\alpha}}=\left[\frac{10\ \text{mol}\times(10^4\ \text{g}\cdot\text{mol}^{-1})^{(0.6+1)}+5\ \text{mol}\times(10^5\ \text{g}\cdot\text{mol}^{-1})^{(0.6+1)}}{10\ \text{mol}\times10^4\ \text{g}\cdot\text{mol}^{-1}+5\ \text{mol}\times10^5\ \text{g}\cdot\text{mol}^{-1}}\right]^{\frac{1}{0.6}}$$

$$=8\times10^4\ \text{g}\cdot\text{mol}^{-1}$$

9.12.2 高分子相对分子质量分布及多分散系数

高分子的聚合度不同,分子链长短不一,这种特性被称为多分散性。一般用相对分子质量分布曲线来描述高分子的多分散程度。

相对分子质量的分布曲线可以利用高分子各组分的溶解性能不同或者各组分在多孔填料中占据的空间体积不同来测定。根据测定的各组分的质量分数对相对分子质量作图,即可绘制出相对分子质量曲线。典型的相对分子质量分布曲线如图 9-10 所示。

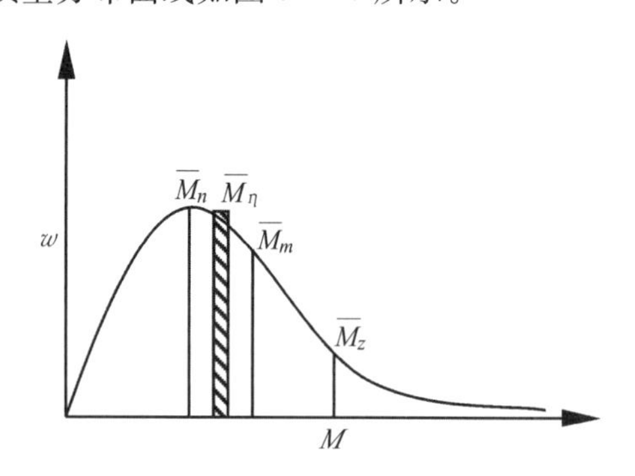

图 9-10 典型相对分子质量分布曲线示意图

用相对分子质量分布曲线表征高分子的多分散性优点之一是比较直观,给出的信息也比较全面。高分子的多分散性还可以用多分散指数来表征,它被定义为 Z 均相对分子质量与质均相对分子质量之比或质均相对分子质量与数均相对分子质量之比,$d=\dfrac{\overline{M}_Z}{\overline{M}_m}$ 或 $d=\dfrac{\overline{M}_m}{\overline{M}_n}$。显然,单分散体系的 $d=1$。要引起注意的是,$d=1$ 时,体系未必是单分散的。一般地,d 的数值在 1.5~50 之间。

9.13 高分子溶液的流变性

9.13.1 Newton 黏度定律

流体之于固体主要区别在于流动性,流体不同,流动性亦不同。流动性的不同在于流体内部摩擦程度的不同,可以用黏度表示流体的内摩擦程度。

若 A 板保持固定,B 板以速度 v 沿 y 方向做匀速运动;将液体沿 x 方向分成很多薄层,那么各液层的流动速度随离 A 板的距离而变化,即存在速度梯度 $\dfrac{dv}{dx}$,$D=\dfrac{dv}{dx}\neq0$。紧靠 A 板的液层受到 A

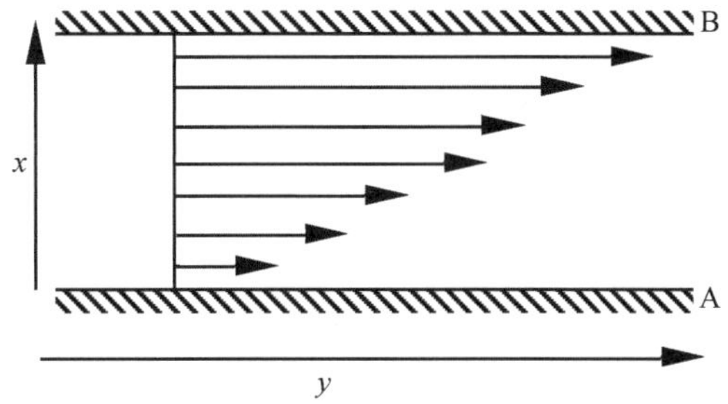

图 9-11 流体在两平行板间层流示意图

板的摩擦几乎不流动；紧靠 B 板的液层流速最大，图中所示的流线长度最长(见图 9-11)。实验表明，流体的这种流动单位面积上的推动力即切力 $\tau=\dfrac{F}{A}$ 与速度梯度即切速成正比，可以表示如下：

$$\tau=\eta D \tag{9-14}$$

比例系数 η 称为黏度或黏度系数(coefficient of viscosity)。式(9-14)称为 Newton 黏度定律，因此 η 也被称为 Newton 黏度。切力 $\tau=\dfrac{F}{A}$ 的 SI 单位为 Pa，切速的 SI 单位为 s^{-1}，因此黏度的 SI 单位为 Pa·s。但黏度的常用单位是 P(泊，poise)或 cP(厘泊)，它们的换算关系为 1 Pa·s = 10 P = 1 000 cP。如 293 K 时，水的黏度为 1.009×10^{-3} Pa·s 或 1.009 cP。

黏度是流体内摩擦的表征，是流体分子间相互作用的反映。液体的黏度一般随温度的升高而降低，即存在关系式 $\eta=A\exp\dfrac{B}{RT}$。但对于气体，温度升高，气体分子的热运动加剧，黏度增大。

9.13.2 Einstein 黏度公式

黏度不但与温度有关，还与溶解其中的溶质有关，溶液浓度越大，黏度越大。稀溶液($\phi<0.02$)中，黏度行为服从 Einstein 公式：

$$\eta=\eta_0(1+\alpha\phi) \tag{9-15}$$

式中，η_0 是介质的黏度；α 是形状系数；ϕ 为分散相在分散体系中的体积分数。

质点形状	球形	椭球形(长短轴比为 4)	层片状(宽厚比为 12.5)
α	2.5	4.8	53

对于较大浓度(ϕ 约为 0.06)的分散体系，球形分散相质点间存在相互作用，用 ϕ 的幂级数来修正：

$$\eta=\eta_0(1+2.5\phi+14.1\phi^2+\cdots) \tag{9-16}$$

9.13.3 黏度的各种表示方法

将式(9-15)变形可得 $\dfrac{\eta}{\eta_0}=1+\alpha\phi$，$\dfrac{\eta}{\eta_0}$ 称为相对黏度(relative viscosity)，用 η_r 表示。继续将式(9-15)变形还可得 $\dfrac{\eta-\eta_0}{\eta_0}=\alpha\phi$，$\dfrac{\eta-\eta_0}{\eta_0}$ 称为增比黏度(specific viscosity)，用 η_{sp} 表示。如果将 ϕ 用 c 替换，式(9-15)可写为 $\dfrac{\eta_{sp}}{c}=\alpha$，$\dfrac{\eta_{sp}}{c}$ 称为比浓黏度(reduced viscosity)，用 η_c 表示。当浓度无限小时，比浓黏度的极限称为特性黏度(intrinsic viscosity)，即特性黏度定义为 $[\eta]\overset{\text{def}}{=\!=}\lim\limits_{c\to0}\dfrac{\eta_{sp}}{c}$。特性

黏度是几种黏度中最能反映高分子本性的物理量，因为它是无限稀释时的溶液黏度行为，已经消除了高分子之间的相互作用的影响，只与溶质分子的结构、大小及在溶液中的形态等因素有关，又被称为结构黏度(structural viscosity)。故而结构黏度与高分子的相对分子质量有关。Staudinger(斯陶丁格)公式就表明了这种关系：

$$[\eta]=k\overline{M}_{\eta}^{\alpha} \tag{9-17}$$

式中，k 和 α 均是与溶剂、溶质及温度有关的经验常数。若事先用其他方法测定高分子各组分的相对分子质量和特性黏度，用 $\ln\{[\eta]\}$-$\ln\{M_\eta\}$ 作图，从直线的截距和斜率分别可得出 k 及 α(见图 9-12)。

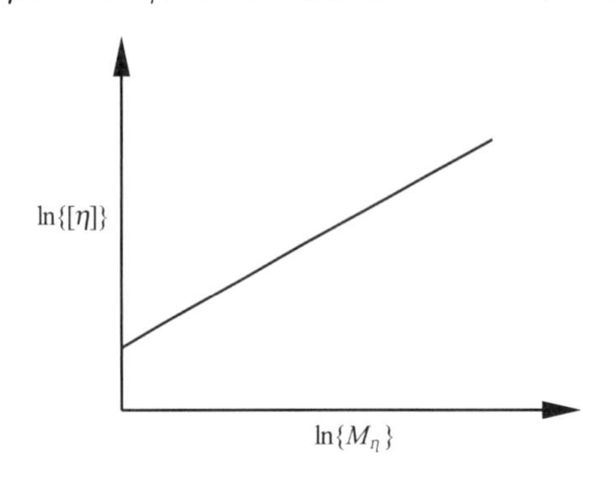

图 9-12　作图法求 Staudinger 公式中经验常数 k、α

黏度的几种表示方法总结如表 9-5。

表 9-5　黏度的几种表示法

类　型	定　义	单　位
Newton 黏度	$\eta \overset{\text{def}}{=\!=} \dfrac{\tau}{D}$	Pa·s 或 P、cP
相对黏度	$\eta \overset{\text{def}}{=\!=} \dfrac{\eta}{\eta_0}$	单位为 1
增比黏度	$\eta_{sp} \overset{\text{def}}{=\!=} \dfrac{\eta-\eta_0}{\eta_0}$	单位为 1
比浓黏度	$\eta_c \overset{\text{def}}{=\!=} \dfrac{\eta_{sp}}{c}$	浓度单位的倒数，如 $mol^{-1}\cdot dm^3$ 等
特性黏度	$[\eta] \overset{\text{def}}{=\!=} \lim\limits_{c\to 0}\dfrac{\eta_{sp}}{c}$	浓度单位的倒数，如 $mol^{-1}\cdot dm^3$ 等

例题 9-5　298 K 时，用一定方法测定了不同级分的聚己内酰胺的相对分子质量和其在间甲酚中的特性黏度：

相对分子质量 $\times 10^{-3}$	3.50	4.46	7.69	13.0	17.6	21.6	30.8
$[\eta]/(dm^3\cdot g^{-1})$	0.36	0.43	0.61	0.87	1.10	1.25	1.59

试求出 Staudinger 公式的经验常数 k、α。

解　按照 Staudinger 公式的线性形式处理数据如下表：

$\ln\{M\}$	8.160 5	8.402 9	8.947 7	9.472 7	9.775 7	9.980 4	10.335 3
$\ln\dfrac{[\eta]}{dm^3\cdot g^{-1}}$	−1.021 7	−0.844 0	−0.494 3	−0.139 3	0.095 3	0.223 1	0.463 7

用 $\ln\dfrac{[\eta]}{dm^3\cdot g^{-1}}$-$\ln\{M\}$ 线性拟合得方程

$$\ln \frac{[\eta]}{\mathrm{dm^3 \cdot g^{-1}}} = -6.590\ 55 + 0.682\ 55 \ln\{M\}$$

$$(r = 0.999\ 83, n = 7)$$

所以 $\ln \frac{k}{\mathrm{dm^3 \cdot g^{-1}}} = -6.590\ 55, k = 1.37 \times 10^{-3}\ \mathrm{dm^3 \cdot g^{-1}}, \alpha = 0.682\ 55$。

9.13.4 流变曲线及流型

流体区别于固体的一个重要特性就是流变性(rheologic property),流变性就是在外力作用下发生形变与流动的性质。纯溶剂、小分子溶液等属于 Newton 型流体,遵守 Newton 黏度定律;大分子浓溶液的流变性比较复杂,不遵守 Newton 黏度定律,称为非 Newton 型流体(non-Newtonian fluid)。常用流变曲线来描绘各种非 Newton 型流体的特征。

流变曲线就是切速 D 与切力 τ 的关系曲线。根据流变曲线的不同特征,将流体大致分为五种类型:Newton 型、塑流型、假塑流型、胀流型、触变流型。

(1) Newton 型(Newtonian typc)

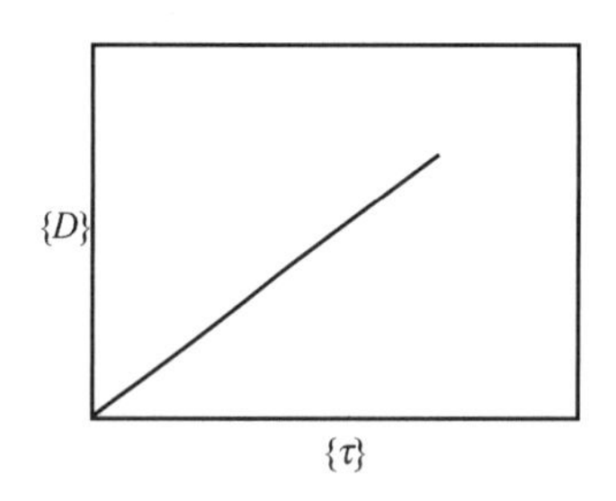

Newton 型流体遵守 Newton 黏度定律,其流变曲线是通过原点的直线。根据 Newton 黏度定律,流体的黏度

$$\eta = \frac{\tau}{D} = \frac{\mathrm{d}\tau}{\mathrm{d}D} = \frac{1}{\frac{\mathrm{d}D}{\mathrm{d}\tau}}$$

即黏度是直线斜率的倒数,斜率越大,黏度越小,且流体的黏度始终保持为常数。Newton 型流体常称为真液体。

(2) 塑流型(plastic flow type)

塑流型流体的流变曲线为不通过原点的曲线。当施加的切力 τ 较小时,体系只发生弹性形变,当 τ 超过某一临界值 τ_y 时,体系就永久变形,D - τ 呈直线关系。这种使流体发生永久形变的临界切力称为屈服值(yield value),用 τ_y 或 τ_c 表示。屈服值的存在可以理解为分散体系达到一定浓度后,分散相粒子之间间距很小,受到氢键作用或范德华力作用,形成立体网状结构。当 $\tau < \tau_y$ 时,流体只发生弹性形变;当 $\tau > \tau_y$ 时,体系的网状结构被拆散,体系开始流动。塑流型流体的这种特点可以从其流变曲线上表现出来,亦可以用如下的公式表示:

$$\tau - \tau_y = \eta_p D$$

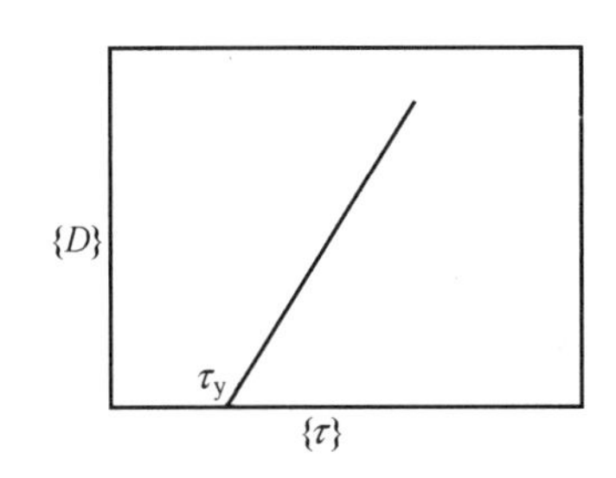

η_p 称为塑性黏度(plastic viscosity)。不难简单推导出表观黏度 η_a(apparent viscosity)与切力 τ 的关系:

$$\eta_a = \frac{\tau}{D} = \frac{\tau_y + \eta_p D}{D} = \eta_p + \frac{\tau_y}{D} = \eta_p + \frac{\tau_y}{\frac{\tau - \tau_y}{\eta_p}} = \frac{\eta_p}{1 - \frac{\tau_y}{\tau}}$$

当 $\tau \leqslant \tau_y$ 且无限接近时,$\eta_a = \infty$,流体只发生弹性形变;当 $\tau > \tau_y$ 时,η_a 随 τ 的增大而减小。塑流型流体的最早研究者是 Bingham(宾厄姆,美国化学家,流变学理论与实践先驱),故又称 Bingham 体,油漆、牙膏等就是 Bingham 体。

(3) 假塑流型(pseudoplastic flow type)

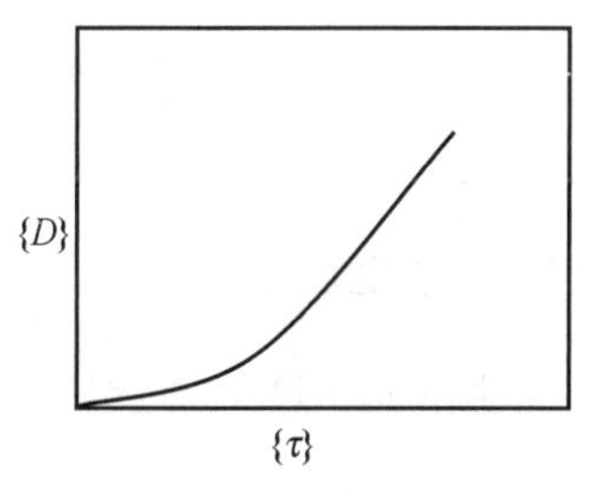

假塑流型流体的流变曲线是通过原点的曲线,和塑流型的区别

在于没有屈服值。D-τ 关系符合如下公式：

$$\tau = KD^n (0 < n < 1)$$

流体的表观黏度 $\eta_a = \dfrac{\tau}{D} = \dfrac{KD^n}{D} = \dfrac{K}{D^{1-n}}$，随切速增加而降低，这种现象可称为切稀(shear thinning)。长链高分子化合物悬浮体是典型的假塑流型流体。静止时分子链任意相互纠缠，但由于静电斥力占优势而不易形成结构。运动时，分子链趋向于平行流动方向顺序排列，运动阻力减小，表观黏度降低。

(4) 胀流型(dilatant flow type)

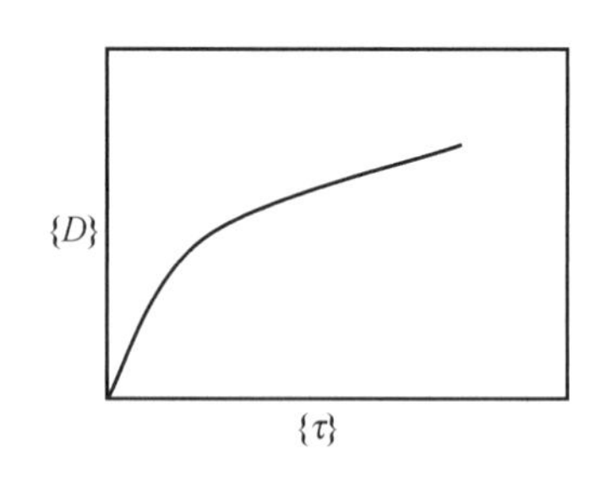

胀流型流体也是流变曲线通过原点的流体，和假塑流型的区别在于曲线的方向不同。D-τ 关系符合如下公式：

$$\tau = KD^n (n > 1)$$

流体的表观黏度 $\eta_a = \dfrac{\tau}{D} = \dfrac{KD^n}{D} = KD^{n-1}$，随切速增加而增加，这种现象可称为切稠(shear thickening)。其原因在于静止时体系中质点是分散的，流动时质点相互碰撞而形成结构，因而黏度增加。

假塑流型流体和胀流型流体可以用相同的公式 $\tau = KD^n$ 描述，因而被统称为幂律流体。

流体常见的流型见表 9-6。

表 9-6　流体常见的类型

<table>
<tr><td rowspan="6">非 Newton 型流体</td><td rowspan="5">黏性流体</td><td rowspan="3">与时间无关</td><td rowspan="2">无屈服值</td><td>胀流型</td></tr>
<tr><td>假塑流型</td></tr>
<tr><td>有屈服值</td><td>塑流型</td></tr>
<tr><td rowspan="2">与时间有关</td><td colspan="2">触变流型</td></tr>
<tr><td colspan="2">负触变流型(流凝型或震凝型)</td></tr>
<tr><td colspan="4">黏弹性流体</td></tr>
<tr><td>Newton 型流体</td><td colspan="4"></td></tr>
</table>

(5) 触变流型(thixotropic flow type)

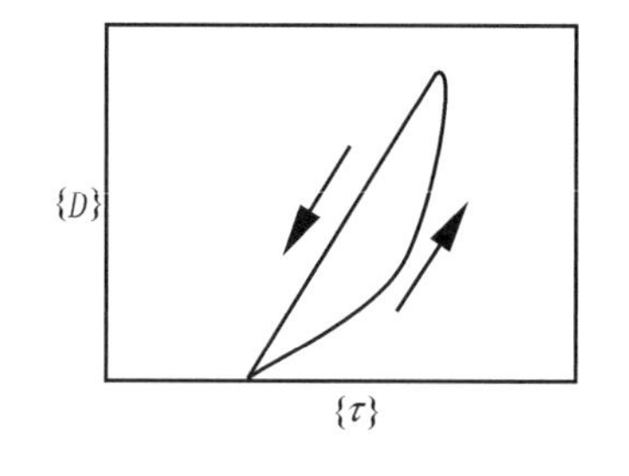

前述四种流型在温度一定时，τ 仅为 D 的函数，与时间无关。某些流体的黏度不仅与切速有关，而且与体系遭受切力作用的时间长短有关，它们是时间依赖型流体：触变流型和流凝型或称负触变流型。其中触变流型较为常见。

触变性流体内的分散相质点形成结构，流动时结构破坏，停止流动时结构恢复，但结构的恢复需要时间，因此在流变曲线上形成滞后环(hysteresis loop)，滞后环的大小表征了触变性的大小。如 $Fe_2O_3 \cdot xH_2O$ 水溶胶、某些凡士林软膏属于触变流型流体。

9.14　高分子化合物平均相对分子质量的测定

9.14.1　渗透压法

根据 van't Hoff 渗透压公式，小分子溶液的 π-c 关系是一条直线；而高分子溶液即使是稀溶液也

不是直线关系(见图 9 - 13)。这主要是由于:

(1) 高分子运动单元的多重性;

(2) 高分子溶剂化作用减少了“自由”溶剂的数目,提高了溶液的浓度。高分子的渗透压一般用所谓的 virial 公式表示:

$$\frac{\pi}{c}=RT\left(\frac{1}{M}+A_2c+A_3c^2+\cdots\right)$$

式中 A_2、A_3 即所谓的 virial 第二、第三系数,它们分别表示了高分子链段之间及高分子与溶剂之间相互作用引起溶液对理想溶液的偏差。稀溶液时,virial 公式可简化为

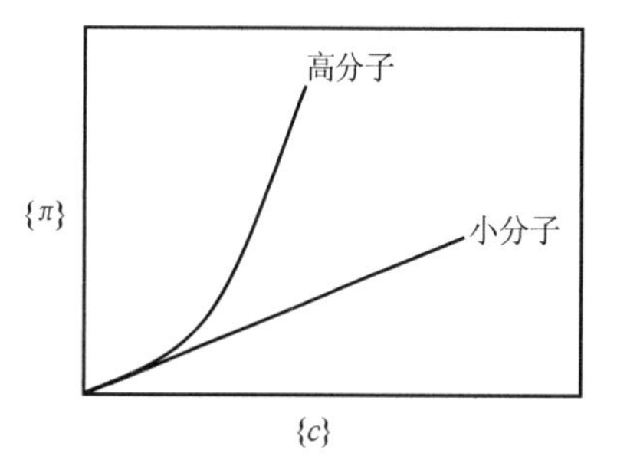

图 9 - 13　小分子和高分子溶液的 π-c 关系

$$\frac{\pi}{c}=RT\left(\frac{1}{M}+A_2c\right) \tag{9-18}$$

若以 $\frac{\pi}{c}$-c 作图,从直线的截距可得高分子的数均相对分子质量。

例题 9 - 6　298 K 时,测定不同浓度异丁烯聚合物苯溶液的渗透压,得到下表所列数据:

$c/(\mathrm{g\cdot dm^{-3}})$	5.0	10.0	15.0	20.0
π/Pa	49.53	101.02	154.93	210.76

求此聚合物的平均相对分子质量。

解　根据式(9 - 18)处理数据如下:

$c/(\mathrm{g\cdot m^{-3}})$	5 000	10 000	15 000	20 000
$\frac{\pi/c}{\mathrm{Pa\cdot m^3\cdot g^{-1}}}$	0.009 91	0.010 1	0.010 33	0.010 54

用 $\frac{\pi}{c}$-c 线性拟合得拟合方程:

$$\frac{\pi/c}{\mathrm{Pa\cdot m^3\cdot g^{-1}}}=0.009\,69+4.245\,33\times10^{-8}\frac{c}{\mathrm{g\cdot m^{-3}}}$$

$$(r=0.999\,65, n=4)$$

所以聚合的相对分子质量

$$\overline{M}_n=\frac{RT}{(\pi/c)_{c\to0}}=\frac{8.314\ \mathrm{J\cdot K^{-1}\cdot mol^{-1}}\times298\ \mathrm{K}}{0.009\,69\ \mathrm{Pa\cdot m^3\cdot g^{-1}}}$$
$$=2.56\times10^5\ \mathrm{g\cdot mol^{-1}}$$

9.14.2　黏度法

稀溶液时,Huggins(哈金斯)提出线性经验关系式:

$$\frac{\eta_{\mathrm{sp}}}{c}=[\eta]+k_1[\eta]^2c \tag{9-19}$$

$$\frac{\ln\eta_{\mathrm{r}}}{c}=[\eta]+k_2[\eta]^2c \tag{9-20}$$

无限稀释时，$\lim\limits_{c\to 0}\frac{\eta_{sp}}{c}=\lim\limits_{c\to 0}\frac{\ln\eta_r}{c}=[\eta]$，将$[\eta]$代入 Staudinger 公式即求得黏均相对分子质量 $\overline{M}_\eta$（见图9-14）。

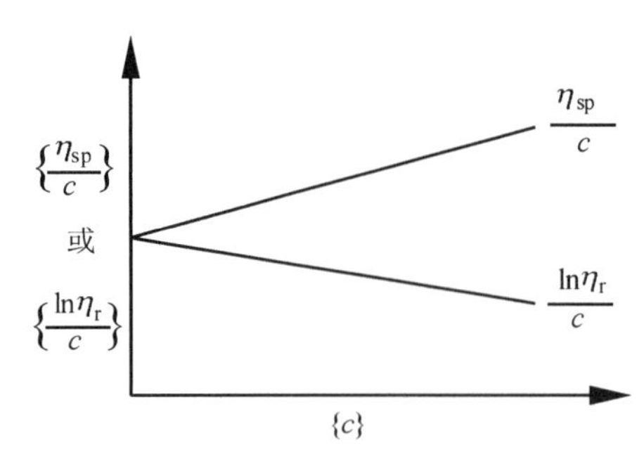

图9-14　双线法求黏均相对分子质量

例题9-7　298 K 时，测得聚苯乙烯的苯溶液的下列数据：

$c/(\text{g}\cdot\text{dm}^{-3})$	0.78	1.12	1.50	2.00
η_r	1.206	1.307	1.423	1.592

试求聚苯乙烯的黏均相对分子质量。已知特性常数 $k=1.03\times10^{-5}\ \text{dm}^3\cdot\text{g}^{-1}$，$\alpha=0.74$。

解　根据 Huggins 线性经验式处理数据列表如下：

$c/(\text{g}\cdot\text{dm}^{-3})$	0.78	1.12	1.50	2.00
$\frac{\eta_{sp}}{c}$	0.264 1	0.274 1	0.282	0.296
$\frac{\ln\eta_r}{c}$	0.240 1	0.239 0	0.235 2	0.232 5

分别用 $\frac{\eta_{sp}}{c}$-c、$\frac{\ln\eta_r}{c}$-c 线性拟合得方程

$$\frac{\eta_{sp}/c}{\text{dm}^3\cdot\text{g}^{-1}}=0.244\ 41+0.025\ 66\frac{c}{\text{g}\cdot\text{dm}^{-3}}$$

$$(r=0.998\ 25, n=4)$$

$$\frac{\ln\eta_r/c}{\text{dm}^3\cdot\text{g}^{-1}}=0.245\ 68-0.006\ 64\frac{c}{\text{g}\cdot\text{dm}^{-3}}$$

$$(r=0.985\ 41, n=4)$$

所以平均特性黏度

$$[\eta]=\frac{0.244\ 41+0.245\ 68}{2}\ \text{dm}^3\cdot\text{g}^{-1}=0.245\ 045\ \text{dm}^3\cdot\text{g}^{-1}$$

将之代入 Staudinger 公式

$$0.245\ 045\ \text{dm}^3\cdot\text{g}^{-1}=1.03\times10^{-5}\ \text{dm}^3\cdot\text{g}^{-1}\frac{\overline{M}_\eta^{0.74}}{\text{g}\cdot\text{mol}^{-1}}$$

解得 $\overline{M}_\eta=8.20\times10^5\ \text{g}\cdot\text{mol}^{-1}$。

9.15 高分子电解质溶液

9.15.1 高分子电解质溶液的电学特性

在溶液中能电离的高分子称为高分子电解质(macromolecular electrolyte)。若高分子电离后带正电,即是阳离子型;反之电离后带负电即是阴离子型;若同时带有正电荷和负电荷,则是两性型。高分子电解质溶液除具有一般大分子溶液的通性外,还具有其自身的特性。

(1) 高电荷密度

高分子电解质在适当 pH 的溶液中带电,其电荷密度较高,带电基团之间相互排斥,高分子长链在溶液中较为舒展。

(2) 高度溶剂化

溶液中,大分子电解质长链上荷电基团通过静电作用吸引溶剂分子,使之紧密排列在基团周围,形成特殊的"电缩"溶剂化层。不仅极性基团可以溶剂化,而且部分疏水链也能结合一般溶剂,形成所谓疏水基溶剂化层。高分子荷电和高度溶剂化对高分子的稳定性具有重要作用。

(3) 两性电离

蛋白质是由若干氨基酸分子以肽链连接而成的天然高分子物质。其结构至少在开链的两端具有酸性的羧基端和碱性的氨基端,故蛋白质具有两性解离的特性。

$$\left[P\begin{matrix}NH_3^+\\COOH\end{matrix}\right] \underset{+H^+}{\overset{-H^+}{\rightleftharpoons}} \left[P\begin{matrix}NH_3^+\\COO^-\end{matrix}\right] \underset{+H^+}{\overset{-H^+}{\rightleftharpoons}} \left[P\begin{matrix}NH_2\\COO^-\end{matrix}\right]$$

正离子　　　　两性离子(等电点)　　　　负离子

"P"表示蛋白质。当溶液 pH 较高时,蛋白质将酸式电离出 H^+ 与溶液中的 OH^- 结合成水分子,自身则因为阴离子过剩带负电;反之,当溶液 pH 较低时,蛋白质碱式电离出 OH^- 与溶液中的 H^+ 结合成水分子,自身因阳离子过剩带正电;溶液的 pH 在某值时,蛋白质所带的正电荷和负电荷相等,即没有过剩电荷,该溶液的 pH 称为蛋白质的等电点(isoelectric point)(见图 9-15)。等电点时,高分子在溶液中的构象发生显著变化,其黏度、渗透压、溶解度、电导及稳定性等都出现最低值。不同的电解质,结构不同,等电点亦不同。利用等电点的这种特性可以将混合蛋白质进行分离提纯。

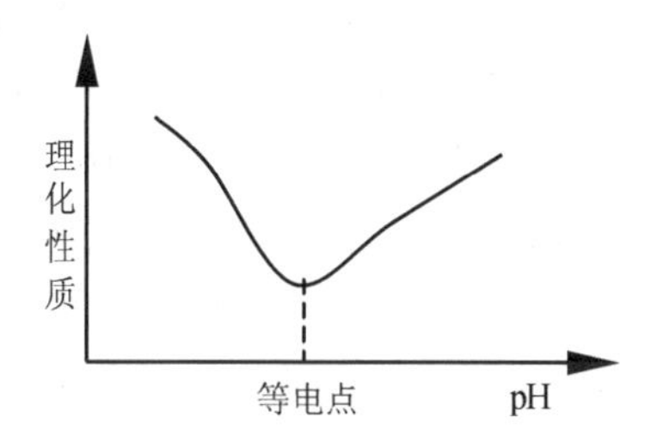

图 9-15 蛋白质等电点示意图

例题 9-8 血清蛋白的 pH 与电泳距离关系如下表:

pH	3.76	4.20	4.82	5.58
Δx/cm	0.936	0.238	0.234	0.700

试确定血清蛋白的等电点。

解 在等电点的两侧蛋白质的荷电电性相反,因此电泳方向亦相反。

pH	3.76	4.20	4.82	5.58
位移 s/cm	0.936	0.238	−0.234	−0.700

用 pH-s 拟合,得

$$pH = 4.65629 - 1.10486\ s/cm$$

$$(r = -0.97625, n = 4)$$

线性不够好,改用多项式拟合,得

$$pH = 4.4835 - 1.23487\ s/cm + 0.48891(s/cm)^2$$

$$(\text{R - Square} = 0.99957, n = 4)$$

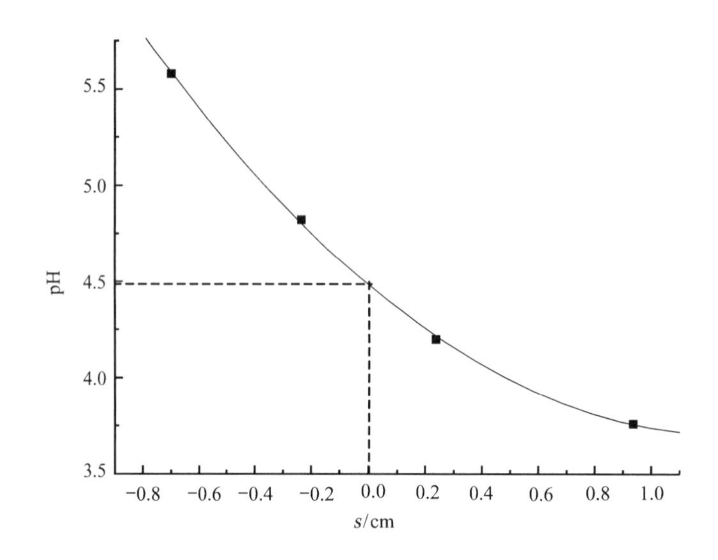

$s = 0$ 时,pH = 4.48。所以该血清蛋白的等电点 pI = 4.48。

(4) 电泳

高分子电解质由于荷电,因而在直流电场中会发生电泳现象。高分子的结构、大小及荷电多少均对电泳速度产生影响。将混合蛋白质置于醋酸纤维薄膜的支持膜上,不同蛋白质的电泳速度不同,电泳后支持膜上不同位置出现不同的区带,混合蛋白质因此得以分离纯化。这就是所谓的区带电泳法(regional electrophoresis method)。

近年来发展的等电聚焦电泳(isoelectric focusing electrophoresis)是将蛋白质电泳和等电点特性结合起来的分离提纯方法。在电泳系统中创造一个 pH 由低至高的连续而稳定的环境,那么处在这种系统中具有不同等电点的各种蛋白质,将据所处环境的 pH 与其自身等电点的差别,分别带上正电荷或负电荷,并向与它们各自的等电点相当的 pH 环境位置处移动,当达到该位置时即停止移动,从而各自聚焦,分别形成一条集中的蛋白质区带。这就是等电聚焦电泳法(见图 9-16)。

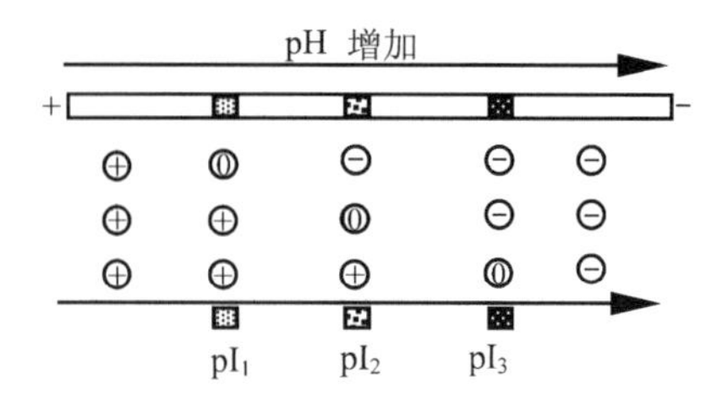

图 9-16 等电聚焦电泳示意图

等电聚焦电泳有以下优点:

① 分辨率高,可将等电点相差 0.01~0.02 pH 单位的蛋白质分开;

② 不像一般电泳易受扩散作用影响,使区带越走越宽,聚焦电泳能抵消扩散作用,使区带越走越窄;

③ 由于等电聚焦作用，很稀的样品也可以聚焦而浓缩；

④ 重复性好，精确度高，可达 0.01 pH 单位。

9.15.2 高分子电解质溶液的黏度特性

高分子电解质由于荷电分子链相互排斥，易于伸展，其黏度相比高分子非电解质增大，这种现象称为电黏效应。电黏效应可用式(9-21)定量表示：

$$\eta=\eta_0\left\{1+2.5\phi\left[1+\frac{1}{\kappa\eta_0 R^2}\left(\frac{\varepsilon_r\varepsilon_0\zeta}{2\pi}\right)^2\right]\right\} \tag{9-21}$$

式中，κ 为分散体系的电导率；R 为分散相质点半径；ε_r 为分散介质相对介电常数；ε_0 为真空介电常数，其值为 8.85×10^{-12} F·m^{-1}；ϕ 为分散相所占的体积分数；ζ 是 Zeta 电势。$\zeta=0$ 时，式(9-21)还原为 Einstein 黏度公式；ζ 增大，体系的黏度增大。

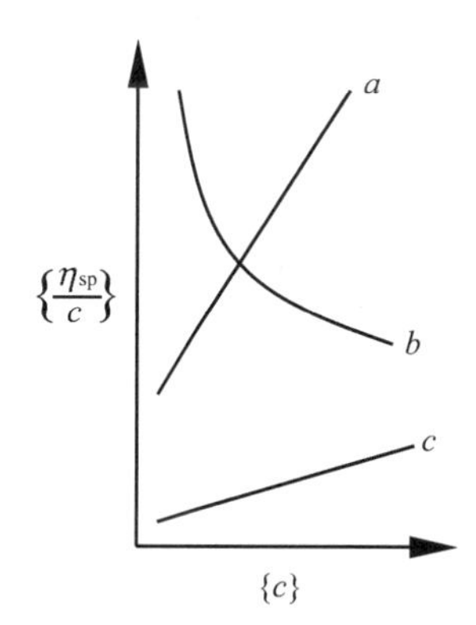

图 9-17 高分子电解质溶液的电黏效应

图 9-17 是高分子电解质电黏效应示意图。按照 Huggins 经验式，高分子非电解质稀溶液中 $\frac{\eta_{sp}}{c}-c$ 为线性关系，如线 a 所示。但是高分子电解质因为 $\zeta\neq0$，存在电黏效应，$\frac{\eta_{sp}}{c}-c$ 不是线性关系，如线 b 所示。因此不能通过外推至无限稀而求得特性黏度 $[\eta]$，进而根据 Staudinger 公式计算 $\overline{M}_\eta$。若在溶液中加入足量的小分子电解质，溶液的离子强度增加，高分子电解质的电离度降低，ζ 减小，分子链卷曲，黏度降低，最终恢复 $\frac{\eta_{sp}}{c}-c$ 线性关系，如线 c 所示。

9.15.3 Donnan 平衡

大分子电解质中常含有少量小分子电解质杂质，当达到膜平衡时，小分子电解质在膜两侧的分布不均等，这种现象称为 Donnan 平衡。Donnan(唐南，英国-爱尔兰物理化学家)从热力学的角度分析了这种现象并给出满意的解释。

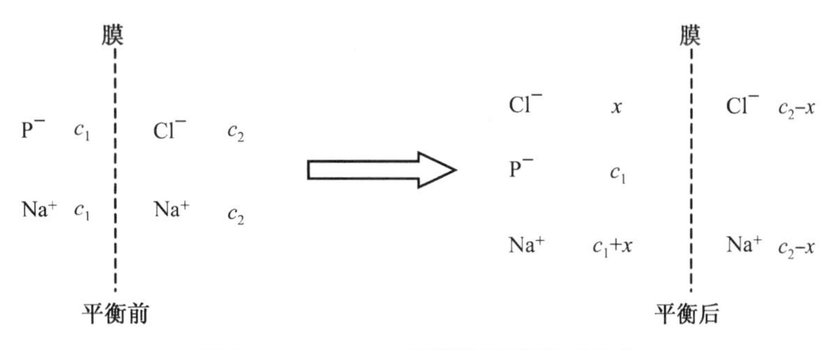

图 9-18 Donnan 平衡前后的离子分布

图 9-18 是 Donnan 平衡前后的离子分布示意图。设高分子电解质 NaP 的浓度为 c_1，NaCl 的浓度为 c_2，半透膜不允许大离子 P^- 透过。膜内没有 Cl^-，所以 Cl^- 透过半透膜进入膜内。为保持电中性，必定有同样数目的 Na^+ 进入膜内。同时，膜内的 Na^+、Cl^- 也向外渗透。当膜两侧的 Na^+、Cl^- 的渗透速率相等时，体系达到平衡。显然，膜内、外溶液的性质不完全相同，是两个不同的相，因此膜平衡时 NaCl 在两相中的化学势必然相等，即

$$\mu_{NaCl}^{内}=\mu_{NaCl}^{外}$$

$$\mu_{\text{NaCl}}^{\ominus,内}+RT\ln\alpha_{\text{NaCl}}^{内}=\mu_{\text{NaCl}}^{\ominus,外}+RT\ln\alpha_{\text{NaCl}}^{外}$$

$\mu_{\text{NaCl}}^{\ominus,内}=\mu_{\text{NaCl}}^{\ominus,外}$,所以 $\alpha_{\text{NaCl}}^{内}=\alpha_{\text{NaCl}}^{外}$。稀溶液时,可以用浓度代替活度:

$$c_{\text{NaCl}}^{内}=c_{\text{NaCl}}^{外}$$

$$(c_1+x)x=(c_2-x)^2$$

解得 $x=\dfrac{c_2^2}{c_1+2c_2}$。

当 $c_2\gg c_1$ 时,$x=\dfrac{c_2}{2}$,膜平衡后 NaCl 平均分布在膜两侧,Donnan 平衡效应可以忽略;当 $c_2\ll c_1$ 时,$x=\dfrac{c_2}{c_1}c_2\approx 0$,膜平衡后 NaCl 几乎都分布在膜外,Donnan 平衡效应显著。

渗透压是溶液的依数性,根据 van't Hoff 公式可以计算 Donnan 平衡后的渗透压。

$$\pi_{测}=\left(\sum_{\text{B}}c_{\text{B}}\right)RT$$

这里对渗透压有贡献的所有质点都包括在内,无论是大分子离子 P^-,还是小分子离子 Na^+、Cl^-。

$$\pi_{测}=\{[x+c_1+(c_1+x)]-2(c_2-x)\}RT=2c_1\frac{c_1+c_2}{c_1+2c_2}RT$$

根据上式可以简单讨论一下 Donnan 平衡效应对渗透压法测相对分子质量实验的影响。

当 $c_2\gg c_1$ 时,$\pi_{测}=c_1RT$,这时的渗透压相当于高分子电解质完全不电离的情形,计算得出的摩尔质量和理论值相同;$c_2\ll c_1$ 时,$\pi_{测}=2c_1RT$,这时的渗透压相当于高分子完全电离的情形,计算得出的摩尔质量只有理论值的一半。

例题 9-9 310 K,膜内大分子电解质 NaP 的浓度为 0.000 4 mol·kg^{-1},膜外 NaCl 的浓度为 0.001 mol·kg^{-1}。求:① 膜平衡时的渗透压;② 膜平衡时,Na^+引起的膜电势。

解 ① 设膜平衡后的离子分布如下所示:

膜内		膜外	
Na^+	0.000 4 mol·kg^{-1} $+x$	Na^+	0.001 mol·kg^{-1} $-x$
P^-	0.000 4 mol·kg^{-1}		
Cl^-	x	Cl^-	0.001 mol·kg^{-1} $-x$

平衡后 NaCl 在膜、内外的"有效浓度"相等,即有

$$(0.000\ 4\ \text{mol}\cdot\text{kg}^{-1}+x)x=(0.001\ \text{mol}\cdot\text{kg}^{-1}-x)^2$$

解得 $x=4.17\times10^{-4}\ \text{mol}\cdot\text{kg}^{-1}$。

因此渗透压

$$\begin{aligned}\pi_{测}&=\{[(0.000\ 4\ \text{mol}\cdot\text{kg}^{-1}+x)+0.000\ 4\ \text{mol}\cdot\text{kg}^{-1}+x]-2(0.001\ \text{mol}\cdot\text{kg}^{-1}-x)\}RT\\&=[4\times(4.17\times10^{-4}\ \text{mol}\cdot\text{kg}^{-1})-1.2\times10^{-3}\ \text{mol}\cdot\text{kg}^{-1}]\times8.314\ \text{J}\cdot\text{K}^{-1}\cdot\text{mol}^{-1}\times310\ \text{K}\\&=1.21\times10^3\ \text{Pa}\end{aligned}$$

② Na^+引起的膜电势

$$E=\frac{RT}{F}\ln\frac{m_{Na^+}^{外}}{m_{Na^+}^{内}}$$

$$=\frac{(8.314\times310)\ \text{J}\cdot\text{mol}^{-1}}{96\ 500\ \text{C}\cdot\text{mol}^{-1}}\times\ln\frac{0.001-4.17\times10^{-4}}{0.000\ 4+4.17\times10^{-4}}$$
$$=-9.01\times10^{-3}\ \text{V}$$

9.16 凝胶

一定条件下,大分子溶质或溶胶粒子相互连接,形成空间网状结构,而溶剂小分子充满在网架的孔隙中,成为失去流动性的半固体状,这种体系称为凝胶(gel)或冻胶(jelly)。形成凝胶的过程称为胶凝(gelation)。在凝胶中,分散相和分散介质均是连续相,这一点与微乳中相相同,是凝胶的重要特征之一。

一般将凝胶归入胶体范畴,认为凝胶是胶体的一种存在形式。凝胶有一定的几何外形,因而显示出固体的力学性质,如具有一定的机械强度、弹性等。同时,凝胶具有液体的某些性质,如离子在水凝胶中的扩散速度接近于在水溶液中的扩散速度。但是,凝胶又呈现出不同于一般固体和液体的特性与行为。例如,随着溶剂组成、温度、pH、凝胶中的离子组成、光、电场强度等外界条件的变化,凝胶体系突然发生的很大的非线性变化现象,常见的凝胶的这种体积相变现象简称为相变。

9.16.1 凝胶的分类

(1) 根据来源分类

根据来源可分为天然凝胶和合成凝胶。天然凝胶由生物体制备,例如肌肉、蛋白质等都是天然凝胶;合成凝胶是人工合成或制备的,例如隐形眼镜、高吸水性树脂等。为了提高合成凝胶的生物适应性,常将合成物与生物成分配合起来,使具有特殊的生物功能,称为杂化凝胶,如人造皮肤、人造角膜等医用材料。

(2) 根据形态分类

根据形态可分为弹性凝胶和非弹性凝胶。弹性凝胶是由线型大分子所形成,在适当条件下高分子溶液与凝胶之间可以相互逆转,故可称可逆凝胶。如肉冻、果酱和凝固血液等。非弹性凝胶是由一些刚性结构的分散颗粒构成,脱水后不能重新成为凝胶,故称为不可逆凝胶。如硅胶、V_2O_5 等。

(3) 根据介质类型分类

根据介质是液体还是气体分为凝胶和干凝胶(xerogel)。液体是水的称为水溶胶;液体是有机溶剂称为有机溶胶,如吸油树脂称为有机凝胶。以气体为介质的干凝胶又称为气凝胶,如冻豆腐、硅胶等。

(4) 根据交联方式分类

根据交联方式可分为物理凝胶和化学凝胶。以物理交联形成的凝胶称为物理凝胶。物理交联包括由氢键、库仑力、配位键及物理缠结等形成的交联。大多数天然凝胶是依靠高分子链段间相互作用形成氢键而成为凝胶,如蛋白质凝胶。

9.16.2 凝胶的性质

(1) 膨胀作用

凝胶在液体或蒸气中吸收液体或蒸气,使自身体积、质量增加的作用称为凝胶的膨胀作用(swelling)。

凝胶在介质中的膨胀可分为有限膨胀和无限膨胀两种类型。改变条件,膨胀的类型可以改变。如明胶在 293 K 的水中为有限膨胀,但加热到 313 K 时则变为无限膨胀;室温下,明胶在

2 mol · dm^{-3} KSCN 或 2 mol · dm^{-3} KI 水溶液中也发生无限膨胀。

膨胀可分为两个阶段。膨胀的第一阶段为溶剂化过程，溶剂化过程中出现液体的蒸气压降低、体积收缩、放热、熵值降低等特征。膨胀的第二阶段为渗透作用。在这个阶段中，液体的吸收量是干凝胶的几倍、几十倍，同时也没有明显的热效应和体积收缩现象，凝胶干燥时这部分液体也容易释出。第二阶段中，溶胶产生很大的膨胀压。膨胀压与凝胶浓度之间关系为

$$p = p_0 c^k \tag{9-22}$$

式中，p_0 为与固体物质及液体介质特性有关的常数；k 变化不大，常在 3 附近。膨胀压有时是一个很大的数值，古代就有人利用木块的膨胀压来开采石料，此所谓湿木裂石。

例题 9-10 某温度下，明胶膨胀压与明胶的浓度的关系如下：

$c/(\mathrm{kg \cdot m^{-3}})$	306.3	361.3	504.4	613.3
$p \times 10^{-4}/\mathrm{Pa}$	5.10	10.98	30.58	50.18

求常数 p_0 和 k。

解 将 $p = p_0 c^k$ 两边取对数，得

$$\ln \frac{p}{\mathrm{Pa}} = \ln \frac{p_0}{\mathrm{Pa}} + k \ln \frac{c}{\mathrm{kg \cdot m^{-3}}}$$

因此可以用 $\ln \frac{p}{\mathrm{Pa}}$-$\ln \frac{c}{\mathrm{kg \cdot m^{-3}}}$ 作图或线性拟合，处理题设中的数据结果如下：

$\ln[c/(\mathrm{kg \cdot m^{-3}})]$	5.724 6	5.899 7	6.223 4	6.418 9
$\ln[p/\mathrm{Pa}]$	10.84	11.61	12.63	13.13

拟合方程为

$$\ln \frac{p}{\mathrm{Pa}} = -7.607\ 77 + 3.241\ 76 \ln \frac{c}{\mathrm{kg \cdot m^{-3}}}$$

$$(r = 0.994\ 2, n = 4)$$

所以 $p_0 = \exp(-7.607\ 77)\ \mathrm{Pa} = 4.97 \times 10^{-4}\ \mathrm{Pa}$，$k = 3.24$。

(2) 触变作用

凝胶受外力作用网状结构拆散而成溶胶，去掉外力静置一段时间后又转为凝胶，凝胶与溶胶这种相互转化现象称为触变现象(thixotropy phenomena)(见图 9-19)。触变作用的特点是凝胶结构的拆散与恢复是可逆的。触变滞后圈的大小可以衡量触变拆散的程度(见图 9-20)。

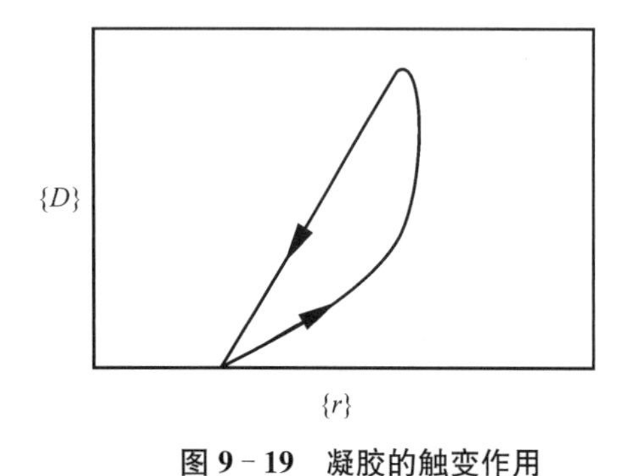

图 9-19 凝胶的触变作用

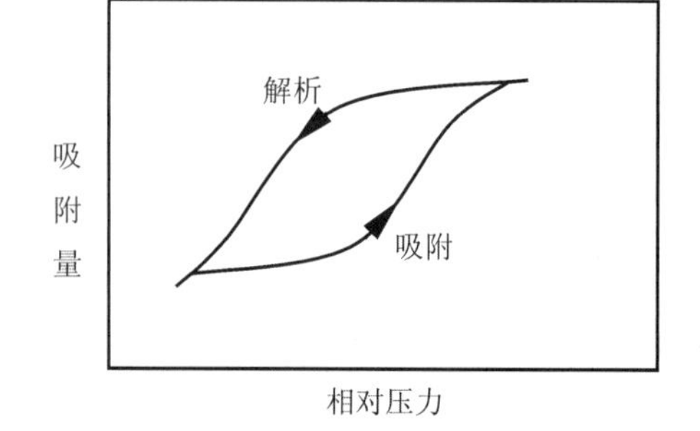

图 9-20 凝胶吸附-解吸滞后圈

(3) 吸附作用

凝胶内部为多孔毛细结构,比表面积较大,表现出较强的吸附特性。非弹性凝胶的吸附有的属于单分子层吸附,吸附等温线类似于 Langmuir 等温线;有的属于多分子层及毛细管凝结类型,吸附等温线的吸附线与解析线不重合,出现滞后圈现象,如粗孔硅胶的吸附就是这种类型。弹性干胶低蒸气压下吸附量很小,高蒸气压下吸附量迅速上升,出现明显的毛细管凝结。弹性凝胶一般也具有滞后现象。

(4) 离浆作用

随着时间的延长,液体会缓慢地自动从凝胶中分离出来,凝胶脱水收缩,这种现象称为离浆(syneresis)。离浆与干燥失水不同,离浆失去的并非单纯溶剂而是稀溶液或溶胶,而且可以发生在潮湿低温环境中。因此,离浆是凝胶老化过程的一种表现,凝胶粒子之间进一步定向靠近,网孔不断收缩,促使介质不断流失。离浆过程遵守一级反应速率方程。

$$\frac{\mathrm{d}V}{\mathrm{d}t}=k(V_t-V)$$

式中,V 表示 t 时刻离浆出来的液体体积;V_t 为能离浆出来的液体的总体积;k 为离浆速率常数,粒子的对称性越差,k 越大。离浆现象十分普遍,细胞老化失水、皮肤变皱等都和离浆现象有关。

(5) 扩散作用

小分子或离子可以在溶胶中扩散,其扩散速率与纯溶液中基本相同,电导率也相差无几。电化学中使用的盐桥就是利用了凝胶的这种性质。

凝胶骨架构成空间网状结构,类似于分子筛。因此可以对大分子进行分离提纯。凝胶电泳和凝胶色谱就是根据这一原理进行的。

另外,凝胶还可以作为反应器。如没有对流存在,反应生成的产物在溶胶中呈周期性的分布。著名的 Liesegang(利瑟冈,德国化学家、摄影师)环就是典型的例子,南京的雨花石也是一种 Liesegang 环。

习　　题

9-1 将制备的 AgI 溶胶置于渗析池中,渗析液蒸馏水的水面与溶胶液面相平。实验时观察到溶胶液面先逐渐上升,然后又自动下降。请解释此现象。

9-2 净化溶胶的方法有渗析法、电渗析法和超滤法,试比较其异同。

9-3 晴朗的天空正午时分呈蓝色,而晚霞呈红色,为什么?

9-4 久置的金溶胶由红色变为蓝色,为什么?

9-5 如何用简单的实验方法区分溶胶、真溶液、高分子溶液?

9-6 Perrin(佩兰,法国物理学家,1926 年诺贝尔物理学奖获得者)对藤黄悬浊液的 Brown 运动,测得数据如下:

t/s	30	60	90	120
$\bar{x}\times10^6$/m	6.9	9.3	11.8	13.9

悬浊液的黏度为 $\eta=1.10\times10^{-3}$ Pa·s,实验时温度为 290 K,试根据 Einstein-Brown 运动公式计算 Avogadro 常数 N_A。设藤黄粒子的半径为 2.12×10^{-7} m。

9-7 293 K 时,测得某汞的水溶胶中,当每升溶胶中汞粒子数由 3.86×10^5 下降为 1.93×10^5 时,高度差为 1×10^{-4} m,试计算汞胶粒的平均直径。已知水和汞的密度分别为 1×10^3 kg·m^{-2}、13.6×10^3 kg·m^{-3},汞胶粒设为球形。

9-8 两充满 0.001 mol·kg^{-1} KCl 溶液的容器用 AgCl 多孔塞连通,在多孔塞的两侧放两个电极接以直流电源。试问:① 溶液向什么方向移动? ② 当以 0.1 mol·kg^{-1} KCl 代替原来的溶液时,溶液在相同电压之下流动速率是加快还是变慢? ③ 当用 $AgNO_3$ 溶液代替 KCl 溶液,液体流动的方向会有变化吗?

9-9 $Th(NO_3)_4$ 浓度对石英毛细管中电渗速度影响数据如下表:

c/(mol·m^{-3})	0	1.0×10^{-3}	1.9×10^{-3}	3.8×10^{-3}
电渗速度	−50	−2	0	+12

试解释:① $Th(NO_3)_4$ 低浓度时,电渗速度为"−"的原因;② $Th(NO_3)_4$ 较高浓度时,电渗速度变为"+"的原因。

9-10 用 U 形管界面移动电泳仪测定 $Fe(OH)_3$ 溶胶电动电势,得如下数据:

电极间的距离 L/cm	时间 t/min	移动距离 s/mm	电压 U/V	黏度 η/(Pa·s)
35	40	14.9	150	0.001

试求该溶胶的 ζ 电势值。

9-11 用 U 形管界面移动电泳仪研究 Al^{3+} 的加入对负电 AgI 溶胶质点电动电势的影响,得如下数据:

$Al_2(SO_4)_3$ 浓度/(mmol·dm^{-3})	0	0.01	0.02	0.025
移动速度/(mm·min^{-1})	0.637	0.62	0.533	0.487

计算不同 Al^{3+} 浓度时 AgI 的 ζ 并讨论所得结果,已知电势梯度为 5.71 V·cm^{-1}。

9-12 在三个试管中盛有 0.02 dm^3 的 $Fe(OH)_3$ 溶胶,分别加入三种电解质使其聚沉,不同浓度所需量如下:

电解质	NaCl	Na_2SO_4	Na_3PO_4
c/(mol·dm^{-3})	1.00	0.005	0.003 3
V/dm^3	0.021	0.125	7.4×10^{-3}

试计算各电解质的聚沉值。

9-13 0.1%环烷酸钠水溶液与变压器在塑料器皿中形成 W/O 型乳液,2%环烷酸钠则可形成 O/W 型乳液。请给出一个合理的解释。

9-14 试填写下表。

性　　质	肿胀胶束溶液	微乳液	乳状液
外观			
分散性			
分散相形状			
类型			
表面活性剂用量			
与油、水的混溶性			
热力学稳定性			

9-15 实验测得十六烷基三甲基溴化铵形成的 O/W 型微乳液中,苯甲酸乙酯水解反应的活化能为 47.7 kJ·mol^{-1},而在丙酮-水混合物中的活化能为 67.3 kJ·mol^{-1}。设反应的指前因子不变,问 298 K 时反应速率增加了多少倍?

9-16 右旋糖酐样品含有组分的相对分子质量和物质的量如下表所示:

相对分子质量	1.0×10^4	2.5×10^4	6.0×10^4
物质的量	5 mol	7 mol	10 mol

试计算 $\overline{M}_n$、$\overline{M}_m$、$\overline{M}_Z$，并比较它们的大小。

9-17 有 A、B 两个高分子样品，已知样品 A 由相对分子质量分别为 10^6 和 10^5 的两种组分组成，前者的质量为后者的 4 倍；样品 B 由 10 mol 相对分子质量为 10^4、40 mol 相对分子质量为 2×10^6 和 50 mol 相对分子质量为 10^5 的三种组分组成。试比较两个样品的多分散性。

9-18 理想塑性流体的流变曲线如图所示，试绘制理想塑性流体的 η-τ 关系。

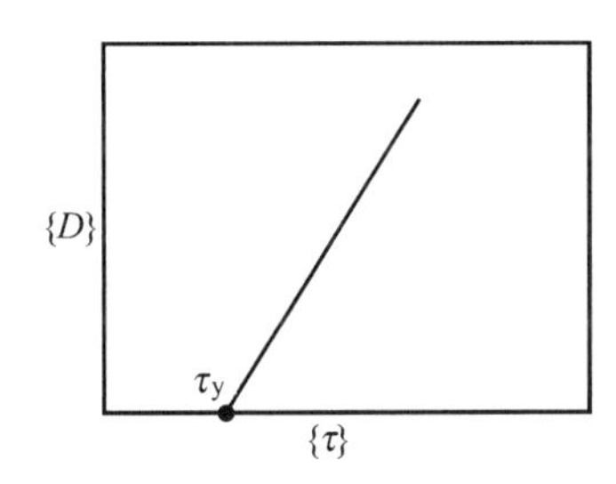

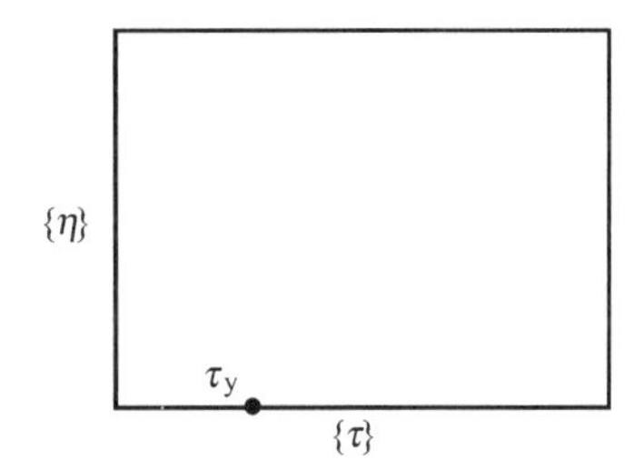

9-19 298 K 时，将不同级分的硝化纤维溶于丙酮中，分别测得其特性黏度如下表：

$M\times10^{-3}$	77	89	273	360	400	640	846	1 550	2 510	2 640
$[\eta]/(\text{dm}^3\cdot\text{g}^{-1})$	1.23	1.45	3.54	5.50	6.50	10.6	14.9	30.3	31.0	36.3

试求表征特性黏度与相对分子质量关系的 Staudinger 公式的经验常数 k 和 α。

9-20 293 K 时，某聚合物溶解于 CCl_4 中得到下列数据：

$c/(\text{g}\cdot\text{dm}^{-3})$	2.0	4.0	6.0	8.0
CCl_4 上升的高度 Δh/cm	0.40	1.00	1.80	2.80

求此聚合物的平均摩尔质量。已知 293 K 时 CCl_4 的密度为 1 594 $\text{kg}\cdot\text{m}^{-3}$。

9-21 298 K 时，测得某尼龙 66 在 90%甲醇中的黏度数据如下表：

$c/(\text{g}\cdot\text{dm}^{-3})$	0.058	0.132	0.225	0.332	0.436	0.537	0.640	0.742
$\dfrac{\eta_{sp}/c}{\text{dm}^3\cdot\text{g}^{-1}}$	0.778	0.805	0.847	0.864	0.876	0.886	0.892	0.897

试求该种尼龙 66 的平均摩尔质量。已知特性常数 $k=11\times10^{-4}\ \text{dm}^3\cdot\text{g}^{-1}$，$\alpha=0.72$。

9-22 图 9-17 中，线 a 在线 c 之上。请给出一个合理的解释。

9-23 某高分子电解质 NaP 置于半透膜内，当达到膜平衡时，膜内、外 Na^+ 的化学势相等。你认为这种说法是否正确？为什么？

9-24 将高分子电解质用半透膜袋包裹，然后将袋子浸泡于纯水中。请问足够长时间后，膜外水溶液酸碱性如何？

9-25 298 K 时，某大分子 RCl 置于半透膜内，其浓度为 1 $\text{mol}\cdot\text{dm}^{-3}$，膜外放置浓度为 0.5 $\text{mol}\cdot\text{dm}^{-3}$ 的 NaCl 水溶液。计算 Donnan 平衡后，膜内、外的 NaCl 浓度及渗透压 $\pi_{测}$。

附　录

附录 1　物理化学教学大纲

一、目的与任务

物理化学是药学的专业基础课，应满足后续课及专业对本课程的要求。本课程的目的是要求学生系统地掌握物理化学的基本原理与方法，并初步具有分析和解决一些药学实际问题的能力。本课程的任务是学习化学热力学、化学动力学、电化学、表面现象和胶体化学的基本知识、原理与方法，通过课堂讲授、自学、习题演算及习题课与实验课等教学环节，达到学好本课程的目的。

二、要求

第 1 章　热力学第一定律　　(8 学时)

熟悉热力学的一些基本概念，如体系与环境、平衡状态、过程与途径、功和热、状态函数等。熟悉热力学第一定律及内能和焓的概念。掌握各种过程中功和热的计算及准静态过程和可逆过程的意义与特点。掌握热力学第一定律的应用及计算，如理想气体在恒温恒压及绝热等过程中的 Q、W、ΔU、ΔH 的计算。了解 Joule 实验和节流膨胀的意义。

掌握热化学基本概念，掌握应用 Hess 定律、标准生成焓及标准燃烧焓计算反应热的方法。熟悉反应热效应与温度的关系，掌握应用 Kirchhoff 定律计算不同温度的反应热。

第 2 章　热力学第二定律　　(10 学时)

理确第二定律的意义、过程的方向与限度及第二定律的各种说法。明确熵的统计意义、熵增加原理、不可逆过程中的热温商与熵变、过程的可逆性与自发性的判断、熵变的计算、熵的统计意义、标准熵与热力学第三定律。明确 Helmholtz 自由能、Gibbs 自由能、等温等容和等温等压下过程的方向和限度的判据。掌握在一定条件下变化方向的判据，明确 Gibbs 自由能变化及熵变化的物理意义。掌握热力学基本关系式、各种过程中 ΔS 及 ΔG 的计算。掌握 Gibbs - Helmholtz 公式，能利用 Gibbs-Helmholtz 公式计算不同温度下的 ΔG。

第 3 章　多组分溶液热力学　　(6 学时)

掌握多组分体系状态的描述方法及偏摩尔量的概念。熟悉化学势的定义及其物理意义、化学势在各种条件下的对数表达式。掌握两个极限定律——Raoult 定律和 Henry 定律。明确稀溶液和理想溶液的概念。了解活度或活度系数的计算方法、依数性的概念、标准态等。

第 4 章　化学平衡　　(6 学时)

掌握化学反应的方向和限度、反应进度、平衡条件、化学反应标准 Gibbs 能变化和化学反应 Gibbs 能变化的差别。能运用化学势导出平衡常数的热力学表达式，能用化学反应等温方程式判断化学反应的方向，能用标准生成自由能求算平衡常数。掌握标准生成自由能的概念。掌握平衡常数及其应用、均相与多相反应的平衡常数及其各种表示式、平衡常数的测定。掌握平衡常数与温度的关系，van't Hoff 方程式的应用，浓度、压力、惰性物质等因素对平衡的影响。

第 5 章 化学动力学 (10 学时)

掌握反应速率与浓度、反应速率方程、反应级数、速度常数、基元反应、质量作用定律、总反应和反应级数、反应分子数等基本概念。掌握零级、一级、二级及三级反应的特点。掌握简单级数反应中浓度和时间关系，半衰期和浓度的关系。熟悉反应级数的测定、反应速率常数的测定。了解从实验数据求算反应级数和反应速率常数的方法。掌握反应速率与温度的关系。了解典型的复杂反应的基本特征和处理方法，熟悉催化反应的基本概念。了解碰撞理论和过渡态理论的要点和基本公式。明确表观活化能、碰撞理论活化能和过渡态理论活化能的概念。熟悉光化学反应的特点、光化学定律。了解溶液中的反应。

第 6 章 多相平衡 (8 学时)

熟悉相、组分数、自由度数的概念及相律的意义。了解单组分体系相图，能用相律分析水的相图、解决一些简单的实际问题，掌握 Clausius-Clapeyron 方程的应用及各种计算。熟悉二组分气-液平衡系统的 T-x 图和 p-x 图，掌握蒸馏、精馏、恒沸蒸馏的基本原理；熟悉二组分固-液体系、热分析法和溶解度法绘制相图的方法及相图和步冷曲线的关系。掌握杠杆规则及其应用。了解部分互溶的液-液平衡相图、萃取原理。了解液态完全不互溶体系、部分互溶双液体系、水蒸气蒸馏。熟悉三组分体系、等边三角形坐标法，能看懂部分互溶三组分相图及在萃取过程中的应用，了解水-盐体系的相图。

第 7 章 电 化 学 (8 学时)

掌握电解质溶液的导电性、电导、电导率、摩尔电导、离子独立运动定律、离子迁移数的概念。了解电解质平均活度、平均活度系数、离子强度及 Debye-Hückel 极限公式。掌握电极电势、标准氢电极、参比电极、电极电势表达式、可逆电极的类型及其电极电势的公式和有关计算。了解可逆电池的条件及可逆电池电动势的测量，掌握电池反应热力学。了解浓差电池、电池的液接电势及盐桥的作用。能根据给定化学反应设计电池，能根据给定电池写出电极反应，并计算电动势和有关热力学量，明确极化现象产生的原因及超电势的定义。能从基本原理来理解极化现象与超电压的一些应用问题。

第 8 章 表面化学 (8 学时)

掌握表面 Gibbs 能与表面张力的概念和有关计算。熟悉弯曲表面的性质，掌握 Laplace 公式和 Kelvin 公式，能用公式做简单计算并解释由于液面弯曲而引起的表面现象，如过冷、暴沸、过饱和和人工降雨等介稳现象。掌握润湿与铺展、接触角的定义。

明确气-固界面的吸附平衡，物理吸附和化学吸附的区别。熟悉吸附等温线、吸附等压线和吸附等量线及其作用。掌握 Langmuir 单分子层吸附理论，了解 BET 吸附理论，能根据吸附公式计算固体表面积。掌握溶液表面的吸附现象、表面张力等温线、Gibbs 吸附等温式，了解 Gibbs 吸附公式的推导、吸附层的结构。明确表面活性物质、表面活性剂的定义，了解表面活性剂的种类及其结构，明确 HLB 值的定义。了解乳化作用、增溶作用、润湿作用、起泡作用。

第 9 章 胶体化学 (8 学时)

熟悉胶体分散体系的特点，了解溶胶的光学性质、动力性质、电性质。了解溶胶的结构、双电层结构、电动电势及胶体在稳定性方面的特点，熟练掌握聚沉作用、电解质的聚沉能力、高分子化合物的保护作用。了解乳状液、泡沫和气溶胶的基本特点及乳状液、发泡剂、消泡剂的作用原理，并熟练应用。明确高分子溶液、高分子化合物的结构特征及高分子溶液的溶解与溶胀。掌握质均相对分子质量、数均相对分子质量和 Z 均相对分子质量。熟悉高分子溶液的黏度与流变性，掌握黏度法测定相对分子质量的方法。了解高分子电解质溶液的特点，了解电黏效应及其消除方法、高分子溶液的渗透压。掌握 Donnan 平衡，能运用 Donnan 平衡原理计算 Donnan 平衡后膜两边的离子浓度分布和渗透压。了解高分子溶液的稳定性、胶凝与凝胶。

附录 2　常见的物理化学常数

Avogadro 常数	$N_A = 6.022\ 2 \times 10^{23}\ mol^{-1}$
光速(真空中)	$c = 2.997\ 925 \times 10^{8}\ m \cdot s^{-1}$
电子质量	$m_e = 1.602\ 2 \times 10^{-19}\ C$
Faraday 常数	$F = 96\ 485\ C \cdot mol^{-1}$
Planck 常数	$h = 6.626 \times 10^{-34}\ J \cdot s$
Boltzmann 常数	$k_B = 1.380\ 6 \times 10^{-23}\ J \cdot K^{-1}$
摩尔气体普适常数	$R = 8.314\ J \cdot K^{-1} \cdot mol^{-1}$
标准大气压	$p^{\ominus} = 101\ 325\ Pa$
绝对零度	$-273.15\ ℃$
真空介电常数	$\varepsilon_0 = 8.854\ 187\ 817 \times 10^{-12}\ F \cdot m^{-1}$
基本电荷	$e = 1.60 \times 10^{-19}\ C$

附录3　常用的数学公式

微分

u 和 v 是 x 的函数，a 为常数

$$\frac{\mathrm{d}a}{\mathrm{d}x}=0 \qquad \frac{\mathrm{d}(au)}{\mathrm{d}x}=a\frac{\mathrm{d}u}{\mathrm{d}x}$$

$$\frac{\mathrm{d}x^n}{\mathrm{d}x}=nx^{n-1} \qquad \frac{\mathrm{d}(u^n)}{\mathrm{d}x}=nu^{n-1}\cdot\frac{\mathrm{d}u}{\mathrm{d}x}$$

$$\frac{\mathrm{d}a^x}{\mathrm{d}x}=a^x\ln a \qquad \frac{\mathrm{d}a^u}{\mathrm{d}x}=a^u\cdot\ln a\cdot\frac{\mathrm{d}u}{\mathrm{d}x}$$

$$\frac{\mathrm{d}e^x}{\mathrm{d}x}=e^x \qquad \frac{\mathrm{d}e^u}{\mathrm{d}x}=e^u\frac{\mathrm{d}u}{\mathrm{d}x}$$

$$\frac{\mathrm{d}\ln x}{\mathrm{d}x}=\frac{1}{x} \qquad \frac{\mathrm{d}\lg x}{\mathrm{d}x}=\frac{1}{2.303x}$$

$$\frac{\mathrm{d}\ln u}{\mathrm{d}x}=\frac{1}{u}\cdot\frac{\mathrm{d}u}{\mathrm{d}x} \qquad \frac{\mathrm{d}\lg u}{\mathrm{d}x}=\frac{1}{2.303u}\cdot\frac{\mathrm{d}u}{\mathrm{d}x}$$

$$\frac{\mathrm{d}(u+v)}{\mathrm{d}x}=\frac{\mathrm{d}u}{\mathrm{d}x}+\frac{\mathrm{d}v}{\mathrm{d}x} \qquad \frac{\mathrm{d}(uv)}{\mathrm{d}x}=u\frac{\mathrm{d}v}{\mathrm{d}x}+v\frac{\mathrm{d}u}{\mathrm{d}x}$$

$$\frac{\mathrm{d}(u/v)}{\mathrm{d}x}=\frac{v\frac{\mathrm{d}u}{\mathrm{d}x}-u\frac{\mathrm{d}v}{\mathrm{d}x}}{v^2}$$

积分

u 和 v 是 x 的函数，a、b 是常数，C 是积分常数

$$\int\mathrm{d}x=x+C$$

$$\int x^n\mathrm{d}x=\frac{1}{n+1}x^{n+1}+C$$

$$\int\frac{\mathrm{d}x}{x}=\ln x+C$$

$$\int e^x\mathrm{d}x=e^x+C$$

$$\int a^x\mathrm{d}x=\frac{a^x}{\ln a}+C$$

$$\int\ln x\,\mathrm{d}x=x\ln x-x+C$$

$$\int au\,\mathrm{d}x=a\int u\,\mathrm{d}x$$

$$\int(u+v)\mathrm{d}x=\int u\,\mathrm{d}x+\int v\,\mathrm{d}x$$

$$\int u\,\mathrm{d}v=uv-\int v\,\mathrm{d}u$$

$$\int(ax+b)^n\mathrm{d}x=\frac{(ax+b)^{n+1}}{a(n+1)}+C \quad (n\neq 1)$$

$$\int \frac{dx}{ax+b} = \frac{\ln(ax+b)}{a} + C$$

$$\int \frac{x\,dx}{ax+b} = \frac{x}{a} - \frac{b}{a^2}\ln(ax+b) + C$$

$$\int \frac{x^2\,dx}{ax+b} = \frac{1}{a^3}\left[\frac{(ax+b)^2}{2} - 2b(ax+b) + b^2\ln(ax+b)\right] + C$$

$$\int e^{ax} \cdot x^n dx = \frac{n!\ e^{ax}}{a^{n+1}}\left[\frac{(ax)^n}{n!} - \frac{(ax)^{n-1}}{(n-1)!} + \frac{(ax)^{n-2}}{(n-2)!} + \cdots\cdots + (-1)^r \frac{(ax)^{n-r}}{(n-r)!} + \cdots\cdots + (-1)^n\right] + C$$

$$\int_0^\infty e^{-ax^2} dx = \frac{1}{2}\sqrt{\frac{\pi}{a}}$$

函数展成级数

二项式

$$(1+x)^n = 1 + nx + \frac{n(n-1)}{2!}x^2 + \frac{n(n-1)(n-2)}{3!}x^3 + \cdots$$

$$(1-x)^n = 1 - nx + \frac{n(n-1)}{2!}x^2 - \frac{n(n-1)(n-2)}{3!}x^3 + \cdots$$

$$(1+x)^{-n} = 1 - nx + \frac{n(n+1)}{2!}x^2 - \frac{n(n+1)(n+2)}{3!}x^3 + \cdots$$

$$(1-x)^{-n} = 1 + nx + \frac{n(n+1)}{2!}x^2 + \frac{n(n+1)(n+2)}{3!}x^3 + \cdots$$

$$(1+x)^{-1} = 1 - x + x^2 - x^3 + \cdots$$

$$(1-x)^{-1} = 1 + x + x^2 + x^3 + \cdots$$

对数

$$\ln(1+x) = x - \frac{1}{2}x^2 + \frac{1}{3}x^3 - \frac{1}{4}x^4 + \cdots$$

$$\ln(1-x) = -\left(x + \frac{1}{2}x^2 + \frac{1}{3}x^3 + \frac{1}{4}x^4 + \cdots\right)$$

指数

$$e^x = 1 + x + \frac{x^2}{2!} + \frac{x^3}{3!} + \cdots$$

$$e^{-x} = 1 - x + \frac{x^2}{2!} - \frac{x^3}{3!} + \cdots$$

附录 4　元素的相对原子质量表

序数	名称	符号	相对原子质量	序数	名称	符号	相对原子质量	序数	名称	符号	相对原子质量
1	氢	H	1.008	37	铷	Rb	85.47	73	钽	Ta	180.9
2	氦	He	4.003	38	锶	Sr	87.62	74	钨	W	183.9
3	锂	Li	6.941	39	钇	Y	88.91	75	铼	Re	186.2
4	铍	Be	9.012	40	锆	Zr	91.22	76	锇	Os	190.2
5	硼	B	10.81	41	铌	Nb	92.91	77	铱	Ir	192.2
6	碳	C	12.01	42	钼	Mo	95.94	78	铂	Pt	195.1
7	氮	N	14.01	43	锝	^{99}Tc	98.91	79	金	Au	197.0
8	氧	O	16.00	44	钌	Ru	101.1	80	汞	Hg	200.6
9	氟	F	19.00	45	铑	Rh	102.9	81	铊	Tl	204.4
10	氖	Ne	20.18	46	钯	Pd	106.4	82	铅	Pb	207.2
11	钠	Na	22.99	47	银	Ag	107.9	83	铋	Bi	209.0
12	镁	Mg	24.31	48	镉	Cd	112.4	84	钋	^{210}Po	210.0
13	铝	Al	26.98	49	铟	In	114.8	85	砹	^{210}At	210.0
14	硅	Si	28.09	50	锡	Sn	118.7	86	氡	^{222}Rn	222.0
15	磷	P	30.97	51	锑	Sb	121.8	87	钫	^{223}Fr	223.0
16	硫	S	32.07	52	碲	Te	127.6	88	镭	^{226}Ra	226.0
17	氯	Cl	35.45	53	碘	I	126.9	89	锕	^{227}Ac	227.0
18	氩	Ar	39.95	54	氙	Xe	131.3	90	钍	Th	232.0
19	钾	K	39.10	55	铯	Cs	132.9	91	镤	^{231}Pa	231.0
20	钙	Ca	40.08	56	钡	Ba	137.3	92	铀	U	238.0
21	钪	Sc	44.96	57	镧	La	138.9	93	镎	^{237}Np	237.0
22	钛	Ti	47.88	58	铈	Ce	140.1	94	钚	^{239}Pu	239.1
23	钒	V	50.94	59	镨	Pr	140.9	95	镅	^{243}Am	243.1
24	铬	Cr	52.00	60	钕	Nd	144.2	96	锔	^{247}Cm	247.1
25	锰	Mn	54.94	61	钷	^{145}Pm	144.9	97	锫	^{247}Bk	247.1
26	铁	Fe	55.85	62	钐	Sm	150.4	98	锎	^{252}Cf	252.1
27	钴	Co	58.93	63	铕	Eu	152.0	99	锿	^{252}Es	252.1
28	镍	Ni	58.69	64	钆	Gd	157.3	100	镄	^{257}Fm	257.1
29	铜	Cu	63.55	65	铽	Tb	158.9	101	钔	^{258}Md	256.1
30	锌	Zn	65.39	66	镝	Dy	162.5	102	锘	^{259}No	259.1
31	镓	Ga	69.72	67	钬	Ho	164.9	103	铹	^{260}Lr	260.1
32	锗	Ge	72.61	68	铒	Er	167.3	104	𬬻	^{261}Rf	261.1
33	砷	As	74.92	69	铥	Tm	168.9	105	𬭊	^{262}Db	262.1
34	硒	Se	78.96	70	镱	Yb	173.0	106	𬭳	^{263}Sg	263.1
35	溴	Br	79.90	71	镥	Lu	175.0	107	𬭛	^{262}Bh	262.1
36	氪	Kr	83.80	72	铪	Hf	178.5	108	𬭶	^{266}Hs	265.1

附录 5　某些物质的标准摩尔热容、标准摩尔生成焓、标准摩尔 Gibbs 自由能及标准摩尔熵

物　质	$\Delta_f H_m^\ominus$ / $kJ\cdot mol^{-1}$	$\Delta_f G_m^\ominus$ / $kJ\cdot mol^{-1}$	$S_m^\ominus$ / $J\cdot K^{-1}\cdot mol^{-1}$	$C_{p,m}^\ominus$ / $J\cdot K^{-1}\cdot mol^{-1}$
$H_2(g)$	0.0	0.0	130.59	28.84
$NaOH(c)$	−426.73	−377.0	(523)	80.3
$NaCl(c)$	−411.00	−384.0	72.4	49.71
$KCl(c)$	−435.87	−408.32	82.67	51.50
$CaO(c)$	−635.09	−604.2	39.7	42.80
$Al_2O_3(c)$	−1 669.79	−1 576.41	52.99	78.99
C(金刚石)(c)	1.90	2.87	2.44	6.05
C(金刚石)(c)	0.0	0.0	5.69	8.64
$N_2(g)$	0.0	0.0	191.49	29.12
$NH_3(g)$	−46.19	−16.63	192.51	35.66
$HNO_3(l)$	−173.23	−79.91	155.60	109.87
$NH_4Cl(c)$	−315.39	−203.89	94.6	84.1
$O_2(g)$	0.0	0.0	205.03	29.36
$O_3(g)$	142.2	163.43	237.6	38.16
$H_2O(g)$	−241.83	−228.59	188.72	33.58
$H_2O(l)$	−285.84	−237.19	69.94	75.30
$H_2O_2(l)$	−187.61	−113.97	(92)	
$SO_3(g)$	−395.18	−370.37	256.22	50.63
$H_2SO_4(l)$	−811.32			
$H_2S(g)$	−20.15	−33.02	205.64	33.97
$Cl_2(g)$	0.0	0.0	222.95	33.93
$HCl(g)$	−92.31	−95.26	186.68	29.12
$Br_2(g)$	30.71	3.14	245.34	35.98
$Br_2(l)$	0.0	0.0	152.3	
$HBr(g)$	−36.23	−53.32	198.40	29.12
$Hg(l)$	0.0	0.0	77.4	27.82
$Hg_2Cl_2(c)$	−264.93	−210.66	195.8	101.7
$HgCl_2(c)$	−230.1	−185.8	(144.3)	
$CuSO_4\cdot 5H_2O(c)$	−2 277.98	−1 879.9	305.4	281.2

续表

物　质	$\Delta_f H_m^\ominus$ / $kJ \cdot mol^{-1}$	$\Delta_f G_m^\ominus$ / $kJ \cdot mol^{-1}$	$S_m^\ominus$ / $J \cdot K^{-1} \cdot mol^{-1}$	$C_{p,m}^\ominus$ / $J \cdot K^{-1} \cdot mol^{-1}$
AgCl(c)	−127.03	−109.72	96.11	50.79
$AgNO_3$(c)	−123.14	−32.17	140.92	93.05
Fe(c)	0.0	0.0	27.15	25.23
Fe_2O_3(c)赤铁矿	−822.2	−741.0	90.9	104.6
Fe_3O_4(c)磁铁矿	−1 120.9	−1 014.2	146.4	
MnO_2(c)	−519.6	−466.1	53.1	54.02
CS_2(l)	87.9	63.6	151.04	75.7
CO(g)	−110.52	−137.27	197.91	29.14
CO_2(g)	−393.51	−394.38	213.64	37.13
CH_4(g)甲烷	74.848	50.79	186.19	35.715
C_2H_2(g)乙炔	226.73	209.20	200.83	43.93
C_2H_4(g)乙烯	52.292	68.178	219.45	43.56
C_2H_6(g)乙烷	−84.67	−32.886	229.49	52.68
C_3H_6(g)丙烯	20.42	62.72	266.9	63.89
C_3H_8(g)丙烷	−103.85	−23.47	269.91	73.51
C_4H_6(g)1,3-丁二烯	111.9	153.68	279.78	79.83
C_4H_{10}(g)正丁烷	−124.725	−15.69	310.03	98.78
C_6H_6(g)苯	82.93	129.08	269.69	81.76
C_6H_6(l)苯	49.04	124.140	173.264	135.1
C_6H_{12}(g)环己烷	123.14	31.76	298.24	106.3
C_6H_{12}(l)环己烷	−156.2	24.73	204.35	156.5
C_7H_8(g)甲苯	50.00	122.30	319.74	103.8
C_7H_8(l)甲苯	12.00	114.27	219.2	156.1
C_8H_8(g)苯乙烯	146.90	213.8	345.10	122.09
C_8H_{10}(l)乙苯	−12.47	119.75	255.01	186.44
$C_{10}H_8$(s)萘	75.44	198.7	166.9	165.3
CH_4O(l)甲醇	−238.57	−166.23	126.8	81.6
CH_4O(g)甲醇	−201.17	−161.88	237.7	45.2
C_2H_6O(l)乙醇	−277.634	−174.77	160.7	111.46
C_2H_6O(g)乙醇	235.31	−168.6	282.0	73.60
C_3H_8O(g)丙醇	−261.5	−171.1	192.9	146.0
C_3H_8O(l)异丙醇	−319.7	−184.1	179.9	163.2
C_3H_8O(g)异丙醇	−268.6	−175.4	306.3	

续表

物　质	$\Delta_f H_m^{\ominus}$ / $kJ \cdot mol^{-1}$	$\Delta_f G_m^{\ominus}$ / $kJ \cdot mol^{-1}$	$S_m^{\ominus}$ / $J \cdot K^{-1} \cdot mol^{-1}$	$C_{p,m}^{\ominus}$ / $J \cdot K^{-1} \cdot mol^{-1}$
$C_4H_{10}O$(l)乙醚	−272.5	−118.4	253.1	168.2
$C_4H_{10}O$(g)乙醚	−190.8	−117.6		
CH_2O(g)甲醛	−15.9	−110.0	220.1	35.35
C_2H_4O(g)乙醛	−166.36	−133.7	265.7	62.8
C_7H_6O(l)苯甲醛	−82.0		206.7	169.5
C_3H_6O(g)丙酮	−21.96	−152.7	304.2	76.9
CH_2O_2(l)甲酸	−409.2	−346.0	128.75	99.04
CH_2O_2(g)甲酸	−362.63	−335.72	246.06	54.22
$C_2H_4O_2$(l)乙酸	−487.0	−392.5	159.8	123.4
$C_2H_4O_2$(g)乙酸	−436.4	−381.6	93.3	72.4
$C_2H_2O_4$(s)草酸	−826.8	−697.9	120.1	108.8
$C_7H_6O_2$(s)苯甲酸	−384.55	−245.6	170.7	145.2
$CHCl_3$(g)三氯甲烷	−100.4	−67	295.47	65.4
CH_3Cl(g)氯甲烷	−82.0	−58.6	234.18	40.79
CH_4ON_2(s)尿素	−333.189	−197.15	104.60	93.14
C_2H_5Cl(g)氯乙烷	−105.0	−53.1	275.73	62.76
C_6H_5Cl(l)氯苯	116.3	203.8	197.5	145.6
C_6H_7N(l)苯胺	35.31	153.2	191.2	190.8
$C_6H_5NO_2$(l)硝基苯	22.2	146.2	224.3	185.8
C_6H_6O(s)苯酚	−155.90	−40.75	142.2	134.7
$C_6H_{12}O_6$(s)葡萄糖			212.1	
$CHCl_3$(g)氯仿	−100	−67	296.48	65.81
$CHCl_3$(l)氯仿	−131.8	−71.5	202.9	116.3
CCl_4(g)四氯化碳	−106.69	−64.22	309.41	83.51
CCl_4(l)四氯化碳	−139.49	−68.74	214.43	113.75

(p=101 325 Pa,T=298.15 K;g、l、s、c 分别表示气、液、固、结晶)

附录6 某些有机物的标准摩尔燃烧焓

物　质	相对摩尔质量	$-\Delta_c H_m^{\ominus}/(kJ \cdot mol^{-1})$
CH_4(g)甲烷	16.04	890
C_2H_2(g)乙炔	26.04	1 300
C_2H_4(g)乙烯	28.05	1 411
C_2H_6(g)乙烷	30.07	1 560
C_3H_6(g)环丙烷	42.08	2 091
C_3H_6(g)丙烯	42.08	2 058
C_3H_8(g)丙烷	44.10	2 220
C_4H_{10}(g)正丁烷	58.12	2 877
C_5H_{12}(g)正戊烷	72.15	3 536
C_6H_{12}(l)环己烷	84.16	3 920
C_6H_{14}(l)正己烷	86.18	4 163
C_6H_6(l)苯	78.12	3 268
C_7H_{16}(l)正庚烷	100.21	4 854
C_8H_{18}(l)正辛烷	114.23	5 471
$C_{10}H_8$(s)萘	128.18	5 157
CH_3OH(l)甲醇	32.04	726
CH_3CHO(g)乙醛	44.05	1 193
CH_3CH_2OH(l)乙醇	46.07	1 368
CH_3COOH(l)乙酸	60.05	874
$CH_3COOC_2H_5$(l)乙酸乙酯	88.11	2 231
C_6H_5OH(s)苯酚	94.11	3 054
$C_6H_5NH_2$(l)苯胺	93.13	3 393
C_6H_5COOH(s)苯甲酸	122.12	3 227
$(NH_2)_2CO$(s)尿素	60.06	632
NH_2CH_2COOH(s)甘氨酸	75.07	964
$CH_3CH(OH)COOH$(s)乳酸	90.08	1 344
α-$C_6H_{12}O_6$(s) α-D-葡萄糖	180.16	2 802
β-$C_6H_{12}O_6$(s) β-D-葡萄糖	180.16	2 808
$C_{12}H_{22}O_{11}$(s)蔗糖	342.30	5645

附录 7

物理化学模拟试卷一及参考答案

专业________ 学号________ 姓名________

一、选择题(30 分)

1. 下列关于状态函数的说法中，哪一种是不正确的 (　　)

A. 状态函数是状态的单值函数　　B. 状态函数的绝对值都可以测定

C. 状态函数的改变值只和始、终态有关　　D. 状态函数的组合仍然是状态函数

2. 在相同热源之间工作的两个 Carnot 热机，一个以空气为工作物质，另一个以理想气体作为工作物质。两者相比较，前者的热机效率为后者的 (　　)

A. 无法比较　　B. 20%　　C. 100%　　D. 50%

3. 两个烧杯 A 和 B 分别盛有 1 mol 水和 2 mol 水，请问两烧杯中水的化学势相比，以下关系正确的是 (　　)

A. $\mu_A > \mu_B$　　B. $\mu_A = \mu_B$　　C. $\mu_A < \mu_B$　　D. 无确定关系

4. 在恒温、恒压下，已知反应 $A \longrightarrow 2B$ 和 $2A \longrightarrow C$ 的反应热分别为 ΔH_1 和 ΔH_2，则反应 $C \longrightarrow 4B$ 的反应热 ΔH_3 为 (　　)

A. $2\Delta H_1 + \Delta H_2$　　B. $2\Delta H_1 - \Delta H_2$　　C. $\Delta H_1 + \Delta H_2$　　D. $\Delta H_1 - \Delta H_2$

5. 下列电解质溶液中，可以用 $\frac{\Lambda_m}{\Lambda_m^\infty}$ 来计算其电离度的是哪一种 (　　)

A. Na_2SO_4 溶液　　B. NaCl 溶液　　C. HAc 溶液　　D. KNO_3 溶液

6. PCl_5 的分解反应 $PCl_5(g) \rightleftharpoons PCl_3(g) + Cl_2(g)$ 在 473 K 达到平衡时 PCl_5 有 48.5%分解，在 573 K 达到平衡时有 97%分解，则此反应为 (　　)

A. 放热反应　　B. $K^\ominus_{437\text{ K}} = K^\ominus_{537\text{ K}}$ 的反应

C. $\Delta_r H_m^\ominus$ 小于 0 的反应　　D. 吸热反应

7. 下述体系中，没有 Tyndall 现象的是哪一种 (　　)

A. $Fe(OH)_3$ 溶胶　　B. 牛血清蛋白溶液

C. 牛奶　　D. NaCl 溶液

8. 相同条件下，AgCl 在下列几种介质中溶解度最大的是 (　　)

A. $0.1\ mol \cdot dm^{-3}$ NaCl 水溶液　　B. $0.1\ mol \cdot dm^{-3}$ $NaNO_3$ 水溶液

C. 纯 H_2O　　D. $0.1\ mol \cdot dm^{-3}$ $BaCl_2$ 水溶液

9. 400 K 时，理想气体反应 $A(g) + B(g) \xlongequal{} C(g) + D(g)$ 的 $K_1^\ominus = 0.25$，反应 $2A(g) + 2B(g) \xlongequal{} 2C(g) + 2D(g)$，$K_2^\ominus =$ (　　)

A. 0.5　　B. 0.062 5　　C. 4　　D. 0.25

10. 对一级反应，下列说法正确的是 (　　)

A. $t_{1/2}$ 与反应物初始浓度成正比　　B. $1/c$ 对 t 作图为一直线

C. 速率常数的单位是$[t]^{-1}$　　D. 只有一种反应物

11. 在化学动力学中,质量作用定律只适用于　　(　　)

A. 基元反应　　B. 恒温、恒容反应

C. 理想气体反应　　D. 反应级数为正整数的反应

12. 水蒸气蒸馏通常适用于有机物与水组成的体系为　　(　　)

A. 所有双液系　　B. 完全互溶双液系

C. 部分互溶双液系　　D. 完全不互溶双液系

13. 下列关于表面活性剂的增溶作用的说法正确的是　　(　　)

A. 浓度很大时,才有显著的增溶作用

B. 只要有表面活性剂存在,就有显著的增溶作用

C. 浓度应大于 CMC,才有显著的增溶作用

D. 任意浓度都有显著的增溶作用

14. 大分子化合物的水溶液与胶体体系相比,在性质上最根本的区别是　　(　　)

A. 前者是热力学稳定体系,后者是热力学不稳定体系

B. 前者是均相体系,后者是多相体系

C. 前者对电解质稳定性较大,后者加入少量电解质就能发生聚沉

D. 前者黏度大,后者黏度小

15. 以水为研究对象,当温度升高时,其表面张力将　　(　　)

A. 增大　　B. 不变　　C. 减小　　D. 无法判断

二、填空题(20 分)

1. 热力学第一定律的实质是____________,其数学表达式为____________。假如有一封闭体系发生一个变化过程,环境对体系作 1 000 J 的功,同时体系传热 500 J 给环境,请问体系内能如何变化?__________。

2. $H_2O(l)$在 100 ℃、101 325 Pa 下蒸发成同温、同压的 $H_2O(g)$,则体系的 $\Delta G=$______。相变前、后水的化学势如何变化?__________(填“增大”“减小”或“不变”)。

3. 在实际电池中,有电极极化现象发生,则阳极电势________,阴极电势________。

4. 化学热力学研究的体系均处于热力学平衡态,其包括以下四大平衡:________、__________、________、________。

5. 溶液中含 KCl 为 1 mol·kg^{-1}、$BaCl_2$ 为 2 mol·kg^{-1}、NaCl 为 2 mol·kg^{-1},则溶液的离子强度为____________。

6. A、B 两组分的气-液平衡 T-x 相图上,有一最低恒沸点,恒沸点组成为 $x_A=0.7$。现有一组成为 $x_A=0.5$ 的 A、B 液态混合物,将其精馏可得到____________和____________。

7. 混合等体积的 0.5 mol·dm^{-3} KI 和 0.4 mol·dm^{-3} $AgNO_3$ 溶液制备 AgI 溶胶。试写出胶团结构式,并举出两种使溶胶聚沉的方法。____

三、计算题(50 分)

1. 10 mol 理想气体从 100 ℃、0.25 m^3 经等温可逆膨胀到终态 100 ℃、1 m^3,求:

① 体系所做的功 W;

② 体系的熵变 ΔS。

2. 药物 aspirin 水解为一级反应,在 100 ℃时的速率常数为 7.92 d^{-1},活化能为 56.43 kJ·mol^{-1}。求 17 ℃时 aspirin 水解常数及水解 50%需要多少时间。

3. 温度为 1 000 K 时,理想气体反应 $CO(g) + H_2O(g) \longrightarrow CO_2(g) + H_2(g)$ 的 $K^{\ominus} = 1.43$,设该反应体系中各物质的分压分别为 $p_{CO} = 0.500$ kPa,$p_{H_2O} = 0.200$ kPa,$p_{CO_2} = 0.300$ kPa,$p_{H_2} = 0.300$ kPa。试计算该条件下的 $\Delta_r G_m$ 并指明反应的方向。

4. 在 298.15 K 时,某大分子 RCl 置于半透膜内,其浓度为 0.1 mol·dm^{-3},膜外放置 NaCl 水溶液,其浓度为 0.5 mol·dm^{-3},计算 Donnan 平衡后,膜两边离子的浓度分布和渗透压。

5. 298.15 K 时,电池 Ag | AgCl(s) | HCl(m) | $Cl_2(g, p^{\ominus})$ | Pt 的电动势 $E = 1.137$ V。试写出该电池的反应,并计算该温度下的 $\Delta_r G_m$。

一、选择题(30 分)

1. B 2. C 3. B 4. B 5. C 6. D 7. D 8. B 9. B 10. C 11. A 12. D 13. C 14. A 15. C

二、填空题(20 分)

1. 能量守恒与转化定律；$\Delta U = Q - W$；增加 500 J
2. 0;不变
3. 升高;降低
4. 热平衡;力平衡;相平衡;化学平衡
5. 9 mol·kg^{-1}
6. 纯 A;组成为 $x_A = 0.7$ 的恒沸混合物
7. $[(AgI)_m \cdot nI^- \cdot (n-x)K^+]^{x-} \cdot xK^+$；加入足量 $BaCl_2$ 溶液或加入适量正电性 $Fe(OH)_3$ 溶胶。

三、计算题(50 分)

1. ① $W = nRT\ln\dfrac{V_2}{V_1} = 10\ \text{mol} \times 8.314\ \text{J} \cdot \text{K}^{-1} \cdot \text{mol}^{-1} \times 373\ \text{K} \times \ln\dfrac{1}{0.25} = 42.99\ \text{kJ}$。

② $\Delta S = \dfrac{Q_r}{T} = \dfrac{W}{T} = \dfrac{42.99 \times 10^3\ \text{J}}{373\ \text{K}} = 115.26\ \text{J} \cdot \text{K}^{-1}$。

2. 根据 Arrhenius 公式，有 $\ln\dfrac{7.92\ \text{d}^{-1}}{k_{290\ \text{K}}} = \dfrac{56.43 \times 10^3\ \text{J} \cdot \text{mol}^{-1}}{8.314\ \text{J} \cdot \text{K}^{-1} \cdot \text{mol}^{-1}} \times \left(\dfrac{1}{290\ \text{K}} - \dfrac{1}{373\ \text{K}}\right)$，解得 $k_{290\ \text{K}} = 4.33 \times 10^{-2}\ \text{d}^{-1}$。$t_{1/2}(290\ \text{K}) = \dfrac{\ln 2}{k_{290\ \text{K}}} = \dfrac{\ln 2}{4.33 \times 10^{-2}\ \text{d}^{-1}} = 15.99\ \text{d}$。

3. $\Delta_r G_m = RT\ln\dfrac{Q_a}{K^\ominus} = RT\ln\dfrac{\dfrac{(0.300\ \text{kPa}/p^\ominus)^2}{(0.500\ \text{kPa}/p^\ominus) \times (0.200\ \text{kPa}/p^\ominus)}}{K^\ominus} = RT\ln\dfrac{0.9}{1.43} = -3.85\ \text{kJ} \cdot \text{mol}^{-1} < 0$，反应正向进行。

4. 设 Donnan 平衡的离子分布如图所示：

Na^+	x	Na^+	$0.5\ \text{mol} \cdot \text{dm}^{-3} - x$
R^+	$0.1\ \text{mol} \cdot \text{dm}^{-3}$		
Cl^-	$0.1\ \text{mol} \cdot \text{dm}^{-3} + x$	Cl^-	$0.5\ \text{mol} \cdot \text{dm}^{-3} - x$

Donnan 平衡后，NaCl 在膜内、外的化学势相等，$\mu_{NaCl}^{内} = \mu_{NaCl}^{外}$，又

$$(\mu_{NaCl}^\ominus + RT\ln a_{NaCl})_{内} = (\mu_{NaCl}^\ominus + RT\ln a_{NaCl})_{外}$$

$$(0.1\ \text{mol} \cdot \text{dm}^{-3} + x)x = (0.5\ \text{mol} \cdot \text{dm}^{-3} - x)^2$$

解得 $x = 0.227\ \text{mol} \cdot \text{dm}^{-3}$。

根据 van't Hoff 渗透压公式，有

$$\begin{aligned}\pi &= \sum_B c_B RT \\ &= [0.1\ \text{mol} \cdot \text{dm}^{-3} + x + 0.1\ \text{mol} \cdot \text{dm}^{-3} + x - 2(0.5\ \text{mol} \cdot \text{dm}^{-3} - x)]RT \\ &= (4x - 0.8\ \text{mol} \cdot \text{dm}^{-3})RT \\ &= (4 \times 0.227\ \text{mol} \cdot \text{dm}^{-3} - 0.8\ \text{mol} \cdot \text{dm}^{-3}) \times 8.314\ \text{J} \cdot \text{K}^{-1} \cdot \text{mol}^{-1} \times 298\ \text{K} \\ &= 2.70 \times 10^5\ \text{Pa}\end{aligned}$$

5. 电池反应为 $2Ag(s) + Cl_2(g, p^\ominus) = 2AgCl(s)$，由最大功原理有

$$\Delta_r G_m = -zFE = -2 \times 96\ 500\ \text{C} \cdot \text{mol}^{-1} \times 1.137\ \text{V} = -219.44\ \text{kJ} \cdot \text{mol}^{-1}$$

物理化学模拟试卷二及参考答案

专业______________　学号______________　姓名______________

一、选择题(30分)

1. 对于内能是体系状态的单值函数,理解错误的是　(　　)

A. 体系处于一定的状态,具有一定的内能

B. 对应于某一状态,内能只能有一个数值,不能有两个或两个以上的数值

C. 状态发生变化,内能也一定跟着发生变化

D. 对应于一个内能值,可以有多个状态

2. 工作在400 K和300 K的两个大热源间的Carnot热机的效率是　(　　)

A. 20%　　B. 25%　　C. 75%　　D. 100%

3. 298 K时,电池反应 $H_2(g)+\frac{1}{2}O_2(g)=H_2O(l)$ 所对应的电池的标准电动势为 $E_1^{\ominus}$,反应 $2H_2O(l)=2H_2(g)+O_2(g)$ 所对应的电池的标准电动势为 $E_2^{\ominus}$,两者之间的关系为　(　　)

A. $E_1^{\ominus}=E_2^{\ominus}$　　B. $E_1^{\ominus}=-2E_2^{\ominus}$

C. $E_1^{\ominus}=2E_2^{\ominus}$　　D. $E_1^{\ominus}=-E_2^{\ominus}$

4. 电解 $CuSO_4$ 水溶液时,当通过的电量为 $2F$ 时,在阴极上析出的Cu的量为　(　　)

A. 0.5 mol　　B. 1.5 mol　　C. 1 mol　　D. 2 mol

5. 下列离子中导电能力顺序正确的是　(　　)

A. $La^{3+}>H^+>OH^->NH_4^+$　　B. $La^{3+}>H^+=OH^->NH_4^+$

C. $H^+>La^{3+}>OH^->NH_4^+$　　D. $H^+>OH^->La^{3+}>NH_4^+$

6. 373 K、101 325 Pa下液态水和固态水的化学势 μ_l 和 μ_s 的关系为　(　　)

A. $\mu_l=\mu_s$　　B. $\mu_l<\mu_s$

C. $\mu_l>\mu_s$　　D. 无确定关系

7. 下列关于催化剂的说法,正确的是　(　　)

A. 催化剂可以改变反应的 Δ_rG_m,不能改变反应的 $\Delta_rG_m^{\ominus}$

B. 催化剂可以改变反应的 $\Delta_rG_m^{\ominus}$,不能改变反应的 Δ_rG_m

C. 催化剂既可以改变反应的 Δ_rG_m,也可以改变反应的 $\Delta_rG_m^{\ominus}$

D. 催化剂既不能改变反应的 Δ_rG_m,也不能改变反应的 $\Delta_rG_m^{\ominus}$

8. 反应 $2NO(g)+O_2(g)=2NO_2(g)$ 的 $\Delta_rH_m<0$,当此反应达到平衡时,若要使平衡向产物方向移动,可以　(　　)

A. 升温降压　　B. 升温加压

C. 降温加压　　D. 降温降压

9. 在实际电池中,有极化现象发生,请问电极电势如何变化　(　　)

A. 阴极电势和阳极电势都下降　　B. 阴极电势下降,阳极电势升高

C. 阴极电势和阳极电势都升高　　D. 阴极电势升高,阳极电势下降

10. 某具有简单级数的反应的速率常数的单位是 $mol\cdot dm^{-3}\cdot s^{-1}$,该化学反应的级数为(　　)

A. 2级　　B. 0级　　C. 1级　　D. 3级

11. 在带负电的 As_2S_3 溶胶中，加入等体积、等浓度的下列电解质溶液，能使溶胶聚沉最快的是哪一种 (　　)

A. $AlCl_3$　　B. NaCl　　C. $CaCl_2$　　D. LiCl

12. 可逆热机的效率最高，因此由可逆热机带动的火车 (　　)

A. 跑得最慢　　B. 跑得最快

C. 夏天跑得快　　D. 冬天跑得快

13. 按照光化当量定律，下列说法正确的是 (　　)

A. 在光化反应的初级过程中，1 个光子活化 1 个原子或分子

B. 在光化反应的初级过程中，1 个光子活化 1 mol 原子或分子

C. 在整个光化反应过程中，1 个光子只活化 1 个原子或分子

D. 在光化反应的初级过程中，1 Einstein 的能量活化 1 个原子或分子

14. 对于 Donnan 平衡，下列说法正确的是 (　　)

A. 膜两边同一电解质的浓度相同　　B. 膜两边带电粒子的总数相同

C. 膜两边同一电解质的化学势相同　　D. 膜两边的离子强度相同

15. 对于实际气体的节流膨胀过程，必有 (　　)

A. $\Delta G=0$　　B. $\Delta S=0$　　C. $\Delta H=0$　　D. $\Delta U=0$

二、填空题(20 分)

1. 我们将研究的对象称为体系，常将体系分为以下三类：________________。

2. 判断孤立体系发生的变化是否自发的判据是________________。

3. 在动力学研究中，质量作用定律只适用于________________。

4. 根据热力学第一定律，因为能量不能无中生有，所以一个体系若要对外作功，必须从外界吸收热量，这种说法正确吗？________________________。

5. 设计双液电池时，在两电解质溶液间用盐桥连接，盐桥的作用是________________________________。

6. 在纯水中加入少量异戊醇，可使体系的表面张力下降，体系发生表面正吸附，则异戊醇在表面的浓度________________(填“大于”“小于”或“等于”)异戊醇在溶液内部的浓度。

7. 溶液中含 KCl 为 0.1 $mol \cdot kg^{-1}$ 和 $BaCl_2$ 0.2 $mol \cdot kg^{-1}$，则溶液的离子强度为________。

8. 对于单组分体系如水，最多可有几相共存？________________。是哪几相？请指明：________________。

9. 电池 Ag | AgCl(s) | $CuCl_2(m)$ | Cu(s) 的电极反应和电池反应分别为

阳极反应：________________________________

阴极反应：________________________________

电池反应：________________________________

三、计算题(50 分)

1. ① 298 K 时，10 mol 的理想气体从由 10 dm^3 恒温可逆膨胀到 100 dm^3，求体系的熵变 ΔS；

② 上述气体从同一始态经自由膨胀到同一终态，求体系的 ΔS。

2. 已知水的正常沸点为 100 ℃(外压为 101 325 Pa)，其摩尔汽化热为 40 670 $J \cdot mol^{-1}$，计算 90 ℃时水的饱和蒸气压。

3. 298 K 时，N_2O_5 分解反应为一级反应，其半衰期为 5.7 h。试求：

① 该反应的速率常数；

② 完成 90%需要的时间。

4. 有关金刚石和石墨在 298 K、$p^{\ominus}$下的热力学数据如下表所示：

	金刚石	石墨
$\Delta_c H_m^{\ominus}/(\mathrm{kJ \cdot mol^{-1}})$	−395.4	−393.5
$S_m^{\ominus}/(\mathrm{J \cdot K^{-1} \cdot mol^{-1}})$	2.38	5.74

求 298 K、$p^{\ominus}$下，由石墨转化为金刚石的 $\Delta_r G_m$，并指明哪一个更稳定。

5. 在 298.15 K 时，某大分子 RCl 置于半透膜内，其浓度为 0.1 mol·dm^{-3}，膜外放置 NaCl 水溶液，其浓度为 0.6 mol·dm^{-3}，计算 Donnan 平衡后，膜两边离子的浓度分布和渗透压。

一、选择题(30 分)

1. C 2. B 3. D 4. C 5. C 6. B 7. A 8. C 9. B 10. B 11. A 12. A 13. A 14. C 15. C

二、填空题(20 分)

1. 开放体系、封闭体系和孤立体系
2. 熵判据
3. 基元反应
4. 不正确。如绝热体系亦可以对外作功,代价是体系的内能降低
5. 大大降低液体接界电势至可以忽略的水平
6. 大于
7. 0.7 mol/kg
8. 3 相;$H_2O(s)$、$H_2O(l)$和 $H_2O(g)$
9. 阳极反应:$2Ag(s) - 2e^- + 2Cl^-\ (2m) \longrightarrow 2AgCl(s)$

   阴极反应:$Cu^{2+}\ (m) + 2e^- \longrightarrow Cu(s)$

   电池反应:$2Ag(s) + CuCl_2(m) \longrightarrow 2AgCl(s) + Cu(s)$

三、计算题(50 分)

1. ① $\Delta S = nR\ln\dfrac{V_2}{V_1} = 10\ \text{mol} \times 8.314\ \text{J}\cdot\text{K}^{-1}\cdot\text{mol}^{-1} \times \ln\dfrac{100}{10} = 191.44\ \text{J}\cdot\text{K}^{-1}$。

② $\Delta S = 191.44\ \text{J}\cdot\text{K}^{-1}$。

2. 由 Clausius-Clapeyron 方程,有

$$\ln\frac{p_s(363\text{K})}{101\ 325\ \text{Pa}} = \frac{40\ 670\ \text{J}\cdot\text{mol}^{-1}}{8.314\ \text{J}\cdot\text{K}^{-1}\cdot\text{mol}^{-1}} \times \left(\frac{1}{373\ \text{K}} - \frac{1}{363\ \text{K}}\right)$$

解得 $p_s(363\ \text{K}) = 7.06 \times 10^4\ \text{Pa}$。

3. ① $k_{N_2O_5} = \dfrac{\ln 2}{t_{1/2}} = \dfrac{\ln 2}{5.7\ \text{h}} = 0.122\ \text{h}^{-1}$;② $t_{0.1} = \dfrac{\ln 10}{k_{N_2O_5}} = \dfrac{\ln 2}{0.122\ \text{h}^{-1}} = 18.87\ \text{h}$。

4.
$$\begin{aligned}\Delta_r H_m^\ominus &= \sum_B \nu_B \Delta_c H_m^\ominus(B) = \Delta_c H_m^\ominus(\text{石墨}) - \Delta_c H_m^\ominus(\text{金刚石})\\ &= -393.5\ \text{kJ}\cdot\text{mol}^{-1} + 395.4\ \text{kJ}\cdot\text{mol}^{-1}\\ &= 1.9\ \text{kJ}\cdot\text{mol}^{-1}\end{aligned}$$

$$\begin{aligned}\Delta_r S_m^\ominus &= \sum_B \nu_B S_m^\ominus(B) = S_m^\ominus(\text{金刚石}) - S_m^\ominus(\text{石墨})\\ &= 2.38\ \text{J}\cdot\text{K}^{-1}\cdot\text{mol}^{-1} - 5.74\ \text{J}\cdot\text{K}^{-1}\cdot\text{mol}^{-1}\\ &= -3.36\ \text{J}\cdot\text{K}^{-1}\cdot\text{mol}^{-1}\end{aligned}$$

$$\begin{aligned}\Delta_r G_m^\ominus &= \Delta_r H_m^\ominus - T_r \Delta_r S_m^\ominus\\ &= 1.9 \times 10^3\text{kJ}\cdot\text{mol}^{-1} - 298\ \text{K} \times (-3.36\ \text{J}\cdot\text{K}^{-1}\cdot\text{mol}^{-1})\\ &= 2.901\ \text{kJ}\cdot\text{mol}^{-1}\end{aligned}$$

$\Delta_r G_m = \Delta_r G_m^\ominus > 0$,说明 25 ℃、101.325 kPa 下石墨比金刚石稳定。

5. 设 Donnan 平衡的离子分布如图所示:

Cl^-	$0.1\ \text{mol}\cdot\text{dm}^{-3} + x$	Na^+	$0.6\ \text{mol}\cdot\text{dm}^{-3} - x$
R^+	$0.1\ \text{mol}\cdot\text{dm}^{-3}$		
Na^+	x	Cl^-	$0.6\ \text{mol}\cdot\text{dm}^{-3} - x$

Donnan 平衡后,NaCl 在膜内、外的化学势相等,$\mu_{NaCl}^{内} = \mu_{NaCl}^{外}$,又

$$(\mu_{NaCl}^\ominus + RT\ln a_{NaCl})_{内} = (\mu_{NaCl}^\ominus + RT\ln a_{NaCl})_{外}$$

$$(0.1\ \text{mol}\cdot\text{dm}^{-3} + x)x = (0.6\ \text{mol}\cdot\text{dm}^{-3} - x)^2$$

解得 $x = 0.277\ \text{mol}\cdot\text{dm}^{-3}$。

根据 van't Hoff 渗透压公式,有

$$
\begin{aligned}
\pi &= \sum_{\mathrm{B}} c_{\mathrm{B}} RT \\
&= [0.1\ \mathrm{mol \cdot dm^{-3}} + x + 0.1\ \mathrm{mol \cdot dm^{-3}} + x - 2(0.6\ \mathrm{mol \cdot dm^{-3}} - x)]RT \\
&= (4x - 1.0\ \mathrm{mol \cdot dm^{-3}})RT \\
&= (4 \times 0.277\ \mathrm{mol \cdot dm^{-3}} - 1.0\ \mathrm{mol \cdot dm^{-3}}) \times 8.314\ \mathrm{J \cdot K^{-1} \cdot mol^{-1}} \times 298\ \mathrm{K} \\
&= 2.70 \times 10^{5}\ \mathrm{Pa}
\end{aligned}
$$

物理化学模拟试卷三及参考答案

专业＿＿＿＿＿＿＿　学号＿＿＿＿＿＿＿　姓名＿＿＿＿＿＿＿

一、选择题(30 分)

1. 下列公式中,不受理想气体条件限制的是 (　　)

A. $W=nRT\ln\frac{V_2}{V_1}$　　B. $pV^{\gamma}=$常数

C. $\eta=\frac{T_2-T_1}{T_2}$　　D. $C_{p,\mathrm{m}}-C_{V,\mathrm{m}}=R$

2. 如果 $\Delta C_p=0$,下列说法正确的是 (　　)

A. ΔH 和 ΔG 不随温度而变化　　B. ΔG 不随温度而变化,ΔH 随温度而变化

C. ΔH 不随温度而变化,ΔG 随温度而变化　　D. ΔH 和 ΔG 与温度的关系不确定

3. 用理想气体做 Joule 实验,则 (　　)

A. $\Delta H>0$　　B. $\Delta H<0$　　C. $\Delta U=0$　　D. $\Delta U<0$

4. 用玻璃管连接两个大小不等的肥皂泡,则可以观察到 (　　)

A. 大的变大,小的变小,直至小的消失为止

B. 小的变大,大的变小,直至两侧曲率半径相等为止

C. 大的变大,小的变小,直至两侧曲率半径相等为止

D. 小的变大,大的变小,直至大的消失为止

5. 已知化学反应 $2H_2(g)+O_2(g) \rightleftharpoons 2H_2O(g)$ 为放热反应,温度升高时反应的标准平衡常数 (　　)

A. 增大　　B. 减小　　C. 不变　　D. 无法确定

6. 298 K 时,已知下列化学反应的标准平衡常数分别为

$$H_2(g)+\frac{1}{2}O_2(g) \rightleftharpoons H_2O(g)\quad K_1^{\ominus}$$

$$2H_2(g)+O_2(g) \rightleftharpoons 2H_2O(g)\quad K_2^{\ominus}$$

下列关系式正确的是 (　　)

A. $K_2^{\ominus}=2K_1^{\ominus}$　　B. $K_2^{\ominus}=(K_1^{\ominus})^2$

C. $K_2^{\ominus}=\sqrt{K_1^{\ominus}}$　　D. $K_2^{\ominus}=K_1^{\ominus}$

7. 1 mol 纯水在 100 ℃下向真空蒸发为 100 ℃、$p^{\ominus}$ 的水蒸气,则该过程 (　　)

A. $Q=0$　　B. $Q=\Delta H$　　C. $Q=\Delta U$　　D. $\Delta G<0$

8. 如图所示,B 的化学势可表示为

$$\mu_B=\mu_{B,c}^{\ominus}(T,p)+RT\ln\frac{c_B}{c_{B,c}^{\ominus}}$$

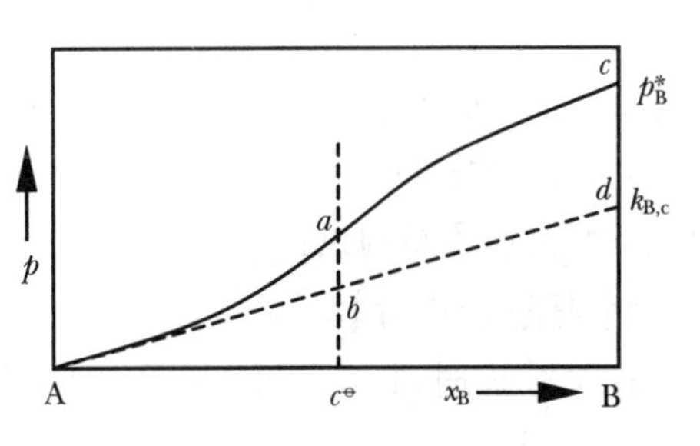

则标准态 $\mu_{B,c}^{\ominus}(T,p)$是右图中哪一点所代表的 (　　)

A. a　　B. b

C. c　　D. d

9. NaCl和H_2O形成不饱和溶液,则体系的组分数为 ( )

A. 3　　B. 2　　C. 1　　D. 0

10. 熵判据适用的范围是 ( )

A. 开放体系　　B. 封闭体系　　C. 孤立体系　　D. 所有体系

11. 已知某温度下,A和B形成二元理想溶液,且$p_A^*=10\ 000$ Pa,$p_B^*=8\ 000$ Pa。当$x_A=0.5$时,下列说法正确的是 ( )

A. $p_A=5\ 000$ Pa　　B. $p_B=5\ 000$ Pa　　C. $p_A=4\ 000$ Pa　　D. $p_A=9\ 000$ Pa

12. 饱和NaCl溶液中NaCl的化学势记作μ_A,固体NaCl的化学势记作μ_B,则 ( )

A. $\mu_A=\mu_B$　　B. $\mu_A>\mu_B$　　C. $\mu_A<\mu_B$　　D. 难以确定

13. 恒温、恒压条件下,如果某化学反应在可逆进行过程中,环境对体系做了电功,下列公式不能成立的是 ( )

A. $\Delta G=\Delta H-T\Delta S$　　B. $\Delta H=Q$

C. $Q=T\Delta S$　　D. $\Delta U=Q-W$

14. 一体系从环境中接受了160 J的功,内能增加了200 J,试问体系与环境热效应为 ( )

A. +360 J　　B. −360 J　　C. +40 J　　D. −40 J

15. 对于光化学反应的描述,下面说法正确的是 ( )

A. 其反应速度与反应物浓度成正比　　B. 量子效率$\Phi<1$

C. 反应速度随温度的升高而加快　　D. $\Delta_r G_m^\ominus$可以大于0

二、填空题(20分)

1. 相平衡中,杠杆规则的适用条件是________。

2. 将$NH_4Cl(s)$置于抽空容器中,加热到324 ℃时$NH_4Cl(s)$分解,$NH_4Cl(s) \rightleftharpoons NH_3(g)+HCl(g)$,达平衡时体系的总压力达$p^\ominus$,则其标准平衡常数$K^\ominus$为________。

3. 在591 K及$p^\ominus$下,N_2O_4的解离度为50.2%,当压力增至10 $p^\ominus$时,其解离度为________。

4. 已知A和B能形成理想溶液,相同温度下A、B的饱和蒸气压大小关系为$p_A^*<p_B^*$,若以x_A、y_A分别表示液相和气相的组成时,两者的关系为________。

5. 298 K、$p^\ominus$下,A、B形成理想溶液。将组成为$x_B=0.8$的溶液稀释成$x_B=0.6$的溶液,此过程的化学势之差$\Delta\mu_B$________。

6. 某体系经历一过程之后,得知该体系在过程前后的$\Delta H=\Delta U$,则该体系前后必须满足的条件是________。

7. 298 K时,物质的量为n的NaCl溶于1 000 g水中,形成溶液的体积V与n之间的关系可表示如下:

$$\frac{V}{\text{cm}^3}=1\ 001.38+16.625\frac{n}{\text{mol}}+1.773\left(\frac{n}{\text{mol}}\right)^{\frac{3}{2}}+0.119\ 4\left(\frac{n}{\text{mol}}\right)^2$$

则当$m_{NaCl}=1\ \text{mol}\cdot\text{kg}^{-1}$时,NaCl的偏摩尔体积为________。

8. 在蛋白质薄膜电泳实验中,用一定pH的缓冲溶液代替纯溶剂,当缓冲溶液的pH大于蛋白质的等电点时,蛋白质分子带________(填“正”或“负”)电,且pH越大,带电量越________。

9. 以等体积的0.08 mol·dm^{-3} KI和0.11 mol·kg^{-1}的$AgNO_3$溶液混合制备AgI溶胶,试写出该溶胶的胶团结构式:________。

三、计算题(50分)

1. 298 K时,1 mol He(可看作理想气体)压强为10^6 Pa,恒温可逆膨胀至10^4 Pa,求此过程的

ΔU、ΔG。

2. 试求 $p^{\ominus}$ 压力下，1 mol −5 ℃的过冷液态苯变成−5 ℃的固态苯的 ΔG。已知苯的正常凝固点为 5 ℃，在凝固点时熔化热为 9 940 $J \cdot mol^{-1}$，且在−5～5 ℃间可视为常数。

3. 抗生素注射入人体后在血液中的反应呈现一级动力学特征。如在人体中注射 0.5 g，然后在不同时间测定其在血液中的浓度得到下列数据：

时间/h	4	8	12	16
浓度/($mg \cdot 100\ mL^{-1}$)	0.48	0.31	0.24	0.15

求：① 反应的速率常数；

② 反应的半衰期；

③ 若使血液中抗生素的浓度不低于 0.37 $mg \cdot 100\ mL^{-1}$，问几小时后需注射第二针。

4. 实验测知 FeO(s)在 1 120 ℃时的分解压为 2.5×10^{-11} kPa，试求该温度时 FeO(s)的标准生成 Gibbs 自由能 $\Delta_f G_m^{\ominus}$。

5. 298 K 时，某高分子电解质 NaR 的浓度为 0.1 $mol \cdot dm^{-3}$，将其置于膜内，膜外放置 NaCl 水溶液，浓度为 0.2 $mol \cdot dm^{-3}$，计算 Donnan 平衡后，膜两边离子的浓度分布和渗透压。

一、选择题(30分)

1. C 2. C 3. C 4. C 5. B 6. B 7. C 8. B 9. B 10. C 11. A 12. A 13. B 14. C 15. D

二、填空题(20分)

1. 两相平衡
2. 0.25
3. 18.1%
4. $x_A < y_A$
5. $-712.75\ \mathrm{J \cdot mol^{-1}}$
6. $\Delta(pV) = 0$
7. $19.53\ \mathrm{cm^3 \cdot mol^{-1}}$
8. 负;多
9. $[(\mathrm{AgI})_m \cdot n\mathrm{Ag^+} \cdot (n-x)\mathrm{NO_3^-}]^{x+} \cdot x\mathrm{NO_3^-}$

三、计算题(50分)

1. $\Delta U = \Delta H = 0$

$$\Delta S = nR\ln\frac{p_1}{p_2} = 1\ \mathrm{mol} \times 8.314\ \mathrm{J \cdot K^{-1} \cdot mol^{-1}} \times \ln\frac{10^6}{10^4} = 38.29\ \mathrm{J \cdot K^{-1}}$$

$$\Delta G = \Delta H - T\Delta S = 0 - 298\ \mathrm{K} \times 38.29\ \mathrm{J \cdot K^{-1}} = -11.41\ \mathrm{kJ}$$

2. 由 Gibbs-Helmholtz 公式,有

$$\frac{\Delta G(268\ \mathrm{K})}{268\ \mathrm{K}} - \frac{0}{278\ \mathrm{K}} = -9\,940\ \mathrm{J \cdot mol^{-1}} \times \left(\frac{1}{268\ \mathrm{K}} - \frac{1}{278\ \mathrm{K}}\right)$$

解得 $\Delta G(268\mathrm{K}) = -357.55\ \mathrm{J \cdot mol^{-1}}$。

3. ① 按照一级动力学线性式处理题设数据:

时间/h	4	8	12	16
$\ln\frac{c}{\mathrm{mg \cdot 100\ mL^{-1}}}$	−0.733 97	−1.171 18	−1.427 12	−1.897 12

用 $\ln\frac{c}{\mathrm{mg \cdot 100\ mL^{-1}}}$ - t/h 线性拟合得方程

$$\ln\frac{c}{\mathrm{mg \cdot 100\ mL^{-1}}} = -0.371 - 0.093\,6\ t/\mathrm{h}$$

$$(r = -0.994\,29, n = 4)$$

所以反应的速率常数为 $0.093\,6\ \mathrm{h^{-1}}$。

② $t_{1/2} = \frac{\ln 2}{k} = \frac{\ln 2}{0.093\,6\ \mathrm{h^{-1}}} = 7.41\ \mathrm{h}$。

③ $c_0 = \exp(-0.37) = 0.69\ \mathrm{mg \cdot 100\ mL^{-1}}$。$t_{0.37} = \frac{\ln\frac{c_0}{c}}{k} = \frac{\ln\frac{0.69}{0.37}}{0.093\,6\ \mathrm{h^{-1}}} = 6.66\ \mathrm{h}$

4. 设 FeO(s)的分解反应为 $\mathrm{FeO(s) = Fe(s) + \frac{1}{2}O_2(g)}$,标准平衡常数

$$K^\ominus = \left(\frac{p_{\mathrm{O_2}}}{p^\ominus}\right)^{\frac{1}{2}} = \left(\frac{2.5 \times 10^{-11}\ \mathrm{kPa}}{101.325\ \mathrm{kPa}}\right)^{\frac{1}{2}} = 4.97 \times 10^{-7}$$

$$\begin{aligned}\Delta_r G_m^\ominus &= -RT\ln K^\ominus \\ &= -8.314\ \mathrm{J \cdot K^{-1} \cdot mol^{-1}} \times 1\,393\ \mathrm{K} \times \ln(4.97 \times 10^{-7}) \\ &= 168.106\ \mathrm{kJ \cdot mol^{-1}}\end{aligned}$$

$$\Delta_f G_m^\ominus(\mathrm{FeO,s}) = -\Delta_r G_m^\ominus = -168.106\ \mathrm{kJ \cdot mol^{-1}}$$

5. 设 Donnan 平衡的离子分布如图所示：

Na^+	$0.1\ mol \cdot dm^{-3} + x$	Na^+	$0.2\ mol \cdot dm^{-3} - x$
R^-	$0.1\ mol \cdot dm^{-3}$		
Cl^-	x	Cl^-	$0.2\ mol \cdot dm^{-3} - x$

Donnan 平衡后，NaCl 在膜内、外的化学势相等，$\mu_{NaCl}^{内} = \mu_{NaCl}^{外}$，又

$$(\mu_{NaCl}^{\ominus} + RT\ln a_{NaCl})_{内} = (\mu_{NaCl}^{\ominus} + RT\ln a_{NaCl})_{外}$$

$$(0.1\ mol \cdot dm^{-3} + x)x = (0.2\ mol \cdot dm^{-3} - x)^2$$

解得 $x = 0.08\ mol \cdot dm^{-3}$。

根据 van't Hoff 渗透压公式，有

$$\begin{aligned}\pi &= \sum_B c_B RT \\ &= \{[(0.1\ mol \cdot dm^{-3} + x) + 0.1\ mol \cdot dm^{-3} + x] - 2(0.2\ mol \cdot dm^{-3} - x)\}RT \\ &= (4x - 0.2\ mol \cdot dm^{-3})RT \\ &= (4 \times 0.08\ mol \cdot dm^{-3} - 0.2\ mol \cdot dm^{-3}) \times 8.314\ J \cdot K^{-1} \cdot mol^{-1} \times 298\ K \\ &= 2.97 \times 10^5\ Pa\end{aligned}$$

主要参考书目

[1] 韩德刚,等.物理化学[M].北京:高等教育出版社,2001.

[2] 印永嘉,等.物理化学简明教程[M].3版.北京:高等教育出版社,1992.

[3] 傅献彩,等.物理化学[M].4版.北京:高等教育出版社,1990.

[4] 侯新朴.物理化学[M].5版.北京:人民卫生出版社,2003.

[5] 梁玉华,等.物理化学[M].北京:化学工业出版社,1996.

[6] 石朝周,等.物理化学[M].北京:中国医药科技出版社,2002.

[7] 王竹溪.热力学[M].北京:高等教育出版社,1955.

[8] 赵凯华,等.新概念物理教程·热学[M].北京:高等教育出版社,1998.

[9] 王季陶.非平衡定态相图:人造金刚石的低压气相生长热力学[M].北京:科学出版社,2000.

[10] 赵慕愚,宋利珠.相图的边界理论及其应用:相区及其边界构成相图的规律[M].北京:科学出版社,2004.

[11] 朱自强.超临界流体技术:原理和应用[M].北京:化学工业出版社,2000.

[12] 巴格也夫良斯基.物理化学分析[M].王立惠,曾淑兰,译.北京:化学工业出版社,1960.

[13] 李荻.电化学原理[M].修订版.北京:北京航空航天大学出版社,1999.

[14] 郭炳焜,等.化学电源:电池原理及制造技术[M].长沙:中南大学出版社,2000.

[15] 吴宇平,等.锂离子电池:应用与实践[M].北京:化学工业出版社,2004.

[16] 韩德刚,高盘良.化学动力学基础[M].北京:北京大学出版社,1987.

[17] 高政祥.原子和亚原子物理学[M].北京:北京大学出版社,2001.

[18] 朱珧瑶,赵振国.界面化学基础[M].北京:化学工业出版社,1996.

[19] 沈钟,等.胶体与表面化学[M].3版.北京:化学工业出版社,2004.

[20] 李葵英.界面与胶体的物理化学[M].哈尔滨:哈尔滨工业大学出版社,1998.

[21] 黄惠忠,等.纳米材料分析[M].北京:化学工业出版社,2003.

[22] 肖进新,赵振国.表面活性剂应用原理[M].北京:化学工业出版社,2003.

[23] Drew Myers.表面、界面和胶体:原理及应用[M].吴大诚,等译.北京:化学工业出版社,2005.

[24] 张昭,彭少方,刘栋昌.无机精细化工工艺学[M].北京:化学工业出版社,2002.

[25] 颜肖慈,罗明道.界面化学[M].北京:化学工业出版社,2005.

[26] 夏炎.高分子科学简明教程[M].北京:科学出版社,1987.

[27] 潘祖仁.高分子化学[M].2版.北京:化学工业出版社,1997.

[28] 韩维屏,等.催化化学导论[M].北京:科学出版社,2003.

[29] 屈景年.物理化学[M].北京:中国人民大学出版社,2009.